Zukunftsfähige Perspektiven in der Landschaftsarchitektur für Gartenstädte

Nicole Uhrig

(Hrsg.)

Zukunftsfähige Perspektiven in der Landschaftsarchitektur für Gartenstädte

City – Country – Life

 Springer VS

Hrsg.
Nicole Uhrig
Berlin, Deutschland

Förderung: Land Sachsen Anhalt, Bauhaus 100, BDLA, HSA, Salzlandsparkasse, wgb

Redaktion: Susanne Raabe
Layout und Satz: Susanne Raabe
Handgrafiken: graphicrecording.cool (Johanna Benz)

ISBN 978-3-658-28940-9   ISBN 978-3-658-28941-6   (eBook)
https://doi.org/10.1007/978-3-658-28941-6

Dank // Acknowledgements

Die Textbeiträge dieser Publikation basieren auf der internationalen Konferenz City-Country-Life, veranstaltet im März 2019 am Fachbereich 1 der Hochschule Anhalt in Bernburg. Bei den Autorinnen und Autoren möchte ich mich für die Mühe bedanken, dass sie ihre wertvollen Erfahrungen und Gedanken in Wort und Bild für uns zusammengefasst haben. Herzlichen Dank für die gute Zusammenarbeit. Insbesondere möchte ich mich bei folgenden Institutionen für die organisatorische und finanzielle Unterstützung der Konferenz und der vorliegenden Publikation bedanken: Land Sachsen-Anhalt, 100 Jahre Bauhaus/Geschäftsstelle Bauhaus Verbund 2019, Stadt Bernburg, Hochschule Anhalt, Salzlandsparkasse, Bernburger Wohnstättengesellschaft mbH, BDLA Sachsen-Anhalt. Für die gute Kooperation und Unterstützung möchte ich meinen großzügigen Dank der Leiterin der Hochschulverwaltung Sabine Thalmann, der Dekanin des FB 1 Elena Kashtanova, allen involvierten Mitarbeiterinnen und Mitarbeitern der Hochschule Anhalt und dem Sprachenzentrum der Hochschule Anhalt aussprechen. Mein ausdrücklicher Dank gilt vor allem Susanne Raabe: für den verlässlichen, engagierten und wertvollen Einsatz bei der Organisation der Konferenz und bei der redaktionellen Betreuung des vorliegenden Buches. //

The essays in this publication are based on the International Conference City-Country-Life, organized in March 2019 at the Department of Agriculture, Ecothrophology and Landscape Development of Anhalt University of Applied Sciences in Bernburg. I would like to thank the authors for the effort in contributing their valuable experiences and thoughts in words and pictures for us. A warm thank you for the good cooperation. I would like to thank the following institutions for their organizational and financial support of the conference and this publication: State of Saxony-Anhalt, 100 Years of Bauhaus / Bauhaus Association 2019, City of Bernburg, Anhalt University of Applied Sciences, Salzlandsparkasse, Bernburger Wohnstättengesellschaft mbH, BDLA Saxony-Anhalt. For the good cooperation and support I would like to express my generous thanks to Sabine Thalmann, Head of Central Administration, Elena Kashtanova, Dean of Department 1, all involved employees of Anhalt University and Language Center of Anhalt University. In particular I would like to express my special thanks to Susanne Raabe: for her reliable, committed and valuable contribution to the organization of the conference and the editorial supervision of this book.

Nicole Uhrig

Mit freundlicher Unterstützung von // With the kind support of:

Inhalt // Content

VIII

Einführung – Chancen für Freiräume an der Schnittstelle zwischen Stadt und Land

Nicole Uhrig[1]

Bereits seit der Antike versuchen die Menschen die Vorzüge des Lebens auf dem Land mit jenem des Stadtlebens zu verbinden. Schon Vitruv betrachtet die am Stadtrand gelegene Villa suburbana als gelungenen Vermittler zwischen Stadt und Land. Im weiteren Verlauf der Geschichte stellt die Architekturtheorie die beiden Konzepte Stadt- und Landhaus einander gegenüber, der Landsitz entwickelt sich für die wohlhabende Aristokratie sogar zur repräsentativen Residenz und zum Ort der Muße und des gesellschaftlichen, intellektuellen Lebens. Losgelöst von den Arbeitspflichten des herkömmlichen Landlebens, genoss man zum Ausgleich der turbulenten Stadt die Ruhe und Schönheit der umgebenden Landschaft.

Mit der Industriellen Revolution und der damit einhergehenden Verschlechterung der Wohn- und Lebensbedingungen in den zu schnell angewachsenen Städten rückten die Vorzüge des Lebens im Grünen erneut in den Fokus. Mit einer grünen und sozialen Reformbewegung, der sogenannten „Gartenstadt", wollte auch der Brite Ebenezer Howard an der Schwelle zum 20. Jahrhundert die Vorteile des städtischen und ländlichen Lebens miteinander verbinden. Seine Idee und städtebauliche Modellkonzeption der Gartenstadt vereinte idealerweise Landschaft, Landwirtschaft, private Selbstversorgergärten, Parks und Plätze mit erschwinglichem Wohnen, industriellen Ansiedlungen, Arbeitsplätzen, Einkaufmöglichkeiten und kulturellen Einrichtungen. Und dies gleichsam mit dem Anspruch, auf Basis einer sozialverträglichen Entwicklung die Grundlage für ein besseres Mit- und Füreinander mit Gemeinschaftssinn zu schaffen.

Angesichts zunehmender Ungleichheiten zwischen wachsenden Großstädten einerseits und so mancher schrumpfenden dörflichen Gemeinde, Klein- und Mittelstadt andererseits, verdient der Standortfaktor „gute Lebensqualität vor Ort" als einer der Schlüsselfaktoren für die erfolgreiche Stadt- und Regionalentwicklung im demografischen und wirtschaftlichen Strukturwandel gesteigerte Aufmerksamkeit. Auf der Idee eines Stadt-Land-Lebens und dessen Potenzial für hohe Lebensqualität gründen eine Vielzahl erfolgreicher Entwicklungskonzepte für Stadtentwicklungsvorhaben und Investitionen im Wohnungsbau. Obgleich nur wenig nachhaltig und der weiteren Zersiedlung und Versiegelung unserer ökologisch gefährdeten Landschaftsräume Vorschub leistend, ist z.B. das Einfamilienhaus im Grünen ein noch immer beliebtes und politisch gefördertes Modell der Wohnkultur[2] (Interhyp AG 2015).

Wie könnten aus der Sicht der Landschaftsarchitektur, die das Schaffen und Sichern von Lebensqualität zu ihren Kernaufgaben zählt, nachhaltigere Lösungsansätze und Planungsstrategien für das Stadt-Land-Leben von morgen aussehen? Welche Themen müssen in diesem Zusammenhang betrachtet werden? Bieten nicht Gartenstädte in ihrer örtlich oder auch thematisch betrachteten Schnittstellenlage, stadt- und landnah zugleich, optimale Bedingungen

1   Prof. Dr. Nicole Uhrig, Hochschule Anhalt, Bernburg/ Deutschland, E-Mail: nicole.uhrig@hs-anhalt.de

2   Umfrage zum bevorzugten Wohntyp im Vergleich: Einfamilienhaus 29%, Moderne Stadtwohnung 7%.

© Springer Fachmedien Wiesbaden GmbH, ein Teil von Springer Nature 2020
N. Uhrig (Hrsg.), *Zukunftsfähige Perspektiven in der Landschaftsarchitektur für Gartenstädte*, https://doi.org/10.1007/978-3-658-28941-6_1

für eine zukunftsfähige und nachhaltige Weiterentwicklung? Insbesondere kleine Städte und schrumpfende Regionen könnten von den attraktiven Standortfaktoren „hohe Lebensqualität" und „nachhaltig Leben" im Kampf gegen die Abwanderung profitieren.

Im März 2019 fand im Rahmen des 100-jährigen Bauhausjubiläums die internationale Konferenz City.County.Life an der Hochschule Anhalt in Bernburg statt. Ziel der Konferenz war es, landschaftsarchitektonische Planungsstrategien für lebenswerte und zukunftsfähige Wohnquartiere am Beispiel der Gartenstadt zu diskutieren. Sowohl basierend auf dem historischen Gartenstadtmodell der Moderne nach Ebenezer Howard bis hin zur umgangssprachlichen „Gartenstadt" im Sinne einer stark durchgrünten oder einer im Zwischenbereich „städtisch-ländlich" zu definierenden Wohnsiedlung. In Abgrenzung zu der 2017 veröffentlichten Studie „Gartenstadt21 – ein neues Leitbild für die Stadtentwicklung in verdichteten Ballungsräumen?" (BBSR 2017) des deutschen Bundesinstituts für Bau-, Stadt- und Raumforschung wurde das Modell der Gartenstadt primär im Kontext stagnierender und schrumpfender Regionen diskutiert. Bereits in der Moderne angedachte Planungsansätze sollten beleuchtet und mit den aktuellen Herausforderungen und Problemstellungen im Heute verbunden werden. Ein buntes Kaleidoskop unterschiedlicher Themen wurde im Rahmen der zweisprachigen Konferenz aus verschiedenen fachlichen und kulturellen Blickwinkeln schlaglichtartig diskutiert. Die teils praxis-, teils theoriebasierten Beiträge präsentierten sowohl historische Spurensuchen als auch aktuelle Praxisbeispiele und zukunftsgerichtete Ansätze. Dabei thematisierten die Beiträge in der Gesamtschau ästhetische, ökologische, ökonomische sowie soziale Wirkungsbereiche aus dem Fach der Landschaftsarchitektur und der Architektur.

Themenschwerpunkte und Übersicht über die Beiträge

Die von Christine Fuhrmann deutlich herausgearbeitete sozial-ökologische Komponente der Gartenstadtidee wird im historisch-theoretischen Diskurs in Teil 1 am Beispiel der visionären Stadtentwicklungskonzepte und Utopien Bruno Tauts beleuchtet. Des Weiteren zeigt Fuhrmanns Beitrag auf, wie wichtig die enge Kooperation zwischen Architekt, Bauherr und Verwaltung für die Umsetzung neuer Ideen ist. Angesichts der komplexen planerischen Herausforderungen für die Zukunft sind kreative Problemlösungen gefragt und somit auch kreative, aufgeschlossene und mutige Partner in Bauherrenschaft, Politik und Verwaltung.

Der Aspekt der sozial-räumlichen Wechselwirkung kam auch in dem der Konferenz vorgeschalteten Studienprojekt des internationalen Masterstudiengangs Landscape Architecture der Hochschule Anhalt[3] zum Tragen (Abb. 1). Im Rahmen der Vorrecherche, Ortsanalyse und einer Umfrage zur Umgestaltung der in Bernburgs Norden gelegenen Gartenstadt und Werksiedlung Zickzackhausen des Architekten Leopold Fischer und des Landschaftsarchitekten Leberecht Migge[4] wurde dem Aspekt der Gemeinschaftsflächen großes Gewicht zugesprochen. In Zeiten zunehmender Individualisierung in der Gesellschaft und neu hinzukommenden Bewohnern

---

3   Learning from Bauhaus –Future Proof Landscape Design for Zickzackhausen, Bernburg. Projekt im Modul Atelier Urban Design, 10/2018-02/2019, Director: Prof. Dr. Nicole Uhrig.

4   Migge war in Zickzackhausen nicht als Planer, sondern als Ideengeber für die Freiraumplanung involviert.

innerhalb der Siedlung wünschten sich viele Bewohner Freiräume, welche im Sinne eines Social Space zu einem zwanglosen Aufeinandertreffen einladen - als offener nachbarschaftlicher Kommunikations- und Aktionsraum mit Aufenthaltsqualität, in ergänzender Funktion zu den eher familiär genutzten Privatgärten.

Bernhard Wiens diskutiert die soziale Gestaltungskraft von Architektur und Landschaftsgestaltung hingegen kritisch. Haben Architektur und Landschaftsgestaltung die Kraft die Gesellschaft zusammenzuhalten? Vor dem Hintergrund eines sich vermehrt sozial und räumlich abgrenzenden Mittelstandes tritt die der Gartenstadt immanente Idee der Gemeinschaft häufig zurück, der Titel Gartenstadt wird seiner eigentlichen Bedeutung oft nicht mehr gerecht und stattdessen zum grünen Marketingbegriff degradiert.

Rudolf Lückmann beleuchtet den historisch-theoretischen Diskurs aus der Perspektive der beiden Gartenstadt bauenden und rivalisierenden Architekten Walter Gropius und Leopold Fischer auf ihrer Suche nach gebauter Lebensqualität. Dass sich die meisten Bewohner in den von Fischer geschaffenen Häusern mit Garten noch heute „pudelwohl" fühlen (Wolter 2010, 28-40) zeigt, dass Fischers Erbe auch für künftige Entwicklungen grüner Wohnquartiere zum vorbildlichen Ausgangspunkt in puncto Lebensqualität taugt.

Teil 2 vereint Positionen aus der gängigen Praxis zum erweiterten Begriff der Gartenstadt. Am Beispiel der Industriestadt Lujia Town, China legt Dingzong Yu die stadtgestaltende Rolle von Unternehmen in der Stadtentwicklung dar. Mit dem Ziel, die Lebensqualität durch ästhetische Aufwertung, Neuordnung und Durchgrünung in den schnell gewachsenen Industriestädten Chinas zu verbessern, investieren Unternehmen beachtliche Budgets. Damit einher geht jedoch ein ausgeprägtes Branding des öffentlichen Raumes. Trotz kritischen Seitenblicks ist jedoch die ernsthafte Einbindung von Unternehmen als verantwortungsvolle Stakeholder künftiger Gartenstädte zweifellos als Potenzial zu betrachten. Viele qualitätsvolle Gartenstädte der Moderne sind schließlich als Werksiedlungen auf Initiative großer Unternehmen entstanden.

Iván Rincón Borrego legt sein Augenmerk auf die ästhetischen Qualitäten von Architektur und Landschaftsarchitektur im Dialog. Am Beispiel der Norwegischen Landschaftsrouten zeigt Borrego auf, wie sich zeitgenössische Architektur, Kunst und Natur wechselseitig in ihren Qualitäten bestärken. Damit schlägt er eine Brücke zur Howard'schen Gartenstadt, deren Grundstruktur aus dem funktionalen und ästhetischen Zusammenwirken von Architektur, landschaftlichen, gärtnerischen und landwirtschaftlichen Elementen erwächst.

Einen Perspektivwechsel nehmen Noor Cholis Idham und Barito Adi Buldan Rayaganda Rito vor, indem der positiven Argumentation „natürliche Elemente und Grün steigern die Lebensqualität" die Probleme und Risiken natürlicher Elemente in Wohnsiedlungen gegenübergestellt werden. Am Beispiel der von Überflutung und Erosion betroffenen *Code Siedlung in Yogyakarta*, Indonesien diskutieren sie vor dem Hintergrund künftiger Herausforderungen für die grüne Infrastruktur im Klimawandel Fragen zu Nachhaltigkeit und Maßnahmenentwicklung. Die Autoren illustrieren dabei zudem wie mit den auch aus der Gartenstadtbewegung bekannten Aspekten Kreativität, Gemeinschaftssinn und Selbsthilfe das Wohnumfeld maßgeblich verbessert werden kann. Auch Gero Heck und Thomas Thränert präsentieren mit der Freiraumplanung für das bei Hamburg gelegene Stadtquartier *Fischbeker Reethen* einen zeitgemäßen Umgang mit der zunehmenden Häufigkeit von Hitzeperioden und Starkregenereignissen. Das übergeordnete Freiraumkonzept des Quartiers folgt dabei dem Leitbild einer „Gartenstadt des

21. Jahrhunderts" und bestätigt die Relevanz der historischen Gartenstadt als „working model"
und Ideengeber in der heutigen Planungspraxis.

Im regionalplanerischen Maßstab betrachtet, sieht Bartlett Warren-Kretzschmar insbesondere
im Partizipations- und Aushandlungsprozess der von Prof. Carl Steinitz entwickelten Planungs-
methodik des *Geodesign* eine Chance für die Überwindung des nicht nur in den USA und
Deutschland herrschenden Stadt-Land-Gefälles.

In Teil 3, der sich dem Ausblick auf das Thema in naher Zukunft widmet, konstatiert Bastian
Wahler-Żak, dass die Gartenstadtidee nichts an ihrer Aktualität verloren hat. Doch ist sie als
Arbeitsmodell zu verstehen und beschreibt keinen finalen Zustand. Sie ist nach wie vor stark
durch gemeinschaftliche Prozesse geprägt, die aus seiner Sicht einer kontinuierlichen, fest
verankerten Begleitung und Moderation bedürfen.

Im Kontext der noch bis 2023 laufenden IBA StadtLand in Thüringen und unter der Leitfrage
„Wie wenig ist genug?" zeigt Bertram Schiffers übergeordnete Strategien auf, wie sich ein
gutes Leben in der Provinz neu definieren und gestalten lässt. Vor dem Hintergrund von Strukturwandel, Bevölkerungsschwund und Leerstand in schrumpfenden Regionen ist Thüringen
dabei als Ort des Fortschritts und als experimentierfreudiges Zukunftslabor auf der Basis
gemeinwohl- und baubestandsorientierter Werte zu betrachten – ganz im Sinne der Moderne.

Paolo Giordanos Ausgangspunkt für die gemeinwohlorientierte, bauliche Zukunft unserer
Städte basiert auf einer multidisziplinär betrachteten Weiterentwicklung des Bestandes und
kulturellen Erbes. Warum sollten sich denkmalgeschützte Schloss- und Parkanlagen nicht in
Zukunft als mehrdimensionales, grünes Experimentierfeld in enger Stadt-Natur-Verbindung
neuen Funktionen und Nutzungen für eine bessere Lebensqualität öffnen?

Im letzten Beitrag betont Robbert Snep in seiner Vision für die Gartenstadt der Zukunft die
Notwendigkeit für eine künftig mehr naturbasierte und ökologisch wirksame Siedlungsplanung.
Die damit verbundenen positiven Effekte vereinen sowohl einen nachhaltigeren Lebensstil,
bessere Lebensqualität, physische und psychische Gesundheit für den von der Natur entfrem-
deten Menschen als auch Ziele für Nachhaltigkeit und Naturschutz.

Ziele

Ziel dieser Dokumentation ist es letztlich, aus der Sicht der Landschaftsarchitektur die Diskussion um die Entwicklung qualitätsvollen, grünen und nachhaltigen Wohnens, an der Schnittstelle zwischen Stadt und Land zu bereichern. Mit all ihren unterschiedlichen Perspektiven
und Facetten aus der gegenwärtigen Planungstheorie und -praxis breitet die vorliegende
Beitragssammlung einen weiten Themenfächer aus sich überschneidenden und sich wechselseitig beeinflussenden Themenfeldern aus. Die Konferenzbeiträge und Diskussionen rückten
vermehrt soziale und ökologische Aspekte und somit Themen wie Gemeinschaftsprinzip,
Partizipation, grüne Adaptionsstrategien im Klimawandel und Nachhaltigkeit in den Fokus.
Dass das Modell der Gartenstadt im Kontext der fachlichen und politischen Diskussionen um

die Stadt-Land-Beziehungen und gleichwertige Lebensverhältnisse[5] vermehrt Interesse erfährt und dass sich die Wohnpräferenzen (Bundesstiftung Baukultur 2016, 37) der überwiegend mittleren Altersgruppen in Richtung Landgemeinde und Mittel- oder Kleinstadt verschieben, zeigen, dass die Idee der Gartenstadt durch ihren modellhaften flexiblen Charakter auch heute noch inspirierendes Leitbild ist und ein großes Potenzial für zukunftsfähige, planerische Lösungsansätze birgt. In ihrer Modellhaftigkeit ist sogar eine hoch verdichtete Gartenstadt denkbar: Flächen- und ressourcenschonend, standortgerecht durchgrünt, biodivers, dezentral Obst, Gemüse und Energie produzierend. Während gleichzeitig neue Formen von Gemeinschaft und aktivierendem Engagement ein soziales, grünes, gesundes und damit lebenswertes Wohnumfeld mit individuellen Entfaltungsmöglichkeit schaffen, zielen eine gleichwertige Digitalisierung und neue ressourcenschonende Formen von Mobilität darauf ab, Stadt und Land sinnvoll miteinander in Verbindung zu setzen.

Eine bemerkenswerte Interpretation und Weiterentwicklung des Gartenstadtmodells repräsentiert beispielsweise das Modellprojekt Eco City – International Campus Wünsdorf. Mit einem Fokus auf die ökologische Stadt- und Quartiersentwicklung setzt Prof. Dr. Ekhart Hahn mit seiner Vision einer post-fossilen Campus-Eco-City auf eine nachhaltige Stadt-Umland-Entwicklung. Sein interdisziplinärer Ansatz einer Art Gartenstadt als Wohn-, Arbeits- und Bildungsort zielt u.a. ab auf die Integration von Urbanität und Naturerfahrung, vernetzt die Systeme zu geschlossenen Stoff- und Energiekreisläufen sowie ökonomischen Mikrostrukturen und vereint somit ökologische, ökonomische, soziale und kulturelle Aspekte (Abb. 2,3).

Vor dem Hintergrund vieler weiterer Einflussfaktoren und Planungsdisziplinen und auf der Suche nach den besten landschaftsarchitektonischen Lösungen für die Zukunft der im erweiterten Sinne verstandenen Gartenstadt fordern die präsentierten Beiträge letztlich zum integrativen und breit inspirierten Planen, Entwickeln, Verhandeln und Umsetzen auf.

---

5 Vortrag Dr. Michael Frehse (Bundesministerium des Innern für Bau und Heimat) zur Konferenz City.County. Life am 28.03.19 an der Hochschule Anhalt.

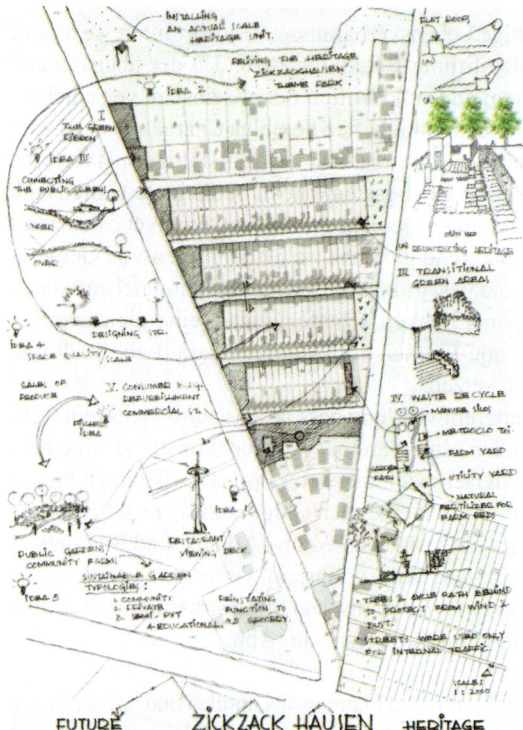

Abb./ Fig. 1: "Learning from Bauhaus –
Future Proof Landscape Design for Zick-
zackhausen, Bernburg". Studienprojekt im
Modul Atelier Urban Design des Master of
Landscape Architecture, Hochschule Anhalt. //
"Learning from Bauhaus - Future Proof Land-
scape Design for Zickzackhausen, Bernburg".
Study project in the module Atelier Urban
Design, Master of Landscape Architecture,
Anhalt University of Applied Sciences.

Abb./ Fig. 2: Modellprojekt Eco City – International Campus Wünsdorf: Eine Gartenstadt
als Wohn-, Arbeits- und Bildungsort und als
Ort der Integration von Urbanität und Naturerfahrung. // Pilot project Eco City - International Campus Wünsdorf: A garden city as
a place to live, work and study and as a place
where urbanity and experience of nature go
well together.

1 Eco Station
2 Terra-Preta-Anlage
3 Lehrwerkstätten
   Eigenbetriebe
   Berufsschule
4 Pflanzenkläranlage
5 Mobilitätszentrum
6 Bauhof
7 Campus Wohnen
8 Interreligiöses Zentrum
9 Sportanlagen
10 Internationale Akademie
11 Orangerie
12 Gewächshäuser
13 Interkulturelles Zentrum
14 Zentrumsquartier
15 Forschungszentrum
16 Forest Gardens

Abb./ Fig. 3: Das Modellprojekt Eco City – International Campus Wünsdorf von Prof. Dr. Ekhart Hahn setzt auf eine nachhaltige und ökologische Stadt-Umland-Entwicklung und vereint ökologische, ökonomische, soziale und kulturelle Aspekte. // The pilot project Eco City - International Campus Wünsdorf by Prof. Dr. Ekhart Hahn is focusing on sustainable and ecological urban-rural development combining ecological, economic, social and cultural aspects.

Introduction – Opportunities for Open Spaces in the Urban-Rural Interface

Nicole Uhrig

People have been attempting since ancient times to combine the advantages of rural life with those of urban life. Vitruvius had already regarded the suburban villa as a successful compromise between living in an urban or in a rural setting. Over the course of history, architectural theory has contrasted the two concepts of the townhouse and the country house, and over time the country house developed into a representative residence for the wealthy aristocracy and into a place of leisure for societal gatherings and intellectual life. Detached from the laborious toil of traditional rural life, one could enjoy the tranquility and the beauty of the surrounding landscape to offset turbulent city life.

The Industrial Revolution and the deplorable living conditions that were associated with the rapidly growing cities resulted once again in a focus being placed upon the advantages of living in the country. On the threshold to the 20th century the Englishman Ebenezer Howard wanted to combine the advantages of urban and rural life with a green and social reform movement called the "Garden City".

His idea and concept of an urban model as a garden city ideally combined the landscape, agriculture, private subsistence gardens, parks and areas with affordable housing, industrial estates, places of employment, and it also provided shopping and cultural facilities. And this so to speak was the aspiration to create on the basis of a socially compatible framework the foundation for a better sense of community where residents were mutually supporting one another. In view of increasing inequalities between growing large cities, on the one hand, and shrinking village communities, and small and medium-sized towns on the other, the location factor "excellent local quality of life" deserves increased attention as one of the key factors for successful urban and regional development in times of demographic and economic structural change. Numerous successful concepts for urban development projects and investments in housing are based on the idea of an urban-rural lifestyle and the potential it has for providing a higher quality of life. Even though the single-family home is not very sustainable, it encourages more urban sprawl and it erodes into our ecologically endangered landscapes, nevertheless, it is still a popular politically promoted housing model[1] (Interhyp AG 2015).

Therefore, from the perspective of landscape architecture, which considers the creation and safeguarding of the quality of life to be one of its core functions, we can ask what would tomorrow's more sustainable solutions and planning strategies for urban-rural life look like and what topics must be considered in this context? Don't garden cities offer optimal conditions for sustainable further development in their local or thematically regarded interface location, which is actually both rural and urban at the same time? In particular, small towns and shrin-

---

[1] A comparison survey on what type of housing people prefer: single -family house 29%, modern city apartment 7%.

king regions could benefit from these attractive location factors, namely, "a high quality of life" and "sustainable living" in the fight against population migration.

In March 2019, the international conference, City.Country.Life, was held at the Anhalt University of Applied Sciences in Bernburg as part of the 100th anniversary of the Bauhaus. The aim of the conference, while using the garden city concept as an example, was to discuss landscape architectural planning strategies for sustainable neighborhoods that are worth living in. The conference was based both on Ebenezer Howard's historical garden city model and what is commonly known as the "Garden City" in the sense of having a great deal of green areas incorporated into the housing estate. This, however, was in contrast to the 2017 published study "Gartenstadt21 – ein neues Leitbild für die Stadtentwicklung in verdichteten Ballungsräumen (Gardencity21 – a new model for urban development in densely populated areas)" the German Federal Institute for Building, Urban Affairs, and Spatial Development primarily discussed this model in the context of stagnating and shrinking regions (BBSR 2017).

Planning approaches that had already been conceived in modern times were to be emphasized and linked with the current challenges and current problems. A colorful kaleidoscope of different topics was discussed at the bilingual conference from various professional and cultural perspectives. Some of the contributions were theory based and others were more practice-oriented, however, what was also presented was historical research on the subject and current practical examples of future sustainable oriented approaches. Overall, the contributions addressed aesthetic, ecological, economic and social spheres of influence from the fields of landscape architecture and architecture.

Main topics and overview of the contributions

In the historical-theoretical discussion of part 1 Christine Fuhrmann highlighted the clearly defined social-ecological components of the garden city idea by using examples of visionary urban development concepts and Bruno Taut's utopias. Furthermore, Fuhrmann's contribution demonstrates how important close cooperation among architects, clients, and the administration of a building project is for the implementation of new ideas. In view of the complex planning challenges for the future, creative solutions to problems are in demand and, therefore, creative open-minded and venturous partners in the building sector, politics and administration are also needed.

A study project, which was carried out prior to the conference, by students enrolled in the International Landscape Architecture Master's Program at Anhalt University[2] dealt with the aspect of socio-spatial interconnectedness. Within the framework of the preliminary research, location analysis and a survey done on the redesign of the garden city and workers' settlement *Zickzackhausen* in the north of Bernburg great emphasis was placed on the aspect of communal areas (Fig. 1). *Zickzackhausen* was designed and built by the architect Leopold Fischer and the

---

2 Learning from Bauhaus- Future Proof Landscape Design for Zickzackhausen, Bernburg. Project for module Atelier Urban Design, 10/2018-02/2019: Director: Prof. Dr. Nicole Uhrig.

landscape architect Leberecht Migge[3] in times of increasing individualization in our society and new residents coming to live in the housing estate; many residents wanted open areas in addition to their private gardens, which are mainly used for family functions. These areas would be in sense social areas inviting informal encounters, in other words an open neighborly area for communication; a recreation meeting center with a high-quality interior atmosphere. On the other hand, Bernhard Wiens critically discussed the social creative power of architecture and landscape architecture. Do architecture and landscape architecture have the power to hold society together? Against the backdrop of an increasingly socially and spatially demarcated middle-class, the idea of an intrinsic community within the garden city is in decline. Therefore, the name garden city no longer does justice to the actual meaning and instead has been degraded as a green marketing term.

Rudolf Lückmann leads the discussion from the perspective of two garden city architects Walter Gropius and Leopold Fischer, who were in competition with their building designs and who were both searching to create a better quality of life through their buildings. The fact that today most of the residents in the houses with gardens that were designed by Fischer, still feel extremely comfortable (Wolter 2010, 28-40) demonstrates, in terms of quality of life, that Fischer's legacy is also an exemplary starting point for future developments regarding green residential housing estates.

Part 2 united the positions from the current practice to the extended concept of the garden city. For instance, Dingzong Yu used the industrial city of Lujia Town, China to explain the role companies have in urban development. Companies, with considerable budgets, are investing with the goal of improving the quality of life in China's rapidly growing industrial cities with aesthetic upgrading, reorganization and the incorporation of extensive green areas. However, this means that there is a pronounced branding of the public area. Despite viewing this critically this can be regarded undoubtedly as having potential when companies become involved as responsible stakeholders of future garden cities. Many quality garden cities built during the modern age were ultimately initiated and built by large companies.

During the discussion Iván Rincón Borrego focused on the aesthetic qualities of architecture and landscape architecture. Borrego used Norwegian landscape routes as examples to demonstrate how contemporary architecture, art and nature mutually reinforce each other's qualities. He, therefore, established a link to Howard's garden city, whose basic structure grew out of the functional and aesthetic convergence of architectural, landscape, gardening and agricultural elements.

Noor Cholis Idham and Barito Adi Buldan Rayaganda Rito changed the perspective by highlighting the problematic aspects of natural elements in housing estates by contrasting the positive argument "natural elements and greenery enhance the quality of life" with the problems and risks of natural elements in housing estates. Using the example of the *Kampung Code Estate in Yogyakarta*, Indonesia, which has been affected by flooding and erosion, they discussed future challenges that green infrastructures face, regarding climate change and the questions

---

3   In Zickzackhausen Migge was not involved as active planner but as someone offering ideas for the planning of the open spaces.

that need to be answered concerning sustainability and what measures need to be developed. The authors also illustrate how the living environment can be significantly improved with the aspects of creativity, community spirit and self-help that are also known from the garden city movement.

Gero Heck and Thomas Thränert also presented the open area planning concept for the *Fischbeker Reethen* district near Hamburg; a contemporary way of dealing with the increasing frequency of heat waves and heavy rainfall. The district's overarching open area concept adheres to the "garden city model of the 21st century" and confirms the relevance of the historic garden city as a "working model" and a source of ideas in today's planning practice.

On a regional planning scale, Bartlett Warren-Kretzschmar especially sees the participation and negotiation process of the *Geodesign* planning methodology developed by Prof. Carl Steinitz as a chance to overcome the urban-rural divide that prevails not only in the USA and Germany.

Part 3 was dedicated to the prospects for the topic in the near future. Bastian Wahler-Żak stated that the garden city idea has lost nothing of its topicality. However, it must be understood that as a working model it does not describe a final state. It is still strongly influenced by collaborative processes, which in his opinion require continuous firmly anchored support and moderation. Within the context of the IBA StadtLand in Thuringia, which is ongoing until 2013 and is operating under the key question: „Wie wenig ist genug (How little is enough)?", Bertram Schiffer has demonstrated with extensive strategies how a good-quality of life in the provinces can be newly defined and shaped. In view of structural change, declining populations and vacancies in shrinking regions, Thuringia should be regarded, completely in the spirt of modernity, as a place of progress and an experimental laboratory for the future, which is based on values oriented toward the communal good that recognizes the intrinsic value in existing buildings. Paolo Giordano's starting point concerning the built future of our cities, is based on the public's interest and also to further develop existing buildings and their cultural heritage prudently. Why shouldn't historically protected castles and parks in the close urban-rural interface become multi-dimensional, green experimental sites with new functions and uses in the future?

In the last contribution Robbert Snep emphasized in his vision for the future garden cities the necessity to plan housing estates to be more nature-based and ecologically effective. The ensuing positive effects from this will not only combine a more sustainable lifestyle, a better quality of life, improve the physical and mental health for people alienated from nature, but will also achieve the goals set for sustainability and nature conservation.

Goals

Ultimately, the aim of this conference, from the perspective of landscape architecture, was to enrich the discussion on the development of high-quality, green and sustainable housing at the interface between town and country from the perspective of landscape architecture. This present collection of contributions covers a wide range of interdisciplinary topics that reciprocally influence each other and more importantly it provides different perspectives and facets from current planning theory and practice. Besides the aspects of developing high-quality, green and sustainable housing the conference contributions and discussions focused on social and ecological aspects and topics such as community principle, participation, green adaptation strategies to climate change and sustainability.

The fact that the garden city model is attracting more interest in technical and political discussions within the context of urban-rural relationships that will provide the same living conditions[4] for everyone and the fact that preferences of the predominantly middle-aged groups are shifting more towards rural communities and medium-sized or small towns (Bundesstiftung Baukultur 2016, 37) indicates that the idea of the garden city is still an inspiring housing model today. The character of the garden city model is flexible and it holds immense potential for sustainable planning solutions. In its exemplary nature, even a densely built garden city is conceivable: It preserves land and resources, is greened in a site-specific manner, is biodiverse, and produces fruit, vegetables and energy in decentralized systems. While at the same time new forms of community and activating commitment create a social, green, healthy and valuable living environment with the possibility of individual development, new forms of mobility and equivalent digitisation aim to create meaningful links between city and countryside.

A remarkable interpretation and further development of the garden city model is represented, for example, by the model project Eco City - International Campus Wünsdorf. With a focus on ecological urban and district development, Prof. Dr. Ekhart Hahn's vision of a post-fossil campus eco-city is based on sustainable urban and rural development. His interdisciplinary approach of a garden city as a place to live, work and educate aims, among other things, at the integration of urbanity and experience of nature, interlinking the systems to form closed energy cycles or economic microstructures and thus combining ecological, economic, social and cultural aspects. (Fig. 2-3)

Therefore, in light of the many other influencing factors and planning disciplines seeking the best landscape architectural solutions for the future of the garden city, which is to be understood in a broader sense, the contributions ultimately call for integrative and broadly inspired planning, development, negotiation and implementation.

Literatur // Literature

BBSR – Bundesinstitut für Bau-, Stadt- und Raumforschung (Hrsg.) (2017). Gartenstadt21. Ein neues Leitbild für die Stadtentwicklung in verdichteten Ballungsräumen – Vision oder Utopie? Band 2: Gartenstadt21 grün-urban-vernetzt. Ein Modell der nachhaltigen und integrierten Stadtentwicklung, Bonn.

Bertelsmann Stiftung (Hrsg.) (2019). Demografiebericht Bernburg (Saale), Ein Baustein des Wegweisers Kommune – Bertelsmann Stiftung, [online] https://www.wegweiser-kommune.de/kommunale-berichte/.../bernburg-saale. pdf, S. 4 [28.02.2019].

Bundesstiftung Baukultur (2016). Baukulturbericht 2016/17, Potsdam: Bundesstiftung Baukultur.

ICEC Wünsdorf e.V. (2019). Eco City – International Campus Wünsdorf, Berlin: Eigenverlag.

Interhyp AG (2015). Wohnträume 2015 – So möchten die Deutschen leben, München, [online] https://www.interhyp. de [04/2016].

Kollenbroich, B.; Teevs, C.; Kaiser, R. (2016). Stadt, Land, Flucht, In: Spiegel Online, 30.8.2016 [online] www. spiegel.de/wirtschaft/soziales/wohnen-in-deutschland-immermehr-menschen-zieht-es-aufs-land-a-1109484. html [20.03.2019].

---

4   Talk Dr. Michael Frehse (Federal Ministry of the Interior, Building and Community) at the conference City. Country.Life on 28 March 2019 at Anhalt University.

Meacham, S. (1999). Regaining Paradise: Englishness and the Early Garden City Movement, New Haven/London: Yale University Press.

Migge, L.; Reuss v. J. (1999). Der Soziale Garten. Das Grüne Manifest, Berlin: Gebr. Mann Verlag, Neuauflage.

Migge, L. (1919). Jedermann Selbstversorger. Eine Lösung der Siedlungsfrage durch neuen Gartenbau, Jena: E. Diederichs.

Petersen, T. (2014). Die Sehnsucht der Städter nach dem „Land", In: Frankfurter Allgemeine Zeitung, Jg. 66, Nr. 162, S. 8.

Posener, J. (1968). Ebenezer Howard. Gartenstädte von morgen. Das Buch und seine Geschichte, Berlin/Basel: Birkhäuser.

Wolter, F. (2010). Die Siedlung Knarrberg in Dessau, In: Becker, F. et al. (2010). Leopold Fischer. Architekt der Moderne. Planen und Bauen im Anhalt der Zwanziger Jahre. Dessau: Funk Verlag.

Abbildungen // Figures

Abb./Fig. 1: Esha Kundu, Karla Perez, Mohd Robiul, Sheida Sharifi (2019).

Abb./Fig. 2: Joaquin Busch (2019).

Abb./Fig. 3: Städtebaulicher Entwurf: Eco-City Prof. Dr. Ekhart Hahn, Berlin – Eble Messerschmidt Partner Architekten und Stadtplaner, Tübingen – DREISEITL CONSULTUNG Überlingen.

Teil 1

Historisch-theoretische Annäherung // Historical and Theoretical Approach

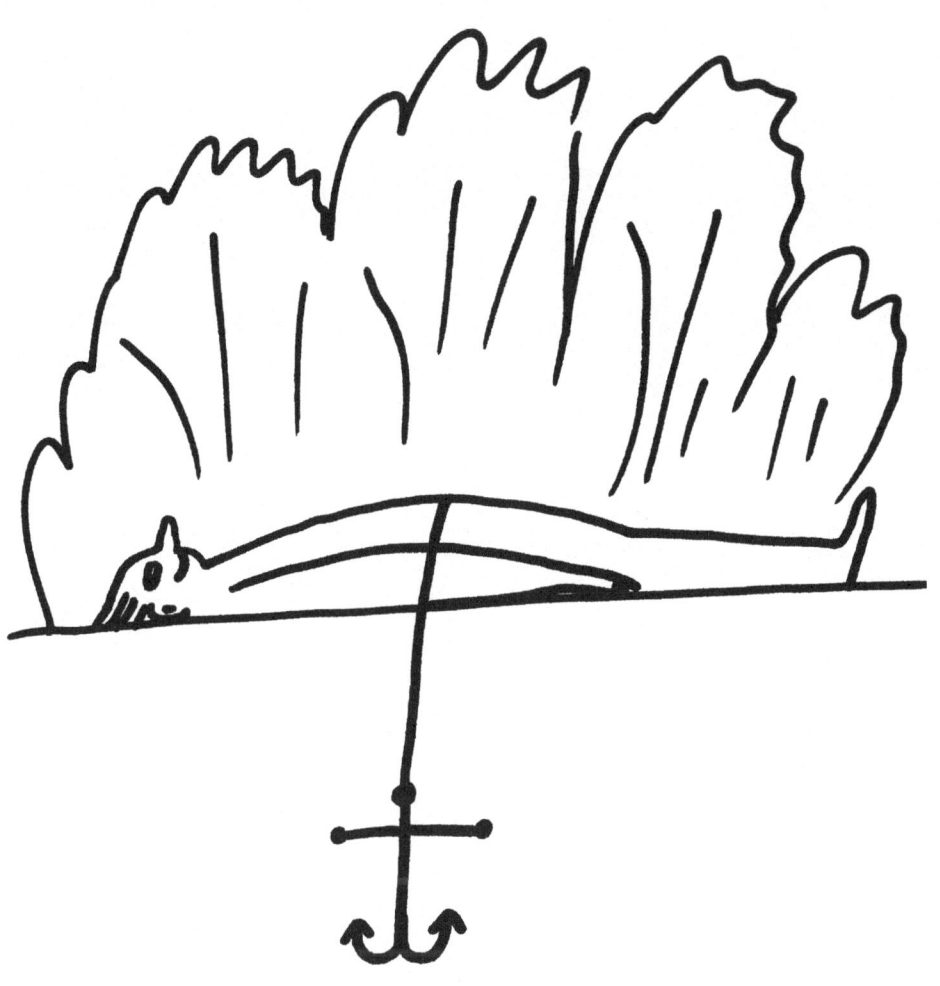

MENSCHEN SIND
IN IHRER LANDSCHAFT
VERANKERT.

„Wir leisten Zukunftsarbeit" – Bruno Tauts Visionen und Konzepte für eine sozial-ökologische Stadtentwicklung

Christine Fuhrmann[1]

„Kunst und Volk müssen eine Einheit bilden. Die Kunst soll nicht mehr Genuss Weniger, sondern Glück und Leben der Masse sein. Zusammenschluss der Künste unter den Flügeln einer großen Baukunst ist das Ziel."(Arbeitsrat für Kunst 1981, 42).

Unter diesem Leitsatz standen die Ziele des von Bruno Taut und Adolf Behne 1918 in Berlin gegründeten *Arbeitsrat für Kunst*, der eng mit der im selben Jahr ins Leben gerufenen Künstlervereinigung *Novembergruppe* zusammenarbeitete. Im Unterschied zur *Novembergruppe*, in der sich nach dem Ersten Weltkrieg die revolutionären Künstler aus ganz Deutschland sammelten, lag die Initiative des *Arbeitsrates für Kunst* bei einem Kreis junger Architekten, die zusammen mit Bruno Taut, Walter Gropius und Adolf Behne das Bauen als eine Menschheitsaufgabe proklamierten.

Bruno Taut war es, der die *Volkshausidee* in den Rang einer gesellschaftlichen und architektonischen Utopie erhob. Der Friedensstadtgedanke, 1917 von Hans Kampffmeyer konzipiert, stößt auch bei ihm, der sich von der Erneuerung der Stadtauffassung geradezu die „Wiedergeburt der Baukunst" (Taut 1981, 38) verspricht, auf großes Interesse. In seinem 1919 veröffentlichten Werk *Die Stadtkrone* proklamiert er das Volkshaus als anzustrebendes zentrales Bauwerk einer jeden Stadt. (Abb. 1)

Forschungsfragen

Dieser Beitrag befasst sich mit Bruno Tauts Konzepten, Planungen und Ideen zu einer sozialökologischen Stadtentwicklung.

In diesem Zusammenhang wird auch die Frage erörtert, welchen Stellenwert die Nutzer/Akteure innerhalb des von Taut entwickelten Siedlungskonzeptes einnehmen.

Gleichzeitig soll dargestellt werden, inwieweit die Beiträge und Ideen von Taut zur Stadtentwicklung den kulturellen und gesellschaftlichen Bedingungen ihrer Zeit entsprechen. Um die Bedeutung der Beiträge von Taut für die Gartenstadtidee aufzuzeigen, konzentriert sich dieser Überblick zunächst auf seine visionären Projekte. Wie bedeutsam waren Tauts Ideen für andere Architekten der Klassischen Moderne? Darauf aufbauend soll veranschaulicht werden, wie zeitgemäß seine Ideen heute sind.

---

1 Dr. Christine Fuhrmann, Brandenburgische Technische Universität Cottbus-Senftenberg, Fachgebiet Landschaftsarchitektur, E-Mail: fuhrmann@b-tu.de

© Springer Fachmedien Wiesbaden GmbH, ein Teil von Springer Nature 2020
N. Uhrig (Hrsg.), *Zukunftsfähige Perspektiven in der Landschaftsarchitektur für Gartenstädte*, https://doi.org/10.1007/978-3-658-28941-6_2

Stand der Forschung

Über Bruno Taut wurde bereits umfangreich publiziert. Das Werk von Bruno Taut ist ausführlich in Katalogen und Monografien dargestellt, so in der Taut-Monografie von Kurt Junghanns aus dem Jahr 1970 (Junghanns 1970).

Eine zusammenfassende und vergleichende sowohl kunsthistorische als auch architekturtheoretische Analyse und Darstellung der zeichnerischen und architektonischen Leistungen Bruno Tauts im Zeitraum von 1914 bis 1933 steht noch aus. Lediglich einzelne Aufsätze in Katalogen und Monografien geben einen Überblick oder thematisieren Einzelfragen zu den verschiedenen Phasen des Architekten, Stadtplaners, Reformers und Lehrer Bruno Taut (vgl. Stadt Magdeburg 1995). Auch an Literatur zum *Neuen Bauen* und der *Internationalen Architektur* mangelt es nicht.[2] Wichtig für die Untersuchung waren weitere Publikationen zu den Themen Architektur des deutschen Expressionismus und zum speziellen Gebäudetyp *Volkshaus* als Zentrum der *Stadtkrone*.[3]

Bruno Taut, Künstler, Visionär, Berater und Lehrer

Bruno Taut, 1880 geboren in Königsberg, ist der Jüngste der Generation der 1880er-Jahre, zu der auch Mies, Gropius, Häring, Le Corbusier und Mendelsohn gehören.

Mit 21 Jahren legte er die Abschlussprüfung an der *Baugewerkschule* in Königsberg ab. Von 1904–8 arbeitete er bei Theodor Fischer in Stuttgart. Durch die Mitarbeit an laufenden Entwürfen sammelte Taut wertvolle Erfahrungen bei städtebaulichen Planungen und in der Landschaftsarchitektur. 1908/09 studierte er Städtebau an der Technischen Hochschule Berlin bei Theodor Goecke (vgl. Hartmann 1995, 171f.). Er hatte vor 1914 bereits einiges gebaut und sich damit einen Namen gemacht. Mit Walter Gropius war Bruno Taut unter den Jüngeren der wichtigste Mann im 1907 gegründeten *Werkbund*.

Nach dem Studium arbeitete er als selbstständiger Architekt zusammen mit Franz Hoffmann in Berlin, ab 1913 auch zeitweilig mit seinem Bruder Max Taut. 1914 errichtet Taut auf der Werkbundausstellung Köln ein Glashaus und erregt damit allgemeine Aufmerksamkeit. Er bezieht sich dabei auf Paul Scheerbarts Ideen einer Glasarchitektur. Am Beispiel des mit Glas ausgefachten Stahlbetonskelettbaus will Taut alles zeigen, „was das Glas zur Erhöhung des Lebensgefühles leisten kann.". Scheerbarts Worte wurden auch auf das Haus geschrieben: „Ohne einen Glaspalast Ist das Leben eine Last." (vgl. Posener 1980, 54).

Bruno Taut hatte zudem wichtige Funktionen in der Wohnreformbewegung inne. Ab 1913 war er Berater für die Deutsche Gartenstadtgesellschaft (DGG), ab 1924 Chefarchitekt der Berliner GEHAG.[4]

---

2   Vgl. Hitchcock & Johnson 1985; Giedion 1965 und Posener 1979; Die Architektur der Weimarer Republik ist Gegenstand in den entsprechenden Veröffentlichungen zur Architekturgeschichte des 20. Jahrhunderts und zum Neuen Bauen, vgl. Huse 1975; Lampugnani & Schneider 1994; Frampton 1991; Pehnt 1998.

3   Vgl. Die europäischen Anfänge der Volkshäuser im 19. Jahrhundert hat zuletzt Simone Hain (1996, 89–149) nachgezeichnet; vgl. Conrads & Sperrlich 1996.

4   Als Berater für die DGG plante er mit die Gartenstadt Falkenberg, Berlin 1913–14, Bauherr: DGG, die Garten-

1918 wurde er Mitglied der *Novembergruppe* und Gründungsmitglied des *Arbeitsrates für Kunst*, regte den Briefwechsel der Gläsernen Kette an, ein Freundeskreis der Utopie. Der visionäre Briefwechsel lieferte auch Material für Tauts Zeitschrift *Frühlicht*. In den Jahren 1921–24 wurde er als Stadtbaurat von Magdeburg, dann wieder als freier Architekt in Berlin tätig. Er baute Siedlungen als beratender Architekt der *Gemeinützigen Heimstätten Spar – und Bau AG*, 1924 trat er der Architektenvereinigung *Der Ring* bei und beteiligte sich 1927 an der Werkbundausstellung *Weißenhofsiedlung* Stuttgart. 1930 erfolgte der Ruf als Professor für Wohnungsbau und Siedlungswesen an die Technische Hochschule Berlin. Aufgrund der politischen Entwicklung in Deutschland ging er 1932 nach Moskau und emigrierte 1933 über die Schweiz nach Japan. Zu dieser Zeit war er in Deutschland ein gefragter Architekt und Stadtplaner. Aufgrund fehlender Aufträge zog er 1936 nach Istanbul, wurde dort Professor an der Akademie der Künste und 1937 Professor in Ankara.

Gartenstadtsiedlung Falkenberg
Zu den frühen Arbeiten Tauts gehört die *Gartenstadt Falkenberg*, die erste Siedlung Tauts (Abb. 2). Ein Masterplan entstand 1913, davon verwirklicht wurde allerdings fast nichts. Interessant ist die Topografie der Siedlung, sie führt von der Straße am Falkenberg ziemlich steil einen Hang zu dem oberen Plateau hinauf. Hier war der größte Teil der Siedlung vorgesehen. Der einzig ausgeführte Stadtraum, den Taut geplant hat, ist der *Akazienhof*. Verwirklicht wurde auch ein Abschnitt *Am Gartenstadtweg*. Taut öffnet hier den Raum, indem er die Häuser in diesem oberen Teil auf der rechten Straße zurücknimmt: ein großer Teil der Gärten liegt vor den Häusern. Der sich anschließende höhere Teil der Straße verengt sich wieder.
Auf den ersten Blick ist Falkenberg ein klassisches Beispiel des Städtebaus der Jahrhundertwende. Beim genauen Hinsehen sieht man, welche Kreativität den Raumbildungen zu Grunde liegt, wie kreativ und unkonventionell der Entwurf ist.
Falkenberg spiegelt auch Tauts Engagement in der Gartenstadtbewegung wider, die Idee der Genossenschaft, des Gemeinschaftslebens. In Falkenberg wird bereits die sozial-ökologische Komponente seiner Architekturauffassung sichtbar. Er hat sogar die Fahne für die Genossenschaft entworfen. Falkenberg dient Taut zudem als Vorbild für die Gestaltung der Straßenviertel der *Stadtkrone*.

Utopische Konzepte und Stadtkrone

Inspiriert von der Novemberrevolution 1918 und von einer *besseren* Gesellschaft und einem elementaren Neuanfang träumend, war wie für viele Künstler auch für Taut die Zeit nach dem Ersten Weltkrieg eine Umbruchsituation. Zunächst fand er es gut, dass es nach dem Krieg nichts zu bauen gab und spricht von einer „inneren geistigen Architektur" (Taut 1986, 55). Er war vom Kriegsdienst befreit und hatte während des Krieges utopische Skizzen erstellt und einige zusammenhängende Reihen solcher Skizzen produziert unter dem Titel *Alpine Archi-*

---

stadt-Kolonie Reform, Magdeburg (1913–15, 1919–32), Bauherr: Gemeinnützige Wohnungsgenossenschaft Gartenstadt-Kolonie Reform. Als Chefarchitekt der GEHAG ab 1924 in Berlin, Siedlung Schillerpark, Wedding 1924–30 Hufeisensiedlung mit Martin Wagner und Leberecht Migge.

tektur und *Die Auflösung der Städte*. Für Taut sollten utopische Volkshaus- und Kultbauten eine große soziale und politische Aufgabe erfüllen.

Als ihm und seinen Freunden schließlich Phantasterei und Flucht vor den Aufgaben der Zeit vorgeworfen wurden, antwortete Adolf Behne:

„Wir leisten Zukunftsarbeit. Die Gegenwart müssen wir preisgeben. Eine Generation einmal muss diese Aufgabe übernehmen, abseits vom alten Hause das Fundament zu legen für ein neues ... Unsere Luftschlösser sind zähere Arbeit als das eilige Tagewerk, das angeblich so fest auf der Erde steht. Aber in Wirklichkeit steht es gar nicht auf der Erde, sondern auf herausgeschnittenen Parzellen, Grundstücken und Terrains. Auf der Erde stehen unsere Luftschlösser – auf dem Sterne, auf der Kugel, auf dem Ganzen. Bauen ist etwas anderes als Mauern." (Behne 1920, 4).

Zukunftsarbeit steckt beispielsweise in einer Skizze für ein Volkshaus, eine Besonderheit in Tauts visionärem Werk, eine technische Phantasie. Das Volkshaus ist eine große Arena, durch die ein Fluss fließt. Das Dach des Volkshauses ist sternförmig mit Seilen an sechs Stellen am Boden verankert. Im Vordergrund stehen 12 Silos. Um das Volkshaus sind 24 Häuser im Halbkreis angeordnet, ein Sektor mit 12 Häusern für Bauern, der andere für Handwerker. Auf der Rückseite befindet sich ein Rummelplatz mit Achterbahn. Die Überschrift heißt: "Volkshaus zur Zusammenkunft der Werktätigen. Austausch der Erfahrungen, Prüfung der Leistungen, Volksfest". Die Werktätigen wohnen in ländlichen Siedlungen und erreichen diese gigantische Versammlungsstätte mit dem Auto, Schiff oder Flugzeug.

Tauts Zeichnungen wurden von ihm mit erklärenden Texten beschriftet. Er war wohl der erste Architekt, der Bild und Wort auf diese Weise zu einer optischen Einheit verband, um auf seine Leser einzuwirken (Abb. 4).

In Tauts berühmtester Schrift *Die Stadtkrone* wird dieses Programm eines städtebaulichen Mittelpunktbaus, der den Bezug für die Stadt und die in ihr lebende Gesellschaft gleichermaßen bilden soll, beschrieben. Taut ging von den Städten des Mittelalters aus, deren Krone die Kathedrale gewesen sei. Er meinte aber auch die Krönung der griechischen Stadt durch die Akropolis und die indischer Städte durch große Tempel. Immer sei es das religiöse Bauwerk gewesen, das die Städte überrage.[5]

Dass er sich dabei von dem Bild der romantischen alten Stadt hat inspirieren lassen, ist durchaus kein Widerspruch. Da es religiöse Bindungen nicht mehr gebe, müsse alles für alle zugänglich sein: Der religiöse Gedanke wird durch den sozialen ersetzt. Folglich wird auch das Symbol der Macht in einen völkerverbindenden Bau transformiert, der die Bekrönung der neuen Städte bilden soll, in denen man nicht nur sicher und gesund, sondern auch glücklich wohnen kann (vgl. Taut 1919a, 55).

Ebenso wie die Erfahrungen mit der Gartenstadt die Gestaltung der Wohnviertel beeinflusst haben, fußt Tauts Programm wiederum auf den Bestrebungen und Gedanken, die zu den um

---

5   In der Geschichte des Städtebaus waren die Stadtkronen der Antike und des Mittelalters keineswegs nur nach ästhetischen Gesichtspunkten entstanden. In den griechischen Städten herrschte eine klare Ordnung nach Funktionen. Der „ungeheure Tempelbezirk" war in der Antike ein „geheiligter" Bezirk, der ausschließlich den Königen, ihren Priestern und den Göttern vorbehalten war. Die Versammlungsstätte für die Bürger – die zum „Kristallisationspunkt der öffentlichen Meinung" wurde – war ursprünglich die Agora, räumlich gefasst von einer Wandelhalle, der Stoa. (vgl. Giedion 1956, 79).

die Jahrhundertwende entstandenen Volkshäusern führten. Nun, zwanzig Jahre später, modifiziert und transformiert er sie zur sozialutopischen Idee der *Stadtkrone*.

Die von Taut entworfene Stadt ist eine große Gartenstadt. Tauts eigentliches Interesse gilt jedoch nicht dem privaten, sondern dem öffentlichen Raum. Er entwirft in seiner Schrift einen repressionsfreien, zentralen Stadtraum als ideale Gesellschaftskrone.

In seinem Zentrum befinden sich Wiesen für Spiel, Tanz, Versammlung und Theater, aus deren Mitte wiederum die *Stadtkrone* aufsteigt: Gebäude für die Gemeinde, Kaufhaus, Restaurant, Bibliothek, Opernhaus, Museum und Volkshaus sind in Kreuzform angeordnet. (Abb. 3) Dieses Kreuz wird überhöht durch den gläsernen Tempel der Gemeinschaft. In diesem Tempel steigt der Mensch als Einzelner empor, um den Geist der Gemeinschaft zu erfahren, sich mit ihm zu durchdringen (vgl. Taut 1919a).

Wie bei einer Gartenstadt nimmt der Freiraum in der Gesamtkonzeption flächenmäßig einen hohen Anteil ein. Die Siedlung wird von einem Ring aus Parkanlagen eingefasst. Die Fabrikanlagen liegen im Osten, während von Westen mit der Hauptwindrichtung ein Park die Landschaft mit dem Herzen der Stadt verbindet. „Er verbindet das Herz der Stadt mit dem freien Lande wie eine große Lebensader und soll ein wahrer Volkspark sein mit Tummelplätzen, Spielwiesen, Wasserbecken, botanischem Garten, Blumenplätzen, Rosarien und einem ausgedehnten, breit in die freie Natur ausmündenden Hain und Wald. Axial zur Stadtmitte liegen in den Wohnvierteln drei Hauptkirchen und sonst verstreut die Schulen, mitten im Park die Unterrichtszentrale (Universität) und weiter draußen die Hospitäler." (Taut 1919a, 63).

In den Illustrationen, die Taut seinem schwärmerischen Text beigefügt, bilden konventionelle Freitreppen, Risalite, Kolonnaden, Ziergärten, Höfe und Rampen aus dem Repertoire absolutistischer Schlossarchitektur den Sockel für die eigentliche *Stadtkrone*.

Nahezu poetisch beschreibt Taut auch das Kristallhaus, bei dem Malerei und Plastik sich aus ihrer gegenständlichen Beschränkung lösen und mit den Glasteilen zusammenwirken. Als „Träger eines kosmischen Empfindens, einer Religiosität, die nur ehrfürchtig schweigen kann" (ebd.), steht das Kristallhaus jedoch nicht isoliert da, sondern wird „getragen von Bauten, welche den edleren Regungen des Volkes dienen, und welche weiterhin in Vorhöfen wieder von dem profaneren Getriebe getrennt sind: wie früher Jahrmarkt und Kirchweih vor der Kirche, so hier Realistik und Lebensfreude um den Kristall. ... Und als Farbenmeer breitet sich der neue Stadtbezirk ringsherum aus, zum Zeichen des Glücks im neuen Leben." (ebd.). Ganz vom Zweck losgelöst, als reine Architektur, soll dieses Haus aus Kristall, eine mit prismatisch gebrochenen Gläsern ausgefüllte Eisenbetonkonstruktion, über dem Ganzen thronen. Der Entwurf basiert auf den Erfahrungen, die der Architekt 1914 beim Bau seiner gläsernen Kuppel auf der Werkbundausstellung in Köln gesammelt hatte.[6] (Abb. 5).

Als Vorbild für seine städtebaulichen Ideen verwendet Taut ebenfalls eines seiner Stadtprojekte, das deutlich den Stempel des zentralen Platzsystems der *Stadtkrone* trägt[7], den Bebau-

---

6   Tauts Glashaus ist farbig. Obwohl es das Licht durchlässt, wird die Außenwelt vollständig ausgeschlossen, so wie es auch bei den Kathedralen der Fall ist.

7   Nach Kurt Junghanns geht das Projekt auf die Stuttgarter Sozialdemokraten zurück, die 1914 den Beschluss zum Bau einer Gartenstadt für die Arbeiterschaft mit einer Bausumme von 1,5 Mill. Mark im Stadtrat durchsetzten. Ein Bebauungsplan ist überliefert, das Projekt wurde aufgrund des Kriegsausbruchs nicht realisiert (Vgl. Junghanns 1970, 30f.; Taut 1919a, 82).

ungsplan für die *Gartenstadt Klein-Hohenheim* bei Stuttgart. Auffallend ist das Zentrum der Siedlung – ein Festhaus mit breitem, terrassenartigem Cour d´honneur –, das bisher für keine Gartenstadt jemals derart straff gefasst und aus der Bebauung herausgehoben eplant wurde (Junghanns 1970, 31).

Arbeitsrat für Kunst (1918–1921)

Von entscheidender Bedeutung für die Popularisierung der Stadtkroneidee war der von Bruno Taut und Adolf Behne 1918 in Berlin gegründete *Arbeitsrat für Kunst*, der eng mit der im selben Jahr ins Leben gerufenen Künstlervereinigung *Novembergruppe* zusammenarbeitete. Im Unterschied zur *Novembergruppe*, in der sich nach dem Ersten Weltkrieg die revolutionären Künstler aus ganz Deutschland sammelten, lag die Initiative des *Arbeitsrates für Kunst* bei einem Kreis junger Architekten, die zusammen mit Bruno Taut, Walter Gropius und Adolf Behne das Bauen als eine Menschheitsaufgabe proklamierten. Zentrale Anliegen des *Arbeitsrates für Kunst* waren vornehmlich der von Bruno Taut entwickelte Volkshausgedanke und die Idee des Gesamtkunstwerkes, an der Architekten, Bildhauer und Maler gemeinsam arbeiten sollten.[8] Taut und sein Kreis wollten eine neue Gesellschaft und eine neue Kunst: eine neue Kunst für und durch eine neue Gesellschaft.

Volkshausgedanke

Der *Arbeitsrat für Kunst* wollte auch erreichen, dass der öffentliche Charakter des Bauens Anerkennung fand und die bildenden Künste nicht weiter dem privaten Bereich vorbehalten blieben, sondern in der Öffentlichkeit stehen sollten, wo sie für alle zugänglich wären. Ganze Stadtteile, Straßenzüge und Siedlungen sollten beim Bau einer einheitlichen Leitung unterliegen und zum Gesamtkunstwerk werden, wenn Künstler, Handwerker und Industrie daran gemeinsam arbeiteten. Der *Arbeitsrat für Kunst* forderte die Errichtung von Volkshäusern mit unterschiedlichen Funktionen. Es waren Versammlungs-, Bildungs-, Kultur- und Erholungsstätten, die in den Zentren des gesellschaftlichen Lebens entstehen sollten. Ein *Volkshaus* war ein konkreter Bau, der als Vermittler zwischen Kunst und Bevölkerung einen festen Bezug zur Gesellschaft hatte.

Haus des Himmels

In einer Passage aus dem Architekturprogramm von Taut, das Weihnachten 1918 mit Zustimmung des *Arbeitsrates für Kunst* als Flugblatt gedruckt wurde, ist das Volkshaus von zentraler, ideologischer Bedeutung: „Unterstützung baulicher Ideen, welche über das Formale hinweg

---

8   Ein konkretes gemeinsames Bauprojekt schlägt Adolf Behne am 18. November 1919 den Mitgliedern des *Arbeitsrates für Kunst* vor – eine Arbeitersiedlung für 10 000 Arbeiter in Frankreich –, das „absolut unabhängig von der Regierung verfolgt werden soll" und die Ziele und Anliegen in einem Projekt vereinigt, die in den Aufgabenbereich des *Arbeitsrates für Kunst* gehören. „Für diese Arbeiter, die in einer trostlosen Umgebung schaffen müssen, jegliche Zerstreuung, Anregung oder Vergnügen entbehren müssen, sind Volkshäuser, Bibliotheken, Theater, Badehäuser, Rummelplätze notwendig. Ein derartiger Plan wäre auszuarbeiten und vom *Arbeitsrat für Kunst* als Maximalforderung aufzustellen, in Volksversammlungen zu zeigen. Durch dieses Projekt", so Behne „würde das erreicht was erstrebt wird, die Verbindung mit dem Volk und der Arbeiterschaft." Bruno Taut ergänzt: „Wichtig für die Arbeitsgemeinschaft ist der Zentralbau, da die Arbeiter vollständig abgeschnitten leben. Es handelt sich um ein Volkshaus, das überall gebaut werden kann." (Arbeitsrat für Kunst 1919a).

die Sammlung aller Volkskräfte im Sinnbild des Bauwerks einer besseren Zukunft anstreben und den kosmischen Charakter der Architektur, ihre religiöse Grundlage aufzeigen, sogenannte Utopien. Hergabe öffentlicher Mittel in Form von Stipendien an radikal gerichtete Architekten für solche Arbeiten. Mittel zur verlegerischen Verbreitung, zur Anfertigung von Modellen. ... Beginn großer Volkshausbauten, nicht innerhalb der Städte, sondern auf freiem Land im Anschluss an Siedlungen, Gruppen von Bauten für Theater, Musik mit Unterkunftshäusern und dergleichen, gipfelnd im Kultusbau. Vorsehen einer langen Bauzeit, deshalb Anfang nach großartigem Plan mit geringen Mitteln." (Taut 1981, 38).

Die großen Volkshausbauten sollten allerdings nicht in der Großstadt entstehen – weil diese „in sich morsch, einmal ebenso verschwinden wird wie die alte Macht" (ebd.) –, sondern auf dem freien Land. Sein Entwurf des *Haus des Himmels*, veröffentlicht 1920 im *Frühlicht*, ist ein solcher Bau (Taut 1920a, 109 ff.). Er verkörpert die kristalline Expression eines monumentalen Andachtsbaus, welcher die Sehnsucht des neuen Menschen nach dem Übersinnlichen widerspiegelt, und ist daher *die* architektonische Metapher für eine neue, *bessere* Gesellschaft. *Stadtkronen* als neue Dominanten der Stadtzentren haben auch andere Architekten und Sozialreformer in beeindruckender Formenvielfalt vorgelegt.

Noch vollkommen utopischen Charakter zeigte eine Reihe von Volkshausentwürfen, die in den Jahren 1919/20 im Freundeskreis Tauts, der *Gläsernen Kette*, entstanden. Die Verfasser fassten wie Bruno Taut die *Stadtkrone* als kristallinen Ausdruck einer neuen Menschengesellschaft in Form eines monumentalen Andachtsbaus auf, welche die Sehnsucht der Menschen nach dem Übersinnlichen verkörperte. Die neue Bauaufgabe fand ihren Ausdruck in der Glasarchitektur und wurde unmittelbar inhaltlicher Träger einer neuen Gesellschaftsordnung (vgl. Pehnt 1971, 150). Hans Scharouns expressionistische Ideenskizze *Volkshausgedanke*, Max Tauts *Volkshaus im Grunewald* oder aber auch der Entwurf für ein Volkshaus von Wassili Luckhardt vereinte neben ihrem visionären Charakter vor allem die Tendenz zur plastischen Gestaltung der Baukörper und organischen Architektur (vgl. Junghanns 1979, 307).

Ein Teil dieser Idealprojekte wurde im Rahmen der Ausstellung für unbekannte Architekten im April 1919 im *Grafischen Kabinett* von J. B. Neumann am Kurfürstendamm in Berlin gezeigt, veranstaltet vom *Arbeitsrat für Kunst* (vgl. Westheim 1919, 425f.). Die Organisatoren waren Walter Gropius, Adolf Behne und Bruno Taut (vgl. Winkler 2009, 262). Das Konzept für diese Ausstellung sah einen vollkommen neuen Ausstellungscharakter vor. Besonders die Arbeiterschaft wurde aufgerufen, die Ausstellung zu besuchen (Taut 1919b). Im Winter 1919/20 wanderten daher die Entwürfe als *Ausstellung für Proletarier* auch durch die Arbeiterkneipen des Berliner Ostens.[9]

Die Auswahl der Exponate wurde maßgeblich von Walter Gropius und Max Taut getroffen. Gropius, der seit März 1919 den Vorsitz des *Arbeitsrates für Kunst* innehatte, war begeistert bei der Sache. In dem Flugblatt, das eigens für die Ausstellung erschien, proklamierte er mit revolutionärem Pathos: „Ideen sterben, sobald sie Kompromisse werden. Darum klare Wasserscheiden zwischen Traum und Wirklichkeit, zwischen Sternensehnsucht und Alltagsarbeit. ... Geht in die Bauten, meißelt Gedanken in die nackten Wände und – baut in der Phantasie,

---

9   Der hallesche Künstler Erwin Hahs, Mitglied des *Arbeitsrates für Kunst*, machte darüber hinaus den Vorschlag, die Ausstellung nach Halle an der Saale als Wanderausstellung weiterzugeben. (vgl. Arbeitsrat für Kunst 1919b).

unbekümmert um technische Schwierigkeiten. Gnade der Phantasie ist wichtiger als alle Technik, die sich immer dem Gestaltungswillen der Menschen fügt. Es gibt ja heute noch keinen Architekten, wir alle sind nur vorbereitende dessen, der einmal wieder den Namen Architekt verdienen wird, denn das heißt: Herr der Kunst, der aus Wüsten Gärten bauen und Wunder in den Himmel türmen wird." (Gropius 1981, 43f.).

Die Ideen, die im *Arbeitsrat für Kunst* entstanden, wirkten nicht nur auf das Programm des Bauhauses in Weimar, sondern auch auf die weitreichenden Pläne für eine Bauhütte.

Für Walter Gropius waren neue soziale Schichten der Bevölkerung, die aus der Tiefe empordrängten, das „Ziel der Hoffnung" (Gropius 1976, 209.), nicht mehr nur der Bürger.

So wollte er, noch sichtlich inspiriert durch Tauts Ideen, einen ganzen Stadtteil in Weimar zur *Stadtkrone* erheben: „Ich stelle mir vor, daß in Weimar eine große Siedlung sich um den Belvedereberg bilden soll, mit einem Zentrum von Volksbauten, Theatern, Musikhaus und als letztes Ziel einem Kultbau …" (Gropius 1983, 398).

Gropius war aber Realist genug, um zu wissen, dass die Annäherung zwischen Kunst und Volk eine erstrebenswerte und wichtige Zielvorstellung ist, die nur langfristig erreicht werden kann bzw. gar nicht erreicht werden muss; er hoffte, in der „Kathedrale der Zukunft" – von ihm mehr als visionären denn als konkreten Bau gedacht – kommende Gebäude einer harmonischen Gesellschaft vorwegnehmen zu können. Seine Ideen für eine große Siedlung am Belvederer Berg beeinflussten wohl auch den städtebaulichen Idealentwurf von Fred Forbat für eine Bauhaussiedlung, in dem der von Gropius angestrebte Gemeinschaftsgedanke – Arbeiten und Wohnen – visualisiert wird.[10]

Die von Gropius 1922 konzipierte Architekturausstellung in Weimar bot einen ersten Überblick über die Bestrebungen und Ideen für eine neue Architektur, wie man sie sich am Bauhaus vorstellte[11]. Die dort gezeigten Architekturentwürfe, die ausschließlich aus dem Baubüro Gropius stammten, hatten mit der Romantik der utopischen Idealentwürfe und der Demonstration des Gesamtkunstwerkes allerdings so gut wie nichts mehr gemeinsam (vgl. Winkler 2009, 269).

Die Auflösung der Städte

Im Jahr 1920 nimmt Taut die Arbeit zum Projekt *Die Auflösung der Städte* wieder auf und entwirft dafür 30 beschriftete Zeichnungen, die er mit einer Auswahl von Texten verschiedener Autoren ergänzt. In diesem Buch schreibt Taut das Bild der Gartenstadt fort, das er selbst noch in der *Stadtkrone* vertreten hat und proklamiert die Beseitigung der naturentfremdeten Großstadt: „Laß sie zusammenfallen, die gebauten Gemeinheiten." (Taut 1920b). Taut schlägt vor, die Städte in „Industrie- und Handwerksgemeinschaften" aufzulösen, die sich über das ganze Land verteilen sollten. Alte Dörfer sollten in neuartige Landwirtschaftsansiedlungen transformiert werden. Die zerstreuten Siedlungen sollten Lebensgemeinschaften bilden und sich selbst organisieren (Abb. 7).

---

10   Fred Forbat war seit 1920 im Büro von Walter Gropius tätig. 1922 wurde er zum leitenden Planer für das Projekt der Bauhaussiedlung berufen. (vgl. Siebenbrodt 2009, 237-253).

11   Nach der ersten Bauhausausstellung im Mai 1922 wurde Anfang Juli 1922 im Staatlichen Bauhaus eine Architekturausstellung eröffnet.

Die dezentralen Binnenkolonisationen dachte er sich mit Gemeinschaftsbauten für Kultur und Bildung ausgestaltet. Städtische Kultur sollte in die Kulturlandschaft getragen und in Wechselwirkung mit der Natur bereichert werden. Dichte Wohnbebauung sah Taut nur in den Siedlungen bei den Industriezentren vor, sonst aber bildeten Einfamilienhäuser die Grundlage dieses sehr weitläufigen Siedlungssystems.

Tauts Entwürfe zielen darauf, eine Siedlungsform zu entwerfen, die dem neuesten Stand der Wissenschaft und Technik entsprechen sollte. Privateigentum an Boden und die daraus resultierenden städtebaulichen Folgen sollten in seiner Vision nicht mehr bestehen.

Er stützte sich dabei auf Forschungsergebnisse über die Möglichkeiten außerordentlicher Ertragssteigerungen in der Landwirtschaft durch Anwendung wissenschaftlicher Methoden, die er in einem Buch von Peter Kropotkin fand und über viele Seiten in *Die Auflösung der Städte* abdruckte.

Bergarbeitersiedlung Ruhland

Taut bekam 1920 die Gelegenheit, eine Siedlung entsprechend seines neuen Siedlungssystems, seiner „Erdstadt", zu planen. Wie bei seinen Landwirtschaftssiedlungen in *Die Auflösung der Städte* teilte er das Gebiet in zwei in sich geschlossene Siedlungseinheiten auf und reihte die Siedlerhäuser dichtgedrängt an einen Anger als Zentrum auf. Tauts Vorschlag wurde allerdings abgelehnt, die zukünftigen Bewohner fanden die Grundstücke für die Gartenarbeit ungünstig geschnitten und verlangten eine Änderung des Entwurfes: die übliche Form der städtischen Kleinsiedlungen mit rechteckigen Grundstücken (Abb. 6).

Rezeption

Auch wenn Taut rückblickend die Zeit der Visionen eine „Epidemie der Geistesstörung" (vgl. Junghanns 1970, 43) nannte und von der „inneren geistigen Architektur" nichts mehr wissen wollte, sind genau diese Bücher, Programme und Skizzen nicht wirkungslos geblieben. Er hatte damit einige bedeutende Leistungen für den Städtebau und die Architektur erbracht. Auch wenn Tauts Architekturvorstellungen weit von praktischen Überlegungen entfernt waren, zeigte das Projekt *Die Auflösung der Städte* durchaus Wirkung. Wie die *Stadtkrone* wurde auch dieser Begriff zu einem gängigen Schlagwort der 1920er Jahre.

So ließ sich die *Hallische Künstlergruppe*, zu deren Gründungsmitgliedern Martin Knauthe, Karl und Kurt Völker, Richard Horn sowie Gerhard Merkel gehörten, von Bruno Tauts Aktivitäten auf dem Gebiet der Gartenstadtbewegung ebenso wie von dem Volkshausgedanken inspirieren und forderten in ihrem Gründungsmanifest u.a. die Einbindung der Künstler in politische Entscheidungsgremien sowie die Errichtung von Volksbildungshäusern.

Dazu zählte 1920 auch ein Wettbewerb für eine neue Wohnsiedlung am Weinberg, einem noch unbebauten Gelände im Westen Halles, jenseits der Saale. Der mit dem 1. Preis ausgezeichnete Entwurf der Architekten Kallmeyer und Facilides umfasst mehrere öffentliche Bauten um einen Spiel- und Sportplatz. Ein an der Wilden Saale vorgesehenes Volkshaus steht an landschaftlich bevorzugter Stelle und ermöglicht so einen „wundersamen Ausblick talabwärts und lässt die landschaftliche Schönheit voll zur Geltung kommen." (Bühring 1920, 291). Die von Knauthe eingereichten Entwürfe Nachtigal und Polycromos, welche Platz zwei und drei belegten, lehnten sich an das Bauprogramm der Tautschen Idealstadt an (vgl. Junghanns & Schulz 1964, 492ff.). Ein ebenfalls ganz aus dem genossenschaftlichen Geist entstandenes Projekt konnte Hannes Meyer in der Schweiz realisieren (vgl. Kieren 1990). Lange vor seiner Bauhauszeit betonte er die gesellschaftliche und die ästhetische Bedeutung des Außenraumes. Eingelöst wurde dieser Anspruch mit der Siedlung Freidorf bei Basel (1919–1923) (vgl. Koch 1989, 34ff.). Statt eines idyllischen Dorfes, so beschreibt Hannes Meyer 1922 die Anlage, ist mit dem Freidorf ein Gebilde „halb Kloster und Anstalt, halb Gartenstadt und Juranest entstanden" (Meyer 1922, 57), das der „Vielgestaltigkeit zeitgenössischer Stadtbilder … Einheitlichkeit, … puritanische Sachlichkeit … und Gleichfarbigkeit" (ebd.) entgegensetzt. Der Außenraum war für Meyer ein zu gestaltender Raum und „der ordnenden Hand des Erbauers anvertraut blieb die Ausgestaltung der Gartensiedlung und mit freudigem Willen verwendete er das grüne Ornament der Bepflanzung zur Verstärkung eines Raumeindrucks oder den energischen Umriß einer Baumallee zur Tiefenwirkung." (ebd.).

Die Grundzelle der Gesamtanlage ist das Einfamilienhaus, das sich zu Wohnzeilen addiert und weitere Zeilen und Wohnhöfe bildet.[12] Das kulturelle Zentrum der Gemeinde, an der höchsten Stelle gelegen, ist das Genossenschaftshaus. Der „Tempel der Gemeinschaft" (Koch 1989, 46) (48) wird in Freidorf zum Motiv der *Stadtkrone* und belegt eine Haltung, die sich auch in der Bauhaus-Siedlung wiederfindet und von Ernst May zum Prinzip „Städtebau ist Landschafts-steigerung"[13] erklärt wird. Im Sommer 1923 wurden Pläne und Modelle zur „Wohnmaschine" (Le Corbusier 1963) und die berühmt gewordene Planung Le Corbusiers *Ville Contemporaine* für eine Stadt mit drei Millionen Einwohnern auf der internationalen Architekturausstellung am Staatlichen Bauhaus in Weimar gezeigt (vgl. Winkler 2009, 280). Unübersehbar ist: Le Corbusier ließ sich hierfür sowohl vom städtebaulichen Raster der amerikanischen Wolken-kratzerstädte als auch von Bruno Tauts *Stadtkrone* beeinflussen. Das Zentrum mit Verwaltung und Kontrollfunktion wurde gebildet von Hochbauten mit zwölf und sechzig Geschossen und einem Park, der in der Funktion einer Schutzzone das elitäre Zentrum von der außerhalb liegenden Industrieregion und den Gartenstädten für Arbeiter abgrenzte.[14] Walter Gropius greift mit seinem Wettbewerbsbeitrag *Hängende Gärten* 1927 nochmals auf das Idealbild einer *Stadtkrone* zurück, von dem die Freunde im Berliner Kreis der *Gläsernen Kette* und des *Arbeitsrates für Kunst* einst geschwärmt hatten.[15] Neun Jahre später wollte er nun mit den

---

12 Martin Kieren hat untersucht, wie Hannes Meyer den an Pestalozzi orientierten organischen Aufbau der Lebens-gemeinschaft (Familie – Nachbarschaft – Gemeinde) in bauliche Realität umgesetzt hat. (vgl. Kieren 1990).

13 1927 wurde die Nidda-Aue nördlich von Frankfurt durch Wohnbebauung räumlich gefasst und als Stadt-Innen-raum interpretiert. Werner Durth bezeichnet diese städtebauliche Akzentuierung des Reliefs als topografischen Städtebau. (vgl. Durth 1991; Lorenz 1986, 78).

14 Vgl. Frampton (1991). S. 134. Abgebildet in Le Corbusier (1923).Vers une architecture, Paris.

15 Am 1. März 1919 übernimmt Gropius die Leitung des *Arbeitsrates* und vereinigte die drei Gruppen Architekten, Künstler und Bildhauer miteinander zu einer Arbeitsgemeinschaft, die umfangreiche Bauprojekte – im Sinne eines Gesamtkunstwerkes – planen sollte. Viele der Ideen, die der *Arbeitsrat* hervorbrachte, wurden in Manifesten und Programmen veröffentlicht, an denen Gropius teilweise als Autor beteiligt war. Die Ideen, die dort entstanden, bildeten die Grundlage für das Programm des Bauhauses in Weimar. Ausführliches zum *Arbeitsrat für Kunst*: Norbert Huse (1975, 15-24). Im November 1919 begann der von Taut initiierte Briefwechsel der Gläsernen Kette, zu deren Kreis vierzehn Mitglieder gehörten. Der visionäre Briefwechsel lieferte auch Material für Tauts Zeitschrift Frühlicht. (vgl. Frampton 1991, 102-107; Whyte & Schneider 1986).

Mitteln der neuen Technik und mit neuen Materialien eine Stadtkrone von besonderer Eigenart schaffen.[16] (Abb. 8). Die Gestaltung der Anlage und die Staffelung der Bauten, die Bruno Taut 1919 in sein Konzept aufnimmt, verkörpern die Idee des menschlichen Gemeinschaftslebens, die der *Stadtkrone* innewohnt: „So stuft sich das ganze von oben nach unten herab, ähnlich wie sich Menschen in ihren Neigungen und in ihrer Veranlagung staffeln. Die Architektur wird kristallisiertes Abbild der Menschenschichtung." (Taut 1919a, 59). Auf jene Abstufung nimmt Gropius mit dem Entwurf für Halle Bezug, wenn er betont: „Die Besonderheit der örtlichen Verhältnisse – Aufbau der Gebäude auf einem in weiter Ebene aufragenden Felsen – soll dadurch ganz besonders unterstrichen und hervorgehoben werden, daß die verschiedenen Höhenlagen des Geländes und der Hausplattformen bis zur obersten Plattform der Stadthalle mit Hilfe von Bepflanzung gärtnerisch durchgebildet werden, sodaß der Eindruck hängender Gärten erzielt wird" (Gropius 1928, 832).

Bruno Taut, ein Architekt der Gemeinschaft

Taut war ein sozial engagierter und innovativer Architekt und Stadtplaner. Auf die umfassenden Aufgaben des genossenschaftlichen Wohnungsbaus reagierte er auf flexible und kreative Weise, denn nicht immer stieß seine ungewöhnliche Architektur und Farbgebung auf Zustimmung. Das führte oftmals zu einem Entwurfsprozess in intensiver Kooperation mit den genossenschaftlichen Bauherren. Andererseits setzten Tauts innovativen Wohnideen Impulse für ein neues Bewusstsein innerhalb der Genossenschaften. So war für Taut die Wohnung ein Ort der Regeneration und der gemeinschaftlichen Entfaltung ihrer Bewohner. Tauts Raumkonzept ist anpassungsfähig und flexibel, weil die Zimmer gleich groß sind. Der Innenraum wird durch Erker, Loggien und Balkone ergänzt. Sie sind Erweiterungs- und Belichtungsräume, prägen den Rhythmus der Fassade und den Außenraum der Gebäude. Den Außenraum der Siedlungen bestimmt Taut als kollektiven Raum. Hier kann der Bewohner den Nachbarn treffen, private und öffentliche Bereiche sind gegliedert, die Übergänge gestaltet.

Bruno Tauts Beitrag zu einer sozial-ökologischen Stadtentwicklung

Bruno Taut eröffnete für uns einen neuen Weg, die Welt zu betrachten. Sein Ansatz, sich für eine soziale und ökologische Weiterentwicklung der Gartenstadtidee einzusetzen, hat bis heute nicht an Aktualität verloren. Besonders vor dem Hintergrund des Klimawandels, der wachsenden Großstädte und schrumpfenden Regionen sind visionäre, sozial- und umweltgerechte Lösungen gesucht. Die vorgestellten Beispiele zeigen: Taut hat sich komplexen Aufgaben gewidmet, die er fast immer in Kooperation mit anderen Akteuren bewältigt hat. Mit seinen visionären Architekturideen wollte Taut etwas Neues, etwas Erhabenes schaffen. Infolgedessen wird das Gesellschaftsideal, einen Einklang zwischen Geist und Volk herzustellen, von Taut in

---

16 Ausführlich untersucht wurde Gropius ambitionierter Wettbewerbsbeitrag in der Dissertation der Autorin: Eine Stadtkrone für Halle a. d. Saale von Walter Gropius (Fuhrmann 2019).

eine städtebauliche Utopie überführt. Waren seine Gedanken und Entwürfe aus dieser Epoche utopisch, sind sie dennoch Dokumente einer großen Aufbruchbewegung und belegen Tauts humanistische Entwurfshaltung.

Bauen für die Gemeinschaft
Taut plante im Sinne des Gesamtkunstwerkes, wie er es im Arbeitsprogramm des *Arbeitsrates für Kunst* und Gropius für das Bauhausprogramm proklamiert. Gesellschaftliche Verantwortung zu übernehmen, gehörte zu Tauts Selbstverständnis. Seinem Engagement lag die Vision eines besseren Zusammenlebens der Menschen zugrunde, das er, auch um Aufmerksamkeit für seine Ideen zu erreichen, in seinen utopischen Büchern *Stadtkrone*, *Alpine Architektur* und *Die Auflösung der Städte* visualisiert hatte.

Innovatives Bauen
Taut wird als Initiator und Vermittler neuer Ideen zur Schlüsselfigur des Siedlungsbaus in den 1920er-Jahren. Eine über die reine Architektur hinausgehende Aufgabe stellt sich Taut bei seinen Siedlungsprojekten für Ruhland, Magdeburg Reform, Falkenberg. Hier gilt es, zeitgenössische Prinzipien der Lebensform zu bedenken, die sich ihm aus einem stärkeren Bedürfnisse nach Individualität, räumlicher Distanz bei gleichzeitig wachsendem geistigen Austausch erschlossen. Infolgedessen plant er die Häuser auf seinen utopischen Zeichnungen ringförmig um Produktions- und Kulturzentren gruppiert oder locker in parkartigen Gärten eingestreut.

Integriertes Bauen
Sobald die finanziellen Spielräume wieder vorhanden waren, legte Taut Wert auf stadträumliche Qualität. Indem er den Freiraum umbaut, unterscheidet er sich von der Zeilenbebauung, die in den 1920er-Jahren von Walter Gropius bevorzugt wird. Taut sieht in der Blockbebauung den Vorteil, darin durch die „verschiedene Stellung der Häuser auch den Garten und Hofraum wohnlich zu machen, also Anforderungen, die man bisher nur an das Wohnungsinnere stellte, auch auf das Äußere zu beziehen und auch den Außenwohnraum als eine Aufgabe der Wohnungsproduktion zu betrachten." (vgl. Hilpert 1980, 36).
Großen Anteil an der erfolgreichen Planung hatte die Zusammenarbeit mit dem Landschaftsarchitekten Leberecht Migge (Abb. 9). In Britz umgibt das Hufeisen einen eiszeitlichen See, der das Zentrum bildet. Die Balkone sind wie in einem Freilufttheater angeordnet. Ein weiteres Gemeinschaftssymbol ist der „Außenwohnraum". Taut meint damit die Erweiterung des Hauses zum Hof, des Hauses zum Garten, des Hauses zur Straße. Dadurch entstehen soziale und räumliche Wechselbeziehungen. Die Außenräume werden gegliedert und „anstelle der Schönheit des Hauses tritt die Schönheit der Vorgänge im und ums Haus." (ebd.).

Farbigkeit in der Architektur
Die Farbe als ausdrucksgebendes und raumbildendes Moment interessierte Taut von Anfang an. Er integrierte die Farbigkeit der Architektur als Gestaltungsmittel in den Städtebau der Moderne. Alles vom Stadtraum bis zum Fassadenelement wurde von Taut mitgedacht. Bei der Gestaltung der Wohnräume hat er sich vom altjapanischen Haus inspirieren lassen (vgl. Junghanns 1970, 42).

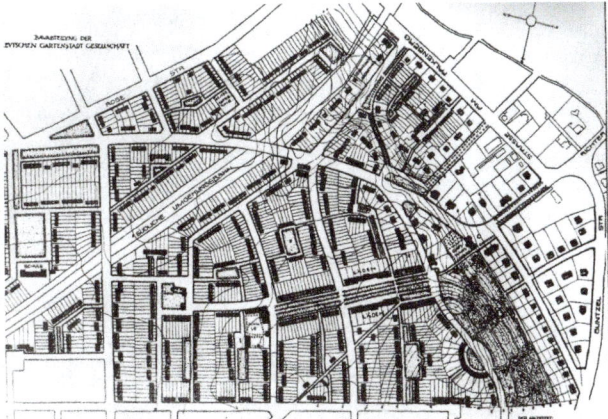

Abb./ Fig.1: Bruno Taut: Titelvignette zum Buch „Die Stadtkrone". // Title vignette of the book „Die Stadtkrone".

Abb./ Fig.2: Bruno Taut: Städtebaulicher Entwurf für die Gartenstadt-siedlung Falkenberg 1913. // Urban design for the garden city settlement Falkenberg 1913.

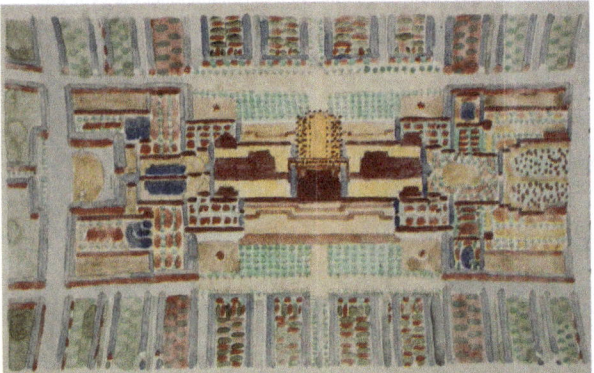

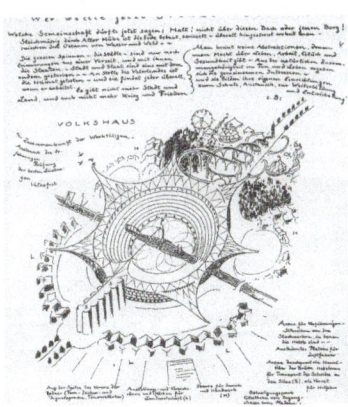

Abb./ Fig.3: Bruno Taut: Die Stadtkrone 1919, Axonometrie. // Bruno Taut: Die Stadtkrone (The City Crown) 1919, Axonometry.

Abb. / Fig.4: Bruno Taut: Volkshaus 1920.

Abb./ Fig. 5: Bruno Taut: Glashaus, Deutsche Werkbundausstellung Köln 1914. // Bruno Taut: Glass House, German Werkbund Exhibition Cologne 1914.

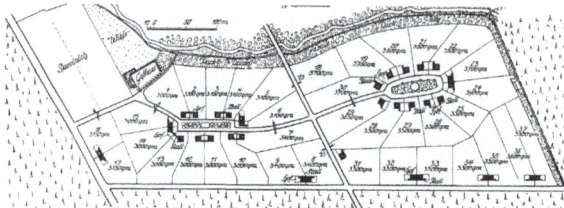

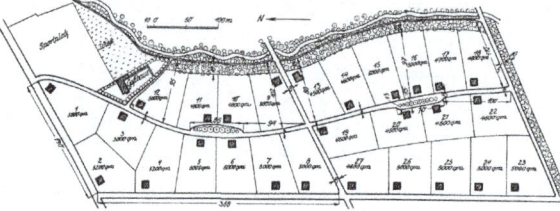

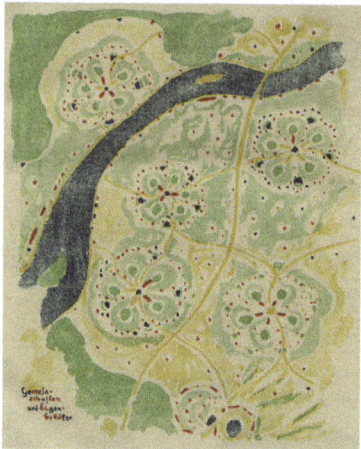

Abb./ Fig. 6: Bruno Taut: Bergarbeitersiedlung Ruhland 1920.
Oben: 1. Entwurf im Sinne der „Auflösung der Städte"; unten:
abgeänderter Entwurf, der nie zur Ausführung kam. // Bruno Taut:
Miners' settlement Ruhland 1920. above: 1st draft in the sense of the
"dissolution of the cities"; below: modified draft, which never came
to execution.

Abb./ Fig. 7: Bruno Taut: Gemeinschaften
und Eigenbrödler, Zeichnung aus „Die
Auflösung der Städte oder die Erde eine
gute Wohnung". // Bruno Taut: Communities and loner, drawing from "The
dissolution of the cities or the earth a good
dwelling".

Abb./ Fig. 8: Visualisierung des Entwurfes Hängende Gärten von Walter Gropius,
Ansicht vom Saaleufer. // Visualisation
of the design Hanging Gardens by Walter
Gropius, view from the banks of the Saale.

Abb./ Fig. 9: Bruno Taut: Hufeisensiedlung, ursprünglicher Bebauungsplan (mit
Martin Wagner). // Bruno Taut: Settlement
‚Hufeisensiedlung', original development
plan (with Martin Wagner).

"We are working for the future." – Bruno Taut's Vision and Concepts for Social-Ecological Urban Development

Christine Fuhrmann

"Art and the people must be unified. Art should not only be for the pleasure of a few, but for the life and happiness of the masse. The goal is to unite the arts under the wings of great architecture[1]"(Arbeitsrat für Kunst 1981, 42).
This was the guiding principle for establishing the goals set by the *Arbeitsrat für Kunst* (Work Council for the Arts), which was founded in Berlin by Bruno Taut and Adolf Behne in 1918. They worked closely with the *Novembergruppe* (November Group) Artists' Association, which also founded in 1918. In contrast to the *November Group* that after the First World War brought together revolutionary artists from all over Germany, the *Arbeitsrat für Kunst* was initiated by a group of young architects, among them were Bruno Taut, Walter Gropius and Adolf Behne, and they proclaimed that building was a task for humanity.
It was Bruno Taut who elevated the *Volkshaus* (a social, cultural and educational center for the people) idea to the higher status of a social and architectural utopia. The idea of a Peace City, which was conceived in 1917 by Hans Kampffmeyer, was a concept that greatly interested him and he hoped that a renewal of how cities were perceived would lead to the "rebirth of architecture" (Taut 1981, 38). In Taut's work *Die Stadtkrone* (The City Crown), published in 1919, he proclaimed that the *Volkshaus* was a central building that every city should strive to have (Fig. 1).

Research Questions

This paper deals with Bruno Taut's concepts, plans, and ideas for social-ecological urban development. In this context the question regarding the significance of the users/actors within the residential estate concept developed by Taut is also discussed. Parallel, this paper will also demonstrate to what extent Taut's contributions and ideas on urban development corresponded to the cultural and social conditions that existed at the time. In order to show how significant Taut's contributions to the Garden City movement were, the first section will present an overview that focuses on his visionary projects and the question: How significant were Taut's ideas with regards to other architects of Classical Modernism? With this as a basis, the paper will illustrate how contemporary his ideas are still today.

---

1   „Kunst und Volk müssen eine Einheit bilden. Die Kunst soll nicht mehr Genuss Weniger, sondern Glück und Leben der Masse sein. Zusammenschluss der Künste unter den Flügeln einer großen Baukunst ist das Ziel".

The latest research

There has already been extensive literature published on Bruno Taut. Bruno Taut's work is described in detail in catalogues and monographs, such as Kurt Junghanns' monograph he wrote on Taut in 1970 (Junghanns 1970). A comprehensive and comparative analysis and presentation of Bruno Taut's drawings and architectural achievements in the period from 1914 to 1933, both in terms of art history and architectural theory, has not been done yet. Only individual essays in catalogues and monographs provide an overview or address individual questions on the various phases in the life of Bruno Taut as an architect, as an urban planner, as a reformer and as a teacher (cf. Stadt Magdeburg 1995).

However, there is not a lack of literature on *Neues Bauen* and the *Internationalen Architektur* (New Constructionand International Architecture).[2] On the other hand, what was important for this investigation was to research publications on German Expressionistic Architecture and those on the unique structure, namely the *Volkshaus*; the center of the *Stadtkrone*.[3]

Bruno Taut, artist, visionary, consultant and teacher

Bruno Taut was born in Königsberg in 1880; he was the youngest of the 1880s generation that included Mies, Gropius, Häring, Le Corbusier and Mendelson. He completed his studies at the *Baugewerkschule* (building trades school) in Königsberg when he was 21. From 1904-08 he worked for Theodor Fischer in Stuttgart, where he gained valuable experience in architecture by continually working on urban planning and landscape designs. He also studied urban planning at the Technical University of Berlin under Theodor Goecke from 1908-09 (cf. Hartmann 1995, 171f.).

By 1914, he had already designed and built a number of buildings and consequently established a name for himself. Along with Walter Gropius, Bruno Taut was the most important young member of in the *Werkbund*, which was founded in 1907.

After he completed his studies he worked in Berlin as a free-lance architect together with Franz Hoffmann and starting in 1913 he worked occasionally with his brother Max Taut. In 1914 he erected a glasshouse at the *Werkbund* exhibition in Cologne, which attracted the public's attention. With his glasshouse, he was clearly referencing Paul Scheerbart's ideas on glass architecture. By using as an example a reinforced concrete skeleton construction filled with glass, Taut wanted to show everything "that glass can do to increase the feeling of life". Scheerbart's words were also written on the house: "Without a glass palace, life is a burden"[4] (cf. Posener 1980, 54).

Bruno Taut also played an important role in the housing reform movement. Starting in 1913

---

2   Cf. Hitchcock & Johnson 1985; Giedion 1965 and Posener 1979; The architecture of the Weimar Republic is the subject of corresponding publications on the history of architecture in the 20th century and on Neues Bauen, cf. Huse 1975; Lampugnani & Schneider 1994; Frampton 1991; Pehnt 1998.

3   Cf. The European beginnings of developing housing for workers in the 19th century were last documented by Simone Hain (1996, 89–149); vgl. Conrads & Sperrlich 1996.

4   „Ohne einen Glaspalast Ist das Leben eine Last".

he was a consultant for the *Deutsche Gartenstadtgesellschaft (DGG)* (German Garden City Society), and from 1924 he was the chief architect of the Berlin GEHAG.[5] In 1918 he became a member of the *Novembergruppe* and was a founding member of the *Arbeitsrat für Kunst*. In addition, he was also the person who initiated the Glass Chain correspondence among a circle of friends who were utopian visionaries. The visionary correspondence also provided material for Taut's magazine *Frühlicht*. In the years from 1921-24 he was appointed Director of Urban Development for the city of Magdeburg and later he would work again as a freelance architect in Berlin.

He built housing estates while working as a consulting architect for the *Gemeinütziger Heim-stätten Spar - und Bau AG*, (a savings and credit institution) and in 1924 he joined the *Der Ring* (The Ring) an association of architects. In 1927 he contributed to the *Werkbund* exhibition *Weißenhofsiedlung*, a housing exhibition, in Stuttgart, and he was appointed Professor of Housing Construction and Development at the Technical University of Berlin. Due to the political developments in Germany, he moved to Moscow in 1932 and then emigrated to Japan via Switzerland in 1933. At that time in Germany, he was a highly sought-after architect and urban planner. However, due to a lack of commissions he moved to Istanbul in 1936, where he became a professor at the Academy of Arts, and a professor in Ankara in 1937.

Gardenstadtsiedlung Falkenberg (Falkenberg Garden City Estate)
Taut's early works include the Falkenberg Garden City Estate, which was the first housing estate Taut designed (Fig.2). A master plan was developed in 1913, but almost nothing came of it. The topography of the estate is interesting; the road leading to the *Falkenberg* runs quite steeply up a slope to an upper plateau. Here, on the plateau most of the estate was planned. The Akazienhof and a section called *Am Gartenstadtweg* were the only urban areas Taut planned that were actually completed. In a section of the street *Am Gartenstadtweg* Taut opened up the space by setting the houses on the right hand side back away from the street and put most of the gardens in front of the houses; in the remaining higher part of the street it narrows again. At first glance *Falkenberg* looks like a classic example of urban planning at the turn of the century. However, upon closer inspection one can see how creative and unconventional the design is. *Falkenberg* also reflects Taut's involvement in the Garden City idea of a cooperative and community lifestyle. In *Falkenberg*, the social-ecological component of his architectural concept was already visible. He even designed the flag for the cooperative. Taut used *Falkenberg* as a model for the design of the street areas of the *Stadtkrone*.

Utopian Concepts and the Stadtkrone
For Taut and many artists the time after the First World War was a time of upheaval. The 1918 November Revolution inspired them and they dreamt of creating a better society; a new elementary beginning. Initially he found it positive that after the war there were no building

---

5   Worked as an advisor for the DGG where he planned the Garden City Falkenberg in Berlin 1913-14, Builder: DGG, the Garden City-Colony Reform, Magdeburg (1913-15, 1919-32), Builder: Municiple Housing Association Garden City Reform. Worked as chief Architect for the GEHAG starting in 1924 in Berlin, Schiller Park Estate, Wedding 1924-30, Hufeisen Estate with Martin Wagner and Leberecht Migge.

materials available and so he talked about an "internal spiritual architecture"[6] (Taut 1986, 55). He was exempted from military service and during the war years he sketched scenes of utopia and produced several interrelated cycles of these types of drawings entitled *Alpine Architektur* (Alpine Architecture) and *Die Auflösung der Städte* (The Dissolution of Cities). Taut thought that utopian housing for the people and cult buildings would fulfil a major social and political function.

When he and his friends were finally accused of pure fantasy and escapism from the real tasks that had to be undertaken at that time, Adolf Behne replied: "We are working on the future. We must reveal the present. For once a generation must take on this task of laying the foundation for a new future away from the old house ... Our castles in the air are much harder work than the hurried work done in a day that is supposed to stand so firmly on the earth. Nevertheless, in reality it does not stand on the earth at all, but on cut out parcels of land, property lots and terrains. Our castles in the air stand on the earth – on the stars, on the globe, and on everything. Building is more than just laying bricks."[7] (Behne 1920, 4).

His exemplarity work for the future can be found in his drawing of the *Volkshaus*, which was a speciality of Taut's visionary work; in other words a technical fantasy. The *Volkshaus* is a large arena with a river running through it. The roof of the *Volkshaus* is star-shaped with ropes anchored to the ground at six points. In the foreground there are 12 silos. Around the *Volkshaus* 24 houses arranged in a semicircle, one sector comprises 12 houses for farmers, and the other sector 12 houses for craftsmen. In the background there is a fairground with a roller coaster. The heading states: "Volkshaus zur Zusammenkunft der Werktätigen. Austausch der Erfahrungen, Prüfung der Leistungen, Volksfest (the Volkshaus, a place for the workers to come together, exchange their experiences, assess their achievements, in other words a folk festival)". The workers would live in a rural estate and reach this gigantic gathering place by car, by ship or by airplane. In order to influence his readers Taut labelled his drawings with explanatory texts. He was presumably the first architect to combine images and words into one visual unit (Fig. 4).

In Taut's most famous work, *Die Stadtkrone* (The City Crown), he describes how this program of a central urban plan is intended to form an equally formed link between the city and the lively society living in it. Taut began by referencing the cities of the Middle Ages, where the crown was the cathedral. However, what he also meant was the Greek city, which was coroneted with the Acropolis and Indian cities with large temples. In other words religious buildings have always dominated cities.[8] However, the fact that he was inspired by image of

---

6   „inneren geistigen Architektur".

7   „Wir leisten Zukunftsarbeit. Die Gegenwart müssen wir preisgeben. Eine Generation einmal muss diese Aufgabe übernehmen, abseits vom alten Hause das Fundament zu legen für ein neues ... Unsere Luftschlösser sind zähere Arbeit als das eilige Tagewerk, das angeblich so fest auf der Erde steht. Aber in Wirklichkeit steht es gar nicht auf der Erde, sondern auf herausgeschnittenen Parzellen, Grundstücken und Terrains. Auf der Erde stehen unsere Luftschlösser – auf dem Sterne, auf der Kugel, auf dem Ganzen. Bauen ist etwas anderes als Mauern.".

8   In the history of urban planning, the city crowns of antiquity and those of the Middle Ages were by no means created solely from an aesthetic point of view. In the Greek cities there was a clear order according to functions. In ancient times, the "enormous temple district" was a "sacred" district, which was reserved exclusively for the kings, their priests and the gods. The citizens' meeting place - which became the "crystallization point of public opinion" - was originally the Agora, spatially defined by a large central lobby, the Stoa. (cf. Giedion 1956, 79).

a romantic old city is not a contradiction, since religious ties would no longer exist and everything would be assessable to everyone. Religious ideas were to be replaced by social ones.
Consequently, the symbol of power was to be transformed into a building that unites people
and is intended to crown the new cities, where one cannot only live safely and healthily, but
also happily (cf. Taut 1919, 55).

Just as the experience with the Garden City concept influenced the design of the residential
districts, Taut's programme was also based on the aspirations and ideas that led to *Volkshäusern*
(social, cultural, educational centers) being built around the turn of the century. Now, twenty
years later, he modified and transformed them into a social utopian idea of the *Stadtkrone*.
The city designed by Taut is a large garden city. Taut's real interest, however, was not in private
spaces, but in public ones. In his writings, he designed a repression-free, central urban space
as the ideal social crown.

In the center of his design there are meadows to play in, a theatre, areas to dance and areas
for people to gather and socialize and from its center the city crown arises. The design also
entailed a municipality building, a department store, a restaurant, a library, an opera house,
a museum and a *Volkshaus* arranged in the shape of a cross (Fig.3). The cross is placed in a
super elevated position by the community's glass temple. In this temple man ascends as an
individual to experience and permeate the spirit of the community (cf. Taut 1919a).

As in a garden city, open spaces are large part of the overall concept. A ring of parks surrounds
the estate. The factories are located in the east, and in the west where the main direction of
the wind comes from, there is a park connecting the landscape with the heart of the city. "It
connects the heart of the city with the open countryside like a vast lifeline rendering it a true
community park with areas to romp around in, playgrounds, plunging pools, botanical gardens,
flower beds, rose gardens, extensive tree groves and a forest that expands out into the open
countryside. Three main churches are located in the residential areas, axial to the city centre,
and the schools are scattered within the layout, the teaching centre (university) is in the middle
of the park, and the hospitals are located further out"[9] (Taut 1919a, 63).

In the illustrations Taut adds to his rapturous texts conventional open staircases, risalites,
colonnades, ornamental gardens, courtyards and ramps all derived from the repertoire of
absolutist palace architecture, which form the base for the actual city crown. Taut, almost
in poetic form, describes the crystal house, where paintings and sculpture break away from
their representational limitations and interact with the glass parts. Since it is the "bearer of a
cosmic perception, of a religiousness that can only be reverently silent"[10] (ibid.), the crystal
house does not stand isolated, but is "supported by buildings whose purpose is to serve the
noble impulses of the people. These buildings will continue to be separated from the more
profound hustle and bustle of life with by planning the gardens in the front; as it was done by
placing fairgrounds and holding religious festivals in front of the church, so here realism and

---

9   „Er verbindet das Herz der Stadt mit dem freien Lande wie eine große Lebensader und soll ein wahrer Volkspark
     sein mit Tummelplätzen, Spielwiesen, Wasserbecken, botanischem Garten, Blumenplätzen, Rosarien und einem
     ausgedehnten, breit in die freie Natur ausmündenden Hain und Wald. Axial zur Stadtmitte liegen in den Wohn-
     vierteln drei Hauptkirchen und sonst verstreut die Schulen, mitten im Park die Unterrichtszentrale (Universität)
     und weiter draußen die Hospitäler".

10   „Träger eines kosmischen Empfindens, einer Religiösität, die nur ehrfürchtig schweigen kann".

the lust for life around the crystal. ... And as a sea of colours spreads out all around the new city district; as a sign of happiness in a new life"[11] (ibid.).

This crystal house, as a reinforced concrete construction filled with prismatic broken glass, will be enthroned above it all and be completely detached from its purpose as pure architecture. The design is based on the experience Taut gained in 1914 during the construction of his glass dome at the *Werkbund* Exhibition in Cologne.[12] (Fig. 5). As a model for his idea of urban development, Taut used one of his urban projects, namely his development plan for the Klein-Hohenheim Garden City near Stuttgart, which clearly bore the stamp of the city crown's central system of a public open space.[13] What is striking about it is the center of the settlement - a festival house with a wide, terraced *cour d'honneur* – this was something, which had never been done before in any garden city, which was to so concisely plan and highlight a festival house (Junghanns 1970, 31).

Arbeitsrat für Kunst (1918-1921) (The Work Council for the Arts)

The *Arbeitsrat für Kunst*, which was founded in 1914 by Bruno Taut and Adolf Behne in Berlin, was of decisive importance for popularizing the city-crown concept. It worked closely with the *November Group* that was founded in the same year. In contrast to the *November Group*, which after the First World War brought together revolutionary artists from all over Germany War, the initiative of the *Arbeitsrat für Kunst* was initiated by a group of young architects, among them were Bruno Taut, Walter Gropius and Adolf Behne, and they proclaimed that building was a task for humanity. The main concerns of the *Arbeitsrat für Kunst* were primarily the *Volkshaus* idea developed by Bruno Taut and the idea of the *Gesamtkunstwerk*, (an all embracing work of art) a concept where architects, sculptors and painters all work together.[14] Taut and his group wanted a new society and a new form of art: a new form of art for and through a new society.

---

11 „getragen von Bauten, welche den edleren Regungen des Volkes dienen, und welche weiterhin in Vorhöfen wieder von dem profaneren Getriebe getrennt sind: wie früher Jahrmarkt und Kirchweih vor der Kirche, so hier Realistik und Lebensfreude um den Kristall. ... Und als Farbenmeer breitet sich der neue Stadtbezirk ringsherum aus, zum Zeichen des Glücks im neuen Leben".

12 Taut's glass house is colorful. Although it lets light through, the outside world is completely blocked out, as is the case with cathedrals.

13 According to Kurt Junghanns, the project can be traced back to the Stuttgart Social Democrats, who in 1914 pushed through a resolution in the city council to build a garden city for the workers with a construction budget of 1.5 million marks. A development plan was submitted, the project was never realized due to the outbreak of war. (cf. Junghanns 1970, 30f.; Taut 1919a, 82).

14 On 18 November 1919, Adolf Behne proposed setting up a specific joint construction project to the members of the *Arbeitsrat für Kunst* - a workers' housing estate for 10,000 workers in France - which was to be "pursued completely independently of the government" and which, within the scope of the *Arbeitsrat für Kunst*, united the aims and concerns of the *Arbeitsrat für Kunst* in a single project. "For these workers, who had to work in desolate environments, without any distractions, stimulation or pleasure, public gathering places, libraries, theatres, bathhouses, fairgrounds were necessary. Such a plan would have to be worked out and set up by the *Arbeitsrat für Kunst* as a demand priority to be shown in places where the workers gathered. Through this project," said Behne, "what is strived for will be achieved, which is bringing the people and the workers together". Bruno Taut added: "What is important for the workers is to have a central building, because the workers live completely cut off. It will be a people's meeting hall that can be built anywhere". (Arbeitsrat für Kunst 1919a).

Volkshausgedanke (the idea of a social, cultural and educational center for the people)
The *Arbeitsrat für Kunst* also wanted to ensure that the public character of building was recognised and that the fine arts were no longer reserved for the private sphere, but were to be made public, thus rendering it accessible to everyone. The construction of whole districts, streets and estates would be under one managerial system and become a *Gesamtkunstwerk* where artists, craftsmen and industry all jointly worked together. The *Arbeitsrat für Kunst* advocated the construction of the *Volkshäuser* to have different functions. They were to be places of assembly, education, culture and recreation, which would develop into the centers of social life. A V*olkshaus*, functioning as a mediator, was a concrete building that had a strong link between art and the public.

Haus des Himmels (The House of Heaven)
Taut's architectural programme was printed with the *Arbeitsrat für Kunst* approval as a flyer and issued at Christmas in 1919. In one passage, he maintains that the *Volkshaus* is of central ideological significance: "Support for architectural ideas, which go beyond the formal aspects, is striving to gather all the nationalist strength in the inherent symbolism found in buildings in order to secure a better future and reveal the cosmic character of architecture, its religious basis, and the so-called utopias. Allocating public funds in the form of scholarships to radically direct architects towards this type of work. The financial means for the publication and distribution to the produce these models. ... Beginning to build large *Volkshaus* buildings, not within the cities, but in the open country adjacent to estates, with groups of buildings for theatres, music, accommodation housing and the like; which will culminate into cult buildings. The envisaged time will be a long construction period, therefore, we are beginning according to this great plan with little means."[15] (Taut 1981, 38).
The large *Volkshaus* buildings, however, are not to be built in big cities because cities "are rotten, and will also disappear along with the will of the old power"[16] (ibid.), but built on free open land. His design of the *Haus des Himmels* (House of Heaven), published in *Frühlicht* in 1921, depicts such a building (Taut 1920a, 109 ff.). It embodies the crystalline expression of a monumental devotional building that reflects the new man's longing for the supernatural, and therefore, represents an architectural metaphor for a new and better society.
Other architects and social reformers in an impressive variety of forms have also presented *Stadtkronen* (city crowns) as new dominating features of the city centers.
A series of *Volkshaus* designs created in 1919/20 by Taut's circle of friends i.e. the Glass Chain, were still completely utopian in character. Like Bruno Taut, the authors conceived the *Stadtkrone* as a crystalline expression of man's new society in the form of a monumental devotional building that embodied people's longing for the transcendental. The new task of

---

15 „Unterstützung baulicher Ideen, welche über das Formale hinweg die Sammlung aller Volkskräfte im Sinnbild des Bauwerks einer besseren Zukunft anstreben und den kosmischen Charakter der Architektur, ihre religiöse Grundlage aufzeigen, sogenannte Utopien. Hergabe öffentlicher Mittel in Form von Stipendien an radikal gerichtete Architekten für solche Arbeiten. Mittel zur verlegerischen Verbreitung, zur Anfertigung von Modellen. ... Beginn großer Volkshausbauten, nicht innerhalb der Städte, sondern auf freiem Land im Anschluss an Siedlungen, Gruppen von Bauten für Theater, Musik mit Unterkunftshäusern und dergleichen, gipfelnd im Kultusbau. Vorsehen einer langen Bauzeit, deshalb Anfang nach großartigem Plan mit geringen Mitteln.".

16 „in sich morsch, einmal ebenso verschwinden wird wie die alte Macht".

designing a building found its expression in the glass architecture and immediately became the inherent bearer of a new social order (cf. Pehnt 1971, 150). Hans Scharoun's expressionist drawings depicting his ideas for the *Volkshaus*, Max Taut's *Volkshaus im Grunewald* and *Wassili Luckhardt's Volkshaus* design united not only their visionary character, but especially demonstrated a tendency towards a sculptural like design of the buildings and a trend towards organic architecture (cf. Junghanns 1979, 307).

Some of these ideal projects were shown at *Ausstellung für unbekannte Architekten* (the Exhibition for Up and Coming Architects) in April 1919 at the *Grafisches Kabinett* by J. B. Neumann on the Kurfürstendamm in Berlin, which was organized by the *Arbeitsrat für Kunst* (cf. Westheim 1919, 425f.). The organizers were Walter Gropius, Adolf Behne and Bruno Taut (cf. Winkler 2009, 262). The concept for this exhibition was to present a completely new character to the exhibition. Workers in particular were invited to visit the exhibition (Taut 1919). Therefore, during the winter of 1919/20, the designs as a mobile exhibition for proletarians made the rounds through the workers' pubs in eastern districts of Berlin.[17]

Walter Gropius and Max Taut decisively selected the exhibits. Gropius, who had chaired the *Arbeitsrat für Kunst* since March 1919, was enthusiastically involved. In the flyer that was printed especially for the exhibition, he proclaimed the following with revolutionary pathos: "Ideas die as soon as they become compromises. That is why there are clear divides between dream and reality, between stargazing and daily work....

Enters buildings, chisels thoughts into the bare walls and –fantasy is built in, is unconcerned about technical difficulties. The grace of the imagination is more important than any technology, which always yields to the creative will of man. Today there is still no architect, we are all just getting ready for him, he who will once again deserve to be called an architect, because that means: a master of art, who out of deserts will build gardens and will build miracles that will tower upward into the sky"[18] (Gropius 1981, 43f.).

The ideas that came out of the *Arbeitsrat für Kunst* not only affected the Bauhaus programme in Weimar, but also affected some far-reaching plans about the building of a construction site hut. For Walter Gropius, the populace's new social order that was being forced up from the depths was the "goal of hope"[19] (Gropius 1976, 209.), and just not only for the bourgeois. Thus, still clearly inspired by Taut's ideas, he wanted to elevate an entire district in Weimar to the *Stadtkrone* concept: "I imagine that in Weimar a large settlement should be formed around the *Belvedereberg*, with a center consisting of *Volksbauten* (assembly halls for the people), theatres, a music house and, as a final goal, a cult building..."[20] (Gropius 1983, 398).

---

17 The Halle Artist Erwin Hahs, member of the *Arbeitsrat für Kunst*, proposed that the exhibition be moved to Halle as part of a travelling exhibition. (cf. Arbeitsrat für Kunst 1919b).

18 „Ideen sterben, sobald sie Kompromisse werden. Darum klare Wasserscheiden zwischen Traum und Wirklichkeit, zwischen Sternensehnsucht und Alltagsarbeit. ... Geht in die Bauten, meißelt Gedanken in die nackten Wände und – baut in der Phantasie, unbekümmert um technische Schwierigkeiten. Gnade der Phantasie ist wichtiger als alle Technik, die sich immer dem Gestaltungswillen der Menschen fügt. Es gibt ja heute noch keinen Architekten, wir alle sind nur vorbereitende dessen, der einmal wieder den Namen Architekt verdienen wird, denn das heißt: Herr der Kunst, der aus Wüsten Gärten bauen und Wunder in den Himmel türmen wird.".

19 „Ziel der Hoffnung".

20 „Ich stelle mir vor, daß in Weimar eine große Siedlung sich um den Belvedereberg bilden soll, mit einem Zentrum

Gropius was realist enough, however, to know that the convergence between art and the people is a desirable and important goal that can only be achieved in the long term or not reached at all; he hoped with the „Kathedrale der Zukunft (Cathedral of the Future)", which he thought was more of a visionary building than something concrete, to be able to anticipate what future buildings might be like in a harmonious society. His ideas for a large housing estate on *Belvedererberg* probably also influenced Fred Forbat's ideal urban design for a Bauhaus housing estate, where Gropius's common idea of working and living could be visualized.[21] The architectural exhibition in Weimar, conceived by Gropius in 1922, provided the first overview of the aspirations and ideas for a new kind of architecture; the kind the Bauhaus was conceptualizing.[22] The architectural designs shown there, which came exclusively from the Gropius' building site office, had virtually nothing in common with the romanticism of the utopian ideal designs and were not a demonstration of the concept of a *Gesamtkunstwerk* (cf. Winkler 2009, 269).

Die Auflösung der Städte (The Dissolution of Cities)

In 1920 Taut resumed work on the project *Die Auflösung der Städte* (The Dissolution of Cities) and designed 30 inscribed drawings, which he supplemented with a selection of texts by various authors. In this book Taut continues with the concept of the garden city, which he still continues to represent with the *Stadtkrone* and proclaims the elimination big cities and their alienation from nature: "Let them collapse, they are built of meanness."[23] (Taut 1920b). Taut proposed to dissolve the cities into "Industrie- und Handwerksgemeinschaften (industrial and craft communities)" which should be spread all around the country. Old villages were to be transformed into new agricultural settlements. The scattered settlements were to form communities and be organized by residents themselves (Fig. 7). He thought that the decentralized inland colonisations should be equipped with community buildings for culture and education. Urban culture was to be brought into the cultural landscape and enriched by interacting with nature. Taut planned dense residential developments only in estates that were close to industrial centers, but otherwise single-family houses were the basis for this very extensive housing estate system. Taut's designs were aimed at designing a kind of housing estate that would correspond to the latest advances in science and technology. In his vision, private ownership of land and the urban development consequences that result form it would no longer exist. He relied on research results touting the possibilities of extraordinary yield increases in agriculture through the application of scientific methods, which he found in a book written by Peter Kropotkin. Consequently, many pages of Kropotkin's book were reprinted in *Die Auflösung der Städte*.

---

von Volksbauten, Theatern, Musikhaus und als letztes Ziel einem Kultbau ...".

21 Starting in 1920 Fred Forbat worked in Walter Gropius' office. In 1922 he was appointed as planning director of the Bauhaus housing estate. (cf. Siebenbrodt 2009, 237-253).

22 After the first Bauhaus exhibition in May 1922, an architecture exhibition was opened in the National Bauhaus in early July 1922.

23 „Laß sie zusammenfallen, die gebauten Gemeinheiten.".

Ruhland Miners' Estate
In 1920 Taut had the chance to plan an estate based on his new settlement system, his *Erdstadt* (Earth City). As with his agricultural estates in *Die Auflösung der Städte*, he divided the area into two self-contained estate units and placed the densely packed estate houses in rows around the village green, which was designed to be the village center. However, Taut's proposal was rejected, the future residents found the plots unfavourably divided for gardening and demanded a change be made in the design; they wanted the conventional form, rectangular plots, commonly found in small urban estates (Fig. 6).

Reception

Even though Taut reflected in retrospect and said the time of visions was an "epidemic of a mental disorder"[24] (vgl. Junghanns 1970, 43) and he no longer wanted to have anything more to do with "inner spiritual architecture", however, these very books, programs and sketches have not remained ineffective. He had indeed made some important contributions to urban planning and architecture. Even though Taut's ideas of architecture were far from practical, the project, *Die Auflösung der Städte*, had an impact. As with the term *Stadtkrone*; the term also became a common catchphrase during the 1920s.

Thus, the *Halle Künstlergruppe* (a group of artists in the city of Halle), whose founding members included Martin Knauthe, Karl and Kurt Völker, Richard Horn and Gerhard Merkel, were inspired by Bruno Taut's activities on the subject of the Garden City movement. The group was also inspired by the *Volkshaus* idea and demanded in their founding manifesto, among other things, that artists be involved in political decision-making committees and be involved with the construction of education centers for the people.[25]

In Halle in 1920 there was a competition to design a new housing estate on the Weinberg, which is still an undeveloped site situated beyond the Saale River in the west part of Halle. The architects Kallmeyer and Facilides' design won 1st prize and it was comprised of several public buildings located around a playground and a sports field.

They envisioned that the *Volkshaus* should be situated on a scenically preferred site, a wild section of the Saale River that provides a "wonderful view of the valley so the beauty of the landscape can be fully appreciated"[26] (Bühring 1920, 291). The designs submitted by Knauthe, Nachtigal and Polycromos, which came in second and third, were all based on Taut's development program of an ideal city (cf. Junghanns & Schulz 1964, 492ff.).

Hannes Meyer was also able to complete a project in Switzerland that was also entirely based on the cooperative spirit (cf. Kieren 1990). Long before his Bauhaus days, he emphasised the social and aesthetic significance of the exteriors of buildings. This claim was fulfilled with the Freidorf Estate near Basel (1919-1923) (cf. Koch 1989, 34ff.). Instead of an idyllic village, as Hannes Meyer described the complex in 1922, the Freidorf Estate has come to be

24   „Epidemie der Geistesstörung".

25   Halle City Archives, files of city council meetings up until 1945, Chap. VII, Depart. XII, No. 2.

26   „wundersamen Ausblick talabwärts und lässt die landschaftliche Schönheit voll zur Geltung kommen".

"half monastery and institution, half garden city and a nest in Jura region"[27] (Meyer 1922, 57) which is in contrast to the "diversity of contemporary cityscapes ... uniformity, ... puritanical practically ... and the uniformity of one colour"[28] (ibid.). For Meyer, the exterior space was also a space that had to be designed and "where the arranging hand of the architect will remain entrusted with the design of the garden settlement; willingly and joyfully he will plant greenery as ornamentation to reinforce a spatial impression or use the energetic outline of an avenue of trees to achieve the effect of depth"[29] (ibid.).

The basic cell of the entire complex is the single-family house, which adds up to residential rows of houses and then forms more rows into residential courtyards[30]. The cultural center of the community, which is located at the highest point, is the *Genossenschaftshaus* (the community house). In Freidorf, the "Tempel der Gemeinschaft (Community Temple)" (Koch 1989, 46) becomes the motif for the *Stadtkrone* and demonstrates a mind-set that is echoed in Bauhaus estates and became a principle of Ernst May; explained as "urban development is landscape enhancement"[31].

In the summer of 1923, Le Corbusier's design plans and models for the *Wohnmaschine* (house machine) (Le Corbusier 1963) and for the *Ville Contemporaine* (Contemporary Villa); were shown at the International Architectural Exhibition at the state-run Bauhaus in Weimar (cf. Winkler 2009, 280). The *Ville Contemporaine* was Le Corbusier's famous design plans for a city with three million inhabitants. The fact that Le Corbusier was influenced both by the urban grid of American skyscraper cities and by Bruno Taut's *Stadtkrone* is glaringly obvious. The center with its administrative and control functions was designed with buildings that were between twelve to sixty stories high and a park whose function was to act as a protective zone for the elitist center and to separate it from the outlaying industrial regions and the garden cities for workers.[32]

Walter Gropius 1927 competition entry *Hängende Gärten* (Hanging Gardens), he once again drew on the ideal image of a *Stadtkrone*; the image that the group *Gläserne Kette* (Glass Chain group) and the *Arbeitsrat für Kunst* once raved about.[33] Nine years later he wanted to use the

---

27 „halb Kloster und Anstalt, halb Gartenstadt und Juranest entstanden".

28 „Vielgestaltigkeit zeitgenössischer Stadtbilder ... Einheitlichkeit, ... puritanische Sachlichkeit ... und Gleich-farbigkeit".

29 „der ordnenden Hand des Erbauers anvertraut blieb die Ausgestaltung der Gartensiedlung und mit freudigem Willen verwendete er das grüne Ornament der Bepflanzung zur Verstärkung eines Raumeindrucks oder den energischen Umriß einer Baumallee zur Tiefenwirkung."

30 Martin Kieren investigated how Hannes Meyer transformed the Pestalozzi-oriented organic structure of the community (family - neighbourhood - community) into a structural reality. (cf. Kieren 1990).

31 „Städtebau ist Landschaftssteigerung", In 1927 the district Nidda-Aue in the north of Frankfurt was spatially defined by residential buildings and interpreted as an urban interior. Werner Durth describes the structural relief of this urban development as topographical city planning. (cf. Durth 1991; Lorenz 1986, 78).

32 Cf. Frampton 1991, p. 134. As shown in Le Corbusier: Vers une architecture, Paris 1923.

33 On March 1, 1919, Gropius took over as director of the *Arbeitsrat* and united the three groups: architects, artists and sculptors to form a working group that was to plan extensive construction projects in the sense of a Gesamt-kunstwerk. Many of the ideas that the *Arbeitsrat* produced were published in manifestos and programs, some of which Gropius was involved in as an author. The ideas that emerged there formed the basis for the Bauhaus program in Weimar. Detailed information on the *Arbeitsrat für Kunst*: Norbert Huse (1975, 15-24). In November

new technology and materials to create a *Stadtkrone* with a special character.[34] (Fig. 8). The design of the complex and the staggering of the buildings, which Bruno Taut incorporated into his concept in 1919, embody the idea of community life inherent in the *Stadtkrone:* "The whole thing is staggered from top to bottom, just as people stagger in their inclinations and disposition. Architecture becomes a crystallized image of human stratification"[35] (Taut 1919a, 59). Gropius refers to this gradation in his design for Halle, when he emphasized the following: "The peculiarity of the local conditions - the construction of the buildings on a wide level on top of a towering cliff - is to be especially underscored and accentuated by the fact that the different altitudes in the area and the house platforms up to the highest platform of the town hall are formed with horticultural, so that the impression of hanging gardens is achieved"[36] (Gropius 1928, 832).

Bruno Taut, an architect for the community

Taut was a socially committed, innovative architect and urban planner. He reacted in a flexible and creative way to the extensive tasks involved in cooperative housing construction, however, his unusual architecture and color schemes were not always meet with approval. This often led to a design process that required intensive collaboration with co-operative builders. On the other hand, Taut's innovative ideas for residential housing created a catalyst that increased awareness within the co-operatives. For Taut, an apartment was a place of regeneration and communal development for its residents. Taut's spatial concept is adaptable and flexible because the rooms are all the same size and the interiors were embellished with additional features, such as bay windows, loggias and balconies. They are extensions and light filled spaces that characterize the rhythm of the façade and the exterior areas of the buildings. Taut defines the exterior areas of the estate as collective space where residents can meet their neighbours. Private and public areas are structured and the transition from one type of area into another has been incorporated into the design.

1919, the Glass Chain correspondence initiated by Taut began with fourteen members of the group. The visionary correspondence also provided material for Taut's Frühlicht magazine. (cf. Frampton 1991, 102-107; Whyte & Schneider 1986).

34 Gropius' ambitious competition entry was researched in detail in the author's dissertation: Eine Stadtkrone für Halle a. d. Saale von Walter Gropius (Fuhrmann 2019).

35 „So stuft sich das ganze von oben nach unten herab, ähnlich wie sich Menschen in ihren Neigungen und in ihrer Veranlagung staffeln. Die Architektur wird kristallisiertes Abbild der Menschenschichtung".

36 „Die Besonderheit der örtlichen Verhältnisse – Aufbau der Gebäude auf einem in weiter Ebene aufragenden Felsen – soll dadurch ganz besonders unterstrichen und hervorgehoben werden, daß die verschiedenen Höhenlagen des Geländes und der Hausplattformen bis zur obersten Plattform der Stadthalle mit Hilfe von Bepflanzung gärtnerisch durchgebildet werden, sodaß der Eindruck hängender Gärten erzielt wird" (Gropius 1928, 832).

Bruno Taut's contribution to social-ecological urban development

Bruno Taut opened up a new way for us to look at the world. Even up until today, his social and ecological approach of working for the further development of the garden city idea has not lost any of its topicality. His ideas are especially relevant today against the backdrop of climate change, growing cities and shrinking regions; therefore, visionary, socially and environmentally compatible solutions are in demand. The examples presented show that: Taut dedicated himself to complex tasks, which he almost always mastered in cooperation with other actors. Moreover, with his visionary architectural ideas, Taut wanted to create something new and sublime. As a result, Taut transformed the social ideal of creating harmony between the spirit and the people into an urban utopia. While his thoughts and designs from this epoch were utopian, they are, nevertheless, documents of a great upheaval and prove Taut's humanistic attitude towards design.

Building for the community
Taut designed in line with the idea of a *Gesamtkunstwerk*, as he proclaimed in the work program of the *Arbeitsrates für Kunst* and as Gropius did for the Bauhaus program. Taking on social responsibility was part of Taut's self-image. His commitment was based on the vision of a better coexistence among people, which he visualized in his utopian books: *Stadtkrone*, *Alpine Architektur* and *Die Auflösung der Städte* (City Crown, Alpine Architecture and The Dissolution of Cities), but he also did so to gain attention for his ideas.

Innovative building
As an initiator and mediator of new ideas, Taut became a key figure in estate development in the 1920s. In his estate projects for Ruhland, Magdeburg Reform and for the Falkenberg Estates, Taut set himself tasks to fulfil that went well beyond pure architecture. Here it is necessary to give thought to the contemporary life style principles he developed from a stronger need for individuality, spatial distance and at the same time a growing need for spiritual exchange. As a result to remedy these needs, he planned in his utopian design drawings that the houses were to be set in rings around the production and cultural centers or that they were loosely scattered about in park-like gardens.

Integrated building
As soon as some financial leeway was again available to Taut, he would emphasize how important the quality of urban spaces was. By converting open spaces, he distinguished himself from the ribbon development that Walter Gropius in the 1920s preferred. Taut saw the advantage in the block development that made the garden and courtyard more homelike through the "different positioning of the houses. Hence, the requirements that had previously only been planned for the interiors of living spaces now were applicable to the exterior and therefore, the exterior living areas also became a design element of housing development"[37] (cf. Hilpert 1980, 36).

---

37 „verschiedene Stellung der Häuser auch den Garten und Hofraum wohnlich zu machen, also Anforderungen, die man bisher nur an das Wohnungsinnere stellte, auch auf das Äußere zu beziehen und auch den Außenwohnraum als eine Aufgabe der Wohnungsproduktion zu betrachten", (cf. Hilpert 1980, 36).

A large part of Taut's successful plans had to do with his collaboration with the landscape architect, Leberecht Migge (Fig. 9). In Britz, the horseshoe shape-surrounding placement of the buildings created a center incorporating a lake that originated during the ice age. The balconies were arranged an open-air theatre-like setting and another community feature is the „Außenwohnraum (outside living space)" contained in the estate. Taut's intention was to extent the house into the courtyard, the house into the garden, the house into the street. This created social and spatial interrelations. The exterior spaces are structured and "the beauty of the house is replaced by the beauty of the activity in and around the house"[38] (ibid.).

Colourful architecture

From the very beginning of his career, Taut was interested in colour as an expressive and spatial moment in his designs. During the modern age, he integrated colour into architecture as an urban design element; Taut gave considerable thought to everything he did; from urban spaces to the façade elements. Old Japanese houses greatly inspired him when he was designing interior living spaces (cf. Junghanns 1970, 42).

Literatur // Literature

Arbeitsrat für Kunst (1981). Unter den Flügeln einer neuen Baukunst, In: Ulrich Conrads: Programme und Manifeste zur Architektur des 20. Jahrhunderts, Braunschweig 1981, S. 42.

Arbeitsrat für Kunst (1919a). Protokoll der Sitzung des Geschäftsausschusse und der Künstlerischen Arbeitsgemeinschaft des Arbeitsrates für Kunst am 18. November 1919, Nachlass Gropius, Papers II, 123, Arbeitsrat für Kunst, Mappe 2, Bauhausarchiv (BHA).

Arbeitsrat für Kunst (1919b). Bericht der Geschäftsführung am 1. November 1919, Nachlass Gropius, Papers II, 123, Arbeitsrat für Kunst, Mappe 1, Bauhausarchiv (BHA).

Behne, A. (1920). Ruf zum Bauen, Zweite Buchpublikation des Arbeitsrates für Kunst, Berlin 1920, S. 4.

Bühring, C.J. (1920). Der Wettbewerb um einen Bebauungsplan für das Gelände an der Wilden Saale in Halle, In: Cornelius Gurlitt (Hrsg.): Stadtbaukunst alter und neuer Zeit, Berlin 1920, S. 291.

Conrads, U. & Sperrlich, H. G. (1996): Phantastische Architektur, Stuttgart.

Durth, W. (1991). Kulturraum Stadt. Die Gestaltung der Städte als Zukunftsaufgabe, In: Karl Ganser, J. Hesse, Christoph Zöpel (Hrsg.): Die Zukunft der Städte, Baden-Baden.

Frampton, K. (1991). Die Architektur der Moderne. Eine kritische Baugeschichte, Stuttgart. S. 134.

Fuhrmann, C. (2019). Eine Stadtkrone für Halle a. d. Saale von Walter Gropius, Dissertation, Weimar: Bauhaus-Universitätsverlag.

Giedion, S. (1956). Architektur und Gemeinschaft, Hamburg, S. 79.

Giedion, S. (1965). Raum, Zeit, Architektur. Die Entstehung einer neuen Tradition, Ravensburg: Maier.

Gropius, W. (1928). Stadtkrone für Halle a. d. Saale, In: Stein Holz Eisen 1928, H. 47, S. 832.

Gropius, W. (1976). Baukunst im freien Volksstaat, In: Karl-Heinz Hüter: Das Bauhaus in Weimar, Berlin 1976, S. 209.

Gropius, W. (1981). Der neue Baugedanke, In: Conrads, U (1981). Programme und Manifeste zur Architektur des 20. Jahrhunderts, Braunschweig, S. 43/44.

Gropius, W. (1983). Walter Gropius an Ernst Hardt, Brief vom 14. April 1919, Weimar, zitiert nach Isaacs 1983, S. 398.

---

38   „anstelle der Schönheit des Hauses tritt die Schönheit der Vorgänge im und ums Haus".

Hain, S. (1996). Die Salons der Sozialisten. Geschichte und Gestalt der Kulturhäuser in der DDR, In: Hain, S.; Schroedter, M.; Stroux, S. (1996). Die Salons der Sozialisten. Kulturhäuser in der DDR, Berlin, S. 89–149.

Hartmann, K. (1995). Lernen von Bruno Taut, In: Symposium Bruno Taut 1995, S. 171–172.

Hitchcock, H.R., Johnson, Ph. (1985). Der Internationale Stil 1932, übersetzt von Wolfgang Pohl, Braunschweig: Viehweg.

Hilpert, T. (1980). Hufeisensiedlung Britz 1926–1980, Technische Universität Berlin 1980, S. 36.

Huse, N. (1975). Neues Bauen 1918 bis 1933. Moderne Architektur der Weimarer Republik, München.

Junghanns, K.; Schulz, J. (1964). Das Volkshaus als Stadtkrone 1918 bis 1920, In: Deutsche Architektur 1964, Bd. 2, S. 492–497.

Junghanns, K. (1970). Bruno Taut 1880–1938, Leipzig 1970.

Junghanns, K. (1979). Die Idee des „Großen Baues", In: Wissenschaftliche Zeitschrift der Hochschule für Architekt und Bauwesen Weimar, Bauhauskolloqium vom 27. bis 29. Juni 1979 in Weimar, 1979, Heft 4/5, S. 304¬308, hier S. 307.

Kieren, M. (1990). Hannes Meyer – Dokumente zur Frühzeit, Architektur und Gestaltungsversuche 1919–1927, Heiden 1990.

Koch, M. (1989). Vom Siedlungsbau zum Lebensbau. Hannes Meyers städtebauliche Arbeiten im Kontext der Diskussion in den 20er Jahren, In: BHA 1989

Lampugnani, V.M. & Schneider, R. (Hrsg.) (1994). Moderne Architektur in Deutschland 1900 bis 1950, Expressionismus und Neue Sachlichkeit, Stuttgart.

Le Corbusier (1963). Ausblick auf eine Architektur (1922). Hrsg. von Ulrich Conrads, Berlin.

Lorenz, P. (1986). Das Neue Bauen im Wohnungs- und Siedlungsbau, dargestellt am Beispiel des Neuen Frankfurt 1925–33. Anspruch und Wirklichkeit, Auswirkung und Perspektive, Dissertation, Universität Stuttgart, S. 78.

Meyer, H. (1922). Der Baugedanke. In: Siedlungsgenossenschaft Freidorf, Freidorf 1922, S. 57.

Pehnt, W. (1971). Paul Scheerbart, ein Dichter der Architekten, In: Paul Scheerbart (1971). Glasarchitektur, München, S. 150.

Pehnt, W. (1998). Die Architektur des Expressionismus, Stuttgart.

Posener, J. (1979) Vorlesungen zur Geschichte der Neueren Architektur, In: ARCH+ 1979–1984, Aachen.

Posener, J. (1980). Hans Poelzig, Bruno Taut und der Expressionismus, In: ARCH+1980, S. 54.

Siebenbrodt, M. (2009). Architektur am Bauhaus in Weimar. Ideen und Pläne für eine Bauhaussiedlung, In: Ute Ackermann, Ulrike Bestgen (Hrsg.)(2009). Das Bauhaus kommt aus Weimar, Berlin, S. 237–253.

Stadt Magdeburg (1995). Symposium Bruno Taut, Werk und Lebensstadien, Stadt Magdeburg (Hrsg.). Magdeburg.

Taut, B. (1919a). Die Stadtkrone, Jena, S. 55.

Taut, B. (1919b). Idealisten. In: Freiheit. Organ der USPD vom 28. März 1919.

Taut, B. (1920a). Haus des Himmel. In: Cornelius Gurlitt (Hrsg.)(1920): Stadtbaukunst alter und neuer Zeit, Berlin, S. 109–112.

Taut, B. (1920b). Die Auflösung der Städte oder die Erde eine gute Wohnung, Hagen.

Taut, B. (1981). Architekturprogramm. In: Conrads, U (1981). Programme und Manifeste zur Architektur des 20. Jahrhunderts, Braunschweig, S. 38.

Taut, B. (1986). 3. Februar 1920, zit. nach Iain Boyd Whyte, Romana Schneider (Hrsg.)(1986): Die gläserne Kette. Reihe: Geschichte der Architektur, Berlin, S. 55.

Westheim, P. (1919). Architektonische Phantasie zu der Ausstellung unbekannter Architekten im Grafischen Kabinett Neumann in Berlin. In: Frankfurter Zeitung vom 30. April 1919; Willi Wolfradt: Phantastische Bauten. In: Die Weltbühne 1919, Nr. 16, S. 425–426.

Winkler, K.J. (2009). Das Staatliche Bauhaus und die Negation der klassischen Tradition in der Baukunst. Die Architekturausstellungen in Weimar – 1919, 1922, 1923. In: Hellmut Th. Seemann und Thorsten Valk (Hrsg.): Klassik und Avantgarde. Das Bauhaus in Weimar von 1919–1925. Klassik Stiftung Weimar Jahrbuch 2009, Göttingen.

Whyte, I. B. & Schneider, R. (1986). Die gläserne Kette. Reihe: Geschichte der Architektur, Berlin.

Abbildungen // Figures

Abb./Fig. 1: Taut, B. (1919a). Titelvignette zum Buch „Die Stadtkrone".

Abb./Fig. 2: Stadt Magdeburg (1995). Symposium Bruno Taut 1995, S. 206.

Abb./Fig. 3: Taut, B. (1920b). Die Auflösung der Städte oder die Erde eine gute Wohnung, Tafel 12.

Abb./Fig. 4: Taut, B. (1919a). Die Stadtkrone, S. 72.

Abb./Fig. 5: Junghanns, K. (1970). S. 134.

Abb./Fig. 6: Taut, B. (1920b). Die Auflösung der Städte oder die Erde eine gute Wohnung, Tafel 10.

Abb./Fig. 7: Junghanns, K. (1970). S. 150.

Abb./Fig. 8: Stadt Magdeburg (1995), Symposium Bruno Taut 1995, S. 89.

Abb./Fig. 9: Ackermann, D., Fuhrmann, C. & Hanisch, B. (2011).

Gartenstädte und Lebensreform. Sozialräumliche Umbrüche

Bernhard Wiens[1]

Jugendbewegung und Lebensreform waren von Anfang an in einem Zwiespalt aus emanzipatorischen und anti-modernen Elementen befangen. Vor und gleich nach dem Ersten Weltkrieg überwogen die fortschrittlichen Impulse aus den Künsten und der Architektur, die die traditionellen Raumgrenzen aufbrach und einen *All-Raum* herstellte. Die fordistische Industrie gab der Gesellschaft den Rhythmus vor. Das *Festspielhaus* von Hellerau wurde zum Inbegriff eines Rhythmusraums. In der Wohnsiedlung Helleraus ist dieses abstrakte Raumprinzip durch Elemente des *Heimatschutzstils* gebrochen, ein gebauter Zwiespalt. Ein Exempel für den Umschlag der Lebensreform in völkische Ideologie ist die Obstbaukolonie Eden. Die Entwicklung wird an Personen wie R. Riemerschmid, L. Migge und P. Schultze-Naumburg verdeutlicht.

Der Zwiespalt der Jugendbewegung

Die Freiheit, die im feierlichen Dom des Waldes und auf den baumlosen Gipfeln der Mittelgebirge zu atmen war, verpuffte mit einem Schlag. 1914 waren aus den „fahrenden Scholaren", die das Bild eines ritterlichen Mittelalters vor Augen hatten, „Soldatenwandervögel" geworden. Die Freiheit schlug in „heldische Pflichterfüllung" und patriotische Hingabe für Kaiser und Vaterland um. Das weiße Licht der frohen Zukunft, zu dem die Herzen der bewegten Jugend bei Sport und Tanz hochgeschlagen waren, färbte sich blutrot. Dieses unheimliche Licht fiel nun, wie es in einer allegorischen Beschreibung hieß, aus den „Frontfenstern" des Kölner Doms (Ille & Köhler 1987, 171).
Ganz einig war man sich nicht. Was eine autonome Jugendzeitschrift, die zum Umkreis jener Bewegung zählte, 1916 schrieb, grenzte an Blasphemie: „Mögen die herrschenden Klassen vor einer Jugendrevolution zittern." (ebd., 190). Zu den jungen Redakteuren linker und teilweise verbotener Schülerzeitungen gehörten Walter Benjamin, Wieland Herzfelde und Rudolf Leonhard, die später als bekannte kommunistische Literaten oder Verleger wieder auftauchen sollten. Dabei hatten sie im Sinne der Bewegung nichts Unrechtes geschrieben, nur war der politische und gesellschaftliche Rahmen ein anderer geworden. Dadurch traten die beiden Seiten der Jugendbewegung offen zutage. Es war der Zwiespalt, in dem sich die Jugend insgesamt befand. Sie schwankte zwischen Neigung zum Aufruhr und Respekt vor der Obrigkeit, wie es in späteren Analysen der „Frankfurter Schule" zum autoritären Charakter hieß.
Wie passt dieser autoritäre Charakter mit der Wohnreform zusammen, die doch von genossen-

1   Dr. Bernhard Wiens, Beuth Hochschule für Technik Berlin, Berlin/ Deutschland,
     E-Mail: bernhard.wiens@fu-berlin.de

© Springer Fachmedien Wiesbaden GmbH, ein Teil von Springer Nature 2020
N. Uhrig (Hrsg.), *Zukunftsfähige Perspektiven in der Landschaftsarchitektur
für Gartenstädte*, https://doi.org/10.1007/978-3-658-28941-6_3

schaftlichen Kollektiven organisiert wurde? Licht, Luft und Sonne sowie gleiche Wohnstandards sollten für die werktätige Bevölkerung bereitgestellt werden. Wie passt der aufklärerische und emanzipatorische Zug der Gartenstädte mit den gegenläufigen gesellschaftlichen Tendenzen zusammen? Sind Gartenstädte der bauliche Niederschlag der sozialen Aufbrüche jener Zeit? Wie und wohin entwickelten sie sich, als die Massen der Zwanziger Jahre vor den Toren und Türen standen?

An diesem Punkt kann nochmals die Frankfurter Schule bemüht werden, die von der „Dialektik der Aufklärung" sprach. Anders als in Goyas Darstellung vom „Schlaf der Vernunft" ist es gerade die Aufklärung, die Ungeheuer gebiert. Im Totalitätsanspruch der Vernunft liegt stets Exklusion, der Ausschluss derer, die „das Licht" nicht annehmen wollen. Der Fortschritt ist nicht linear. Die Moderne ist der geeignete Begriff, das zu erläutern. Sie hat sich im Schoß der alten Mächte entwickelt, würde Benjamin schreiben. Ihre frühen Vertreter wandten sich immer lauter gegen den verzopften Eklektizismus der alten Zeit. Erste Vermittlungsschritte zum neuen Zeitalter gingen etwa die Arts and Crafts-Bewegung und der Jugendstil. Die Durchsetzung der Moderne endete mit einem Pyrrhus-Sieg über die restaurativen Kräfte. Sie waren noch virulent und kamen um so stärker wieder zum Vorschein.

Beide Tendenzen noch einmal vom Ergebnis her betrachtet: Die Moderne war in der Anti-Moderne enthalten, die in Deutschland ihre Quellen in der Romantik und in den Befreiungskriegen hat. Dialektik bedeutet, dass auch das Umgekehrte der Fall ist: Die Anti-Moderne ist in der Moderne enthalten. Das ist eine epochale Aussage. Zwar muss die Entwicklung von der zweiten Hälfte des 19. Jahrhunderts bis 1933 und darüber hinaus geschichtlich differenziert nachvollzogen werden, doch war der Zwiespalt zwischen rückwärtsgewandtem *Heimatschutzstil* und nach vorne orientiertem sozialreformerischem *Neuem Bauen* von Anfang an der Spagat der Gartenstadtbewegung. Die Widersprüche waren in der Jugendbewegung gleichzeitig. Es waren logische Gegensätze, dem Anschein nach zeitlos. Zur Ahistorizität des ideologischen Selbstverständnisses der diversen Gruppen trug bei, dass der Autoritarismus mit einer Naturphilosophie umbaut wurde. Die Autorität kommt aus der Natur. Zum anderen wurden Affekte gegen die Erwachsenenwelt nach innen gerichtet, als Repression des jugendlichen Subjekts gegen sich selbst, etwa durch asketische Lebensführung. Die Freiheit war innerlich. „Die Gedanken sind frei...".

All-Raum

Ob großbürgerliche Villa oder kleinbürgerliches Wohnhaus – sie sollten auf ein durchgängiges gestalterisches Konzept zurückgeführt werden. Verlangt ist ein Rückzug der ganzen Gesellschaft auf einheitliche Formen, die nur je konkret variiert werden. Dies könnte als Leitbild der Moderne der Architektur gelten, auf das sowohl Hermann Muthesius als auch Bruno Taut und Leberecht Migge verpflichtet waren, die im 1907 gegründeten *Deutschen Werkbund* zusammenkamen. Es war ein Aufbruch gegen den Historismus. Muthesius brachte von seinem Studium des englischen Landhauses die Idee zu einer Gartenreform mit. Der Landschaftsgärtner möge aus seiner Isolation heraus- und in einen Gedankenaustausch mit den Vertretern alle Künste treten, insbesondere mit den Baukünstlern und den Städtebauern. Haus und Garten sollten als engverschmolzenes Ganzes behandelt werden.

Die Grenzen zwischen innen und außen werden fließend. Die Linien des Baukörpers werden im Garten aufgenommen, ein geometrisierender Ansatz, den sogar Mies van der Rohe bei seinen Anfängen vor dem Ersten Weltkrieg in Anschlag brachte und beibehalten sollte[2] (vgl. Schneider 2000, 130f.). Nun fragt sich, wie Kleinhäuser von Gartenstädten unter formale Prinzipien zu subsumieren sind, die beim spätfeudalen Großbürgertum Englands eine ganz andere Maßstäblichkeit hatten. Der Schlüssel zur Antwort liegt in der Gartenstadt Hellerau, damals (1909ff.) vor den Toren Dresdens. Zunächst gilt die Faustregel, dass der Kräutergarten der Küche vorgelagert ist. Die Unregelmäßigkeit der Baukörper englischer Landhäuser klingt in Hellerau in manchen Straßenfluchten und Fassaden an, so in der bekannten, von Richard Riemerschmid konzipierten Straße „Am Grünen Zipfel". Die Fassaden der Reihe springen vor und zurück, Gesimse und Walmdächer sorgen für Auflockerung. Trauf- und Giebelständigkeit wechseln sich, wie auch bei den beiden anderen Architekten der ersten Stunde, Heinrich Tessenow und Muthesius, einander ab. Letzterer versetzt geschickt die Fenster von Ober- und Erdgeschoss gegeneinander. Die Anlage der Bebauung nimmt die sanft gewellte Topographie des Geländes auf. In seinem städtebaulichen Entwurf achtete Riemerschmid auf die Weitung von Freiräumen für mehr Aufenthaltsqualität.

Einerseits sind die Häuser in Reihe gesetzt, was für eine Gleichmäßigkeit spricht, oder wie Bruno Taut sagen würde: eine Serialität aus Kleinem und Gleichem. Andererseits stehen die Hebungen und Senkungen, die Sprünge und Unterbrechungen für Individualität. Beides zusammen ergibt einen Rhythmus. Der Rhythmus ist die verbindende Kraft zwischen Architektur und Gesellschaft. Aber es bedarf noch eines anderen Impulses, und der kommt aus der Industrie. Die Eisenkonstruktionen des 19. Jahrhunderts, in Sonderheit die Skelettbauweise, ermöglichten die Trennung von Stütze und Wand bei den Fabrikhallen.

Das konstruktive Prinzip, die Ingenieurbaukunst, trat seine Herrschaft über die Architektur an. Die Wände, die nicht mehr tragen, können je nach funktioneller Notwendigkeit versetzt werden. Innen und außen sind nicht mehr durch Fassaden getrennte Sphären, sondern Ausschnitte aus einem All-Raum. Gebaut wird von innen nach außen. Dieses All, auf das die Innenwelt der Maschinenhallen ausgreift, ist die „gleichgeschaltete", obgleich offene Gesellschaft. Bruno Taut erweitert dieses All sogar per „Gläserner Kette" bis in den Kosmos. Er hatte eine theosophische Lichtreligion von seinem Schriftstellerfreund Paul Scheerbart übernommen. Die Jugendbewegung lässt grüßen.

Aber das Geschehen spielte sich eher in der Unterwelt ab, wie sie nach dem Krieg in Fritz Langs „Metropolis" dargestellt werden sollte. Die Maschine funktionalisierte die Gesellschaft. Die Gesamtarchitektur der Gesellschaft passte sich der bürokratischen Feingliederung der Betriebsstruktur an. Die Gesellschaft wird zur Fabrik. Die Fabrik wird zur Maschine, nur ein Produkt auswerfend. Der Rhythmus der Maschine gibt das Konsumtempo und das Reproduktionstempo der Menschen vor.

Ober- und Unterwelt waren jedoch nicht mehr getrennt voneinander, sondern alles lag auf einer Ebene. Die Zeit des geschlossenen Kastens der euklidischen Raumauffassung war vorbei.

---

2   Der Garten entwächst dem Haus. Er wird zum Außenwohnraum, gegliedert in Kompartimente unterschiedlicher Nutzung, die dem inneren Raumprogramm korrespondieren. Dem Drawing room ist zum Beispiel der Rosengarten zugeordnet wie dem vielgliedrigen Wirtschaftsflügel der Küchengarten. Bibliothek und Raucherzimmer liegen in Nachbarschaft. Vorgelagert ist der repräsentative Teil des Gartens.

Die Relativitätstheorie stürzte die Weltbilder um. Die Wände wurden gleichsam nach draußen geklappt. Die ganze Gesellschaft war zum offenen Grundriss geworden. Die ebenen Flächen konnten per Farben und Formen designt werden. Piet Mondrian trat mit seinen „neoplastischen" Gemälden auf den Plan. Seine Bilder zelebrieren eine Spannung aus Universellem und Individuellem. Die Bildflächen können wie bei einem Pop-up-Buch wieder in Wand- oder Deckenflächen zurückverwandelt werden. Das sind Kippfiguren oder, wie es El Lissitzky ausdrückte, Umsteigestationen von der Malerei in die Architektur und umgekehrt. Es sind zugleich Umsteigestationen von der Musik in die Architektur.

Rhythmusraum

Im Entwurf eines „Landhaus in Backstein" (1924) geht Mies van der Rohe verschwenderisch mit von der Last befreiten Wandscheiben um. Einzelne Wände treibt es wie von Zentrifugalkräften gezogen nach draußen. Der Grundriss-Plan erinnert an eine Partitur[3]. Eine Interpretationshilfe gibt Theo van Doesburg, der wie Mondrian in der Gruppe „De Stijl" und darüber hinaus am „Bauhaus" zugange war: Er zeichnete ein Gerüst aus nicht verbundenen, rechtwinklig zueinander stehenden Linien und nannte es „Rhythmus eines russischen Tanzes".
Farben dematerialisieren steinschwere Wände. Sie „elementarisieren" sie für die sinnliche Wahrnehmung. In seinem berühmten Haus in Utrecht (1924) verwendete Gerrit Rietveld für die Innenausstattung die Mondrianschen Grundfarben Rot, Gelb und Blau. Von den Ecken nahm er Stützen weg, was auch wieder eine Elementarisierung ist. Dieses Farben- und Formenspiel ist keineswegs auf das *Bauhaus* oder den *Neoplastizismus* (der Gruppe De Stijl) beschränkt, sondern der Ursprung liegt in einer Gartenstadt. In Falkenberg bei Berlin setzte Bruno Taut die Fassaden und ihre Elemente farbig ab. Der Volksmund hatte den passenden Namen: *Tuschkastensiedlung*. Wie Taut die Siedlung beschreibt, scheint einer Interpretation Mondrianscher Bilder nahezukommen: Zwischen Fassade und Grundriss, vorn und hinten besteht keine Grenze. Keine Einzelheit ist als Selbstzweck da, sondern sie ist dienendes Glied der Gesamtheit. Die Wände behalten durch die Farbgebung ihren flächigen, bildhaften und unräumlichen Charakter[4]. Die sozialen Verhältnisse liegen gleichsam auf einer Ebene. Da jedoch Farben auch eine unterschiedliche räumliche Distanzwirkung entfalten, ist diese Gleichheit zugleich illusionär.
Die Serialität aus Individuellem und Sozialem, aus Handwerklichem und Maschinellem wurde als Stil der Zeit zum Lebensrhythmus, gebildet aus Tanzkunst und Architektur. Das Zentrum der *Bewegungskunst* wurde das 1911 errichtete *Festspielhaus* in Hellerau. Das von Heinrich Tessenow entworfene Bauwerk erinnert in seiner Strenge, die die Größe abmildert, an französische Revolutionsarchitektur. Es liegt abseits vom Ortskern im Grünen und trumpft nicht als *Stadtkrone* auf. Der Komplex bekam das Etikett „Grüner Hügel der Moderne".
Wenn Walter Gropius über die moderne Vorstellung und Anmutung von Architektur schreibt,

---

3   Mies selbst nannte diese Architektur „kontrapunktisch".

4   In der experimentellen Aufbruchszeit der zweiten Hälfte des 20. Jahrhunderts sorgten Membranen für die Durchlässigkeit der Außenhaut.

dass der Raum selbst sich zu bewegen scheint, so war Hellerau ein Laboratorium jener Moderne. Der Rhythmus erschüttert den Raum und zieht ihm zugleich ein Gerüst ein. Der Tanz löst den Raum auf und schafft ihn aus dem Körper heraus wieder neu, so wie der Garten nach der Vorstellung der Reformer aus dem Haus abzuleiten ist. Emile Jaques-Dalcroze hatte 1911 in Hellerau die Bildungsanstalt für Musik und Rhythmus gegründet, um der Arhythmie des Großstadtlebens eine „musikalische Plastik für Zukunftsmenschen" entgegenzusetzen (vgl. Marco de Michelis1996, 44 & 47).

Das Leben hat seinen Rhythmus wiedergefunden, wenn die Architektur sich spielerisch mit der Tanzkunst verbunden hat, wenn der vom Elan vital angetriebene Mensch den Baukörper antanzt, bis dieser sich dem menschlichen Körper anverwandelt hat. Dass es sich nach Jaques-Dalcroze dabei um eine Entgegensetzung der Arhythmie des Lebens und des erhabenen Rhythmus der Kunst handeln soll, ist ein wenig trivial. Denn auch und gerade die Grenzen zwischen Kunst und Leben verschwimmen. Das hatte schon der junge Marx erkannt, als er schrieb: „Man muss diese versteinerten Verhältnisse dadurch zum Tanzen bringen, dass man ihnen ihre eigne Melodie vorsingt." (Marx & Engels 1970, 381). Entweder entsteht, vermittelt durch Musik, ein Gesamtkunstwerk, wie es Richard Wagner im Sinn hatte, oder der Zusammenbruch naht durch Ekstase. Und Wagner hauste schließlich auf dem Grünen Hügel der Anti-Moderne. Der Tanz, der jede Figur auch wieder auflösen und in eine andere verwandeln kann, ist jedoch offen für verschiedene gesellschaftliche Entwicklungen. Er stellt sie in Frage.

Das gesamte Areal des *Festspielhauses* bildete einen Rhythmusraum. Der das Ensemble umschließende Platz war für Freiübungen vorgesehen. Wer in der Ursprungszeit das Haus entlang der Haupt-Wegeachse von der Seite her betrat, erlebte den Komplex in unterschiedlichen Tempi. Mit einfachen Übungen nach der „Methode Jaques-Dalcroze", die eine Affinität zur Eurythmie und damit Anthroposophie aufweist, fing es in Hellerau an. Als das *Festspielhaus* stand, steigerte sich das bis zu Aufführungen von Glucks „Orpheus und Euridike" und Paul Claudels „Verkündigung". Eine feste Grenze zwischen Zuschauerraum und Bühne bestand nicht. Sie waren ein „engverschmolzenes Ganzes", so wie es Leben und Kunst sein sollten. Ausgefeilte Lichtinstallationen abstrahierten und stilisierten die konkreten Räume. Das Licht wird zum Raum selbst. Der Raum emanzipiert sich von den Wänden. Er ist elementarisiert. Adolphe Appia nannte seine Bühnenbilder „Espaces rhythmiques". Jacques-Dalcroze resümierte: In *Hellerau* wird der Rhythmus zur Höhe einer sozialen Institution erhoben (vgl. Arnold 1993, 354 & 356).

Ein Who is Who der Kulturschaffenden fand sich bis zum Höhepunkt 1913 in Hellerau ein, darunter Kafka und Rilke, Max Reinhardt und Else-Lasker-Schüler, Oskar Kokoschka und Emil Nolde. Strawinsky war da, bevor sein „Sacre du printemps" die Pariser aus dem Häuschen brachte. Sie wurden durch den atavistischen Rhythmus für die Moderne wachgerüttelt. Mies van der Rohe besuchte Hellerau, weil seine spätere Ehefrau dort Tanzelevin war. Mary Wigman entwickelte sich in Hellerau in Richtung des modernen Ausdruckstanzes. Sie wechselte dann zu Rudolf von Laban auf dem Monte Verità. Ihre Schülerin war Gret Palucca. Da ging es um Kunstformen des Tanzes, mit denen die rhythmischen und gymnastischen Übungen eurythmischer Provenienz freilich nicht mithalten konnten.

Sogar den jungen Le Corbusier zog es nach Hellerau. Er lobte, Einfachheit sei das Prinzip eines Gesamtkunstwerks (vgl. Marco de Michelis1996, 37-39). 1914 war Schluss. Der Schweizer Jaques-Dalcroze verließ aus Protest gegen die Bombardierung der Kathedrale von Reims durch die Deutschen das Land. Aber die Saat war gelegt. Nach dem Krieg blühten die modernen Künste im besiegten Deutschland um so kräftiger auf. Hellerau war das „Vorwort zum Bauhaus". Das Bauhaus baute den Rhythmusraum aus. Walter Gropius: „Die Räume sind nicht mehr abgeschlossen, sondern fließen ineinander und öffnen sich über Balkone und Terrassen zur Natur. Die Bewegung und rhythmische Balance der modernen Welt spiegelt sich im Bauwerk; innen und außen, Architektur und Natur, Bewohner und Bauwerk sind in einem fließenden, harmonischen Gleichgewicht." (zit. nach Gebeßler 2003, 21f.). Das Gleichgewicht dürfte sich bei der Bauhaus-Architektur eher geistig herstellen, denn sie verzichtete geflissentlich auf Symmetrie.

Baukörper, Gesellschaftskörper und Rassekörper

In der *Hellerauer Wohnsiedlung* selbst ist außer bei den bereits beschriebenen Komponenten wenig von der geometrischen Strenge und dem Takt zu spüren, den die Maschinen der Architektur und mit ihr allen Künsten vorgaben. Der Architekt Friedrich Ostendorf, der selbst an der formal strengeren Gartenstadt Karlsruhe beteiligt war, monierte, dass krumme und winklige Straßen und Plätze eine „geschickt aufgebaute Theaterdekoration" seien (Schollmeier 1990, 139). Das kann durchaus auf Hellerau gemünzt sein. In der Tat beherzigte Riemerschmid einen gemäßigten *Heimatschutzstil*. Genau dies, und sei es das Pittoreske, macht jedoch den Charme von Hellerau aus. Es geht nicht darum, einen romantisierenden Klassizismus und eine futuristische Idealstadt gegeneinander auszuspielen, sondern die Nachhaltigkeit dieses Musters von Gartenstadt liegt im Pragmatismus der Umsetzung. Wenn das emanzipatorische Modell solcher hybriden Gartenstädte scheiterte, dann weil die gegensätzlichen Prinzipien sich nicht politisch vertrugen. Dazu gleich.

Idealstädte wie die von Ebenezer Howard entworfene Gartenstadt sind eschatologisch gemeint und kaum zu verwirklichen. Organische Gartenstädte wie Hellerau sind dagegen endlich – und gerade deshalb nachhaltiger. Bei einem Besuch Helleraus äußerte sich Howard anerkennend über die Abwandlungen seines eigenen geometrischen Idealentwurfs (vgl. Schubert 2004, 55). Julius Trip schlug eine Auflösung der Dualität vor: „Wir müssen uns freimachen von dem Schulmäßigen und versuchen, künstlerisch eigene Gedanken hervorzubringen. Ob diese künstlerischen Gedanken in einer regelmäßig architektonischen oder in landschaftlicher Form gegeben werden, tut nichts zur Sache." (Schneider 2000, 248). Hellerau mit seinen Elementen der Typisierung und Rhythmisierung, der Egalisierung und Individualisierung steht selbst für die Vereinbarkeit der Dualismen.

Die Frage, ob diese ambivalente Architektur tatsächlich die Spannung aushielt, ist jedoch negativ zu beantworten, sofern die entsprechenden realgesellschaftlichen Spannungen zwischen reaktionären und fortschrittlichen Kräften in Betracht gezogen werden, die die erste Hälfte des zwanzigsten Jahrhunderts durchzogen. Letztlich kapituliert dann auch die Architektur vor der Politik. Der Streit kulminierte architektonisch im Zehlendorfer Dächerkrieg, wo beide Prinzipien in einer Straße zusammenprallten. Tessenow führte die Fraktion der konservativen Steildach-Befürworter an. Bruno Tauts Flachdächer lagen auf der anderen Straßenseite. Heute wiederum stört sich niemand mehr an dem Kontrast, der in eine grüne Stadtlandschaft eingebettet ist.

Betrachtet man den Hellerauer Straßenzug „Am Grünen Zipfel", könnte Camillo Sitte das städtebauliche Programm ausgegeben haben: „Vor allem durch Variationen in Straßenführung und -belag, Begrünung, Ruhezonen usw. (...) sowie eine unregelmäßige Gruppierung der Baumassen versuchte man, individuell gestaltete Lebensbereiche zu schaffen." (Krückemeyer 1997, 60). Der Architekt Clemens Galonska, der sich für den Erhalt und die Reanimierung Helleraus engagiert und selbst dort wohnte, macht auf einen Perspektivenwechsel aufmerksam: Es kommt nicht darauf an: Wie gucke ich drauf? Sondern: Wie gehe ich durch?[5] Das menschliche Maß, das Architektur wahren sollte, ist erst durch Jan Gehl wieder eingefordert worden. Der Beginn der Moderne ist nicht genau zu datieren. 1890 verfasste Hermann Bahr eine Art Aufruf, für den er den Begriff erstmals verwendete (Bahr 1890, 189). In jenem Jahrzehnt erlangte auch der Naturschutz Popularität. Lässt man frühere Ansätze zu Gartenstädten wie in der *Arts and crafts-Bewegung* außer Acht, bildete sich der Gegensatz von modern-reformerischen Kräften einerseits und Heimat- und Naturschutz andererseits zwischen dem *Fin de siècle* und dem Ersten Weltkrieg in Konturen heraus. Der Gegensatz war politisch-ideologisch motiviert, wurde aber an Hand von Gartenstadt-Entwürfen ausgetragen. 1898 hatte Ebenezer Howard sein *To-morrow* veröffentlicht. Das Urheberrecht auf Gartenstädte machte ihm der Deutsche Theodor Fritsch streitig, der zwei Jahre zuvor die *Stadt der Zukunft* herausgebracht hatte, allerdings ohne Resonanz.

Die graphischen Unterschiede in den Entwürfen der beiden haben keine große Bedeutung, wohl aber die Aussagen zu Funktion und Struktur. Bemühte sich Howard um die Verbesserung der Wohnverhältnisse der Arbeiter, suggeriert Fritschs Modell den Ausschluss unliebsamer Elemente. Es basiert auf einer ständischen Gliederung durch räumliche Segregation, orientiert an einer barocken Ordnung. Für Howard stand die soziale Frage im Vordergrund. Die nüchtern-praktische Umsetzung in der Gartenstadt Welwyn, worin Howard involviert war, ließ den strengen Idealstadt-Entwurf hinter sich. Fritsch hingegen integrierte die Arbeiterklasse a priori in das fiktive Konstrukt eines *Volkskörpers*. Daraus wurde später die „Volksgemeinschaft", die jeden Widerspruch aufhob und zum Repressionsinstrument wurde. Fritsch hatte 1887 die erste Auflage seines „Antisemiten-Katechismus" herausgegeben. In vielen weiteren Auflagen bereitete das Pamphlet den Weg für den Nationalsozialismus.

Am Anfang steht das Desiderat der Stadtflucht. Darin stimmt die Gartenstadtbewegung mit der Lebensreform in allen Facetten überein. Die *Wandervögel* sangen: „Aus grauer Städte Mauern...". Und Fritsch agitierte: „Heraus aus der giftgeschwängerten Atmosphäre der Lasterparadiese!" (zit. nach Schubert 2004, 27). Zurück zur Natur und zum Ackerbau. Die Stadt ist Sündenbabel, ist Aufruhr der Nerven, ist Zivilisationskrankheit. Joachim Radkau spricht vom Zeitalter der Nervosität. - Der Staat, in Sonderheit die Stadt, ist von krankhaften Wucherungen befallen. Die Krebsgeschwüre müssen abgespalten oder vernichtet werden, damit der Körper gesunden kann. Im Mittelpunkt steht ein organizistisches Gesellschaftsmodell. Die bestehende Ordnung muss refeudalisiert werden, quasi ständisch.

Die soziale Frage ist zu einem Biologismus mutiert. Wenn der Gesellschaftskörper und der menschliche Körper in eins gesetzt werden, können die sozialen Krankheitsbilder entweder auf die Juden, besser: auf den Juden übertragen werden. Er ist entartet. Oder die beiden Körper

---

5   Im Gespräch mit dem Autor am 24.5.2014.

werden zum Rassekörper zusammengeschmiedet und von Arno Breker und Josef Thorak in Stein gemeißelt. Damit ist schon eine Etappe beschrieben, die die Lebensreform auf dem Weg zum Nationalsozialismus nimmt. Je drastischer, blutrünstiger die Metaphorik des Untergangs ist, desto stärker ist der latent enthaltene Antisemitismus. In abgeschwächter Form greift auch Howard auf solche Krankheitsbilder zurück.

Innerliche Freiheit und Umschlag in Totalität

Fritsch bewunderte die 1893 bei Berlin gegründete Obstbaukolonie Eden. Sie wurde ein Hort der Lebensreform. Die Gründungsmitglieder und Unterstützer waren bunt gemischt, von liberalen Sozialreformern über völkische Idealisten bis zu linken Anarcho-Syndikalisten. Die Genossen waren sich durch Vegetarismus und Nudismus verbunden. Verboten waren Alkohol und Tabak. Sie lagen damit auf der Linie der Ernährungsreform gegen „Zivilisationskost": Weitgehender Verzicht auf Fleisch, die Betonung von Rohkost und Vollkornprodukten und die Ablehnung von Genussmitteln wie Tabak, Kaffee, Alkohol, aber auch von Zucker und starken Gewürzen. Basis ist ein ökologischer Landbau.

Der zu den Förderern gehörende Sozial- und Wirtschaftswissenschaftler Franz Oppenheimer setzte wie auch Adolf Damaschke auf eine Bodenreform. Grob gesagt bestand die Hoffnung darin, durch Beseitigung der Spekulation die Grundrente so weit abzusenken, dass den Arbeitern schließlich der volle Ertrag zukommt. Oppenheimer war Jude, und was er mit der Bodenreform vertrat, war die zionistisch beflügelte Vorstellung eines friedlichen Übergangs in den Sozialismus oder ins Land der Freiheit, den Garten Eden. Die antisemitische Hetze versteht unter Zionismus meist das Gegenteil einer solch friedlichen Transformation. Um eigene Gewalttaten zu legitimieren, werden Bodenspekulation, Landnahme und Zinswucher den Juden in die Schuhe geschoben. Das makabre Ende war, dass unweit von Eden das Konzentrationslager Oranienburg installiert wurde.

Die allgemeine gesellschaftliche und politische Drift ließ „Eden" nicht unberührt. Zum ersten Weltkrieg hin nahmen die völkischen Stimmen unter den Bewohnern zu. Sie sahen in Eden eine germanische Utopie. Wer 1916 Neu-Siedler werden wollte, musste eine „deutsch-völkische" Gesinnung nachweisen. Im Umkreis der Reformpädagogik, für die in Eden eine Schule eingerichtet worden war, hielten sich tolerante Einstellungen, aber die übrigen anthroposophischen Reformideologeme erhielten auf einmal einen ganz anderen Zungenschlag. Der Vegetarismus diente nun zur „Abwehr der Rassenverschlechterung", und die Freikörperkultur diente zur Abhärtung des (Rasse-)Körpers.

Wie das zusammengeht, erläuterte der Korsettfeind und Antisemit Heinrich Pudor: „Würde jedes deutsche Weib öfter einen nackten germanischen Mann sehen, so würden nicht so viele exotischen fremden Rassen nachlaufen. Aus Gründen der gesunden Zuchtwahl fordere ich deshalb die Nacktkultur, damit Starke und Gesunde sich paaren, Schwächlinge aber nicht zur Vermehrung kommen." (zit. nach Hohenheim 2018, 136).

Aus der Theosophie war eine „Ariosophie" geworden. Die Machtergreifung stellte für Eden keine große Ruptur da. Man hatte sich vorauseilend dem Faschismus ergeben. Die Edener *Wandervogelgruppe* ging 1933 in der Hitlerjugend auf. Nun lenkte Reichsjugendführer Baldur von Schirach die Geschicke. Die Unterwerfungsgesten der meisten reformbewegten Gruppen im Zuge ihrer Gleichschaltung waren mehr als abgeschmackt. Wenn etwa die Nazi-Offiziellen Anstalten machten, die Freikörperkultur zu verbieten, reagierten deren Vertreter mit dem Argument, dass nicht die Nackten, sondern die Juden schuld am sittlichen Verfall seien. Man schloss die Juden aus und durfte schließlich zur Pflege der deutschen Rasse weitermachen. Die Ambivalenz aus Emanzipation und Regression war paradigmatisch 1913 zutage getreten, als *Wandervogel-Gruppen* an den Feiern zum 100. Jahrestag des Sieges über Napoleons Truppen teilnahmen und sich in die imperiale Geste zur Vorbereitung eines neuen Krieges einspannen ließen. Das war am Leipziger *Völkerschlachtdenkmal*. Dagegen grenzten sich mit Bekenntnissen zum Frieden die (größeren) Teile der Jugendbewegung ab, die sich zum Ersten Freideutschen Jugendtag auf dem *Hohen Meißner* versammelten. Man hielt sich für unpolitisch, gleichwohl patriotisch. Dass sich im weiteren Verlauf meist die völkische Richtung durchsetzte, liegt nicht nur an der Instrumentalisierung durch politische Interessen. Vielmehr kippt die freiheitlich-friedliebende Richtung von selbst nach rechts. Mit Sigmund Freud könnte analysiert werden, dass gerade die friedlich-freudige Aura der gleich beschriebenen Leitbegriffe der Jugendbewegung auf einen aggressiven Gehalt schließen lässt.

In der zweiten Hälfte des 19. Jahrhunderts schritt die Säkularisierung voran. Ein Kulturkampf um die Rolle der Kirchen in Staat und Gesellschaft entbrannte. Das entstehende Vakuum wurde spirituell durch „Diesseitsreligionen" gefüllt, die sich um so leichter auf vorchristliche „germanische" Mythologien stützen konnten. Die Erlösung musste nicht mehr an Gottes Sohn delegiert werden und in eine mit weltlichen Mitteln unerreichbare Zukunft geschoben werden. Die Erlösung erfolgt hier und jetzt. Im Licht – und an der Luft – offenbart sich die Wahrheit. Diese Jugendreligion knüpft an die Gnosis an. Begriffe wie Gemeinschaft, Kameradschaft, Vaterlandsliebe und Befreiung wurden auch von den gemäßigten Kräften gebraucht und bekamen schnell einen totalitären Gehalt. „Befreiung" ist in Deutschland, siehe *Völkerschlacht-Denkmal*, von vorneherein anti-modern konnotiert, als Niederschlagung der französischen Truppen und damit der Errungenschaften der französischen Revolution. Die Massenveranstaltungen an nationalen Großdenkmälern wie am *Kyffhäuser* dienten der emotionalen Mobilisierung der Jugend. Die schlechte soziale Realität ist aus den nationalen Bekenntnissen ausgeblendet, aber die Harmonie wird zu einer gesellschaftlichen Zwangsveranstaltung. Die Residuen des Elends werden auf den bösartigen „Moloch Stadt" übertragen. Gegen das Übel setzt die Bewegung in einer Art asketischer Selbstverwirklichung die Einheit von Mensch und Natur. Dies ist das „All-Ich" der Jugendbewegung. Der Dichter Erich Weinert parodiert die *Wandervogel-Bewegung* in einem Song. Ein Vers: „Pfui Klassenkampf, wie ordinär / Wir kennen nicht Tarife. / Der Reichtum kommt von innen her / aus unsrer Seelentiefe. / Wer sich von innen her beschaut / und Nietzsche liest und Rüben kaut / Was kümmern den die andern? / Juhuu, juhuu, juhuu... wir müssen wandern." (Weinert 2010, Video über den Gesang der Latscher) – Weinert ließ sich allerdings vom Stalinismus korrumpieren.

Gesamtkunstwerk

In den Künsten lief mit dem Eintritt in die Moderne ein analoger Prozess ab. Die Säkularisierung hieß hier „Gesamtkunstwerk". Hermann Muthesius hatte 1905 sinngemäß gefordert, dass die Architekten mit den Vertretern aller Künste in Verbindung treten sollen, Landschaftsarchitekten und Städtebauer inklusive. Gropius übernahm und erweiterte diese Forderung geradezu zur Programmatik für die Gründung des Bauhauses. Die Einheit von Malerei, Bildhauerei und Architektur werde durch die von Handwerk und des Weiteren Technik untermauert. „Ist die künstlerische Einheit allgemeingültig und dementsprechend ästhetisch hergestellt, wäre darin auch die Gesellschaft eingeschlossen. Die Kunst ist im Leben angekommen." (Wiens 2019). Darin liegt zugleich eine große Gefahr. Die Utopie wird diesseitig, unmittelbar zu verwirklichen, mit unvermittelter Gewalt. Dann gibt es auch kein „Ad quem" der Gesellschaft, nichts, worauf sie hinauslaufen sollte oder könnte. Die Moderne wäre das Ende der Geschichte. Nach dieser Epoche kommt nichts mehr. Politisch gesprochen, würden die Künste mit dem Totalitarismus gemeinsame Sache machen. Aus dem revolutionären Potential des russischen Konstruktivismus würde dann zum Beispiel der „Sozialistische Realismus". Punktum.

Es wäre jedoch vermessen, diese Implikationen des *Gesamtkunstwerks* etwa dem Bauhaus anzulasten. Das Bauhaus forderte die Einheit der Künste und Gewerke, weil seine Lehrer daraus einen sozialen Anspruch, vorrangig den einer Wohnreform ableiteten. Licht, Luft und Sonne sind somit etwas sehr Profanes, nichts Mystisches wie in der Jugendbewegung. Und der soziale Anspruch bestand schon vor dem Krieg: in Hellerau. Die Dresdner, später Deutschen *Werkstätte*n, stellten „Reformmöbel" her. Sie waren erschwinglich, da vornehmlich aus Weichholz und maschinell produziert. Die Holzbearbeitungsmaschine gab die Form vor. Das leistete einer Typisierung Vorschub, die Muthesius als Stil der Zeit proklamiert hatte. Inneneinrichtungen wurden möglichst komplett auf zahlreichen nationalen und internationalen Ausstellungen und in eigenen Verkaufsstellen dargeboten, Hausgeräte und zeitweise „Reformspielzeug" inbegriffen.

Alles kam aus einer Hand, „vom Sofakissen (bis) zum Städtebau", um es mit einem Bild von Hermann Muthesius auszudrücken (Muthesius 1912). Dem Gründer der Werkstätten, Karl Schmidt, kam zugute, dass er aktiv am *Werkbund* beteiligt war. Er konnte auf die besten der dort versammelten Künstler und Designtalente zurückgreifen, neben Riemerschmid etwa auf Peter Behrens und Joseph Maria Olbrich.

Haus und Garten wie Stadt und Land

Die enge Beziehung von Haus und Garten, der Garten als Wohnraumerweiterung und dass siedlungsnahe Grün werden meistens aus der Perspektive von Architekten thematisiert, hatten aber auch einen Protagonisten unter den Landschaftsarchitekten, der nicht zuletzt den Übergang von den Kleinhaus-Gartenstädten zu den mehrgeschossigen Siedlungen der 20er Jahre mitvollzog. Das war Leberecht Migge, der unter anderen eng mit Riemerschmid, Bruno Taut, Ernst May und Hermann Muthesius kooperierte. Die konzeptionellen Vorgaben des letzteren löste Migge zunächst für den Hausgarten ein. Er plädierte für den bewohnbaren Garten. Zimmerartig gegliederte Gartenräume werden in Fortsetzung der Grundrissgliederung des Innenraums des Hauses einzelnen Zwecken zugeordnet. Diese Gärten waren in Gartenstädten nicht voneinander isoliert, sondern Migge übernahm das Prinzip der Serialität aus Kleinem und Gleichem, die schon bei der Hausstruktur vorherrschte. Er setzte rhythmische Akzente bei gleichem Muster. Obstbaumpflanzungen, Beete für Nutzpflanzen, Spalierwände, Dungsilos und Geräteschuppen wurden einer Normierung unter dem Primat der Sachlichkeit, Nützlichkeit und Materialgerechtigkeit unterzogen. Migge stimmte das Prinzip der Funktionsorientierung bei rhythmischer Gestaltung auf die Architektur ab. Die strenge Normierung der Garten-Ausstattung würde heute als sozialer Druck empfunden. Die Bewohner Helleraus waren sich jedoch sämtlich durch die Arbeit in der Fabrik verbunden. Es war eine Gemeinschaft. Gesellschaftliche und klassenkämpferische Kategorien waren weit weg, weswegen die Kommunistische Partei Gartenstädte auch mit gemischten Gefühlen ansah. Gärten wurden so angelegt, dass sie auch dem Nachbarn gefallen würden. Das war gleichsam die Übersetzung der allgemein vorgegebenen Maximen in eine häusliche Ästhetik. Die Hausgärten waren nur durch niedrige Zäune und Hecken abgeteilt. Darüber hinaus schuf das Wegesystem hinter den Häusern, das der Erschließung der Gärten diente und für jedermann zugänglich war, eine Atmosphäre der „Halböffentlichkeit". Nähe und Ferne zum Nachbarn waren selbstbestimmt und situativ bedingt. Migge übertrug das auf die Gärten für das „Neue Bauen": „Durch Normung und Massenherstellung wurde ein neuer Stil, ein neuer (Massen-)Gartentyp entwickelt, funktional, sachlich und nutzerfreundlich, bei dem nicht ästhetische, sondern soziale und funktionale Gesichtspunkte im Vordergrund standen." (Baumann 2002, 173). Muthesius würde allerdings die Ästhetik nicht so leicht über Bord werfen, sondern aus dem Funktionalen heraus entwickeln. Migge legte die Betonung statt auf den schönen auf den „sozialen Garten". Funktionalität interpretierte er in einem ganz allgemeinen Sinn, als Anpassung an die wechselnde Formensprache der Architektur. Kurz, er wusste sich auf die verschiedenen Architektenkollegen einzustellen. Vom Dogma der Zuordnung von Küche und Kräutergarten konnte er auch abweichen. In einem Punkt ging er über den Ansatz der Architekten hinaus. Wenn ein Postulat der modernen Architektur lautete, durch Bauen von innen nach außen die Grundrisse ins Offene zu treiben, verstand sich Migge sogar auf eine radikale Umkehr: Das Kleinhaus sei „gartenmäßig" zu entwerfen.

Damit passen Migges Vorstellungen von Wirtschaftlichkeit zusammen. Das Stadtgrün, seien es Gärten fürs Kleinhaus, seien es Volksparks, spannte er in ein System der Selbstversorgung ein. Ihm schwebte das physiokratische Modell vor, aus dem Mehrwert der Gartenbewirtschaftung den Hausbau zu finanzieren und aus einer städtischen Landwirtschaft heraus die Stadt als soziales und wirtschaftliches Gebilde weiterzuentwickeln. Haus und Garten sind eine wirtschaftliche Einheit. Diese Mikroökonomie überträgt Migge auf das Verhältnis von Stadt und Land. Die Stadt soll ihr eigenes Land umarmen. Migge vertrat das frühe Modell einer urbanen Landwirtschaft, die zu Zwecken der Wertschöpfung zu rationalisieren und zu technisieren sei. Alle Formen städtischen Grüns sind zu vernetzen, aber der Kern bleibt das ganze Haus mit Garten. „Jedermann Selbstversorger." (So eine Veröffentlichung von Migge in 1919, vgl. Haney 2010, 86ff.).

Migge schlug konkret „grüne Städte" vor, darunter Frankfurt a.M., Berlin oder Kiel. Eine ausgewogene Reproduktion würde durch einen Kreislauf zwischen ländlicher Produktion und städtischer Konsumtion in Gang gesetzt. Das stets wiederkehrende Thema für Migge ist die Kompostierung, der „Kreislauf des Stickstoffs". Berlin praktizierte das tatsächlich im großen Stil mit Rieselfeldern und Stadtgütern an der Peripherie. Im Kleinen ist es der Dunghaufen, dem Migge den genauen Platz im Garten zuweist. Der Maler Heinrich Vogeler erinnerte sich ironisch an die gemeinsame Zeit in der ökologischen Künstlerkolonie Worpswede: Wenn Freunde zu Migge kamen, „pflegte er auf einem Misthaufen zu stehen und begeisterte Reden zu schwingen." (vgl. Haney 2010, 143). Für ihn war Kompostierung eine Befreiung des Körpers. Das ist eine steile These, die wieder die Körper-Metapher zum Gegenstand hat. Es nimmt nicht wunder, dass Migge auf der anderen Seite rhythmische Übungen zur „Körperstählung" für eine „rassige Nation" empfahl (zit. nach Fachbereich Stadt- und Landschaftsplanung der Gesamthochschule Kassel 1981, 84). Bei der „Befreiung" des Körpers schwingt im Unterton die Körperreinigung mit. Erich Fromm dürfte in Migge eine anale Persönlichkeit wittern. Migge vereinte in seiner Person viele Facetten der Lebensreform und suchte sie mit der Neuen Sachlichkeit zu vereinbaren. Während Muthesius in der modernen Gartenarchitektur die Dominanz der Kulturform über die Naturform auf die Tagesordnung setzte, zog es Migge bei allem Respekt vor der architektonischen Gartenform zurück zur Naturform. Den Weg ebnete seine Begeisterung für die Kompostierung als Fixpunkt des Lebenskreislaufs. Und die Parole „Form follows function" legt er auf eine reizvolle Weise aus, die auch Buckminster Fuller gefallen würde: Die Formen folgen bionischen Naturgesetzen.

Den Zwiespalt zwischen einem neo-romantischen Begriff von Naturschutz und einer Moderne, die ein abstraktes „Universale" in Wohnungen für die Massen umzumünzen sucht, lässt sich an Migges Biographie nachzeichnen. Er verdiente sich seine ersten Sporen mit der Gestaltung Hamburger Villengärten. In der vom Jugendstil inspirierten Künstlerkolonie Worpswede gründete er das kommunitäre „Sonnenhof-Projekt". 1912 trat er dem *Werkbund* bei. Die kommunistische Sturm-und Drang-Phase, die am Ende des Ersten Weltkrieges den musischen und künstlerisch-bildnerischen Nachwuchs erfasst hatte, färbte auch auf ihn ab. Er legte sich das Pseudonym „Spartakus in Grün" zu. In den 20er Jahren kam er jedoch in der Mitte der Gesellschaft an, ließ sich sowohl auf die Planungen für Großsiedlungen und Trabantenstädte als auch auf die Realität von Schrebergarten-Kolonien ein.

Seine Sozialkritik war von Ekel vor der Stadt, diesem „schlecht verwalteten Steinhaufen" durchtränkt. „Das Blut der Menschheit trank der Vampir Stadt", hatte er 1918 geschrieben (Migge 1999, 11). Dem Blut entspricht der Boden, die Scholle, die dem Volk gehören soll. 1932 lief Migge zu den Nationalsozialisten über. Sie hatten „enthüllt", welche Hintermänner sich im Vampir verbargen. Marx hatte dieser Fetischisierung des Kapitals eine allgemeine Fassung gegeben: Gesellschaftliche Verhältnisse werden zur Naturform verkehrt. Rückwirkend sind dann die gesellschaftlichen Verhältnisse nicht mehr kenntlich oder werden nur noch als Krankheit, als nicht naturgemäß wahrgenommen.

Landschaftsgebundenes Bauen und Flachdächer

Noch extremer war die Karriere des Architekten, Malers und Publizisten Paul Schultze-Naumburg (1869-1949) Seine Anfänge waren von der Lebensreform bestimmt. Er setzte sich schon vor Muthesius für eine Reform der Gartenarchitektur ein, indem er sich wie dieser gegen Schlängelwege, Gnome usw. und für eine formal-architektonische Gestaltung aussprach. 1901 erschien *Die Kultur des weiblichen Körpers als Grundlage der Frauenkleidung*. Die Beschäftigung mit Reformkleidung brachte ihn mit Henry van de Velde und Anna Muthesius, der Frau von Hermann zusammen. Schultze-Naumburgs Beschreibung des weiblichen Körpers wirkt etwas skuril, aber in der Stoßrichtung ging es ihm wie den anderen Kleiderreformern um die Befreiung vom Korsett und den Austausch gegen lockere natürliche Kleider. Das Korsett führe zu Schnürbrüsten und Schnürleber.

Die *Blätter für Volksgesundheitspflege* gingen einen kleinen Schritt weiter: „Weg schleudern

wir die hindernde Manschette, den steif gestärkten, engenden Halskragen, die hühneraugenpflanzenden engen Schuhe, all diese Marterwerkzeuge, die uns die Mode aufgezwungen. Wie
hinderlich ist das Korsett! Wie fliegt es so hurtig, beschämt in die Ecke! Strecke Dich frei
und recke dich frank, Du schlanke Gärtnerin!" (Wiggershaus 2001, 324). Es fragt sich, ob die
Gärtnerin überhaupt noch etwas an hat. Wenn nicht, wäre das jedoch sehr züchtig, denn in der
Freikörperkultur wurde schon damals darauf hingewiesen, dass Kleidung eine Sexualisierung
des Körpers darstelle, während Nacktheit in der Nudistengruppe die gewünschte Desexuali-
sierung bewirke. Zeitzeugen berichteten, dass auch in Hellerau die Gartenarbeit gelegentlich
„nackend" verrichtet wurde.
Schultze-Naumburg trat 1907 dem *Werkbund* bei und war auch an den Entwürfen für eine
Gartenstadt beteiligt. Schon 1904 hatte er zusammen mit Ernst Rudorff den „(Deutschen)
Bund Heimatschutz" aus der Taufe gehoben. Der Bund hatte Beziehungen zur *Deutschen
Gartenstadt-Gesellschaft* und war positiv gestimmt gegenüber Gartenstädten wie Hellerau und
Staaken. Dass an ihnen vor allem das „landschaftsgebundene Bauen" gelobt wird, deutet darauf
hin, dass die Gartenstädte einseitig durch die Brille des *Heimatschutzstils* gesehen werden.
Und der war für Schultze-Naumburg das Leitmotiv. In den Zwanziger Jahren tat sich dann der
Bruch zwischen jenem ultra-konservativ abdriftenden Bund und dem *Neuen Bauen* auf, der
im Zehlendorfer Streit um die Dächer kulminieren sollte, und Schultze-Naumburg trat 1927
aus dem *Werkbund* aus. Das „landschaftsgebundene Bauen" mutierte zum „Blut-und-Boden-
Stil". Die *Heimatschutzbewegung* war schon vor 1933 völkisch geworden. Der „Deutsche
Bund Heimatschutz" ging im nationalsozialistischen „Reichsbund Volkstum und Heimat" auf.
Schultze-Naumburg verkörpert wie kaum ein anderer den Zwiespalt von Moderne und Anti-Mo-
derne. Dass in der Moderne die gegenaufklärerischen, vormoderne Stadtbilder suggerierenden
Unterzüge sich latent erhalten, macht diese Kräfte so virulent. Sie entladen sich explosionsartig.
Die Synthese von beidem leistet dann, allerdings zu Lasten der Moderne, der seine Neutralität
aufgebende Staat. So einfach wie zutreffend ist der Begriff „National-Sozialismus". Schult-
ze-Naumburg leistete Vorschub. Ende der Zwanziger Jahre verglich er in Wort und Bild die
Malerei der Moderne mit pathologischen Deformationen. Die schmierige Welt aus verbogenen
Leibern sei die „rohe Andeutung vertierten Untermenschentums". Das war die exakte Vorlage
für die Ausstellung „Entartete Kunst", die 1937 folgen sollte (Wiens 2018). 1930 verlangte
Schultze-Naumburg die „Ausmerzung des Lebensuntauglichen" (zit. nach Wolschke-Bulmahn
1996, 542). Er war auch maßgeblich an der Zerschlagung des Bauhauses beteiligt. Seine
Veröffentlichungen trugen Titel wie „Kunst aus Blut und Boden" oder „Kunst und Rasse".
Heinrich Himmler war *Artamane*. Zu den Gründungsmitgliedern dieses 1926 aus der Jugendbewegung hervorgegangenen rassistischen Siedlungsbundes gehörte Bruno Tanzmann. Er war
in Hellerau ansässig und hatte dort 1919 den „Hakenkreuz-Verlag" etabliert. Aus der Gartenstadtidee wollte er eine völkische Siedlungsbewegung auf bäuerlicher Grundlage machen.
Himmler reklamierte als oberster Planungsbeauftragter für die eroberten (Ost-)Gebiete das
Bau- und Landschaftswesen für sich. Aber alle Überlegungen, welcher Typus eines germanischen Hauses am besten in den Osten passen würde, erübrigten sich unter dem Vernichtungs-
regime der SS. Aus dem „Volk ohne Raum" war ein Raum ohne Volk geworden. Es fanden
sich kaum rassereine Neu-Siedler.
Himmler hatte auch naturheilkundliche Vorlieben. Im Konzentrationslager Dachau mussten
Häftlinge auf Geheiß der SS eine große Heilkräuterplantage anlegen. Aus der Naturheilkunde

war die Pflege der rassischen Gesundheit der Herrenmenschen geworden. Wie auch immer revolutionäre Gemeinschaftsbewegungen in Totalitarismus und emanzipatorische Reformen in autokratische Herrschaft umschlagen, wie auch immer von Natur- und Harmoniesehnsucht erfasste Menschen sich in Bestien verwandeln, stets handelt es sich um den Umschlag von Utopie in Dystopie. Das Bewusstsein, das Leben nie ganz reformieren zu können und die Idealstadt nie ganz verwirklichen zu können, aber dennoch die Hoffnung darauf nie ganz aufzugeben, könnte ein Schritt zur Auflösung des Manichäismus von Gut und Böse sein.

Schluss

Die Ambivalenz der Jugend- und Reformbewegung schlug sich auch in der gebauten sozialen Realität Helleraus nieder. Rhythmisierung, Typisierung und eine Geometrisierung, die den Raum in Fluss bringen, machten die eine Seite des Programms aus. Auf der anderen Seite stand ein *biedermeierlich* zugespitzter Klassizismus und ein landschaftsgebundenes organisches Bauen. Ob die Mischung angenehm, nach menschlichem Maß gestaltet ist oder zu Antagonismen und Konflikten führt, kann nicht a priori beantwortet werden. Eher empirisch, denn hier spielen der soziale Wandel, die soziokulturellen Mischungsverhältnisse der Nutzer und die politischen Kräfte hinein. Anders gefragt: Ist der Anspruch des *Werkbundes* und des *Neuen Bauens*, die soziale und hygienische Lage der Arbeiter durch eine Wohnreform zu beheben, politisch in der Demokratie aufgegangen? Oder haben der *Heimatschutzstil* und eine Butzenscheiben-und Wald-Romantik die Jugend aus dem Jetzt fallen lassen und phantasmagorisch in Ritterrüstungen gezwängt, bis Goebbels ausrufen konnte: „Und wieder reiten die Goten."? Kann Architektur, kann Design die Welt verändern? Die Gartenstädte, aber auch die Siedlungen der 20er Jahre lösten bei genauem Hinsehen nicht das Elend der Massen. Sie waren auf die Kaufkraft von Facharbeitern, kleinen Beamten und Angestellten abgestellt. Sie hatten Symbolkraft, denn die Hoffnung lag darin, dass der (untere) Mittelstand die Spaltungen der Gesellschaft zu lindern helfen könnte. Aber er brach schon damals auseinander, und die Städte waren in der Tat überfordert. Sie drohten sich als zivilisierte Gebilde aufzulösen[6]. Der Mittelstand verschwindet und taucht in anderer Formation wieder auf. Der Prozess der Auflösung und Neu-Konstituierung wird heute als Milieubildung beschrieben. Der Mittelstand erfindet sich in diesen Transformationsprozessen immer wieder neu, hält jedoch nicht mehr die Gesellschaft zusammen. Die Folge ist, dass er sich bedroht fühlt und nur noch sich selbst zusammenzuhalten sucht. Er schottet sich ab in Gated Communities. Das Grün in solchen Ghettos dient dazu, den neu errichteten Wohnblöcken das Etikett „Gartenstädte" umzuhängen. Aber es sind keine mehr.

---

6   Die negative Konnotation dieser Auflösung der Städte drehen Bruno Taut und Migge um, indem sie die Verzahnung von Stadt und Land einfordern.

Abb./ Fig. 1: „Am Grünen Zipfel"
in Hellerau, konzipiert von Richard
Riemerschmid 1909. // „Am Grünen Zipfel" in Hellerau, designed
by Richard Riemerschmid in 1909.

Abb./ Fig. 2: Festspielhaus Hellerau; Aufn. von 1913. Architekt:
Heinrich Tessenow. // Festspielhaus
Hellerau; photograph from 1913;
architect: Heinrich Tessenow.

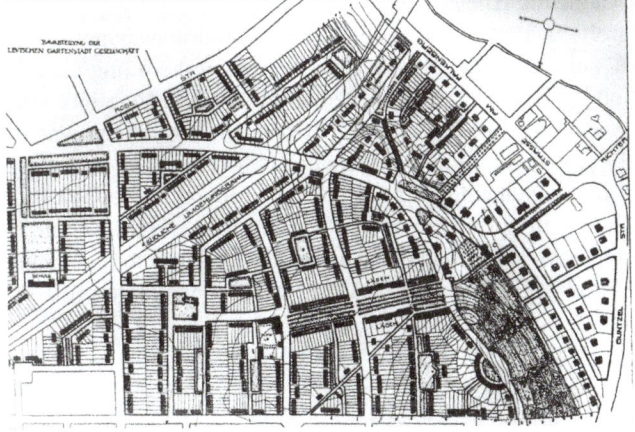

Abb./ Fig. 3: Wiese am Festspielhaus Hellerau. // Meadow at the
Festspielhaus Hellerau.

Garden Cities and Life Reform. Socio-Spatial Upheavals

Bernhard Wiens

The youth and life reform movements were caught in a dichotomy of emancipatory and anti-modern elements right from the beginning. Before and immediately after the First World War the progressive impulses stemming from the arts and architectural movements prevailed in breaking down traditional spatial boundaries and established an *All-Raum*, (the all-room, an all encompassing space). The Fordist industry set the rhythm for society. The *Festspielhaus* (festival hall) in Hellerau became the embodiment of the rhythm room. In a housing estate in Hellerau this abstract spatial principle was broken by the *Heimatschutzstil* (conservation of heritage construction styles); a constructed dichotomy. An example of where the life reforms transformed into folk ideology took place is the fruit growing settlement of Eden. These developments will be clarified with the following individuals who were involved with these movements; among others R. Riemerschmid, L. Migge, and P. Schultze-Naumburg.

The Dichotomy of the Youth Movement

The freedom that was to be inhaled in the solemn cathedral of the forest and on the treeless peaks of the highlands fizzled out with a blow. In 1914 the „fahrenden Scholaren (travelling scholars)", who had in mind the image of knights in the Middle Ages, had become „Wander-vögel (wayfaring soldiers)". Freedom changed into a „heldische Pflichterfüllung (heroic per-formance of duty)" and patriotic devotion to the Kaiser and the Fatherland. The white light of the bright future turned blood red when the hearts of youth in motion rose in sport and dance. This eerie light now fell, as it was called in an allegorical description throug the „Frontfenster (front windows)" of the Cologne Cathedral (Ille & Köhler 1987, 171).

However, they did not agree entirely. In 1916 what an autonomous youth magazine wrote, which belonged to the movement's circle, bordered on blasphemy. "May the ruling classes tremble before the youth revolution"[1] (ibid., 190). Walter Benjamin, Wieland Herzfelde and Rudolf Leonhard were among the editors of the left-wing partly banned school newspapers, who would later reappear as well-known communist writers or publishers. They had writ-ten nothing wrong in the spirit of the movement but the political and social framework had changed. Thus, the two sides of the youth movement openly came to light. It was a conflict where the youth as a whole found themselves. It fluctuated between a tendency to revolt and to respect authorities. Later the "Frankfurter Schule (Frankfurt School)" would describe its authoritarian character.

---

1   „Mögen die herrschenden Klassen vor einer Jugendrevolution zittern".

How does this authoritarian character fit in with the housing reform, which was organized by cooperative collectives? Light, air and sun as well as equal standards of living were to be provided for the working population. How do the enlightened emancipated traits of the garden cities come together with these conflicting social tendencies? Are garden cities the structural manifestation of the social upheavals at that time? How and where did they develop when the masses were standing in wait at the gates and at the doorsteps?

At this point we can once again call upon the „Frankfurter Schule" which spoke of the „Dialektik der Aufklärung (Dialectic of the Enlightenment)". In contrast to Goya's painting "The Sleep of Reason", it is just the Enlightenment that gave way to monsters. Within totality's claim of reason there is always exclusion, the exclusion of those who do not want to see the light. Progress is not linear. Thus, Modernity is the appropriate term to explain this. Benjamin wrote it was developed in the bosom of the old powers. Its early representatives turned more and louder against the outdated construct of eclecticism. The Arts and Crafts and Art Nouveau movements, for example, took the first steps towards the new era. The modern era ended with a pyrrhic victory over the restorative powers, which were still virulent and came to the fore all the more so.

Both tendencies will now be once again seen from the result: Modernism was contained in anti-modernism, which in Germany had its sources in Romanticism and in the liberation wars. The dialectic of this means that the opposite is also the case: anti-modernism is contained in modernity. This is an epochal statement. On the one hand the development from the second half of the 19th century to 1933 and beyond must be tracked and understood historically in a differentiated manner. Yet the dichotomy between the backward thinking *Heimatschutzstil* and the forward thinking social reform *Neues Bauen* (New Construction) was from the onset a balancing act for the garden city movement. These contradictions were also taking place at the same time within the youth movement. They were apparently timeless logical opposites. The ahistorical nature of the ideological self-understanding of the various groups was aided by the fact that authoritarianism was transformed into a philosophy of nature. The authority comes from nature. On the other hand, the affects of the adult world were directed internally, as repression of the young subject against itself, in other words, through an ascetic lifestyle. Freedom was internal: „Die Gedanken sind frei (Thoughts are free)...".

The All-Room

Whether it is an upper class mansion or a lower middle class apartment building; they can all be traced back to a consistent design concept. What is required is that all of the society should retreat to uniform forms that can only be varied in concrete terms. This could be regarded as the model of modern architecture. Hermann Muthesius, Bruno Taut and Leberecht Migge were all committed to this model. They all met at the *Deutscher Werkbund* (German Association of Craftsmen) which was founded in 1907. It was a departure from historicism. Muthesius brought in the idea of the Garden Reform, which he became aware of when he was studying the English land house. The landscape gardeners should step out of their isolation and engage in an exchange of ideas with representatives of all the arts, especially with architects and urban planners. The house and the garden were to be treated as a closed fused whole concept.

The boundaries between inside and outside become fluid. The lines of a building are taken up in the garden, a geometricizing approach that even Mies van der Rohe used at the beginning of his career before the First World War and continued to use[2] (cf. Schneider 2000, 130f.). Now the question arises, how can the small houses in garden cities be subsumed under these formal principles that were of a completely different scale in late feudal bourgeoisie of England? The key to the answer lies in the Garden City of Hellerau, at that time (1909 ff.) at the gates of Dresden. First of all, the rule of thumb was that a herb garden had to be located in front of the kitchen. Some streetlines and facades in Hellerau are reminiscent of the irregularity of the structures found in English country houses. Such as the well-known street "Am Grünen Zipfel", which was designed by Richard Riemerschmid. The row of facades jump in and out and cornices and hipped roofs create a less rigid effect. Eaves and gables alternate, as with the other two architects of the first hour, Heinrich Tessenow and Muthesius. The latter cleverly offset the upper and ground floor windows. The layout of the buildings reflects the gentle undulating topography of the site. In his urban design Riemerschmid focused on widening the open spaces to improve the amenity value in the area.

On the one hand, the houses are set in rows, which speaks for uniformity or as Bruno Taut would say: a seriality of the small and equal. However on the other hand, the ups and downs, the jutting and interruptions represent individuality. Both together create a rhythm. Rhythm is the connecting force between architecture and society. Nevertheless, another impulse is needed and it comes from industry. The iron constructions of the 19th century, in particular the skeleton construction, made it possible to separate support features from the walls in factory halls. The constructive principle, the art of engineering, took over the ruling power of architecture. The walls that were no longer used as support could be moved according to their functional necessity. Inside and outside are no longer spheres separated by facades, but are now sections of an all-room. Construction starts from the inside to the outside. This "all" where the inner world of the machine room extends out represents a "synchronized" society, albeit an open society. Bruno Taut even extended this all-encompassing space into the cosmos by means of a "glass chain". He adopted a theosophical religion of light from his writer friend, Paul Scheerbart. The youth movement sends its greetings.

However, the events took place in the underworld, as it was portrayed after the war in Fritz Lang's film "Metropolis". The machine functionalized society. The overall societal architecture adapted to the bureaucratic fine-tuning of a company's structure. Society becomes a factory. The factory becomes a machine that produces only one product. The rhythm of the machine determines the pace for consumption and for human reproduction.

Nevertheless, the upper and lower worlds were no longer separate from each other, but were on the same level. The time of the closed box of Euclidean conception of space was over. The theory of relativity overturned worldviews. The walls were folded out as it were. The whole

---

2   The garden grows out of the house. It becomes an outdoor living space, subdivided into compartments that are to be used for different purposes. These compartments correspond to the inner room arrangement. For example, the drawing room is assigned to the rose garden, while the kitchen garden is assigned to the multi-unit housekeeping area. The library and the smoking room are assigned to the outlying parts of the garden. The representative part of the garden is located in the front.

society had become an open floor plan. The flat surfaces could be designed using colors and shapes. Piet Mondrian stepped onto the scene with his "neoplastic paintings". His paintings celebrated a tension between the universal and the individual. Like a pop-up book, the surfaces of the pictures can be transformed back into the wall or ceiling surfaces. These are tilting figures or, as El Lissitzky phrased it, stations for changing from painting to architecture and vice versa. At the same time, they are transfer stations form music to architecture.

The Rhythm Room

Mies van der Rohe's lavishly designed a „Landhaus in Backstein (brick country house)" (1924) whose wall panels were freed of carrying burdens. Individual walls drift outside as if pulled by centrifugal forces. The floor plan is reminiscent of a musical score[3]. Theo van Doesburg, who like Mondrian was a member of the group "De Stijl" and was temporarily at the "Bauhaus" drew a scaffold of unconnected lines at right angles to one another and called it the „Rhythmus eines russischen Tanzes (rhythm of a Russian dance)".

Colors dematerialized heavy stonewalls. They elementalized them for sensual perception. In his famous house in Ulrecht (1924) Gerrit Rietveld used for the interior design of the house Mondrian's primary colors: red, yellow and blue. He removed supports from the corners, which is again an elementalization. This play of colors is by no means limited to the *Bauhaus* or neo *plasticism* (the De Stijl group), but its origin lies in the garden city concept. In Falkenberg near Berlin, Bruno Taut had set the facades and their elements off in color. In common parlance it had the appropriate name: *Tuschkastensiedlung* (Paint Box Estate). The way Taut described the estate, an interpretation of Mondrian's pictures seems to come close: between the façade and the floor plan, from the front to the back there are no barriers. No detail is present as an end in itself, but rather serves as a part of the whole concept. The walls retain their flat pictorial and non-spatial character through the use of color[4]. Social relationships are, as it were, on one level. However, since color can also create a different spatial distance effect, this equality is also at the same time illusionary.

The seriality of the individual and the social, of the craftsmanship and the machinery became the rhythm of life as a style of the times, which was formed by the art of dance and architecture. The *Festspielhaus* in Hellerau, built in 1911, became the center of *Bewegungskunst* (new artist dance form of motion). The building, designed by Heinrich Tessenow, is reminiscent of the austere French revolutionary architecture, which makes it appear smaller than it is. Its location was away from the town center in the green countryside and it did not boast about having the status of a *Stadtkrone* (city crown). The complex was given the name the „Grüner Hügel der Moderne (Green Hill of Modernity)".

In retrospect Hellerau was a laboratory for modernity, when one considers what Walter Grpius wrote about the modern idea and the concept of architecture and how space itself seems to

---

3   Mies called this type of architecture "contrapuntal".

4   In the experimental revolutionary period of the second half of the 20th century, membranes ensured the permeability of the outer skin.

move. The rhythm shakes the space and at the same time pulls a scaffold into it. According to the reformers dance dissolves the space and recreates it new again out of the body, just as the garden is derived from the house. Emile Jaques-Dalcroze founded an educational institute for music and rhythm in Hellerau in 1911 in order to counteract the arrhythmia of city life with a „musikalische Plastik für Zukunftsmenschen (musical sculpture for people of the future)" (cf. Marco de Michelis1996, 44 & 47).

Life will regain its rhythm when architecture is playfully combined with dance. For example, when a person driven by vigorous vital energy dances in a building, the building will take on the contours of the human body. According to Jaques-Dalcroze, there should be a contrast between the arrhythmia of life and the sublime rhythm of art. This is a little trivial, because the boundaries between life and art are also very blurry. Young Marx had already recognized this when he wrote: "One must make these fossilized conditions dance by singing their own melody to them"[5] (Marx & Engels 1970, 381). Either a total work of art, as Richard Wagner had it in mind, is created through music, or a breakdown will approach the state of ecstasy, and in the end Wagner lived on the Green Hill of Anti-Modernism. A dance, which can also dissolve any figure and transform it into another, is, however, open to various social developments. Which are, therefore, questionable.

The entire area of the *Festspielhaus* formed a rhythm room. The space surrounding the ensemble was intended to be freely used for exercise. Those who entered the original structure of the house from the side, along the main axis of the entryway, experienced the complex at different tempos. It began in Hellerau, with simple exercises according to the "Jaques-Dalcroze Method", which had an affinity for eurhythmy and, thus, anthroposophy. When the *Festspielhaus* was standing, this concept was expanded to performances of Gluck's "Orpheus und Euridike" and Paul Glaudel's „Verkündigung (The Annunciation)". There was no fixed boarder between the stage and the auditorium. They were a „eng verschmolzenes Ganzes (closely fused whole)", just as life and art should be. Sophisticated light installations abstracted and stylized the concrete spaces. The light became space as such. Space became detached from the walls; it was elementalized. Adolphe Appia called his stage sets: "Escapes rhythmiques". Jacques-Dalcroze summed it up the following way: In Hellerau, rhythm is elevated to the height of a social institution (cf. Arnold (1993), 354 & 356).

A Who's Who list of creative artists, appeared in Hellerau up to the culmination in 1913, including Kafka, Rilke, Max Reinhardt and Else-Lasker-Schüler, Oskar Kokoschka and Emil Nolde. Stravinsky was there before the Parisians flipped over his "Sacre du printemps". They were shaken awake by the atavistic rhythm of modernity. Mies van der Rohe visited Hellerau because his future wife was a dance pupil there. Mary Wigman developed her dance style in Hellerau, which was moving in the direction of expressive modern dance. She later moved with Rudolf von Laban to Monte Verità. Gret Palucca was one of her pupils. It was all about dance as an art form, where certainly the rhythmic and gymnastic movements of the eurythmic provenance could not keep up with. Even the young Le Corbusier was drawn to Hellerau. He praised simplicity as the principle of a total artwork (cf. Marco de Michelis1996, 37-39).

---

5   „Man muss diese versteinerten Verhältnisse dadurch zum Tanzen bringen, dass man ihnen ihre eigne Melodie vorsingt.".

It ended in 1914. The Swiss Jaques-Dalcroze left the country in protest against the German bombing of the Reims Cathedral, but the seed was sown. After the war, the modern arts flourished all the more strongly in defeated Germany. *Hellerau* was the „Vorwort zum Bauhaus (preface to the Bauhaus)". The Bauhaus expanded the concept of the rhythm room. Walter Gropius: "The rooms are no longer enclosed, but flow into each other and open up to nature with balconies and terraces. The movement and rhythmic balance of the modern world is reflected in a building: inside and outside, architecture and nature, inhabitants and buildings are in a flowing harmonious equilibrium"[6] (as cited in Gebeßler 2003, 21f.). In Bauhaus architecture, the equilibrium is more likely to be established intellectually, because it deliberately dispensed with symmetry.

Building Corpus, Societal Corpus and Racial Corpus

In the *Hellerau housing estate* itself, apart from the components already described, little of the geometric austerity and tact that the machines set for architecture and all of the arts can be felt. The architect Friedrich Ostendorf, who was involved in the more formally stricter garden city of Karlsruhe, complained that crooked and angular streets and squares were a „geschickt aufgebaute Theaterdekoration (skillfully constructed theatre decoration)" (Schollmeier 1990, 139). This may well be the case in Hellerau. Indeed, Riemerschmid heeded a moderate version of *Heimatschutzstil*. Exactly this and, even the picturesque one, is what makes Hellerau so charming. It is not about playing off romanticizing classicism and a futuristic ideal city against each other. It is rather about that the sustainability of this garden city model lays in the pragmatism of its implementation. If the emancipatory model of such hybrid garden cities failed, it was because the opposing principles were not politically compatible. This will be referred to later.

Ideal cities like the garden city designed by Ebenezer Howard are meant eschatologically and can hardly be realized. Organic garden cities like Hellerau are finite and, therefore, more sustainable. When Howard visited Hellerau he expressed admiration for the modifications of his own geometric ideal design (cf. Schubert 2004, 55). Julius Trip proposed dissolution of duality. "We must free ourselves from school like thinking and try to produce our own artistic thoughts. Whether these artistic thoughts are given in regular architectural or landscape forms does not matter"[7] (Schneider 2000, 248). *Hellerau* with its elements of typification and rhythm, of equalization and individualisation stands for the compatibility of dualism.

The question as to whether or not this ambivalent architecture actually withstood the tension can be answered in the negative in so far the corresponding real societal tensions between

---

6   „Die Räume sind nicht mehr abgeschlossen, sondern fließen ineinander und öffnen sich über Balkone und Terrassen zur Natur. Die Bewegung und rhythmische Balance der modernen Welt spiegelt sich im Bauwerk; innen und außen, Architektur und Natur, Bewohner und Bauwerk sind in einem fließenden, harmonischen Gleichgewicht.".

7   „Wir müssen uns freimachen von dem Schulmäßigen und versuchen, künstlerisch eigene Gedanken hervorzubringen. Ob diese künstlerischen Gedanken in einer regelmäßig architektonischen oder in landschaftlicher Form gegeben werden, tut nichts zur Sache.".

reactionary and progressive forces that permeated the first half of the twentieth century are taken into account. Ultimately, architecture also capitulates to politics. This dispute actually culminated architecturally in the Zehlendorf Roof War, where both principles collided in a street in Berlin. Tessenow led the faction of conservative proponents of pitched roofs. Bruno Taut's flat roofs were right across the street. Today, no one is bothered by the architectural contrasts embedded in green urban landscapes.

When viewing the Hellerau street profile „Am Grünen Zipfel", Camillo Sitte could have designed the urban development program: "Above all through variations in street layout and surfacing, greenery, quiet zones, etc. (...) as well as an irregular grouping of the buildings, an attempt was made to create individually designed areas of life."[8] (Krückemeyer 1997, 60). The architect Clemens Galonska, who is committed to preserving and resuscitating Hellerau and lived there himself, points out the change in perspective: It doesn't matter: How do I look at it? But what matters is: How do I go through it?[9]. Only Jan Gehl reclaimed the notion of preserving the human aspect in architecture

The beginning of modernity cannot be dated exactly. In 1890 Hermann Bahr wrote some appeal, for which he used the term for the first time (Bahr 1890, 189). In that decade, nature conservation also gained popularity. If one disregards earlier approaches to garden cities, such as in the *arts and crafts movement*, the contrast between modern reform forces on the one hand and the protection of the homeland and nature on the other hand between the *Fin de siècle* and the First World War took shape rudimentarily. The contrast was politically and ideologically motivated, but was carried out on the basis of garden city designs. In 1898, Ebenezer Howard had published his *To-morrow*. The German Theodor Fritsch, who had published the *Stadt der Zukunft* (City of the Future) two years earlier, challenged Howard with copyright infringement, but was unsuccessful.

The graphic difference in the designs of the two have no great significance, but the statements on function and structure do. When Howard tried to improve the living conditions of the workers, Fritsch's model suggests the exclusion of unpleasant elements. His model was based on divisions into estates by means of spatial segregation, whose orientation was towards Baroque order. Howard, however, focused on the social question. The sober practical implementation of the garden city of Welwyn, where Howard was involved, abandoned the strict design of the ideal city. Fritsch, on the other hand, integrated the working class with a priori consisting of a fictitious construct of a *Volkskörper* (here refers to ethnic Germans, it later had a racial meaning). This later became the „Volksgemeinschaft (a national community)", which abolished all contradictions and became an instrument of repression. Fritsch published the first edition of his „Antisemiten-Katechismus (Anti-Semite Catechism)" in 1987. In many other editions, the pamphlet paved the way for National Socialism.

In the beginning, there was a desideratum of urban exodus and the Garden City movement was in accordance with all of the facets of the Life Reform movement. The *Wandervögel* (wayfaring men) sang: „Aus grauer Städte Mauern... (from grey city walls...)" And Fritsch

---

8   „Vor allem durch Variationen in Straßenführung und -belag, Begrünung, Ruhezonen usw. (...) sowie eine unregelmäßige Gruppierung der Baumassen versuchte man, individuell gestaltete Lebensbereiche zu schaffen.".

9   Cited from a talk with the author on May, 24, 2014. „Es kommt nicht darauf an: Wie gucke ich drauf? Sondern: Wie gehe ich durch?".

agitated with his words: "Out of the poison-impregnated atmosphere of the paradises of vice!"[10] (as cited in Schubert 2004, 27) back to nature and the tilling of the soil. The city is a tabernacle of sin, a revolt of the nerves, a disease of civilization. Joachim Radkau speaks of the age of nervousness. The state, especially the city, is afflicted with pathological growths. The cancerous growths must be cut out or destroyed so that the body can recover. The focus is on an organizational model of society. There must be a re-feudalization of the existing; in other words, an estate based authoritarian social order.

The social question now mutated into biologism. If the societal body and the human body are placed into one, the social clinical pictures can either be transferred to the Jews, or better: to a Jew. He is degenerated. Or the two bodies are forged together into a racial body and carved in stone by Arno Breker and Joseph Thorak. This alone already describes the Life Reform movement taking steps on the road to National Socialism. The more blood thirsty and dramatic the metaphor of doom is, the stronger the latent anti-Semitism is. Howard also drew on such clinical pictures, however in a more attenuated form.

Inner Freedom and its Change to Totality

Fritsch admired the fruit-growing colony of Eden, which was founded near Berlin in 1893. It became a haven for the life reform. The founding members and supporters were a motely mixture, ranging from liberal social reformers and national idealists to left-wing anarcho-syndicalists. The comrades were united by vegetarianism and nudism. Alcohol and tobacco were forbidden. They were, thus, in the line with the food reform against „Zivilisationskost (civilization food)": largely renouncing meat, the emphasis was on raw food and whole grain products and the rejection of semi-luxury foods, such as, tobacco, coffee, and alcohol, but they also rejected sugar and strong species. In essence the basis was organic farming.

Franz Oppenheimer, like Adolf Damaschke, was a social and economic scientist who was one of the patrons who set great store in land reform. Generally speaking, the hope was that by eliminating speculation, basic pensions would be lowered to such an extent that workers would ultimately receive the full yield. Oppenheimer was a Jew, and what he represented with the land reform was the Zionist-inspired idea of a peaceful transition to socialism or the land of freedom, i.e. the Garden of Eden. The anti-Semitic smear campaign usually understood Zionism to be the opposite of a peaceful land seizure. In order to legitimize their own acts of violence; land speculation, land seizure and usury were blamed on Jews. The macabre end was that the concentration camp Oranienburg was installed not far from Eden.

The general social and political drift did not leave "Eden" untouched. During the time of the First World War, the number of ethnic („völkisch") voices among the inhabitants increased. They saw Eden as a Germanic utopia. In 1916 whoever wanted to become a new settler had to prove that they had a German-ethnic ethos. Tolerant attitudes were maintained within the circles of reform pedagogy, for which a school had been established in Eden, but many other anthroposophical reform ideologies suddenly had a different twist on their ideologies. Vege-

---

10   „Heraus aus der giftgeschwängerten Atmosphäre der Lasterparadiese!".

tarianism now served to „Abwehr der Rassenverschlechterung (ward off racial deterioration)“ and nudism served the purpose of a way to harden the (racial) body.

The corset enemy and anti-Semite Henrich Pudor explained how this together would make sense: "If every German woman would see a naked German man more often, not so many would run after foreign races. To ensure a healthy breeding selection, I, therefore, call for a nudist culture, so that the strong and healthy mate and the weaklings do not multiply"[11] (as cited in Hohenheim 2018, 136).

Theosophy had become "Ariosophy". The seizure of power („Machtergreifung“) was not a great rupture for Eden. They had surrendered to fascism ahead of time. The Eden *Wandervogel Gruppe* (wayfaring group of men) joined the Hitler Youth in 1933. Now the Reich Youth Leader Baldur von Schirach was in charge. The gestures of submission of most of the reform-movement groups in the course of their conformity („Gleichschaltung“) were more than tasteless. When for instance, Nazi officers made attempts to ban nudism, their representatives reacted with the argument that it was not the nudists, but the Jews who were to be blamed for moral decay. When the Jews were excluded then they would finally be able to continue to care for the German race.

The ambivalence of emancipation and regression had paradigmatically come to light in 1913, when *Wandervogel-Gruppen* participated in the celebrations of the 100th anniversary of the victory over Napoleon's troops. There they allowed themselves to be drawn into the imperial gesture of preparing for a new war. This was at the Leipzig *Völkerschlachtdenkmal* (Battle of the Nations Monument). However, the majority of the youths that gathered that day at the *Hohe Meißner* Mountain for the First Free German Youth Day kept their distance from the others with confessions of peace. One considered oneself apolitical, but nevertheless patriotic. The fact that the nationalistic and ethnic direction mostly prevailed during the further course of events cannot only be contributed to the instrumentalisation of political interests. What happened was that the freedom-peace loving faction tilted much more voluntarily to the right. With Sigmund Freud it could be analyzed that it was precisely the peaceful-joyful aura of the youth movement's guiding concepts described below that suggest an inherent aggressive content.

In the second half of the 19th century, secularization progressed. A cultural struggle broke out over the role of the churches in the government and in society. The emerging vacuum was spiritually filled by „Diesseitsreligionen (this world religions)“, which could all the more easily rely on pre-Christian "Germanic" mythologies. Redemption no longer had to be delegated to God's son and pushed into a future unobtainable by worldly means. Redemption takes place in the here and now. Truth is revealed in the air and in the light. This youth religion ties in with Gnosis. The moderate forces also used terms such as community, comradeship, love of the fatherland and liberation and its message quickly became in content more totalitarian. "Freedom" in Germany, the *Völkerschlachtdenkmal* illustrates this point, has had anti-modern connotations from the outset, as it symbolizes the suppression of the French troops and, thus, the achievements of the French Revolution. The mass events held at major national monuments, such as, the *Kyffhäuser* (monument to Kaiser Wilhelm I.) served to mobilize

---

11 "Würde jedes deutsche Weib öfter einen nackten germanischen Mann sehen, so würden nicht so viele exotischen fremden Rassen nachlaufen. Aus Gründen der gesunden Zuchtwahl fordere ich deshalb die Nacktkultur, damit Starke und Gesunde sich paaren, Schwächlinge aber nicht zur Vermehrung kommen".

the youth emotionally. The bad societal reality was hidden from the national creed, but harmony became a socially forced event. The residuals of misery were transferred to the vicious state. Being against this evil the movement put the unity of humans and nature in a kind of ascetic self-realization. This is the „All-Ich (all-I)" of the youth movement. The poet Erich Weinert parodied the *Wandervogel* movement in a song. A verse: "Poo class struggle, how vulgar / We don't know tariffs / The wealth comes from within /From the depth of our souls / Who looks at himself from within / and reads Nietzsche and chews turnips / What do the others care about? / Hooray, hooray, hooray....we must ramble on."[12] (Weinert 2010, Video about the singing of the Latscher) – Weinert, however, let himself be corrupted by Stalinism.

Gesamtkunstwerk (an all embracing work of art)

In the arts, just at the beginning of the modernity, an analogous processing was starting to take place. This secularization was called „Gesamtkunstwerk". In 1905 Hermann Muthesius demanded that architects contact representatives of all of the arts, including landscape architects and urban planners. Gropius adopted and expanded this demand, which would become the programmatic basis for the founding of the Bauhaus. The unity of painting, sculpture and architecture was underpinned by the unity of craftsmanship and furthermore technology. "If the artistic unity is universally valid and correspondingly aesthetically produced, then society would also be included. Art has arrived in life"[13] (Wiens 2019). At the same time a great danger lies within, because if there is a direct realization of Utopia there will be sudden violence, since this would also mean that there is no "Ad quem" of society; nothing to which it could or should amount to. Modernity would be the end of history; nothing would come after this epoch. Politically speaking, the arts and totalitarianism would then have a common cause. The revolutionary potential of Russian constructionism for example would then become in a nutshell, "socialist realism".

It would, however, be presumptuous to blame these implications of the *Gesamtkunstwerk* on the Bauhaus. The Bauhaus demanded the unity of the arts and crafts, because its teachers derived from it a social responsibility, primarily a social responsibility for housing reform. Light, air and sun are, therefore, something very profound and not something mystical as it was regarded in the youth movement. Moreover, this social responsibly had already existed before the war in Hellerau. The Dresdner, later the *Deutsche Werkstätten* (German workshops) produced „Reformmöbel (reform furniture)". It was affordable because it was mainly made with softwood and made on machines. The woodworking machines determined the shape. This allowed for a typification; Muthesius proclaimed that it was a style that reflected the times. At national and international exhibitions and in the company's own sales outlets, interior furnishings were presented as far as possible in their entirety. This also included household

---

12 „Pfui Klassenkampf, wie ordinär / Wir kennen nicht Tarife. / Der Reichtum kommt von innen her / aus unsrer Seelentiefe. / Wer sich von innen her beschaut / und Nietzsche liest und Rüben kaut / Was kümmern den die andern? / Juhuu, juhuu, juhuu... wir müssen wandern.".

13 „Ist die künstlerische Einheit allgemeingültig und dementsprechend ästhetisch hergestellt, wäre darin auch die Gesellschaft eingeschlossen. Die Kunst ist im Leben angekommen.".

appliances and for some time „Reformspielzeug (reform toys)". Hermann Muthesius pictured it this way; everything came from one source, „vom Sofakissen (bis) zum Städtebau (from sofa cushions (to) urban planning)" (Muthesius 1912). The founder of the workshops, Karl Schmidt, benefited from the fact that he was actively involved in the *Werkbund* (Association of Craftsmen), since he was able to draw from a pool of the best artists and design talents that were assembled there, such as, Peter Behrens, Joseph Maria Olbrich and Riemerschmid.

House and Garden Are Like the City and the Country

The close relationship between the house and garden, the garden as an extension of the living space and finally the greenery close to the estates were usually addressed from the perspective of the architects. However, this concept also had a protagonist among the landscape architects, who also had a lot to do with the transition from the small house garden towns to the multi-story estates of the 1920s. One of the most important and most engaged landscape architects at that time was Leberecht Migge, who among others cooperated with Riemerschmid, Bruno Taut, Ernst May and Hermann Muthesius. Migge initially used the conceptual specifications of the latter for the house garden. He advocated for the habitable garden. Garden areas structured like rooms were assigned individual purposes in order to continue the interior floor plan of the house out into the garden area. In the garden cities these gardens were not isolated from each other; Migge took on the principle of seriality of the small and identical, which already prevailed in the structure of the house. He used rhythmic accents with the same pattern. The planting of fruit trees, beds for useful plants, espalier walls, manure silos and tool sheds were subjected to standardization under the primacy of objectivity, usefulness and the correct use of materials.

Migge coordinated the principle of functional orientation with rhythmic design to the architecture . The strict standardization of garden furnishings today would be perceived as social pressure. The inhabitants of Hellerau, however, were all connected through their work in the factory. It was a community. Terms of society or even class struggle were far removed, which is why the Communist Party viewed garden cities with mixed feelings. Gardens were laid out in such a way that they would be attractive to neighbors. That was so to speak, the translation of the generally given maxims on domestic aesthetic. The house gardens were only divided by low fences or hedges. In addition, the pathways behind the houses, which served to open up the gardens without excluding promenaders created a semi-public atmosphere. The proximity and distance to a neighbor were determined individually and depended on the situation. Migge transferred the ideas of the „Neues Bauen (New Constructing)" to the gardens: "Through standardization and mass production a new style, a new type of (mass) garden was developed which was functional, objective and user-friendly, where not the aesthetic, but the social and functional aspects were in the foreground"[14] (Baumann 2002, 173). Muthesius would not, however, throw aesthetics so easily overboard, but would develop them from the aspect of

---

14   „Durch Normung und Masssenherstellung wurde ein neuer Stil, ein neuer (Massen-)gartentyp entwickelt, funktional, sachlich und nutzerfreundlich, bei dem nicht ästhetische, sondern soziale und funktionale Gesichtspunkte im Vordergrund standen.".

functionalism. Migge placed the emphasis on the „sozialen Garten (social garden)" instead of the beautiful garden. He interpreted functionality in very general sense, as an adaptation to the changing formal language of architecture. In short, he knew how to adapt his garden designs to the work of his diverse architect colleagues. He could also deviate from the dogma of collating kitchen and herb garden. In one aspect he went beyond the approach of the architects. A major postulate of modern architecture was to push the floor plans into the open by building from the inside out; Migge even understood a radical reversal of this postulate, which was that a small house should be designed more „gartenmäßig (garden-like)".

Thus, here Migge's idea of economic efficiency fits in. He integraded urban greenery, be it a garden for a small house, or a public park, into a system of self-sufficiency. He had in mind the physiocratic model of financing the cost of building housing from the added value of garden management and developing the city as a social and economic entity. Starting point is the economic unit of house and garden. Migge transferred this microeconomic concept to the relationship between the city and the countryside. The city should embrace its own land. Migge represented the early model of urban agriculture that was to become rationalized and engineered in order to create added value. All forms of urban greenery were to be networked, but the core of this greenery remains the "entire" house and its garden. „Jedermann Selbst-versorger (Everyone is self-sufficient)" (According to a Migge publication in 1919. Cf. Chap. "The social garden", In: Haney 2010, 86ff.).

Migge specifically proposed „grüne Städte (green cities)", including Frankfurt am Main, Berlin or Kiel. A well-balanced reproduction would be set in motion with a cycle between rural pro-duction and urban consumption. A reoccurring theme of Migge's was composting, „Kreislauf des Stickstoffs (the nitrogen cycle)". Berlin actually practiced this on a grand scale with sewage fields and urban estates located on the periphery of the city. On a smaller scale, it is the dung heap that Migge assigned an exact place in the garden. The painter Heinrich Vogler ironically recalled the time they spent together in the ecological artist colony Worpswede: When friends came to visit Migge, "he used to stand on a dung heap and give enthusiastic speeches"[15] (cf. Haney 2010, 143). For him composting was a liberation of the body.

This is a bold thesis, which again deals with a body metaphor. It is no wonder that Migge, on the other hand, recommended rhythmic exercises to create „Körperstählung (bodies of steel)" for a „rassige Nation (racial nation)" (as cited in Fachbereich Stadt- und Landschaftsplanung der Gesamthochschule Kassel 1981, 84). With the „Befreiung (liberation)" of the body there are undertones of body cleansing. Erich Fromm might sense an anal personality in Migge. Migge united many facets of life reform in his person and sought to reconcile them with the *Neuen Sachlichkeit*. While Muthesius, with regard to garden architecture, placed the dominance of cultural forms over natural forms on the agenda, Migge, on the other hand, went back to the natural forms, albeit with all due respect for architectural garden forms. His enthusiasm for composting as a fixed point in the life cycle paved the way, and he interpreted the slogan "Form follows function" in such a charming way that even Buckminster Fuller would have liked it: Forms follow the bionic laws of nature.

---

15   „Er pflegte auf einem Misthaufen zu stehen und begeisterte Reden zu schwingen".

The dichotomy between a neo-romantic concept of nature conservation and modernity that seeks to convert an abstract "universal" into apartments for the masses can be traced in Migge's biography. He earned his first spurs with the design of Hamburg Villa gardens. In the Art Nouveau inspired artist colony in Worpswede he founded the communal „Sonnenhof-Projekt (Sonnenhof Project)". In 1912, he joined the *Werkbund*. The Communist Sturm and Drang (Storm and Stress) phase, which at the end of the First World War had taken hold of the young generation of fine artists and musicians, also affected him. He adopted the pseudonym „Spartakus in Grün (Spartacus in Green)". In the 1920s, however, he found himself in the middle of society and got involved not only in the planning of large settlements and satellite towns, but also in the pragmatic reality of allotment garden colonies.

His social criticism was saturated with disgust for the city, this „schlecht verwalteten Steinhaufen (this badly managed stone heap)". He wrote the following in 1918: "The vampire city has drunk the blood of mankind"[16] (Migge 1999, 11). The blood corresponds to the soil, the clod that is supposed to belong to the people. In 1932 Migge crossed over to the National Socialists. They "revealed" which masterminds were hiding in the vampire. Marx gave this fetishization of capital a general version: Social relations are turned into natural forms. In retrospect, social conditions are then no longer recognizable or are only perceived as an illness or deviant from the true nature.

Landscape Bound Buildings and Flat Roofs

The career of the architect, painter and publicist Paul Schultze-Naumburg (1869-1949) was even more extreme. The life reform movement greatly influenced him at the beginning of his career. Even before Muthesius, he had advocated a reform of garden architecture. Like Muthesius he spoke out against winding paths, gnomes, etc. and was more in favor of formal architectural designs. In 1901 *Die Kultur des weiblichen Körpers als Grundlage der Frauenkleidung* (The Culture of the Female Body as the Basis of Women's Clothing) was published. His interest in reform clothing brought him together with Henry van de Velde and Anna Muthesius, Hermann's wife. Schultze-Naumburg's description of the female body is somewhat bizarre, but it went along the same lines as the other clothing reformers. He was also concerned with females being freed from the corset and replacing it with loose natural clothes. The corset lace-up would lead to bound up breasts and a compressed liver.

The *Blätter für Volksgesundheitspflege* (public health flyers) went a small step further. "Let's hurl away the binding cuffs, the stiffly starched narrow collars, the corns from tight shoes, all the tools of torture that fashion has forced upon us. How obstructive the corset is! How quickly and ashamedly it is flung in the corner! Stretch yourself free and stretch yourself frankly, you slim gardener."[17] (Wiggershaus 2001, 324). The question then arises: is the female gardener

---

16   „Das Blut der Menschheit trank der Vampir Stadt".

17   „Weg schleudern wir die hindernde Manschette, den steif gestärkten, engenden Halskragen, die hühneraugenpflanzenden engen Schuhe, all diese Marterwerkzeuge, die uns die Mode aufgezwungen. Wie hinderlich ist das Korsett! Wie fliegt es so hurtig, beschämt in die Ecke! Strecke Dich frei und recke dich frank, Du schlanke Gärtnerin!".

still wearing anything at all? If not, it would be chaste because the nudist culture believed, that clothing represented a sexualization of the body, while nudity in the nudist group caused the desired effect of desexualization. Contemporary witnesses reported that gardening in Hellerau was occasionally done "naked".

In 1907 Schultze-Naumburg joined the *Werkbund* and was also involved in the design of a garden city. In 1904 he had, together with Ernst Rudorff, launched the „(Deutschen) Bund Heimatschutz (Association for Heritage Protection)". The association had a relationship with the *Deutsche Gartenstadt-Gesellschaft* (German Garden City Society) and it was positively disposed towards garden cities such as Hellerau and Staaken. The fact that the garden cities were especially praised for their „landschaftsgebundenes Bauen (landscape bound buildings)" meant that the garden cities were seen from a one-sided perspective, which was through the lens of the *Heimatschutzstil*. This was the leitmotif for Schultze-Naumburg. In the 1920s there was a breakdown between the Heimatschutz-Bund, which had become ultra-conservative, and the *Neues Bauen*. In 1927 the tension culminated in the Zehlendorf dispute over the two different types of roofs and consequently Schultze-Naumburg left the *Werkbund*. The "landscape bound building style" mutated into the „Blut-und-Boden-Stil (blood and soil style)". The *Heimatschutz* movement had already become ethnic before 1933. Consequently, the „Deutsche Bund Heimatschutz (the German Association for Heritage Protection)" merged with the National Socialist „Reichsbund Volkstum und Heimat (Empire's Association for National Treasures and the Homeland)".

Schultze-Naumbug embodied like no other the conflict between modernism and anti-modernism. The fact that the anti-enlightenment, pre-modern city images suggest elements that are latently preserved in the age of modernism; is what made these forces so virulent. They discharged explosively. The synthesis of the two then takes place, albeit at the expense of modernity, with the state giving up its neutrality. The term "National Socialism" is as simple as it is accurate. Schultz-Naumburg provided an impetus. At the end of the 1920s he compared with words and pictures modernistic paintings with pathological deformations. The slimy world of twisted bodies is the „rohe Andeutung vertierten Untermenschentums (raw indication of sunken sub-humans)". It was the exact template for the exhibition on „Entartete Kunst (Degenerate Art)" which would take place in 1937 (Wiens 2018). In 1930 Schulz-Naumburg demanded the „Ausmerzung des Lebensuntauglichen (eradication of the unfit for life)" (as cited in Wolschke-Bulmahn 1996, 542). He was also significantly involved in the destruction of the Bauhaus. His publications had titles such as „Kunst aus Blut und Boden (Art from Blood and Soil)" and „Kunst und Rasse (Art and Race)".

Heinrich Himmler was an *Artamane* (member of the Artaman League). Bruno Tanzmann was a founding member of this racist settlement association that emerged from the youth movement in 1926. He was based in Hellerau and there in 1919 he established the „Hakenkreuz-Verlag (Swastika Publishing House)". He wanted to turn the garden city idea into a national settlement movement based on rural life. Himmler, as the highest planning commissioner for the conquered (eastern) areas, claimed to be in charge of building and the landscape. However, all the considerations that went into what kind of Germanic house would best fit in the East were superfluous under the SS annihilation regime. The „Volk ohne Raum (people without space)" became a space without people. There were hardly any racially pure new settlers to be found. Himmler also preferred naturopathy. In the Dachau concentration camp prisoners were ordered by the SS to plant a large medicinal herb plantation. Naturopathy had become the way to care for the racial health of the master humans. No matter how many revolutionary community movements turn into totalitarianism and emancipatory reforms into autocratic rule, no matter how many people affected by a longing for nature and harmony turn into beasts, it is always a question of turning utopia into dystopia. The awareness that life can never be completely reformed and that the ideal city can never be completely realized, but yet not to give up the hope, that we can approach to these aims step by step, could be a contribution towards the dissolution of the Manichaeism principle of the two opposing forces of good versus evil.

Conclusion

The ambivalence of the youth and reform movement was also reflected in the built social reality of Hellerau. Rhythmisation, typification and geometrization, which set the space in motion, only made up one side of the program. On the other hand, there was a *Biedermeier* classicism and landscape-bound organic building style. Whether the mixture is pleasant, designed to human standards or leads to antagonisms and conflicts cannot be deductively explained, but rather empirically because this is where social change and the socio-cultural mix of participants and political forces play their parts. Therefore, in other words, has the claim of the *Werkbund* and the *Neues Bauen* to remedy the social and hygienic situation of the workers through a housing reform been politically absorbed into democracy? Or did the *Heimatschutzstil* and a bulls-eye window along with forest romanticism allow the youth to leave reality and phantasmagorically force them into knight's armor until Goebbels could exclaim: „Und wieder reiten die Goten (And again the Goths are riding)“.
Can architecture and design change the world? Upon closer inspection, the garden cities, but also the settlements of the 1920s, did not relieve the miseries of the masses. They were aimed at the purchasing power of the skilled workers, small civil servants and employees. They had symbolic power, because the hope was that the (lower) middle classes could hold together the societal divisions. Nevertheless, at that time the lower middle class was already dissolving and the cities were indeed overtaxed and were threatening to dissolve as civilized entities[18]. The middle class disappears and reappears in different formations. The process of dissolution and reconstitution is today described as the formation of a new milieu. The middle class reinvents itself again and again in these transformational processes, but it no longer holds society together. Rather different milieus isolate themselves in gated communities. The feelings range from anxiety to security. The greenery in such ghettos serves as pretext to hang the sign "Garden Cities" around the newly built apartment blocks. But they are not such anymore.

---

18 Bruno Taut and Migge reversed the negative connotation of the dissolution of cities by demanding the integra-tion of city and country.

Literatur // Literature

Arnold, Kl.P. (1993). Vom Sofakissen zum Städtebau: die Geschichte der Deutschen Werkstätten und der Gartenstadt Hellerau, Verl. der Kunst.

Bahr, Hermann (1890). Die Moderne, In: Die Wiener Moderne. Literatur, Kunst und Musik zwischen 1890 und 1910, Hrsg. Wunberg, Gotthart (1981), S. 189.

Baumann, M. (2002). Freiraumplanung in den Siedlungen der zwanziger Jahre am Beispiel der Planungen des Gartenarchitekten Leberecht Migge, Trift Verlag.

Bernauer, M. (1990). Die Ästhetik der Masse, Wiese Verlag.

Brandner, P. & Neumann, H. (1995). Stadterweiterung durch neue Gartenstädte, Lehr- und Forschungsgebiet Stadt- und Regionalplanung der Univ. Kaiserslautern.

Buchholz, K. u.a. (Hg.) (2001). Die Lebensreform: Entwürfe zur Neugestaltung von Leben und Kunst um 1900, 2 Bände, Häusser-Media.

Durth, W. (1996) Entwurf zur Moderne: Hellerau; Stand Ort Bestimmung, Deutsche Verlags-Anstalt.

Gebeßler, A. (Hrsg.) (2003). Gropius, Meisterhaus Muche / Schlemmer: die Geschichte einer Instandsetzung, Krämer.

Gesamthochschule Kassel (Hg.) (1981). Leberecht Migge, 1881-1935, Gartenkultur des 20. Jahrhunderts.

Haney, D.H. (2010). When Modern Was Green: Life and work of landscape architect Leberecht Migge, Routledge.

Hartmann, Kr. (1976). Deutsche Gartenstadtbewegung: Kulturpolitik und Gesellschaftsreform, Heinz Moos Verlag.

Hohenheim, Th. v. (2018). Die komplexen Wege zur Gesundheit (BOAI-Schriftenreihe, Bd. 1), Norderstedt (BoD).

Ille, G. & Köhler, G. (Hrsg.) (1987). Der Wandervogel: es begann in Steglitz, Stapp.

Krückemeyer, Th. (1997). Gartenstadt als Reformmodell: Siedlungskonzeption zwischen Utopie und Wirklichkeit, Böschen.

Laqueur, W. (1978). Die deutsche Jugendbewegung: eine historische Studie, Verlag Wissenschaft und Politik.

Marco de Michelis (1996). Gesamtkunstwerk Hellerau, In: Durth (Hrsg.) (1996). Entwurf zur Moderne: Hellerau; Stand Ort Bestimmung. S. 44 & 47.

Marx, K. & Engels, Fr. (1970). Werke, Band 1. Dietz.

Migge, L. (1999). „Der soziale Garten". Das grüne Manifest, Gebr. Mann.

Muthesius, H. (1912). Wo stehen wir?, In: Diederichs (1912). Die Durchgeistigung der deutschen Arbeit: Wege und Ziele in Zusammenhang von Industrie, Handwerk und Kunst - 1. - 10. Tsd. - Jena:; - III., 116, 109 S. : zahlr. III. (Deutscher Werkbund: Jahrbuch des Deutschen Werkbundes; 1912). [online] http://www.cloud-cuckoo.net/openarchive/Autoren/Muthesius/Muthesius1912a.htm [06.01.2020].

Niemeyer, Chr. (2018). Mythos Jugendbewegung: ein Aufklärungsversuch, 2/2018, Beltz Juventa.

Puschner, U. & Schmitz, W. & Ulbricht, J.H. (Hrsg.) (1996). Handbuch zur „Völkischen Bewegung" 1871-1918. K.G. Saur.

Radkau, J. & Uekötter, Fr. (Hrsg.) (2003). Naturschutz und Nationalsozialismus, Campius-Verl.

Runkel, G. (Mitw.) (2007). Die Stadt, Lit.

Schneider, U. (2000). Hermann Muthesius und die Reformdiskussion in der Gartenarchitektur des frühen 20. Jahrhunderts, Wernersche Verlagsgesellschaft.

Schollmeier, A. (1990). Gartenstädte in Deutschland: ihre Geschichte, städtebauliche Entwicklung und Architektur zu Beginn des 20. Jahrhunderts, LIT.

Scholz, J.J. (2002). „Haben wir die Jugend, so haben wir die Zukunft": die Obstbausiedlung Eden/Oranienburg als alternatives Gesellschafts- und Erziehungsmodell (1893 – 1936), Weidler.

Schubert, D. (2004). Die Gartenstadtidee zwischen reaktionärer Ideologie und pragmatischer Umsetzung: Theodor Fritschs völkische Version der Gartenstadt, Institut für Raumplanung der Universität Dortmund.

Sitte, C. (Reprint 1983). Der Städtebau nach seinen künstlerischen Grundsätzen; vermehrt um „Grossstadtgrün", Vieweg.

Wedemeyer-Kolwe, B. (2017). Aufbruch: die Lebensreform in Deutschland, Philipp von Zabern / Wissenschaftliche Buchgesellschaft.

Weinert, E. (2010). Gesang der Latscher, Der Sogtext ist erschienen in „German Cabaret Recordings", 1909-1931, veröffentlicht 2010. [online] https://www.youtube.com/watch?v=HaDWC3hQYgE&list=PLneh3q_TmJEv2vqDW3blQtWdsWwdKC_Sc [06.01.2020].

Wiens, B. (2018). Vom Gartenhaus nach Buchenwald, [online] https://www.heise.de/tp/features/Vom-Gartenhaus-nach-Buchenwald-4223487.html?seite=all [06.01.2020].

Wiens, B. (2019). Das Experiment Bauhaus ist noch nicht zu Ende, [online] https://www.heise.de/tp/features/Das-Experiment-Bauhaus-ist-noch-nicht-zu-Ende-4264158.html [06.01.2020].

Wiggershaus, R. (2001): Garten, Park und Gartenstadt, In: Buchholz, K. u.a. (Hrsg.) (2001). Die Lebensreform: Entwürfe zur Neugestaltung von Leben und Kunst um 1900. 2. Band, Häusser-Media. S. 324.

Will, Th. & Lindner, R. (Hrsg.) (2016). Gartenstadt: Geschichte und Zukunftsfähigkeit einer Idee; Beiträge anlässlich des Internationalen Kolloquiums „100 Jahre Hellerau – Geschichte und Zukunftsfähigkeit der Gartenstadtidee, 2/2016, Thelem.

Wolschke-Bulmahn, J. (1990). Auf der Suche nach Arkadien: zu Landschaftsidealen und Formen der Naturaneignung in der Jugendbewegung und ihrer Bedeutung für die Landespflege, Minerva-Publ.

Wolschke-Bulmahn, J. (1996). Heimatschutz, In: Puschner, U. & Schmitz, W. & Ulbricht, J.H. (Hrsg.) (1996). Handbuch zur „Völkischen Bewegung" 1871-1918. K.G.

Abbildungen // Figures

Abb./Fig. 1: Haike Weichel.

Abb./Fig. 2: Courtesy of King's College Centre for Computing in the Humanities.

Abb./Fig. 3: CC BY-SA 3.0.

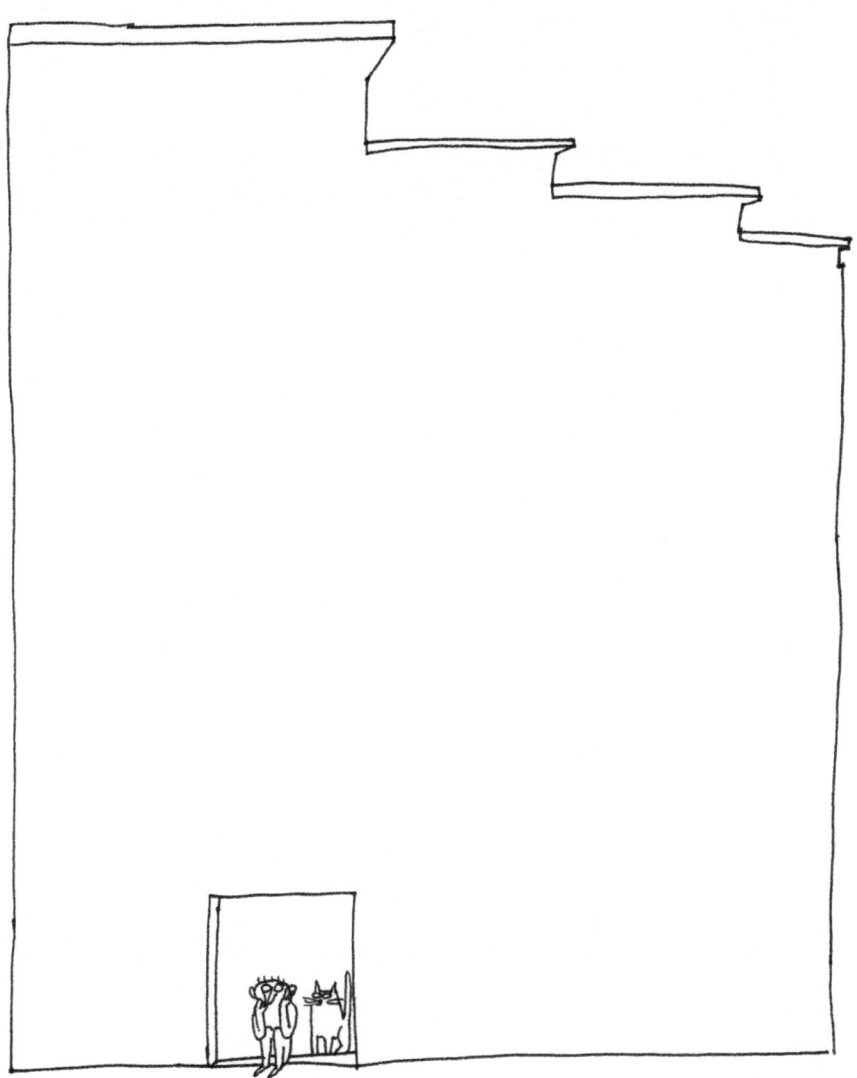

Walter Gropius ./. Leopold Fischer –
Ungleiche Rivalen um die Gartenstädte der Moderne

Rudolf Lückmann[1]

„Die bedeutenden Mitarbeiter des Bauhauses sind derzeit fast alle in Amerika tätig. So hat Walter Gropius als Leiter der Architekturabteilung der Harvard-Universität eine Professur für Baukunst. Mies van der Rohe und Hilbersheimer lehren an der Technischen Hochschule in Chicago, Moholy- Nagy ist Leiter einer Kunstschule, die die Lehren des Bauhauses verbreitet, Johannes Meyer ist in Mexiko-City tätig, Leopold Fischer arbeitet gemeinsam mit F.H. Wright."

In diesem Artikel aus dem Januar 1947 in „Die Welt" sind sie noch alle genannt, die großen Architekten der Dessauer Moderne (Below 2005, 12). Auch ein Leopold Fischer (Abb. 1) wurde noch unmittelbar nach dem Krieg dem Umfeld des Bauhauses zugeordnet. Noch hatte die von der Harvard School of Design aus Cambridge in Massachusetts gesteuerte Kampagne nicht alle Wegbegleiter der Moderne dem Vergessen preisgegeben. Noch durfte den anderen Modernen die Ehre gegeben werden.

Momentan feiern die Bauhausstandorte ihren 100-jährigen Geburtstag (Holm 2001, 2ff.). Offiziell begann das erste Semester in Weimar am 01.04.1919. Der Herr Direktor Walter Gropius (*1883-†1969) (Abb. 2) ließ sich bitten – er pokerte noch um sein Gehalt. Er reiste mit mondäner Dame, seiner ersten Frau Alma Mahler-Werfel (*1879-†1964), die eher die Bohème der untergegangenen Wiener Kaiserzeit ausstrahle (Abb. 3), erst am 28.04.1919 an (Föhl 2010, 370). Die Moderne musste in Weimar noch auf sich warten lassen. Sie war noch nicht angekommen. Alsdann quartierte sich das Paar angemessen im „Elephanten" ein. Später sollte Adolf Hitler (*1889-†1945) diese Unterkunft ebenfalls bevorzugen (Dietrich 2013, 67ff.). Dennoch war Weimar kein Ort der kulturellen Barbarei. Henry van de Velde (*1863–†1957) hatte noch vor dem Weltkrieg in der Stadt der Dichter und Denker Reformarchitektur, allerdings im Gewand des Jugendstils, auf höchstem Niveau gestaltet (Müller-Krumbach et al. 2002, 5ff.; Ritz et al. 2010, 3-7). Er leitete die Kunstgewerbeschule bis 1915, die der neue Direktor vereinnahmen und mit der Akademie zum Bauhaus machen sollte. Allerdings hatte man van de Velde nach echter Weimarer Art als vermeintlichen Kriegsgegner verarmt weggegrault (Föhl 2010, 288ff.).

Für die *neue Sachlichkeit* gab es noch keine Vorboten. In seiner Weimarer Zeit taumelte das Bauhaus von einer idealisierten bolschewistischen (Nehls 2010, S. 88ff.), zarathustrischen, hinduistische, mazdanaischen (Itten 1963, 5ff.), dadaistischen und anderen Erlösern wie Ludwig Christian Hauesser (*1881-†1966) als Sekte wahrgenommene (Polster 2019, 235) moralisch fragwürdige Einrichtung (Wahl 2009, 371) hin und her, bis es sich zu einer in

---

1 Prof. Dr. Lückmann, Rudolf, Hochschule Anhalt, Dessau/ Deutschland,
   E-Mail: rudolf.lueckmann@hs-anhalt.de

© Springer Fachmedien Wiesbaden GmbH, ein Teil von Springer Nature 2020
N. Uhrig (Hrsg.), *Zukunftsfähige Perspektiven in der Landschaftsarchitektur
für Gartenstädte*, https://doi.org/10.1007/978-3-658-28941-6_4

linksliberalen Kreisen ernstgenommenen Designreformschule wandelte (Preiss 1996, 135). Anders als manche Biographen glauben machen wollen, fiel der Wechsel zur Neuen Sachlichkeit nicht vom Weimarer Himmel. Er reiste ganz normal mit einem Ticket per Bahn aus den Niederlanden an. Statt sich von 1914-18 durch einen weniger heroischen Waffengang jegliche kulturelle Entwicklung zu entsagen, verstanden es die Holländer, im Bereich der Kunst und damit Moderne vorne an zu marschieren.

Über Johannes Ludovicus Mathieu Lauweriks, auch Jan Lauweriks (*1864-†1932) (Stamm 1998, 32ff.) verfolgte Adolf Meyer (*1881-†1929) (Abb. 5) die Entwicklungen in dem kleinen Nachbarland. Er war sein Schüler. Von 1910-1924 übernahm Meyer den gestalterischen Part im Büro Gropius, als Partner oder Mitarbeiter (Bis heute nicht geklärt). 1919 sicherte Gropius seinen Kollegen mit einer Einstellung am Bauhaus ab. Lauweriks wurde etliche Male als Gastlehrer nach Weimar eingeladen (Polster 2019, 141).

Den wirklichen Umschwung brachten aber die provokanten Künstler der niederländischen Künstlergruppe De Stijl. Namen wie Jacobus Johannes Pieter Oud (*1890-†1963), Piet Mondrian (*1872-†1944) und Gerrit Rietveld (1888-†1864) standen für die Moderne. Der recht unbequeme Theo van Doesburg (*1883-†1931) (Abb. 6) wurde 1921 als Gastlehrender ans Bauhaus verpflichtet (Ackermann 2001[2]). So viel Rabatz zu machen gefiel, nur nicht, dass andere damit die Aufmerksamkeit auf sich lenkten.

Selbstverständlich brach die Konkurrenz insbesondere zu dem Heilserwecker Johannes Itten (*1888-†1967) (Abb. 4) auf, der zu dem Zeitpunkt die stärkste Persönlichkeit der Schule war. „Gropius ist Itten, Itten ist Gropius", hieß das geflügelte Wort. Itten empfand den streitlustigen van Doesburg als Antipode und Konkurrenz (Ackermann 2001, 436). Alsdann lehrte van Doesburg privat, lockte Bauhausschüler und –lehrer in seine Räumlichkeiten. Er verkündete über das Bauhaus: „ …kränklicher Auswuchs der Kunstäußerungen des 20. Jahrhunderts".

Die Nachbarschaft zu dem Rebellen schadete dem Bauhaus in der künstlerisch aufgeweckten Öffentlichkeit Weimars sehr, bereicherte es aber von außen gestalterisch. Mit diesen niederländischen Recken kam die Moderne endgültig in Weimar an. Ab 1922 fand der Schwenk weg von der eher expressionistischen, handwerklichen Produktion, wie sie im Haus Sommerfeld in Berlin 1922 noch zu sehen war, hin zur Gestaltung von Prototypen in sachlichen Formen statt[3]. Gropius schaffte wie so oft eine saubere 180 Grad Drehung. Seine Geschütze standen nun in anderer Richtung. Nur der arme Oskar Schlemmer (*1888-†1943) konnte nicht schnell genug der Kehrtwende folgen und haute noch einmal eine „Kathedrale des Sozialismus" zur Begeiferung rechter Gesellen heraus (Isaacs 1983, 362). Aber statt Weltverbesserung und Arts and Crafts war für die eingeschworene Gruppe nun das Design für die Industrie angesagt (Claussen 1986, 5ff.).

Doch 1924 sah Gropius sich in Thüringen von einem „Völkisch-sozialen Block" gegen das Bauhaus umgegeben (Wingler, 2002, 99; Fox & Weber 2018, 89), was aber nur sehr eingeschränkt richtig war. Die Wirklichkeit sah weniger rühmlich aus. Als Direktor hatte er eine katastrophale Bilanz zu vertreten. Seine Eckdaten würden auch heute Schulleiter in seiner Position in arge Schwierigkeiten bringen.

---

2   Ackermann 2001, 20/261/ 433ff./ 518.

3   ThULB, Hauptarchiv Weimar, Staatliches Bauhaus Weimar, Nr. 97, Bild 52, Nr. 509, auch Gropius 1923.

Bis zu 1/3 rückläufige Studentenzahlen verstärkt durch eine bereits zeituntypische frauenfeindliche Zulassung- und Zuordnungspolitik (Ackermann 2001, 123), eine übergroße Anzahl von „Parkstudenten" ohne Abschluss, bis ins Volksministerium diskutierte Affären zu Sekretärinnen und Studentinnen des Direktors, Vermischung von wirtschaftlichen Bereichen von Büro und Schule, gravierende Haushaltsunregelmäßigkeiten etc. ließen Politiker Angst vor dem stets vornehm gekleideten, wortgewaltig polarisierenden Herrn von Welt bekommen, der zudem mehr auf Reisen, als in Weimar anzutreffen war. Dem Direktor verdarb zu allem Überdruss die drohende Steuerfahndung die Freude am Thüringischen Standort (Polster 2019, 320).

In diesem Weltuntergangsszenario der eigenen Prägung verstand der auf ausweglose Situationen trainierte Husar Walter Gropius es trotzdem, sich der weiteren Unterstützung einiger Kollegen, der meisten Studenten und die Marke „Bauhaus" gegen einen wie auch immer gearteten feindliche Umwelt zu sichern (Kiessling & Babel 2011, 6ff.). Das war ein Bravurstück der taktischen Kriegsführung mit maximalem Schaden für die Übertölpelten!

Walter Gropius, bzw. seine fleißige Umgebung, trat mit mehreren Städten in Verbindung, um einen Neuanfang zu versuchen. Im entscheidenden Moment weilte der Direktor - wie stets in Krisenzeiten – in dem Fall mit seiner neuen Frau Ise im Urlaub in Sizilien. Vor dort ließ er voll Widerwillen telegraphieren: „Dessau unmöglich" (Polster 2019, 315ff.). Aber wie so oft in seinem Leben legte er wenig später eine saubere Pirouette hin und fand sich in die andere Richtung gedreht in Dessau wieder.

Als der in Weimar abgehalfterte Bauhausdirektor am 01.04.1925 die Bauhaus-Schule in Dessau in provisorischen Unterkünften wieder eröffnete, war er anders als in Weimar in keine Wüste der zeitgenössischen Gestaltung gelandet. In Dessau kam der Bauhausdirektor in ein Epizentrum der Moderne und musste sich anderen, Künstlern, Architekten und aufgeweckten Persönlichkeiten aus Politik und Wirtschaft stellen.

Die Stadt wurde von einem Bündnis aus dem linksliberalen DDP Bürgermeister Fritz Hesse (*1881-†1973) (Abb. 8) und der SPD, vertreten durch Wilhelm Heinrich Pëus (*1862-†1937) (Abb. 9) repräsentiert (Regener 2018, 280ff.), die allem Neuen sehr aufgeschlossen gegenüberstanden. Der quirlige, in preußischen Gefängnissen gestählte Heinrich Pëus hatte schon um 1916 den ersten Gartenstadtverein gegründet. Diese weltoffenen Politiker konnten viele Thesen des Bauhauses und die Abneigung gegen die Rechten nachempfinden, da sie wohl selbst eher der Speerspitze der Moderne zuzurechnen waren.

Die Stadt Dessau hatte bereits richtungsweisende Bauprojekte für soziales Wohnen auf den Weg gebracht. Seit 1919 arbeitete der Magistratsbaurat Theodor Overhoff (*1880-†1963) an einer Mustersiedlung „Hohe Lache". Er plante Reihenhäuser als Arbeiterwohnungen, denen ein Wirtschaftsgarten zugestanden wurde. Die städtebauliche Anordnung variierte er bis hin zu einem großen Achteck, das namensgebend wurde. Aber durch die schnelle Industrialisierung der Stadt suchten viele eine Bleibe. Noch um 1929 benötigten ganze 4.902 Familien eine Wohnung (Scheiffele 2003, 110).

Die Hoffnung der aus Dessau um das Bauhaus werbenden Herren bestand, mit einer Hausbauindustrie schneller und preiswerter Arbeiterhäuser zu erstellen. Zu diesem Thema hatte Gropius viel proklamiert, aber in Wirklichkeit bis dato nur chaotische Projekte geliefert. Er selbst bezeichnete seine Planungen und Realisierungen bereits 1918 gegenüber Freunden als „Dreck" (Jaeggi 1994, 279).

Sein letztes Siedlerprojekt hatte er noch vor dem Krieg 1914 in Wittenberge übergeben[4] wo der dortige Siedlerverband „Eigene Scholle" am Ende wegen der Kostenexplosion selbst das Grundstück verlor[5] (Abb. 20, Typ I und Typ III). Doch diese weniger rühmlichen Perioden waren vergessen, stattdessen diskutierte die Fachwelt seine Pamphlete zu dem Thema: „Typisierung des Bauens!" In der Rhetorik und im Marketing machte ihm keiner etwas vor.

Die Stadt Dessau bot ihm nicht nur seine Schule und die Häuser für die Lehrenden zu bauen, sondern kam seinen Visionen von der Industrialisierung des Bauens nahe. Gropius träumte seit Jahren davon, der Henry Ford (*1863-†1947) der Bauindustrie zu werden (Scheiffele 2003, 124). Er wollte wie Ford sein T-Modell Häuser vom Fließband herstellen. Konventionell konnte die Stadt Dessau mit den von ihr verpflichteten Architekten das schon lange. Zur preiswerteren Fertigung durch den Einsatz industrialisierter Methoden luden die Herrschaften ihn und seine Schule ein, hier suchten sie seine in Fachzeitschriften lautstark proklamierten Kenntnisse.

Das Dessauer Angebot war verlockend. Der Bauhausdirektor, der sich in Weimar noch gelegentlich mit römischen Gruß "Heil Meister" rühmen ließ (Polster 2019, 239), ließ sich in die Stadt an der Mulde herab. Aber damit kam auch ein Meister der Suggestion und der Selbstdarstellung in eine Stadt bescheidener, aufgeschlossener, hart arbeitender Menschen.

Des Direktors Art der Selbstdarstellung war ihnen bis dahin fremd. Es fehlte an erlernten Techniken, sich dagegen zu erwehren.

Gropius sollte es mit seinen Hofbiographen in den folgenden Jahren sogar über seinen Tod hinaus verstehen, alle anderen großen Geister um sich herum in der Wahrnehmung, auch in Anhalt, bis zum Vergessen zu verdrängen.

Ein chinesisches Sprichwort sagt, „es kann nur einen Tiger auf einem Hügel geben". Dieser Tiger hatte einen Namen, es war, wo immer er hinkam, Walter Gropius. Er nutzte seine Begabungen in der Rhetorik und Organisation in Versammlungen, Verbänden und Kammern sich zu inszenieren und durch Polarisieren mögliche Konkurrenten wegzudrücken. Über seine rege Publizität und dem Networking stand er stets vorne an.

Nur ein Leopard der leisen Töne ließ sich nicht einlullen und widerstand dem tapferen, kampfeslustigen Husaren des I. Weltkriegs nach nur zwei ernüchternden Zusammenkünften. Beim ersten versank der kleine, schmächtige Flugzeugbauer in einem quietschgelben Bauhaussessel im Büro von Walter Gropius. In diesem unförmigen Möbel lernte der eine Generation ältere Herr in wenigen Sätzen, dass von dem schnieken, eleganten Herrn um die Vierzig eher leere Phrasen als ingenieurtechnische Ansätze zu erwarten waren (Polster 2019, 323).

In einem zweiten Treffen lud die Stadt Dessau Gropius zu einem Empfang in sein Haus, um eine Zusammenarbeit zu stiften. Das folgende, wenig durchdachten Konzept der Okkupation seiner Ressourcen für eine Hausfabrik von Walter Gropius ließ ihn die Situation und die verblendete Fehlinvestition der Stadt in einen Traum preiswerter Arbeiterhäuser durch diesen schmucken Herrn frühzeitig verstehen (Scheiffele 2003, 162ff.).

Der innovative Ingenieur Hugo Junkers (*1859-†1935) (Abb. 10) hatte ausreichend Selbstbewusstsein, kaufmännische sowie technische Kenntnisse und zudem einen gesunden Menschen-

---

4   Siegel, Marco: Material und Quellensammlung „Eigene Scholle Wittenberge". Seminararbeit an der HS Anhalt WS 2018/19. Aus dieser Studie kommen die Angaben zu dem Projekt.

5   Stadtarchiv Wittenberge (1997).

verstand, die Offerte des Bauhausdirektors richtig einzuschätzen. Der ungediente Familienvater von 12 Kindern entwischte allen freundlichen Angeboten einer ruinösen Zusammenarbeit des Liebesaffären umwitterten Weltkriegshelden. Er interpretierte den Vorschlag wohl richtig als freundliche Übernahme. Junkers antwortete auf das eingereichte Angebot zu einer gemeinsamen Hausfabrik äußerst klug – nämlich gar nicht (Scheiffele 2003, 162ff.).
Nichtsdestotrotz nutzte gerade Junkers bereits das jüngere, frische „Bauhaus-Design" der Weimarer Sachlichkeit für Werbezwecke. Sein Chef-Gestalter Friedrich Peter Drömmer (*1889-†1968) hatte in Weimar am Bauhaus gelernt. Herta Junkers (*1899, später Bauer) brachte den innovativen Mann bereits 1923 zu ihrem Vater. Bis 1933 schuf Drömmer das „Corporate Identity" des Konzerns. Gestalterisch hatte der Herr der Lüfte, der sich selbst eher im Pomp des 19. Jahrhunderts wohl fühlte, mit dem Bauhaus kein Problem.
Junkers sollte Gropius Bauprojekte z. T. recht schamlos ohne Nennung der Urheberschaft für seine Produkte zu Werbezwecken einsetzen. Ja, er war dem Bauhausdirektor voll und ganz gewachsen. Aber eines stand auch fest: In Dessau war Gropius kein mit blindem Hoffen erwarteter Erlöser. Die Moderne hatte sich in Dessau schon vor ihm ihren Platz in der gesellschaftlichen Akzeptanz verschafft (Schulte-Wülwer 2019, 151ff.).
Schauen wir auf die weltweit zu Dessauer Themen der Aufklärung, des Bauhauses oder der Industrialisierung geklebten Briefmarken, finden sich annähernd mehr als doppelt so viele mit Flugzeugen und anderen Erfindungen von Hugo Junkers (Abb. 13), als von Motiven mit dem Bauhaus oder seiner Protagonisten (Abb. 14). Nur dieser geschmeidige Leopard hat es verstanden, sich abzugrenzen und nicht Opfer des alles verschlingenden Gropius Kults zu werden.

Aber Architekturkollegen, zumal bescheiden und zuvorkommend auftretend, waren diesem manisch-ruhmsüchtigen Egozentriker vollständig ausgeliefert. Eine der traurigen, von Gropius sogar am Ende verfemte Figur in diesem unfairen Theater der einseitigen Glorifizierung gab der äußerst talentierte, annähernd eine Generation jüngere Architekt Leopold Fischer (*1901-†1975) ab.
Leopold Fischer erblickte als Sohn einer jüdischen, deutschen Familie in Bielsko nahe Teschen in Schlesien das Licht der Welt. Sein Vater handelte mit Holz, war daher dem Bauen bereits nahe. Der kleine Leopold wird sich für die Baustellen begeistert haben, die sein Vater belieferte. Er entdeckte seine Leidenschaft. Er wollte selbst planen und bauen.
Um 1910 lebten 18.568 Einwohner in der Stadt Bielsko. Davon sprachen 84.3% deutsch, 14.3% polnisch und 0,7 % Tschechisch. Das Jiddisch der 16.3% jüdischen Einwohner galt nicht als Amtssprache. Sie fanden sich demnach eher unter den Deutschsprachigen. Die Römisch-Katholische Religion herrschte mit 55.9% vor, Protestanten gab es 26.7% (Wurbs 1981, 3f.).
Leopold Fischers Jugend endete nicht nur mit dem Weltkrieg, sondern hinterließ ihn obwohl für den Militärdienst zu jung, als eines der ungezählten Opfer. Nach dem am 10.09.1919 gezeichneten Vertrag von Saint-Germain-en-Laye verlor Österreich das Gebiet um seine Heimatstadt, obwohl die Deutschen dort die Majorität stellten, an das neue Polen. Durch den erstarkenden Nationalismus unter dem antisemitischen Marschall Józef Piłsudski (*1867-†1935) fanden sich die jüdischen und deutschen Bewohner ab 1920 einem Druck mit unkontrolliert ausbrechenden Repressalien bis hin zu Mordopfern ausgesetzt (Krzeminski 2016; RBB 2004), die viele zur Auswanderung drängten. Leopold Fischer erlag dem Druck und verließ seine Heimat in Richtung der ehemaligen Hauptstadt der KuK-Monarchie Wien.

In Wien muss ihn Fortuna breit angelacht haben. Er fand Zugang zu dem eher unzugänglichen, persönlich sehr komplizierten Adolf Loos (*1870-†1933) (Abb. 11). Dieses Ausnahmegenie dürfte einer der wichtigsten Vordenker der Moderne sein. Loos fand sich inspiriert durch die Architektur in Skyros in Griechenland, das er 1904 besucht hatte. Die Schlichtheit und Würde der weißen Flachdacharchitekturen prägten sich bei ihm ein. Zurück in Wien baute er zuerst einmal für die elitäre Oberschicht (Rukschcio & Schachel 1982, 4ff.).

Während beim Wohn- und Geschäftshaus Goldman & Salatsch 1909-11 noch viel Naturstein zur Zierde im Außenbereich Anwendung fand, gelang Loos mit dem Steinerhaus (1910) in Wien der Durchbruch zu den edlen weißen Terrassenhäusern. Das Haus Robert Scheu 1912-13 (Abb. 15) und die Villa des Direktors Viktor Bauer 1918 (Abb. 16) ergänzten das Repertoire. Mit diesen Referenzen war Loos für junge, nach Neuem strebende Menschen nach dem I. Weltkrieg ein interessanter Lehrmeister. Bereits um 1921 gehörte Leopold Fischer zu seinen engeren Mitarbeitern (Koitzsch 2006, 10).

Besondere Beachtung fanden die provozierenden Vorträge von Adolf Loos. Das Multitalent schrieb einen viel beachteten, bahnbrechenden Artikel zugunsten der schmucklosen auf Sachlichkeit reduzierten Moderne. Sein am 21.01.1908 in Wien gehaltener Vortrag *Ornament und Verbrechen* wurde in München zuerst von Kunstgewerblern, dann in Berlin begeistert aufgenommen, aber erst sehr spät in deutscher Sprache gedruckt (Threuter 1999, 106ff.).

„Aber es (das ornament) ist ein verbrechen an der volkswirtschaft, daß dadurch menschliche arbeit, geld und material zu grunde gerichtet werden...Seht, die zeit ist nahe, die erfüllung wartet unser. Bald werden die straßen der städte wie weiße mauern glänzen. Wie Zion, die heilige stadt, die hauptstadt des himmels." (Loos 1910, 3).

Diese Artikel *Ornament und Verbrechen* beeinflusste Walter Gropius, Mies van der Rohe (*1886-†1969), Le Corbusier (*1887-†1965) und viele mehr. Loos startete eine gute halbe Generation vor diesen, durch spätere Hofberichterstatter Großen der modernen Architektur (Polster 2019, 461) mit bahnbrechenden, provozierenden Projekten und vor allem Ideen der Neuen Sachlichkeit.

Gropius hat Loos natürlich nie als jemanden benannt, der ihn beeinflusste und von dem er gar kopierte. Aber schon nachdem er den Vortrag *Ornament und Verbrechen* vermutlich um 1910 in Berlin gehört, oder an Diskussionen über diesen teilgenommen hatte, schrieb er seiner Geliebten, damals noch Ehefrau des großen Komponisten Gustav Mahler (*1860-†1911), von „Ägyptischer Ruhe" (Jaeggi 1994, 57) bei Gebäuden, die im Detail den Regeln von Loos folgten. Er versuchte das Erahnte auch gleich umzusetzen, als er um 1911 für seinen Onkel Erich Gropius (*1855-†1919) auf dessen Landgut Janikow in Pommern Arbeiterwohnungen plante (Abb. 21). Die einfachen Häuser gehorchten genau den Prinzipien (Omilanowska 2007, Abb. 10-12). Auch später schaute er noch nach Loos. Sein Haus Rufer 1922 (Abb. 17) inspirierte Gropius. Beim Haus für Dr. Felix Auerbach in Jena 1924 ist der Einfluss der Loosschen Terrassenhäuser und Fassadenaufteilung überdeutlich (Abb. 22) (Seewald 2009).

Adolf Loos stand in engem Kontakt zu anderen Architekten der Reformbewegung. Gemeinsam mit dem vermeintlichen Lehrmeister von Gropius, Peter Behrens (*1868-†1940) arbeitete er 1920 den Generalarchitekturplan für Wien aus. Mit von der Partie waren Josef Hoffmann (*1870-†1956), Josef Frank (*1885-†1967) und Oskar Strnad (*1879-†1935). In diese äußerst kreative Phase konnte Leopold Fischer Meisterschüler und Mitarbeiter im Büro von Adolf Loos werden. Der Hintergrund für diese neue Bauaufgabe war in der sie umgebenden Elendszeit eher traurig. Die Folgen des Weltkriegs und die mit ihm einhergehende Not waren 1920 noch sehr präsent. Als 1916 der Weltkrieg und die Blockaden die Länder zusehends ausgeblutet hatten, begann für viele Ärmere das Hungern. In Deutschland sprach man vom Rübenwinter (Baudis 1986, 129ff.), weil das Viehfutter verspeist wurde. In Wien gingen Arbeiterfrauen vor die Stadt und pflanzten Gemüse auf verwilderten Flächen, oft Bauerwartungsland. Angesichts der Not und damit einhergehenden Revolutionsgefahr wagte niemand, sie daran zu hindern. Mit dem Ende des Krieges verbesserte sich die Lage der Menschen besonders in den Städten nicht. 1919 verhungerten in Deutschland und Österreich etwa eine Million Menschen, da die Entente die Seeblockade aufrechterhielt. Sie fürchtete ein neues Aufflammen der Kämpfe, so die Konditionen des Versailler Vertrag nicht unterzeichnet würden. Die Länder der Mittelmächte steckten im Würgegriff. Die Säuglingssterblichkeit schraubte sich in dem Jahr auf 14% hoch (Heinsohn 1999, 6ff.).

Damit war der Hunger und die Notwendigkeit zur Selbstversorgung vielen Menschen präsent. Wer ein paar Kartoffeln, Gemüse, gackernde Hühner mit ihren Eiern und dazu noch einige Kaninchen im Stall hatte, sah diesen Zeiten ein wenig gelassener entgegen. Die roten Regierungen Wiens von 1919-1934 nahmen nach dem Krieg diesen Gedanken auf und wollten die Verhältnisse legalisieren.

Um 1898/1902 hatte Sir Ebenezer Howard (1850-1928) in England ein Prinzip entwickelt, nachdem Wohnen im Grünen mit einer modernen Industriegesellschaft zu verbinden war (Howard 1898, 3ff.; Howard 1902, 4ff.) Die außenliegenden Satelliten wurden durch Verkehrsstrukturen angebunden. Sie schufen die Vernetzung zu den Arbeitsplätzen und den Angeboten der Stadt. Dafür konnte das Wohnen außerhalb im Grünen unter gesünderen Bedingungen stattfinden. Weltweit fanden diese Ideen eine freundliche Aufnahme. Es gab in allen Industrienationen, einschließlich den USA bereits umgesetzte Projekte und Interpretationen.

Auch in Deutschland entstanden vor dem Krieg Beispiele. In Dresden-Hellerau schuf der Geschäftsmann Karl Schmidt-Hellerau zusammen mit den Architekten Richard Riemenschmid (*1868-†1957), Heinrich Tessenow (*1876-†1950), Hermann Muthesius (*1861-†1927), Bruno Paul (*1874-†1968), Wilhelm Kreis (*1873-†1955) und anderen an einer Lebensreform interessierten Planern eine Gartenstadt (Fasshauer 1997, 5ff.). Eine weitere, mit großer öffentlicher Wahrnehmung geehrte, fand sich in Mannheim, die 1912/1926 von Hermann Esch (*1876-†1956) und Arno Anke (*1879-†1968) initiiert wurde (Künstler, o.J.).

Durch die von vielen Arbeiterfamilien geteilte Erfahrung des Hungerns während des Weltkriegs verlockte dieses Konzept um die Selbstversorgung ergänzt, von den offiziellen Stellen zur sozialen Absicherung in Krisenzeiten gefördert zu werden. Es barg große Potenziale einer sozialdemokratischen Identifikation in der Politik.

In Abwandlung oder als Weiterentwicklung der Gartenstädte hin zur Selbstversorgung konnte aus diesen Wiener Okkupationen durchaus ein gangbares Konzept werden. Die Stadt Wien gründete ein Siedlungsamt und stellte den durch den Krieg stark traumatisierten Adolf Loos als Chefarchitekten ein (Below 2005, 19).

Adolf Loos glaubte an diese Idee. Er begann kreative Prototypen zu entwickeln. Um 1921 setzte Loos etliche Siedlungsprojekte im Sinne von Gartenstädten um. Er wollte aber nicht nur moderne Bauformen schaffen, sondern Lebensmodelle. Deshalb lud er den innovativen

Landschaftsarchitekten Leberecht Migge (*1881-†1935) ein (Abb. 7). Er war ein Meister ökologischer Kreisläufe (Migge 1919, 1932). Unter der Mitwirkung von Leopold Fischer wurden
um 1921 die Siedlungen Friedensstadt, Lainz, der Verbauungsplan Laerberg und Hirschstetten
entwickelt. In der letztgenannten Kriegerheimkehrsiedlung entstanden zudem Siedlungshäuser
nach Entwürfen von Loos. 1922 bauten sie ähnliche Bauwerke in Laerberg (Abb. 18).
Das 1922 gebaute Haus Rufer (Abb. 17) seines Lehrmeisters dürfte den jungen Architekten
Fischer ebenso wie seinen späteren Konkurrenten Gropius als Villa interessiert haben (Wikipedia, o.J.). Elemente dieses Entwurfes finden sich 1927 bei Fischer in der Villa Liebig in
Dessau (Abb. 25 und Abb. 26) wieder.
Die bis ins Detail ausgearbeiteten Vorstellungen von Migge zu den Gärten bei den Siedlungshäusern zeigten geschlossene Wertstoffkreisläufe zur Selbstversorgung auf. Nichts ging
verloren. Regenwasser wurde ebenso gespeichert, wie die Sonnenwärme in Wänden, die
entsprechende Bepflanzungen, Spalierobst etc. trugen. Fäkalien ließen sich bei speziellen
Torfklosetts gezielt zur Düngung einsetzen usw. Das Konzept der Selbstversorgung hatte
Migge auf den Punkt gebracht. Er übertrumpfte Howards lediglich städtebauliches Prinzip
durch eine zu tiefst durchdachte Ökologie. Er bezog sich demzufolge auch nur am Rande auf
ihn (Crasemann 1982, 5ff.).
Migge waren die Häuser zu dem Konzept weniger wichtig. Loos wollte natürlich preiswerte
Häuser dazu entwickeln. Er verstand sehr wohl, dass darin die Schlüsselfrage für die Umsetzung
lag. Er erfand das „Haus mit einer Wand" (Abb. 18). Das bedeutete, er entwarf Reihenhäuser.
Neben der giebelständigen Außenwand, war bei diesem Konzept jeweils nur eine weitere
massive Scheibe zum nächsten Wohnhaus nötig. Die übrigen Wände errichtete er aus Holzske-
lettkonstruktionen. Ebenso setzte er durchgehende Holzbalkendecken zu Aussteifung ein. Die
Treppe steckte er zwischen zwei Deckenbalken, die giebelparallel verliefen. Deshalb konnte
die Decke ohne Wechsel ausgeführt werden. Die beiden offenen Traufwände verkleidete er
mit einer Holzschalung und ließ Türen und Fenster einsetzen (Abb. 18).
Adolf Loos patentierte sich die Konstruktion als „Haus mit einer Mauer" am 11.02.1921. Bei
diesen Projekten arbeitet Loos bereits u. a. mit Leopold Fischer (*1901-†1975) zusammen, der
sein Schüler und engster Mitarbeiter wurde. Er baute von 1920-22 einige, wichtige Projekte
in und um Wien (C/O Vienna Magazine, o.J.). Loos und Fischer müssen sich geschätzt haben.
Zudem standen sie auch nachdem sie unterschiedliche Wege gingen, in einem engen durch
Freundschaft und Anerkennung geprägten Kontakt.
Die idealisierten Gartenstädte hatten auch Nachteile. Es musste Bauland vor den Städten
erschlossen werden, was Spekulanten auffiel und zuspielte. Zudem benötigten die Planungen
mehr Areal, als wenn Wohnungen über Geschosse gestapelt wurden. Geschosswohnungen
stellten sich im qm-Preis ca. 20 % preiswerter da. In den Gartenstädten beackerten meistens
die Frauen die Wirtschaftsflächen, während die Männer sich des ersparten Geldes im Gasthaus
erfreuten. Deshalb konnte das Konzept durchaus kritisch gesehen werden.
Der von 1919-1923 in Wien amtierende Bürgermeister Jakob Reumann (*1853-†1925) wollte
mehr Wohnungen, um Obdachlosigkeit und der Überbelegung in den elenden Arbeiterquartieren
entgegenzuwirken (Jahn 2014, 3ff.). Bei diesem ehrgeizigen Ziel, hatte er nicht die Zeit und
das Geld, Bauland für Gartenstädte im Umfeld zu erwerben.
Reumann beabsichtigte, in kurzer Zeit 25.000 Etagenwohnungen für Arbeiter zu bauen. Sein
Nachfolger Karl Seitz (*1869-†1950), Bürgermeister von 1923-34, verfolgte dasselbe Konzept,

so dass am Ende Wien um 60.000 Wohnungen reicher sein sollte (Maderthaner 2006, 175ff.). Anstelle der Gärten sollten neue Grünanlagen und moderne Freizeiteinrichtungen die Defizite des fehlenden Grünbezugs auffangen. Die soziale Kommunikation decken öffentliche Einrichtungen von Waschhäusern, Konsums bis hin zu Clubgebäuden ab. Dieses Konzept sollte sich weltweit verstärkt durchsetzen. Heute ließen sich Megastädte bei der hohen Bevölkerungsdichte in einigen Regionen gar nicht anders ausführen. Aber in den zwanziger Jahren war der Wettstreit der städtebaulichen Ideen noch nicht ausgemacht.

Dem Vorteil überschaubarer Investitionen stand bei Etagenwohnungen die geringere Attraktivität entgegen. So ist es noch bis in unsere Tage so, dass jede Familie, der es gelingt, von einer Etagenwohnung in ein noch so kleines Haus mit Gärtchen zu ziehen, dieses als Erfolg empfindet – ob sich nun die Frau um den Garten kümmert oder nicht.

Adolf Loos enttäuschte die neue soziale Politik. Er gab auf. Er ging 1924 nach Paris, sollte für den Dadaisten Tristan Tzara (*1896-†1963) um 1924 ein viel beachtetes Haus bauen. Sein Schüler Leopold Fischer folgte ihm nicht. Er nutzte aber die Netzwerke von Loos in Österreich und Deutschland weiter. Er konnte für Carla Spanner mit einem seiner ersten selbständigen Aufträge ein Haus bauen, dass die erlernte Holzbauweise von Loos intelligent umsetzte.

Leberecht Migge hatte Leopold Fischer als Meisterschüler und Mitarbeiter von Adolf Loos in Wien kennengelernt. Er holte ihn nach Worpswede[6], um für sich und seine große Familie seinen ökologisch durchdachten Sonnenhof weiter zu entwickeln. Fischer erweiterte ihm das Wohnhaus und fügte 1924-25 die Glasveranda und den Dachgarten dazu (Vierich 2005, 8). Im Juni 1925 bestritt Fischer mit Migge die Ausstellung „Heim und Scholle" in Braunschweig. Sie stellten ein sehenswertes Musterhaus einschließlich einer bescheidenen Ausstattung für den Arbeiterbedarf aus.

Zu der Zeit scheint Migge Fischer bereits nach Anhalt vermittelt zu haben. So zeichnete Fischer bereits 1925 Entwurfszeichnungen für das nahegelegene Coswig, wo die Siedlung Ratskiefern seit 1924 entwickelt wurde (Paul 2010, 98f.). In dieser Siedlung fand sich eine Mischung aus Sattel- und preiswerteren Flachdächern. Fischer und insbesondere Migge machten aus der Dachform keine Philosophie, da es ihnen mehr um den Garten als Chance der Selbstversorgung für die Arbeiterfamilien ging. Das Satteldach war ihnen nur dahingehend zu viel, weil es schlicht weg mehr kostete.

Obwohl das „Rote Wien" von dem Konzept abgesprungen war, kämpfte in Dessau unverdrossen der Vorsitzende der SPD Wilhelm Heinrich Pëus (*1862-†1937) (Regener 1980, 280ff.) weiter für die Gartenstädte (Regener 2018, 180ff.). Durch das Wohnungsbauprojekt, welches der seit 1919 arbeitende Magistratsbaurat Theodor Overhoff am Achteck betrieb, hatten die Verantwortlichen Leberecht Migge mit der Garten- und Grünplanung beauftragt. Den Dessauern imponierte das Selbstversorgerprinzip (Wichmann, 2019).

Heinrich Pëus und sein Parteifreund Rudolf Eberhard (*1891-†1961) hatten am 03.06.1923 den Anhaltischen Siedlerverband e. V. gegründet (Asmus 2009, 274ff.). Eberhard sollte im Verband als Geschäftsführer Verantwortung übernehmen (Drechsler 2002, 152). Der Verband

---

6   Die Ausarbeitung zu Leopold Fischer erfolgte durch Rolle, Lisa und Franck, Laura im Masterstudiengang Denkmalpflege MLU/ HS Anhalt im Seminar Methodologie der Denkmalpflege III im WS 2018/19.

funktionierte nach einem genossenschaftlichen Prinzip. Die Einlagen kamen zu etwa 50% von Arbeiterfamilien, denen zu Wohnungen verholfen werden sollte. Es war das ehrgeizigste und erfolgreichste Projekt der Sozialdemokratie in Anhalt.

Um trotz der Wiener Erfahrungen, Gartenstädte vertreten zu können, bedurfte es preiswertes Bauland mit Infrastruktur. Das war eine Aufgabe der Kommune, die sich der Bürgermeister Fritz Hesse in Dessau zu eigen gemacht hatte. Ebenso mussten preiswerte Häuser entwickelt werden. Hier waren innovative Architekten gefragt. Heinrich Pëus suchte nach Lösungen. Er vertraute Legerecht Migge und über ihn wohl auch Leopold Fischer. Über diese Konstellation kam Fischer an den Siedlerverband, der vor allem als das Flakschiff der Sozialdemokratie verstanden wurde.

Der Schriftsteller Pëus war die Schlüsselfigur, um das Bauhaus von Weimar nach Dessau zu holen. Seine SPD musste die Mehrheit 1925 beschaffen, damit der Umzug gelang. Er hatte auch beim Bauhaus die Idee, mit dessen Wissen preiswerten Wohnraum in Gartenstädten schaffen zu können. Als sich in Dessau ein neues Siedlungsprojekt im nahen Dorf Törten im Süden der Stadt abzeichnete, beabsichtigte der Bürgermeister Hesse die neuen Partner aus Weimar in die Pflicht nehmen. Pëus wollte die Innovationen anderer, auch mal quer denkender Architekten. Damit hatte der Siedlerverband durch das Bauhaus unangenehme Konkurrenz. Im Februar 1926 hatte der Siedlerverband sechs eingeschossige Doppelhäuser mit Satteldach und zwölf mit Flachdach in Kleinkühnau der Öffentlichkeit vorgestellt (Below 2010, 245/252; Paul 2010, 100). In diesem Zusammenhang mag Walter Gropius auf den jungen Leopold Fischer aufmerksam geworden sein. Fischer hatte auch diese Bauvorhaben, obwohl konventionell aus Ziegelsteinen und mit Holzbalkendecken gebaut, innerhalb von einem halben Jahr fertiggestellt. Gropius sein Vorgänger der Kunstgewerbeschule in Weimar brach kein Zacken aus der Krone, zusammen mit Leberecht Migge eine Gartenstadt zu entwickeln. Henry von de Velde hatte Migge ausgerechnet zur Entwicklung der Gartenstadt Hohenhof in Hagen geholt (Eickhoff-Weber 1989, 79). Der Auftrag war von Karl Ernst Osthaus erteilt worden (ebd.), den Gropius für seinen Freund wähnte (Jahre 2001, 551ff.).

Für Gropius war die dortige Generation von Wirkenden Angehörige des Alten. Er wollte der Neuerer sein. Daher konnte er Migge auf keinen Fall sichtbar einbinden. Das Tigerproblem ließ abermals grüßen. Dennoch interessierte ihn sein Wissen. Sein stets mit Sonderrechten ausgestatteter Wunderschüler Marcel Breuer (*1902-†1981), ebenfalls Jude und annähernd im gleichen Alter wie Fischer, soll die Verbindung hergestellt haben (Scheiffele 2003, 278). Die Einstellung war genial. Mit ihr ließen sich gleich zwei Fliegen mit einer Klappe schlagen: Gropius konnte den Konkurrenten Leopold Fischer vom Siedlerverband fern halten. Zudem ließ sich von ihm das Siedlerhauskonzept vollumfänglich abschauen. Hierbei verfuhr Gropius getreu einer alten chinesischen Weisheit: "Wenn du einen Feind nicht besiegen kannst, umarme ihn". Gropius bot Fischer eine Stellung in seinem Büro an. Fischer verfiel der Marke „Bauhaus" und ging darauf ein. Er begann Ende April 1926 in Gropius seinem Architetekturbüro zu arbeiten. So nahe sollte Gropius seinem heimlichen Vorbild Adolf Loos nie wieder sein.

Irene Below nimmt an, dass Fischer das Konzept von Loos einbrachte, dass unter der Bezeichnung „Haus mit einer Mauer" auf ihn patentiert war (Below 2010, 251). Das ließ sich nur gar nicht machen. Wenn die Spannweiten zwischen den tragenden Mauern mehr als fünf Meter werden, müssen die Holzprofile oder anderen Tragkonstruktionen so stark bemessen werden,

dass sie keinen Vorteil mehr bieten. Deshalb musste Gropius das Konzept überplanen.
Für Törten sollten die Häuser allerdings nicht in Holz und Ziegelstein, sondern aus groß-
formatigen Schlackenbetonhohlsteinen errichtet werden, die Maurer konventionell in großen
Blöcken aufsetzten (Abb. 23). Die vorgefertigten Betonträger ersetzten die leichten Holzbalken
und musste wegen ihres Gewichts durch einen auf Schienen geführter Kran bewegt werden.
Wie konnte das preiswerter sein, als leichte Holzbalken in einer Richtung einzufädeln?
Gropius wollte den Entwurf für Törten durch Ideen aus seinen älteren Projekten abwandeln[7].
Das Konzept von Loos war zu bekannt, als das ein plumpes Plagiat nicht aufgefallen wäre.
Schon seine Abwandlung sollte in einigen Fachbeiträgen in den Geruch kommen. Die nun
von ihm eingebrachten Wohnvorstellungen hatte er noch zusammen mit Adolf Meyer (*1881-
†1929) entwickelt.
Diese Grundrisse kamen aber schon in Wittenberge nicht sehr gut an (Abb. 20). Die dortige
Genossenschaft ließ sie wegen der schlechten Veräußerbarkeit direkt umbauen. Der erfahrene
und ausgleichende Architekt Adolf Meyer fehlte dem Bauhausdirektor, als er die Planungen
für Törten begann.
Stattdessen hatte Gropius die Büroleitung an einen Hitzkopf übertragen. Dem äußerst talen-
tierten, aber noch unerfahrenen Ernst Neufert (*1990-†1986) (Abb. 12) war trotz seines
jugendlichen Alters die Büroleitung übergeholfen worden. Gropius sollte ihn noch während
der Baumaßnahme für Törten als *Bauernopfer* für die gerügten Unregelmäßigkeiten bei der
Abrechnung des Bauhausgebäudes entlassen. Dort ließen sich 100.000 Mark nicht recht nachweisen, (Polster 2019, 336) die in seinem Büro „verloren" gegangen waren.
Gropius verfügte über kaum erfahrene Kollegen in seinem Büro auf der Bauhausbrücke.
Dort saßen willfährige, blutjunge Architekten aus dem Umfeld der Hochschule, mit denen
er das komplexe Projekt stemmen wollte. Marcel Breuer, so er neben seinen zwei weiteren
Beschäftigungen Zeit fand, und der begabte Carl Fieger (*1993-†1960) standen ihrem stets
reiselustigen Direktor zur Seite.
Im Ergebnis wurde das von Loos patentierte „Haus mit einer Mauer" Konzept (Abb. 18)
mit einer gegen die Spannrichtung laufenden Treppe konstruktiv aufwendig durchbrochen.
Dafür musste eine weitere, tragende Scheibe her, die wiederum Spannungen auf die Vorder-
fassade brachte (Abb. 23f.). Fischer ärgerte sich vermutlich über die Verunklärungen und
unprofessionellen Eingriffe. Er besaß genug Erfahrung, um einschätzen zu können, dass diese
Konstruktion statisch unbestimmt war und zusammen mit dem schweren Baumaterial unnütze
Kosten erzeugen würde (Below 2010, 251).
Fischer fühlte sich deplatziert unter dem Bauhäuslern, die ihn nicht einen der ihren sein lie-
ßen. Es kam zum Krach, insbesondere mit Ernst Neufert. Der annähernd gleichalte Neufert
ohne praktische Erfahrungen wollte sich trotzdem als Vorgesetzter Autorität verschaffen.
Das konnte nicht gut gehen. Auch mit Gropius selbst muss es zum Streit gekommen sein
(Crasemann 1982, 358ff.).
Gropius ergriff die Initiative. Er kündigte Fischer. Das Arbeitsverhältnis endet und hinterließ
eine tiefe Feindschaft zwischen den Beteiligten. Der Versuch einer Umarmung scheiterte

---

7   Die Ausarbeitung zur „Eigene Scholle" erfolgte durch Siegel, Marco im Masterstudiengang Denkmalpflege
    MLU/ HS Anhalt im Seminar Methodologie der Denkmalpflege III im WS 2018/19.

kläglich (Below 2010, 252). Was von Loos zu lernen war, glaubte man an Wissen abgezogen zu haben. Migges Ideen waren nur eingeschränkt übernommen. Lediglich die von Migge stets eingesetzte, katalogmäßig zu erwerbende Torftoilette offerierte Gropius den Bewohnern. Für die komplexen Kreisläufe des ökologischen Gartens fehlte dem Bauhausdirektor in seinem Projekt das Geld, aber wohl auch das Verständnis. Er baute den Arbeiterfamilien in erster Line industriegerechte, schlichte, schicke Häuser in Thin-Lizzy-Look. Was sie mit ihrem eher zu schmalen Stück Land hinter dem Gebäude machten, interessierte ihn nur sekundär.

Fischers und Migge's Konzept war genau andersherum gedacht. Primar sahen sie das Gärtchen mit den ökologischen Kreisläufen für die Selbstversorgung an. Die von Fischer entworfene Architektur diente dem Konzept. Er entwarf selbst seine größeren Villen als ein Baustein, der sich in die Ökologie einordnete. Das machte den Reiz seiner Häuser aus.

Eine persönliche Kündigung von Gropius in der Tasche zu haben, „wegen zu geringer Fähigkeiten", so wir Ise Gropius' (*1897-†1983) Tagebuch glauben wollen (Scheiffele 2003, 104f.), qualifizierte, um im Anhaltischen Siedlerverband Karriere zu machen – was die Verhältnisse klärte. Nur der Anhaltische Siedlerverband e. V. war eine SPD-nahe Vereinigung. Die SPD trug das Bauhaus mehrheitlich. Das schwindende Vertrauen zu Gropius' Fähigkeiten drückte sich bereits in dieser Personalentscheidung aus.

Der Verband stellte Leopold Fischer unmittelbar nach dem Rausschmiss ein. Für diese Genossenschaft plante er unterschiedliche Siedlungshaustypen, baute einige Einfamilienhäuser und Geschäftsbauten für die Konsumgenossenschaft in den Siedlungen Ziebigk und Bernburg. Zudem konzipierte Fischer Typenmöbel, die preiswert und praktisch waren.

Nach kurzer Zeit konnte er zum Chefarchitekten aufsteigen. Ihm wurden gleich mehrere Bauvorhaben übertragen. Fischer ging die Siedlung zwischen 1926/27 abermals mit Migge als ganzheitliches, ökologisches Konzept an (Below 2010, 252).

Parallel übertrug der Siedlerverband Fischer 1926-28 die Planung für die Siedlung Knarrberg in Dessau-Ziebigk, die er ebenfalls zusammen mit Migge im selben übergreifenden Sinne bewältigte. Es entstanden 138 Normalhäuser, 16 kleine Häuser für je zwei Siedlerfamilien, acht Reihenhäuser, 20 Sonderhäuser (Wolter 2005, 35).

Fischer nutzte die von Adolf Loos erlernten Prinzipen (Rukschcio & Schachel 1982, 14ff.), drehte sie aber. Die Brandwand gehörte jeweils zwei Häusern. Auf ihr lagen keine Deckenbalken auf. Er drehte das Prinzip auf traufständig laufende Innenwände zu beiden Seiten der Treppe. Die Treppe verlief als Ausschnitt optimiert mit einer Viertelwendung in der Spannrichtung. Vor ihnen setzte er tragende Wände, die nun die Deckenkonstruktion in der anderen Richtung mit kurzen Spannweiten aufnahmen. Den Räumen gab er nach ihrer Bedeutung unterschiedliche Höhen (Worbs 1983, 64ff.). Zudem ließ sich der gesamte Entwurf wie bei Loos auf Prinzipien des Raumplans und des Goldenen Schnitts zurückführen (Abb. 19).

Diese komplexen Regeln bei einem so kleinen Haus mit einem so geringen Budget anzuwenden, kann gar nicht deutlich genug hervorgehoben werden. Die Planung der „Massenware" war detailliert bis ins Kleinste durchdacht. Im Zentrum des Hauses befand sich die Wohnküche. Durch Klappen konnte sie variabel genutzt werden und ersetzte damit das Wohnzimmer. Die Grundrisse ließen sich gut möblieren und passten auch für größere Familien.

Die eingebauten Materialien boten Schall- und Wärmeschutz. Ziegelsteine weisen gute Werte auf, ebenso die Holzdecken. Holzfenster waren bewehrt und hielten die erzeugte Wärme der Öfen über den Winter im Haus. Ein Wintergarten brachte den Übergang in die für die Selbstversorgung vorbereiteten Gärten. Die Bewohner bekamen ein ganzheitliches, durchdachtes Haus mit Garten, das den „Kreislauf der Stoffe" zuließ.

Dennoch fehlte den Häusern der schicke Automobil-Look, den die Törtener Häuser durch die langgezogenen Fenster bekamen. Hier sollte der Idee, dem Autobauer Fords Fließbandtechnik nachzuempfinden, die Ehre erwiesen werden. Doch diese Belichtungsreihen fanden bei den Bewohnern wenig Gegenliebe, da sie mit 1,47 m zu hoch lagen, um aus ihnen für manche im Stehen, für alle im Sitzen herauszuschauen. Die meisten Hauseigentümer änderten das über die Jahre.

Natürlich ließ sich ein Vergleich zwischen den Objekten der Kontrahenten nicht unterbinden. So stichelte Pëus kurze Zeit später: „Was der Bauhausleiter Gropius mit seinen Betonhäusern schafft, ist ein wertvoller Versuch und auch sicher etwas Gutes. .... Aber was jetzt der Siedlerverband in Klein-Kühnau und Ziebigk ... schafft, was da der Siedlerverband unter Leitung des Architekten Fischer-Wien leistet, das ist unübertrefflich schön" (Scheiffele, 104/218).

In Dessau-Ziebigk mussten die Genossen, inklusive Garten, Preise von 12.000 RM zahlen. Die Grundrisse betrugen zwischen 56-86 qm (Paul 2010, 19). Der Kaufpreis beinhaltete die aufwendige Gartengestaltung nach Migge. Ein qm Preis von 139,53 RM/qm konnte sich sehen lassen. Für die meisten Arbeiter bei einem Jahreslohn von 1.500 RM waren die Mieten oder Annuitäten für ein solches Haus immer noch zu hoch. Deshalb hatte Pëus für Törten gesetzt, deutlich unter 10.000 RM zu bleiben.

Es musste Gropius Sorge machen, dass Leopold Fischer mit dem Anhaltischen Siedlerverband parallel auf der Erfolgsspur blieb. Ebenfalls 1926 startete die Siedlung „Am Obstgarten" in Zerbst (Below 2010, 6). Mit dem Flachdächern nannten die Leute es „Klein Marokko". Am Ende konnten wegen des Konkurses des Siedlerverbandes nur 19 Doppelhäuser der geplanten 130 gebaut werden. In der Siedlung errichtete ein anderer großer Baumeister der Moderne, Bruno Taut (*1880-†1938), auf der Südseite des Amtsmühlenwegs ebenfalls drei Doppelhäuser. 1927-30 ging der Anhaltische Siedlerverband in Köthen-Geuz ein weiteres Projekt an. Dort zeichnet ein Architekt Hermann Heinze, obwohl die Haustypen von Leopold Fischer aus den älteren Planungen in Ziebigk, Zerbst und Coswig übernommen wurden. Vermutlich handelte es sich um einen Mitarbeiter. In Köthen verwirklichte er die preiswerteren Flachdächer nach einem Patent von Adolf Loos.

Wollte Gropius mit dem Projekt in Törten punkten, musste er preiswerter und besser bauen als der Siedlerverband. Seine Schritte standen unter Beobachtung. Fehler verunsicherten insbesondere die politischen Vertreter, die ihn und seine Schule in Dessau trugen.

Nach einer hitzigen Debatte, rettete Fritz Hesse gegen die bereits zur Auftragsvergabe skeptische SPD das Projekt Törten in seiner Gänze für Gropius. Damit war ein großes Filetsteak mit über 300 Häusern dem Anhaltischen Siedlerverband vorenthalten, und zudem andere Architekturbewerber abgewimmelt. Nun war es an Gropius, sich und sein Konzept unter Beweis zu stellen. Er stand mit den *Reichsheimstätten* in Törten unter riesigem Erfolgsdruck. Das mit annähernd allen Stimmen des Reichstages am 10.05.1920 verabschiedete *Reichsheimstättengesetz (RHG)* regelte die Befreiung „von allen Gebühren, Stempelabgaben und Steuern des Reichs, der Länder und sonstigen öffentlichen Körperschaften". Das ersparte rund 400 bis 500 RM pro Einheit. Zudem sicherte sie das Eigentum der Arbeiter vor eiligen Zugriffen im Konkursfall (Harteck 1929, 3ff.).

Die Stadt Dessau finanzierte das Projekt Törten durch Hypotheken aus Anleihemitteln der Stadt, des *Reiches* und der Hauszinssteuer. Bezüglich Preis und Größe der zu schaffenden Häuser galt der damals von der Stadt gesetzte Durchschnittswert von 10.000,- RM für eine 70 qm große Wohnung als Richtzahl. Im ersten Bauabschnitt 1926 in der Doppelreihe lagen die größeren Reihenhäuser bei 74 qm. Gropius kalkulierte sie mit 9.200 RM (Abb. 23).

Während Gropius ohne Erfahrung einen Kaltstart hinbekommen musste, hatte der Frankfurter Baurat Ernst May (*1886-†1970) bereits im September 1925 in seiner Stadt eine Typenproduktion in einer angemieteten Fabrik anlaufen lassen (Scheiffele 2003, 116/127). May und Gropius nutzten ihre Kontakte in die Sozialdemokratie auf Reichsebene und ließen sich in den Sachverständigenrat der *Reichsforschungsgesellschaft* berufen.

Beide Architekten kamen in den Ausschuss für die Vergabe der Fördergelder. Mit einer realen Fabrik im Rücken und seinen ungezählten Wohnungsbauprojekten war Ernst May sicherlich in der Entwicklung vorgefertigter Sozialhäuser weiter, als Gropius es mit seinen noch nicht greifbaren Gedankengebilden sein konnte (Jung & Worbs 1991, 1688–1689; Flierl 2012, 5ff.).

Als Gropius die Vertreter des *Reichstypenausschusses* im Frühjahr 1927 für drei Tage in Dessau hatte, bespaßte er die Kommissionsmitglieder mit Flügen in Junkers Flugzeugen über seine Projekte usw. Als die meisten geladenen Gäste bereits auf dem Heimweg waren, zeige er noch am Nachmittag des dritten Tages die Projekte des Siedlerverbandes. Kein Wunder, dass in Dessau am Ende nur für seine Planung ein Zuschuss zustande kam (Polster 2019, 347).

Dass Gropius letztendlich öffentliche Mittel in sein eigenes Projekt leiten konnte, gelang ihm, weil er sich mit Ernst May verglich (Stadler 2004, 632). Während der eine die Gelder nach Dessau lenkte, hatte der andere das Interesse, seine Hausfabrik in Frankfurt gefördert zu bekommen. Undenkbar für die heutige Vergabe von Fördergeldern gelang es, den Gutachtern, sich gegenseitig mit öffentlichen Mitteln zu versorgen. Der Deal hieß vereinfacht: Halbe - Halbe. Für die Törtener Häuser kam eine Bezuschussung in Höhe von 300.000 RM heraus, die allerdings nur als Darlehn gegeben wurden. Die üblichen Zinsen lagen in der Zeit bei 7%. Hier mussten nur 2% getilgt und mit 2% verzinst werden. Das war ein großer Erfolg, den das Projekt für sich verbuchen konnte.

Gropius bekam zusätzlich 50.000 RM Forschungsmittel für Baumaschinen im zweiten Baulos (Scheiffele 2003, 136), also dem Teil der Kosten seiner Fabrikidee, die er als größte Hürde für den Start hatte. Er konnte keine Halle drum herum bauen, also benutzte er die Maschinen im Freien auf der Baustelle in Törten. Ggf. hätte er sie weitereinsetzen können, so er in Dessau geblieben, oder es noch zu einer Hausfabrik gekommen wäre.

Der enorme Erfolgsdruck ließ den Bauhausdirektor recht ekelig werden. In den Medien beschädigte er Leopold Fischer, wo immer er konnte. Er wehrte sich gegen „nachahmer und missverstehende". Hierbei unterstellte er Fischer ausgerechnet, die Flachdächer von ihm kopiert zu haben. Das Ziebigker Holzzementdach stammte allerdings von Adolf Loos, der seit 1910 darauf sogar ein Patent hatte. Die Ähnlichkeit der Gropius Planung in Törten mit Projekten des ehemaligen Wieners fielen auch bekannten Bauzeitschriften auf (Zechlin 1929, 76; Polster 2019, 347ff.).

Aber auch Fischer stellte sich nicht nur wehr- und arglos. Er lud über den Siedlerverband schlicht weg seinen Lehrer Adolf Loos höchstpersönlich nach Dessau ein. Und er kam! Die Baumaßnahme in Törten reizte alle Geister des Bauens. Am 02.03.1927 trug der Vordenker Adolf Loos aus Wien seine Ideen und Kritiken vor. Offensichtlich wurde Loos vorher von

Fischer instruiert, denn der stänkerte noch bevor er ankam über Walter Gropius. Aus dem Grund blieb Gropius der öffentlichen Veranstaltung fern (Scheiffele 2003, 103f.).

So ließ es sich Loos nicht nehmen, die undurchsichtige Verquickung zwischen Walter Gropius seinem Büro und dem Bauhaus zu kritisieren: „Der Künstler (Loos)... gründete eine eigene Bauschule, deren Lehrplan auch eine Reform des Bauunterrichts bedeutete. ... Loos vermied es ganz energisch, den anderen Architekten durch seine Schule Konkurrenz zu machen und trennte dies auch gänzlich von seinem Privatatelier" (Below 2005, 19). Gropius sollte das rechtlich bedenkliche Prinzip der Vermischung von Büro und Schule nie aufgeben und selbst in Harvard noch fortsetzen (Polster 2019, 474).

Noch vor der sogenannten Formalismusdebatte, die insbesondere in den sozialistischen Staaten ab Ende der vierziger Jahre geführt wurde (Bober 2006, 117), brachte Adolf Loos 1931 seine Meinung bissig auf den Punkt: „Bauhaus- und Konstruktivismusromantik sind nicht besser als Ornamentromantik" (Scheiffele 2003, 103f.).

In seiner wie immer frechen Herangehensweise wollte er warnen, die Form nicht vor sinnvollen Analysen menschlichen Zusammenlebens zu stellen. Die Lösung gegen das Ornament, nur Primärfomen zu setzen, erschien ihm wie eine andere Ausprägung von Dekoration, eben formal lediglich die Ausschmückung weglassend. Ihm ging es um Inhalte – Lebensqualität.

Was vorher für Gropius Erweckungsliteratur war, schlug nun um. Jetzt empfand Gropius den Gastredner Loss als einen alten, unangenehmen Herrn. Dennoch blieben sein Vortrag und seine versteckten Angriffe gegen das Bauhaus und seinen Direktor den Zuhörern in Erinnerung. Es wäre vielleicht klüger von Gropius gewesen, Loos die nötigen Honneurs zu geben. Aber wie in Weimar war er kein Mann des Ausgleichs. Er suchte und lebte umwerbende Verbrüderung oder abstoßende Gegnerschaft.

In Dessau baute Fischer zwischen 1927-28 eine seiner wenigen Villen in Anhalt. Die Jahre haben an dem Haus genagt, doch ist die Qualität und insbesondere die Originalität des Entwurfs noch abzulesen. Studierende der Hochschule Anhalt haben es zusammen mit ihrem Professor Wolfgang Paul untersucht. Das Haus wurde von Fischer für die Schneiderin Hedwig Liebig erbaut. Die Dame unterhielt eine gut laufende Schneiderwerkstatt, wo sie modische Kleider mit bis zu zehn Angestellten herstellte (Abb. 25f.).

Im Erdgeschoss befand sich ihr Atelier und ihre Werkstatt, die den Mitarbeiterinnen Platz bot. Fischer wandte das von Loos erlernte Prinzip unterschiedlicher Höhen, je nach Bedeutung der Räume an. Besonders deutlich wurde das im ersten Obergeschoss, dass dem Wohnen diente. In der Mitte ergab sich auf einer niedrigeren Ebene eine Insel für das Klavier, die zu einem großen Balkon hinausführte.

Das reizvolle Haus war natürlich inspiriert von Bauten, die Fischer von seinem Lehrer kennengelernt hatte. Das Haus Scheu 1912-13/1923 (Abb. 15) oder das Ruferhaus 1922 (Abb. 17) fand sich vom Charakter durchaus in ihm wieder. Bis auf die große Balkontür wirkte es ebenso introvertiert, wie die Häuser seines Lehrmeisters. Kleine Fenster kennzeichneten die Fassaden und bargen intime Räume. Die Terrassen, in dem Fall vom Schlafzimmer aus zugänglich, erlaubten den Freisitz wirklich frei von der Einsicht von Nachbarn etc. zu nutzen.

Fischer hatte in dem Haus Liebig die Philosophie vom Raumplan nach Loos konsequent umgesetzt. Nach dieser Theorie gab Loos jedem Raum seinen eigene, ihm angemessene Form. Das bedeutete, die Höhen und Breiten, Belichtung usw. änderten sich von Raum zu Raum. Jede Hülle bekam ihren eigenen Charakter nach dem, was sie barg. Hierbei war es vorteilhaft, eine

Konstruktion zu wählen, die das mit den größten Freiheiten für die Gestaltung individueller Kompartimente zuließ. Fischer fand sie in Dessau und optimierte damit den Raumplan seines Lehrers Adolf Loos (Worbs 1983, 64ff.) (Abb. 26f.).

Fischer muss dieses Haus seinem Lehrer zugänglich gemacht haben. Vermutlich hat Loos es bewundern dürfen, als er 1927 seinen Vortrag vor dem Siedlerverband in Dessau gegen Gropius und dessen Formalismus hielt. Der Schüler wird seine Projekte für die Arbeiter, aber natürlich insbesondere seine wohl wichtigste Villa für reichere Personen dem Altmeister, zu recht ein wenig stolz, gezeigt haben.

Adolf Loos nahm diese frischen Eindrücke dankbar mit heim. Sie passten zum Raumplan und zu einem Auftrag, der sich bei ihm abzeichnete, die Villa für das aufgeschlossene Ehepaar František und Milada Müllerová. Der Mann arbeitete als Partner in einer Baufirma, die Kapsa & Müller hieß. Die Firma war auf Betonbauwerke spezialisiert. Der Architekt Karel Lhota hatte die Bauherrschaft und den Architekten zusammengebracht. Ein Projekt bekam Konturen (The City of Prague Museum, o.J.). So überraschend, oder eben auch nicht, läßt sich bei dem berühmten Haus Müller – wie es deutsch genannt wird – in Prag feststellen, dass sich in diesem Fall der Lehrer etwas von seinem Schüler abgeschaut hat. Fischer setzte in die Mitte eine Tragstruktur aus vier Säulen, die im Rechteck des abstrakt geteilten Goldenen Schnitts in der Mitte aufgestellt wurde. Zusammen mit den umlaufenden, ebenfalls tragenden Außenwänden erhielt er dadurch einen Innenraum ohne bauliche Zwänge (Abb. 26f.).

Durch diesen statischen Kunstgriff musste er in keinem Geschoss mehr Rücksicht auf irgendwelche unterhalb liegenden Strukturen nehmen. Er hatte lediglich die vier Säulen und die Treppendurchbrüche zu respektieren. Die Säulen konnten für Vertiefungen oder Erhöhungen der Decken über gleich neun Bereiche genutzt werden. Die umlaufenden Außenwände konnten Ausbuchtungen und Einschnürungen ohne allzu großen Aufwand vertragen.

Fischer hatte ein geniales Konstruktionssystem entwickelt, das im Entwurf für unterschiedliche, jeweils in sich schöne und pro Einheit passende Räume auf jeder Etage die größtmögliche Flexibilität erlaubte. Endlich war die Konstruktion gefunden, mit der sich der Raumplan von Adolf Loos mit wenigen Einschränkungen nahezu vollständig umsetzen ließ.

Das geniale Haus Müller erfreut sich in Prag heute großer Anerkennung. Zusammen mit der Villa Tugendhat, die Mies van der Rohe 1929-30 erbaute, ist es das wichtigste Monument der Moderne in Tschechien. Das bisher nicht bekannte Urbild für diesen hervorragenden Entwurf steht in Dessau, einen Steinwurf vom historischen Bauhaus entfernt. Wie sehr mag dieses Haus Walter Gropius auf jedem seiner häufigen Wege zum Bahnhof geärgert haben?

Leopold Fischer nutzte dieses, von ihm erkannte Prinzip ebenfalls nachfolgend. So findet sich im Konsumgebäude in der Bernburger Siedlung Friedrichhöhe von 1929-30 ein weiterentwickeltes Prinzip dieser Bauweise. Nun nutzte er neben der inneren Tragstruktur auch in den Außenwänden Betonstützen, um sich noch mehr Flexibilität zu verschaffen (Koitzsch 2006, 44ff.). Ein weiteres interessantes Gebäude konnte von den Studierenden unter Wolfgang Paul in dem 12 km östlich von Dessau gelegenen Oranienbaum gefunden werden (ebd., 13). Heute ist das „Arbeiterhaus für eine neunköpfige Familie" völlig überbaut. Aber die alten Fotos zeigen ein reizvolles Bauwerk für eine Arbeiterfamilie, wo es Fischer gelang, es im Grundriss auf ein Quadrat, natürlich wieder unter Anwendung des Goldenen Schnitts bei den übrigen Kompartimenten, umzusetzen (Abb. 28). Parallel nutzte Walter Gropius die Zeit, sich weiter blendend in Szene zu setzen. Sein anlaufendes, absolut innovatives Projekt, nicht eines des

Siedlerverbandes, wurde auf Reichsebene diskutiert. Hochmut kommt vor dem Fall. Sein Desaster zeichnete sich bereits in der zweiten Jahreshälfte 1927 ab, als die erste Gruppe Häuser in Törten vor ihrer ersehnten Fertigstellung stand.

Die Törtener Häuser offenbarten schon während der kurzen Bauzeit große Mängel. Die verunklärte Statik rächte sich. Die weißen, damit lauten Fassaden rissen längs ein. Obwohl im detaillierten Maßstab 1:20 gezeichnet, blieb von den Planern übersehen, dass viele Türdurchgänge zu schmal geplant waren. Durchgangshöhen waren z. T. nur mit 1.70 m Höhe bemessen. Die Grundrisse fielen sehr schlank aus. Die längslaufende Treppe verschmälert sie zudem. Mit diesem Handikap ließen sich die Wohnungen nur schwer möblieren (Polster 2019, 344). Aufgrund der harten, modernen Baumaterialien war von Wärme- und Schallschutz keine Rede. Statt der Holzfenster mussten es teure aus Metall sein, von Zweckmäßigkeit und Wärmedämmung keine Spur. Die Frauen häkelten Wollschoner, die sie über Fenster- und Türgriffe stülpten. Deren haptische Kälte war nur der Vorbote der eigentlichen Katastrophe. Die hohen Heizkosten durch das wärmeleitende Baumaterial überraschten die armen Haushalte im nächsten Winter peinlich.

Der wesentliche Knackpunkt war aber, dass der Baupreis nicht gehalten wurde. Das waren die Stadträte vom Siedlerverband nicht gewöhnt. Die Kosten stiegen für die Siedlung pro Haus um 11,4 %. Das war deutlich mehr als Gropius es mit seinem von Studenten und jungen Mitarbeitern aufgefüllten Büro auf der Bauhausbrücke kalkuliert hatte. Für die ersten Häuser mussten am Ende 10.500 RM aufgebracht werden.

Für diesen Baupreis erhielten die Bewohner anders als beim Siedlerverband nicht einmal einen gestalteten Garten. Er sollte Gropius auch bei anderen Projekten nie interessieren. Selbst die Obstbäume in seinem Garten in Lincoln in Massachusetts nach 1950 sollte Ise Gropius in ihrer Einsamkeit dort gepflanzt haben. Frank Lloyd Wright lästerte, der Offizier des I. Weltkrieges brauche stets freie Schussbahn um seine Häuser.

Nachdem sich die Baumängel und die Kostenmehrung nicht mehr verbergen ließen, schützte sich die SPD und griff Gropius massiv an. Entsprechend seines als persönlich empfundenen Scheiterns reagierte der Patriarch der Sozialdemokratie, Heinrich Pëus aggressiv und polemisierend. Er nutzte seine Tageszeitung. Im Januar 1928 lancierte Pëus über das „Dessauer Volksblatt" Gropius hätte sich beim Bau der Siedlung Törten bereichert. Die Zeitung schrieb von überzogenen Honoraren. Gropius war der Auffassung, er hätte auf ein Viertel des Honorars verzichtet (Fox Weber 2018, 102).

Die Geschädigten der Kostenmehrung wären über 300 hoffende Arbeiterfamilien gewesen, die sich für eine Wohnung interessiert hatten. Bürgermeister Fritz Hesse ahnte die politische Sprengkraft. Aus Weitsicht tat er alles, um den wirklichen Schaden zu kaschieren. Mit öffentlichen Mitteln sprang die Stadt so unauffällig wie möglich ein, um die Defizite aufzufangen. Am Ende zahlte keine wartende Familie mehr, als zu Beginn kalkuliert worden war.

Aber die rechte Propaganda, dass armen, hart arbeitenden deutschen Familien ihr Heim durch einen seltsamen Moden frönenden Hasardeur vorenthalten wäre, ließ sich in Anhalt nicht unter den Tisch kehren. Viel bezahlt um nur Bauschäden zu bekommen, stand an den Häusern ablesbar im Raum, dazu gut erreichbar per Straßenbahn für jeden im Süden der Stadt sichtbar. Durch die grobe, z. T. unfaire Polemik gegen Gropius konnte sich die SPD vor einem allzu großen Einbruch bei der nächsten Wahl retten. Die eigentliche Watsche bekam am 18.11.1927 der Bürgermeister Hesse ganz persönlich mit seiner linksliberalen DDP ins Gesicht geschlagen. Die rechten Parteien obsiegten. Die Wahlen 1927 sah Fritz Hesse als Schlappe für die Demokratie. Seine DDP war annähernd verschwunden.

Hesse verspürte den Druck und machte Gropius mit seiner (Nicht-) Führung des Bauhauses mit stets steigendem, statt sinkenden Etat ohne die versprochenen Einnahmen als auch sein Törtener Projekt für das verheerende Wahlergebnis mitverantwortlich (Scheiffele 2003, 199) Als er Gropius zur Rede stellen wollte, war dieser wie stets auf Reisen. Er wollte die Medien über die fortlaufenden Erfolge seiner Bauten auf dem Laufenden halten.

Die Verstimmung mit dem Bürgermeister und der SPD, neue interessante Projekte für den Sieger reichsweit und zudem private Probleme veranlassten Gropius die anderen Meister am 03.02.1928 von seiner Absicht zu unterrichten, zu gehen. Am folgenden Tag schickte er sein Entlassungsgesuch zum Bürgermeister (Fox Weber 2018, 102). Der Arbeitsvertrag wurde zum 31.03.1928 gelöst (Isaacs 1983, 431ff.). Wenngleich Hesse nach außen Bedauern zeigen musste, wird ihm dieser Vorgang keine Tränen entlockt haben. Aber damit sollte der Ärger für das Ansehen seiner Person noch nicht vorüber sein.

Obwohl Gropius abzog, musste seinem Büro noch der Bau des neuen Arbeitsamtes zugesprochen werden. Gewonnen hatte er das Projekt im Wettbewerb 1927 vor anderen Entwurfsteilnehmern „weil Herr Gropius in Dessau seinen Wohnsitz habe" – was nach heutigen Wettbewerbsregeln ein Unding und einfach eine Frechheit gegenüber den anderen Mitbewerbern wäre. Wollte die Stadt aber ein Arbeitsamt beizeiten haben, kam sie aufgrund der vertraglichen Bindungen nicht mehr an Gropius vorbei.

Für den Bau hatte Gropius ganze 220.100 Mark veranschlagt. Aber es kam, wie es kommen musste. Zur Fertigstellung ein Jahr später 1929 wurde das Gebäude von Gropius seinem Büro mit 322.000 Mark abgerechnet. Zusätzlich – das kannten die Stadträte ja bereits von Törten – kamen bei Gropius seinen Kalkulationen noch die Gelände- und Anliegerkosten auf die Gemeinde zu (Brückner 1975, Nr. 13, 1110).

Die katastrophale Fehleinschätzung musste Hesse abermals vor dem Magistrat der Stadt vertreten. Die unangenehme, rechte Polemik gegen ihn und das mittlerweile taumelnde Bauhaus durfte sich erneut bestätigt sehen. Dazu kamen die Auswirkungen einer verheerenden Weltwirtschaftskrise, die das rechte Gegröle noch lauter willkommen aufjaulen ließ.

Gropius feierte sich derweil für Törten mit dem überarbeiteten Film, der zu allem auch noch über die *Reichsforschungsgesellschaft* finanziert worden war. „Wie wohnen wir gesund und wirtschaftlich?" zeigte nun in der letzten Ecke des *Reichs*, wie modernes Leben wirtschaftlich (!) im neuen Bauen aussah. Im Film saßen junge dynamische Bewohner auf den Dächern ihrer 57 qm großen Häuser. Diese Butzen wirkten dadurch annähernd so voluminös, wie die zwischen 250 und 350 qm großen Meisterhäuser. Gleichzeitig wurde für Bausparkassen geworben. Damit übermittelte der Film den Eindruck, ein jeder kann anteilig an diesem neuen Lebensgefühl werden. Damit war nach außen hin alles schick.

Die Dessauer Verantwortlichen durften schon zum eigenen Schutz vor rechten Gegnern nicht dagegenhalten. Die Kostenexplosion im Arbeitsamt war peinlich, brachte die Regierungsparteien ebenso wie Törten seinerzeit, erneut ins Schwitzen. Aber selbst, wenn Gropius es verstand, durch die *Reichsmedien* seine Siedlung als Erfolg zu feiern, lebte in Dessau das Desaster nach seinem neuerlichen Reinfall mit dem völlig verkalkulierten Arbeitsamt mit dem Bild der in Törten um ihr hart erspartes Einkommen fürchtender, deutschen Arbeiterfamilien mit ruinösen Häusern in wirtschaftlich schlechten Zeiten wieder auf.

Hesse seine Partei überlebte dieses neue Desaster nicht. In den nächsten Wahlen erledigte sie sich endgültig. Sie gewann keinen Sitz mehr. Die DDP verlor, was noch zu verlieren war, an rechts. Nur bei diesen Blöcken verschoben sich nun die Mehrheiten innerhalb der Gruppe hin zur NSDAP. Damit erwuchsen rechte Gegner eines ganz anderen Kalibers. Am 14.11.1930 brachte es Hitlers Partei auf 19,8 %. Die Wahl am 25.10.1931 verschob die Anteile auf 36,5 % für die NSDAP[8]. Dessau sollte als eine der ersten Städte an den braunen Mob für die Weimarer Demokratie verloren gehen[9].

Während Gropius mit seinen Tagträumen von Typisierung, Fließbandhäusern und Hausfabriken um 1928 in Dessau scheiterte und ein ähnliches Fiasko 1930 mit dem „Pompeji Berlins" in der *Reichshauptstadt* aufsattelte (Polsger 2019, 378), lief bei den leisen Projekten des Siedler- verbandes dahingegen alles – unbemerkt und nicht reichsweit gelobt – glatt.

Leopold Fischer bekam sogar die Gelegenheit, zu zeigen, ob seine innovativen Häuser am gleichen Ort ebenfalls preiswerter waren. Er sollte 65 Doppelhäuser auf der Westseite des Großrings in Törten errichten (Below 2010, 15). Das wird den Meister Gropius, gewaltig geärgert haben. Leider kam Fischer die Weltwirtschaftskrise dazwischen, so dass er nur 30 fertig baute (Below 2010, 258). Der Siedlerverband bot sie preiswerter an. Die Bewohner bevorzugten seine Häuser, da sich die breiteren Grundrissen besser möblieren ließen und sie sogar aus den Fenstern schauen konnten (Schwarting 2012, 84f.).

Aber auch das Bauhaus suchte Leopold Fischer erneut. Mit dem Wechsel im Direktorat änderte sich die Sicht auf ihn. Der bereits mit Gropius im Clinch liegende zweite Direktor Hannes Meyer (*1889-†1954) ließ sich nicht von Gropius an die Wand drängen. Der legte aus Ärger auf Meyer wieder einmal eine Pirouette mit Volldrehung hin.

Gropius sollte sich zwar noch einmal in Amerika mit Konrad Wachsmann mit dessen Hilfe an vorgefertigtes Bauen wagen – aber nie eine solche Siedlung erfolgreich erstellen (Scheiffele 2003, 124). Mit der Eifersucht auf die Erfolge des kommunistischen Hannes Meyer definierte er sein gar nicht mehr ihm gehörendes Bauhaus allerdings ab 1930 als Designinstitut mit edlen Produkten für die Oberklasse, zu der er zweifelsohne gehörte (Hoff, o.J.).

Der in erster Linie am sozialem Bauen interessierte Hannes Meyer wollte Leopold Fischer für die Leitung der Bauabteilung gewinnen, als sein vorheriger Schweizer Partner und Kollege Hans Wittwer (*1894-†1954) um 1929 zur Burg Giebichenstein in Halle wechselte (Below 2005, 18). Diese Anfrage machte deutlich, wie sehr Meyer bereits mit Gropius auf Konfron- tationskurs ging, aber auch wie sehr Fischer in der Achtung gewachsen war.

Leopold Fischer lehnte diese Offerte ab. Er hatte mittlerweile als Chefarchitekt mehr als aus- reichend Arbeit für den Anhaltischen Siedlerverband e. V., die ihn offensichtlich erfüllte. Hier war er fachlich in seinem Element. Im Siedlerverband war er der erste Architekt, am Bauhaus hätte er hinter Meyer gestanden.

Für den Geschäftsführer des Siedlervereins e.V. Rudolf Eberhard baute Leopold Fischer vermutlich dessen Wohnhaus in Dessau-Siedlung, Kiefernweg 19. Das aus Ziegelsteinen errichtete Haus Eberhard bestimmen kubische Formen, die mit einem Flachdach abschließen. Eine Eckloggia erinnert an die großen Freibereiche, die Loos seinen Häusern in den oberen

---

8   Stadtarchiv Dessau, C, Anlage 3, Tabelle 3. 15.04.1930.

9   Stadtarchiv Dessau, B, Abschrift Abschnitt E. Schulen, Abschrift 546/2/1932, 22, vom 13.10.1932.

Geschossen gab. Fischer hatte hier aber die Chance, ähnlich wie bei den Siedlungshäusern, den Garten in die Gestaltung einzubeziehen. Er schützte ihn auch hier durch eine Ziegelsteinmauer vom öffentlichen Raum ab (Allerheiligen 2019, 86).

Statt Fischer kam ein ebenfalls begnadeter Planer zum Bauhaus. Der 1929 neu hinzugestoßene Ludwig Karl Hilberseimer (*1885–†1967) kümmerte sich als erster intensiv um den bis dahin sträflich vernachlässigten Städtebau am Bauhaus. Er unterrichtete zunächst Bauen und Planen und ab 1930 die Fächer Stadtplanung und Siedlungswesen als Bauhaus-Meister. Um 1938 sollte er Mies van der Rohe an das Armour Institute of Technology nach Amerika folgen. Mit Hilberseimer änderte sich auch die positive Haltung zur Gartenstadt. Statt dieses Konzept weiterzuverfolgen, plante sein Chef Hannes Meyer dieses Mal wirklich mit dem Bauhaus als Schule die Laubenganghäuser. Nun wurden auch in Dessau in einem Gebäude der Moderne wie in der Gründerzeit Etagenwohnungen allerdings in Zeilenbauweise aufeinander geschachtelt. Diese großen Häuser waren preiswerter. Es musste weniger Baugrund eingesetzt werden. Die für Arbeiter als Lebensgrundlage entwickelte Gartenstadt der Selbstversorger ging ihrem Ende entgegen.

Viele vermeintliche Gartenstädte, die wir heute als solche begreifen möchten, sind in Wirklichkeit Suburbans. Diese raumfressenden Trabanten im Grünen sind exklusive Wohnorte einer wohlhabenden Mittelschicht, die es sich leistet, außerhalb der engen Stadt zu leben und durch ein Automobil oder andere Fortbewegungsmittel zu ihrer Arbeit, zu ihren sozialen Anliegen usw. gelangt. Ob das noch Gartenstädte nach Howard sind, ist zweifelhaft. Auf keinen Fall stehen sie in der Tradition der Wiener oder Anhaltischen Projekte der zwanziger-dreißiger Jahre. Während einerseits der Schwenk zu den Etagenwohnungen in Anhalt von statten ging, erhielt Leopold Fischer andererseits den größten Auftrag für eine Gartenstadt in Anhalt. Wie sehr sich das Vertrauen auf den Siedlerverband verschoben hatte, zeigt das Projekt, welches Leopold Fischer in Bernburg auf der Friedrichshöhe angedient wurde. Dort sollten von 1928 beginnend 2.800 Siedlerhäuser entstehen. Niemand dachte daran, Gropius einzuladen oder etwa seine industrialisierten Ansätze der Vorfertigung im Taktverfahren aus Dessau-Törten weiterfortzuführen.

Die Häuser in Bernburg entwickelte Fischer nach dem bewährten Grundrissmuster von Dessau-Ziebigk. Er stellte sie aber um 45 Grad gedreht im Sägeschitt auf. Das verschaffte jeder Wohneinheit breitere und damit nutzbarere Gärten. Seine Idee, dem Haus keine Nordseiten zu geben, scheiterte an der Baubehörde. So befinden sich die Gärten auf der Friedrichshöhe in der nun genannten Anton-Saefkow-Siedlung zur sonnenabgewandten Seite. Das dortige, innovative Konsumgebäude wurde noch fertiggestellt, dann brach der verdiente Siedlerverband zusammen. Am Ende standen nur 90 Häuser (Koitzsch 2006, 43).

Leider begann die Genossenschaft in den Endzwanzigern auch Wohnungen auf Vorrat zu bauen, für die es noch keine Käufer gab (Scheiffele 2003, 109). Sie wurden damit Teil eines Zeitgeistes. Sie spekulierten auf die Zukunft hin und verspielten die Gegenwart dabei. Das führte nach dem Schwarzen Donnerstag an der Börse in New York am 24.10.1929 zum Konkurs (Hardach 2002, 5ff.). Der Siedlerverband brach als Lieblingskind der so starken Sozialdemokratie Anhalts mit einem entsprechenden Schaden weg.

Die Weltwirtschaftskrise hatte die Karten politisch vollständig neu gemischt. In Anhalt bedeutete es den Aufstieg der Nationalsozialisten und u.a. das Ende dieser modernen Art von Gartenstädten (Below 2010, 15). Der auf Genossenschaftsbasis geführte Anhaltische Siedlerverband e. V. ging verloren. Der Verband verfügte 1929 über 984 Mitglieder. Die Hälfte waren Arbeiter. Diese kleine Genossenschaft konnte immerhin 738 Häuser erstellen. Fischer dürfte um die 80% dieser Häuser verantwortet haben (Stadt Bernburg 2018, 4).

Für Leopold Fischer stürzte seine bis dahin heile Welt zusammen. 1930 ließ er sich mit einem Nervenzusammenbruch in ein exklusives Sanatorium in Dresden einweisen, wo er behandelt wurde. Bis zu dem 60sten Geburtstag von Adolf Loos am 10.12.1930 erholte sich Fischer wieder. Er initiierte die Festschrift und die ehrende Feier für seinen Mentor. Obwohl Loos sich in seinen letzten Lebensjahren sein Andenken langfristig schwer beschädigen sollte (Simon, 2015), blieben beide bis zu seinem Tod freundschaftlich verbunden (Vierich 2005, 20). Nachdem Fischer aus dem Sanatorium Dresden entlassen wurde, ging er zurück nach Dessau. Er quartierte sich zwischen 1930-33 bei der Schneiderin Hedwig Liebig in Dessau in das von ihm für sie erbaute Haus ein. Ihre Beziehung blieb unklar. Während der Zeit teilten sie sich eine gemeinsame Telefonnummer, die von der Nähwerkstatt zusammen mit seinem Design-büro genutzt wurde.

Privat entwickelte Fischer eine tiefe Freundschaft mit dem Maler Peter August Böckstiegel (*1889-†1951). Architekt und Maler standen in einem regen Austausch. Böckstiegel lebte in Bielefeld, wo Fischer ebenfalls als Architekt tätig werden sollte. Vermutlich lebte er dort auch eine Zeit lang. Zudem errichtete er um 1932 Einfamilienhäuser in Berlin, Kronach, Werther und Stuttgart.

Fischer begegnete, während er bei Hedwig Liebig in Dessau wohnte und arbeitete, um 1932 der Tänzerin Gerda Vogt (*1905-†2002). Sie war eine Schülerin der berühmten Mary Wigman (*1886-†1973) (Below 2005, 16). Scheinbar war Hedwig Liebig eifersüchtig. Sie warnte die junge Frau vor Fischer. Alsdann soll sie ihm seine Sachen zusammengepackt und per Post nach Bielefeld geschickt haben. Vogt und Fischer tauschten 1933 Verlobungsringe (ebd., 18). Die Bauten in Bielefeld von Leopold Fischer wurden über die Jahre stückweise entstellt. Sie sind soweit verbaut, dass niemand mehr darüber nachdenkt, sie zu schützen (Dietrich 2018, 4/12). Eine Arztvilla, die Fischer vermutlich als eine seiner letzten Projekte in Deutschland im nahegelegenen Werther in der Ravensburger Straße plante und die 1933/34 für den damaligen Arzt Dr. Steinborn gebaut wurde, geriet 2018 zum Streitobjekt zwischen dem Eigentümer und dem Landschaftsverband, der das Haus zu Recht unter Schutz stellte (Schillig 2018). Dieses Gebäude besaß abermals die terrassenförmigen Abtreppungen und die introvertierten Fenster, die Fischer von Loos lernte.

Bereits im Februar 1933 wurde Fischer von nationalsozialistischen Amtsstellen aus Anhalt wegen vermeintlicher Fehler in der Bernburger Siedlung belangt. Legationsrat Becker vom Staatsministerium Anhalt von der Finanzverwaltung trug das Ansinnen vor. Noch funktionierten Recht und Gesetz und es wurde festgestellt, dass die Schäden von der Überbelegung mit bis zu zehn Personen im Obergeschoss herrührten (Koitzsch 2006, 12) und Fischer daher nicht zu belangen wäre.

Doch der Unrechtsstaat bekam langsam Kontur. Mit dem Gesetz zur *Wiederherstellung des Berufsbeamtentums* vom 07.04.1933 und dem Verbot „entarteter Kunst" wurden die Arbeitsmöglichkeiten von Leopold Fischer eingeschränkt. Als die Nürnberger Rassegesetze am 15.09.1935 folgten, verstand Leopold Fischer, dass es wieder Zeit war, vor dem Zugriff böser Menschen zu fliehen (Adam 2003, 5ff.).

Hierzu nutzte er Kontakte, die er über andere, wichtige Loos-Schüler hatte. Der in den USA in Südkalifornien bereits erfolgreiche Architekt Richard Neutra (*1892-†1970) half ihm. Er teilte jüdische, österreichische Wurzeln und war 1912 in der Bauschule von Adolf Loos gewesen, der ihn für Amerika begeistert hatte (Wolsdorff 1999, 187f.) Neutra half Fischer von den Drangsalen des Nationalsozialismus im *Deutschen Reich* gegen jüdische Mitbürger in die USA zu entkommen. Im September 1936 emigrierte er über Rotterdam in die Vereinigten Staaten. Seine Verlobte musste er schweren Herzens am Kai zurücklassen (Below 2005, 20). Zunächst lebte Fischer in Los Angeles. Bereits am 02.06.1937 war er ein „legal resident of the U.S." Damit konnte er offiziell nach Arbeit Ausschau halten, Hier scheint ihm nicht nur Neutra, sondern auch der Komponist Arnold Schönberg (*1874-†1951) geholfen zu haben. Fischer spiele Violine, wodurch beide einen leichten Zugang zueinander hatten (Below 2005, 20) Arnold Schönberg gehörte zum engsten Freundeskreis der ersten Frau von Walter Gropius, Alma Mahler-Werfel (Hilmes 2004[10]). Sie war eine der wenigen Personen, die sich Gropius nie unterordneten (Polster 2019, 554).
Neutra kannte und schätzte Frank Lloyd Wright (1867-1959). Der Kontakt zu dem berühmten Architekten hat aber wohl Arnold Schönberg hergestellt. Er vermittelte Fischer um 1938 nach Taliesen, Spring Green in Wisconsin in das Büro des großen Architekten. Fischer kam von 1938-40 in einer äußerst kreativen Periode dort hin. Wright hatte 1937 mit dem berühmten Haus „Falling Water" seine zweite Schaffensphase eingeleitet. An dem Projekt „Child of the sun" zwischen 1941-58 und an der „Community Christian Church" um 1940 dürfte Fischer mitgearbeitet haben.
Mit Frank Lloyd Wright verband ihn auch die Abneigung gegen Walter Gropius. Wright schrieb 1950: „Diese Bauhausarchitekten flüchteten vor dem politischen Totalitarismus in Deutschland (!), um jetzt hier in Amerika, unterstützt von trügerischer Begünstigung, ihre eigene Kunstdiktatur zu errichten. (…) Weshalb misstraue und wiedersetze ich mich diesem ‚Internationalismus' ebenso wie dem Kommunismus? Weil beide ihrer Natur nach im Namen der Zivilisation dieselbe Gleichmacherei betreiben" (Blake 1960, 248).
Trotz des murrenden, älteren Herrn wurde in Amerika das Bauhaus zu einer Belegstelle des International Style. Das brachte das Foreign Building Office (FBO) innerhalb des Außenministeriums der USA auf den Plan. Es entdeckte Ende der 40er Jahre die Bauhaus-Architektur als Waffe im Kulturkampf des Kalten Kriegs gegen den „stalinistischen" Nationalstil. Bewusst wurden US Botschaften demzufolge von Gropius, Mies van der Rohe, Marcel Breuer und Richard Neutra gebaut (Nehls 2010, 146). Damit ergab sich für Gropius sogar die Chance als amerikanischer Architekt Außendarstellung für sein neues Land zu demonstrieren (ebd., 110).
Diese Entwicklungen gingen an Fischer restlos vorbei. Er blieb die Unperson der Moderne, konnte nicht an die Erfolge der Bauhäusler anschließen. Sein Dessauer Rivale war tatsächlich nie geflüchtet. Gropius hatte fein darauf geachtet, den Kontakt zur den deutschen Behörden aufrecht zu erhalten und sich jeglicher politsicheren Äußerung zu enthalten. Selbst zu Dissidenten hielt er sicherheitshalber schon in England Abstand.
Gropius hätte bis zur Kriegserklärung an die USA jederzeit zurückgehen können. Er war mehr oder weniger mit der Erlaubnis des für Kultur zuständigen Josef Goebbels (*1898-†1945) als

---

10   Hilmes 2004, S. 12, 19, 93, 136, 201ff., 321, 326, 336, 350, 378-382, 384.

Vertreter in den Staaten (Polster 2019, 447). Selbst sein Vermögen ließ ihn das *Reich* in die USA transferieren. Demgegenüber blieb der wirklich verfolgte Fischer auch für amerikanischen Stellen uninteressant.

Gropius ließ sich in seinen Auftragsbiographien in den Anschein versetzen, vor der kulturellen Barbarei des Nationalsozialismus geflohen zu sein. Wie in dem zuvor festgehaltenen Zitat zu lesen, ging ihm bereits 1950 selbst ein Kritiker wie Wright auf dem Leim. Den Wirtschaftsflüchtling als politischen gleichzusetzen, hat Fischer nicht verstanden.

Leopold Fischer blieb nicht bei Frank Lloyd Wright. Um 1940/41 erbaute er das Haus für den Rechtsanwalt Ralph Kohlmeier in Pasadena, sein erstes selbstständiges Projekt in den USA. Zwischen 1941 bis 1961 betrieb Fischer ein eigenes, wohl recht erfolgreiches Architekturbüro in Beverly Hills, Kalifornien. Die amerikanischen Bauten wurden aber bisher nicht dokumentiert und erreichten auch keine nationale Publizität.

Die Interbau Berlin lockte ihn 1957 zurück nach Deutschland, wo er nicht nur seine ehemalige Braut Gerda Vogt wiedertraf, sondern auch seine Bauten in Deutschland besucht haben soll. Hier erfuhr die Liebe seines Lebens, dass er mittlerweile mit einer reichen Pianistin verheiratet wäre (Below 2005, 21f.). In Berlin musste Fischer auch den geläuterten Walter Gropius mit seinem gebauten Beitrag auf der Interbau ansehen, was ihn sicherlich maßlos gewurmt haben wird (Nerdinger 1985, 274f.).

Gropius hatte es verstanden, über Siegfried Giedion (*1888-†1968) und Reginald Isaacs (*1911 †1996) seine Legende quasiwissenschaftlich aufschreiben zu lassen. Hans Maria Wingler (*1920-†1984) sollte ebenfalls durch ein durch Gropius vergebenes Norton-Stipendium für Harvard als ein weiterer Jünger folgen und der ganzen, neugeschriebenen Geschichte durch ein würdiges Archiv in Berlin langfristig Bestand geben (Polster 2019, 549). Die in der DDR stehenden Bauhaus-Originale waren ja für den geläuterten, nicht mehr dem Kommunismus zugetanen Gropius in den 60er Jahren nicht zugänglich. Er hatte es vermieden, nach dem Krieg jemals in die „Ostzone" zu gehen (Stock, 2008).

1962 musste Fischer sein Architekturbüro nach Seal Beach an einen preiswerteren Standort verlegen, da er nicht mehr genügend Aufträge hatte. Um 1967 traf er noch einmal seine ehemalige Verlobte. Die Dramatik dieser Beziehung, an der beide offensichtlich litten, ist nur zu erahnen. Im selben Jahr suchte Fischer den Kontakt zu Lewis Mulford (*1895-†1990). Ihm wollte er von den „Machenschaften des Walter Gropius" Skandalöses berichten. Warum diese Publikation nicht zustande kam, ist offen. Vermutlich sah der kluge Mulford bereits, dass es keinen Sinn machte, gegen eine selbst von der amerikanischen Regierung protegierte und von der Kunstwelt gefeierten Legende zu schreiben – obwohl gerade Mulford Enthüllungen liebte.

Am Lebensabend muss Leopold Fischer wohl sehr einsam gewesen sein. Als letzte Nachricht ist nur überliefert, dass er 1975 nach einer Operation in Long Beach verstarb. Wieder hatte Gropius ihn übertrumpft. Fischer durfte nicht einmal das Lebensalter des Bauhausgründers erreichen.

Posthum sollten alle Bauwerke von Walter Gropius, die er während der Dessauer Zeit verantwortete, 1996 in die Liste des UNESCO-Welterbes aufgenommen werden. Dieser Erfolg soll ihm neidlos zuerkannt werden. Er setzte mit seiner experimentalen Architektur Landmarken, die noch heute weltweit ausstrahlen. Innerhalb von nur drei Jahren schenkte er Dessau ein weiteres Weltkulturerbe.

Fischers Häuser genießen nur zum Teil den Denkmalschutz des Landes Sachsen-Anhalt.

Bewohner reagieren oft erschrocken, wenn ihnen von den Behörden erklärt wird, sie wohnen in etwas Besonderem. Bis zum Tage leben viele Menschen in seinen Häusern, die den Architekten Leopold Fischer nicht einmal vom Namen kennen.

Aber die meisten Bewohner fühlen sich in den von ihm geschaffenen Häusern pudelwohl (Wolter 2005, 28ff.). Diese, vielleicht höchste Anerkennung für einen Architekten konte dem bescheidenen, so oft verfolgten und verfemten Loos-Schüler kein noch so gewandter Gegner mit all seinen rhetorischen oder publizistischen Fähigkeiten nehmen!

CV of Leopold Fischer, architect

1901	Geboren in Bielsko bei Teschen (Schlesien) als jüdischer Deutscher
1919	Versailles-Kommission
1920/24	Adolf Loos Bauschule (1870-1933), danach Arbeit in seinem Atelier in Wien (Österreich) mit Leberecht Migge (1881-1936)
1925	Fischer zog nach Dessau, um bei Migge zu arbeiten.
1926-1930	Chefarchitekt des Anhaltischen Siedlerverbands
1928	Angestellt im Architekturbüro Walter Gropius (1883-1963)
1927/28	Bau der Villa Liebig für einen Freund
1930	Behandlung von psychischen Erkrankungen in Dresden nach dem Konkurs des Anhaltischen Siedlerverbands
1930-33	Wohnte er im Haus von Hedwig Liebig
1932	Begegnung mit seiner Verlobten Gerda Voigt (1905-2002)
1933	Umzug (vorübergehend?) nach Bielefeld oder Ludwigsburg
1933	Er wird vom Anhaltischen Finanzminister wegen „Baufehler" im Fall des Landgut Bernberg verklagt.
1936	Auswanderung in die U.S.A.
1938-40	Employed in Frank Lloyd Wright's studio
1941-61	Arbeitet selbständig mit seinem eigenen Architekturbüro in Beverly Hills, Kalifornien, USA
1957	Besuch der Interbau in Berlin und Wiedervereinigung mit Gerda Vogt
1962	Umzug nach Seal Beach, hat ein eigenes Architekturbüro, jedoch mit weniger Aufträgen
1967	Treffen mit Lewis Milford, um ihm die „Geheimnisse" über das Leben von Walter Gropius zu erzählen
1967	Letzter Wettbewerb
1975	Gestorben nach einer Operation in Long Beach, Kalifornien.

Abb. / Fig.1: Leopold Fischer, (*1901-†1975)

Abb. / Fig.2: Walter Gropius, ca. 40-jährig // around the age of 40, (*1883-†1969)

Abb. / Fig.3: Alma Mahler, (*1879-+1964)

Abb. / Fig.4: Johannes Itten, (*1888-†1967)

Abb. / Fig.5: Adolf Meyer, (*1881-†1929)

Abb. / Fig.6: Theo van Doesburg, (*1883-†1931)

Abb. / Fig.7: Leberecht Migge, (*1881-+1935)

Abb. / Fig.8: Fritz Hesse, (*1881-†1973)

Abb. / Fig.9: Wilhelm Heinrich, Pëus (*1862-†1937)

Abb. / Fig.10: Hugo Junkers, (*1859-†1935)

Abb. / Fig.11: Adolf Loos, (*1870-†1933)

Abb. / Fig.12: Ernst Neufert, (*1990-†1986)

Abb. / Fig.13: Briefmarken mit Junkers-Motiven. // Stamps with Junkers motives.

Abb. / Fig.14: Briefmarken mit Bauhaus-Motiven. // Stamps with Bauhaus motives.

Abb. / Fig.15: Haus Robert Scheu, Architekt Adolf Loos, Wien um 1912-13. // Robert Scheu House, architect Adolf Loos, Vienna c. 1912-13.

Abb. / Fig.16: Direktorenvilla Rohrbacher Zuckerfabrik, Direktor Bauer, Architekt Adolf Loos, Brünn 1918. // Director's Villa Rohrbacher sugar factory, Director Bauer, architect Adolf Loos, Brno 1918.

Abb. / Fig.17: Rufer-Haus in Wien, // House Rufer in Vienna, Adolf Loos 1922.

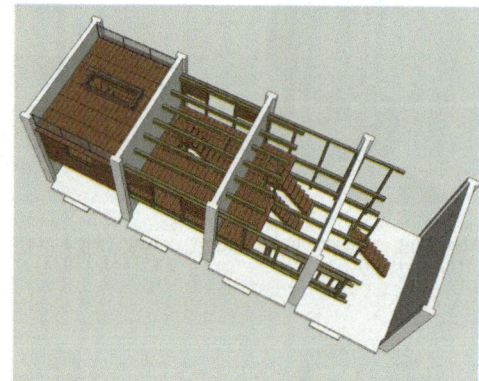

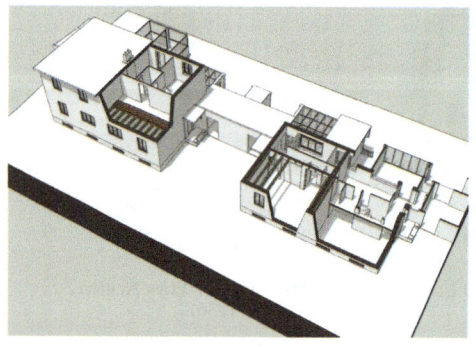

Abb. / Fig.18: Reihenhaus mit Holzschalung nach dem Prinzip "Haus mit einer Wand" nach dem Patent von Adolf Loos 1921. // Terraced house with wooden formwork according to the principle „house with one wall" after the patent of Adolf Loos 1921.

Abb. / Fig.19: Knarrbergsiedlung in Dessau-Ziebigk, Architekt Leopold Fischer 1927. // Knarrberg settlement in Dessau-Ziebigk, architect Leopold Fischer 1927.

Abb. / Fig.20: Siedlung "Eigene Scholle", Wittenberge, (links: Typ I, rechts Typ III) // Settlement „Eigene Scholle", Wittenberge, (left: Type I, right: Type III), Walter Gropius/ Adolf Meyer 1913-14.

Abb. / Fig.21: Arbeiterhäuser Janikow, Walter Gropius / Adolf Meyer 1911. // Workers' Houses Janikow, Walter Gropius / Adolf Meyer 1911.

Abb. / Fig.22: Haus Auerbach in Jena, Architekt Walter Gropius / Adolf Meyer 1924. // House Auerbach in Jena, architect Walter Gropius / Adolf Meyer 1924.

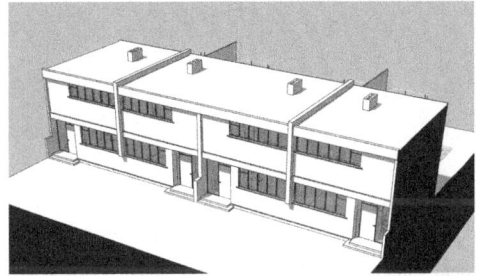
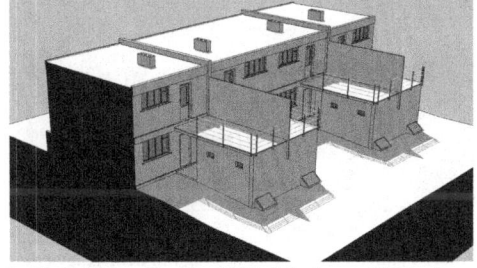

Abb. / Fig.23: Siedlung Törten/ Dessau, Haustyp Sietö I, Architekt Walter Gropius 1927. // Settlement Törten/ Dessau, house type Sietö I, architect Walter Gropius 1927.

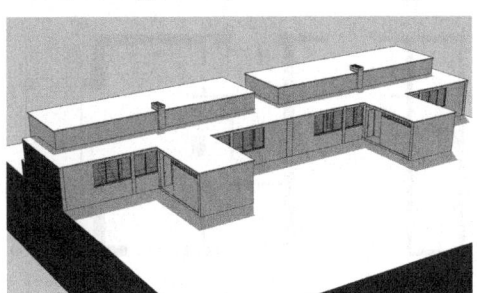
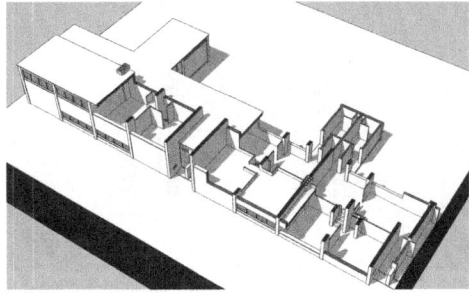

Abb. / Fig.24: Dessau-Törten, Haustyp Sietö IV, Walter Gropius 1928. // Dessau-Törten, house type Sietö IV, Walter Gropius 1928.

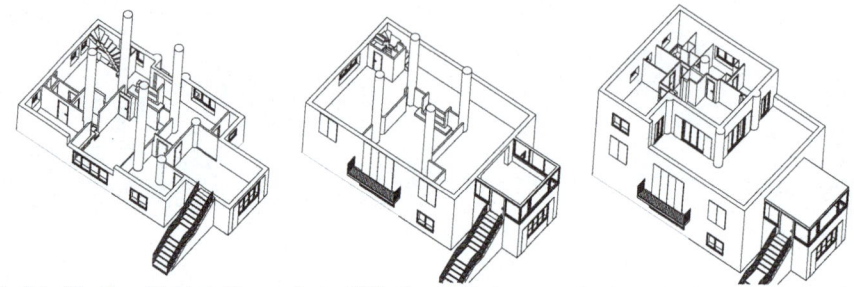

Abb. / Fig.25: Haus Liebig in Dessau, Leopold Fischer 1927. Axonometrie über drei Etagen. // House Liebig in Dessau, Leopold Fischer 1927. Axonometrie over three levels.

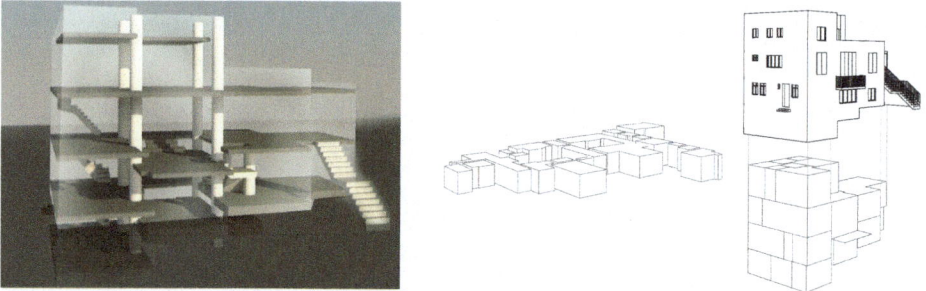

Abb. / Fig.26: Haus Liebig mit dem Tragwerk und dem Volumenmodell nach dem Raumplan. // with the supporting structure and the volume model according to the room plan.

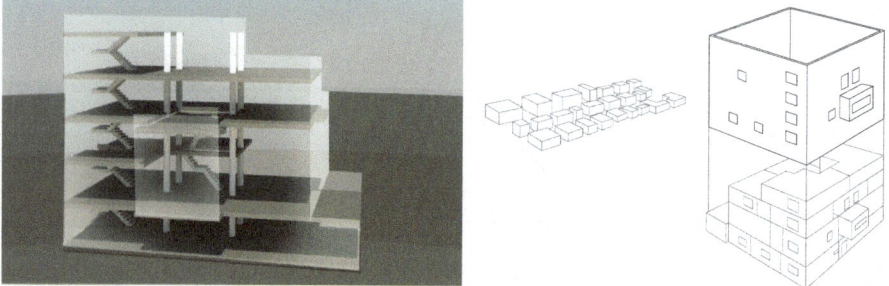

Abb. / Fig.27: Haus Müller in Prag mit dem Tragwerk und dem Volumenmodell nach dem Raumplan. // House Müller in Prague with the supporting structure and the volume model according to the room plan.

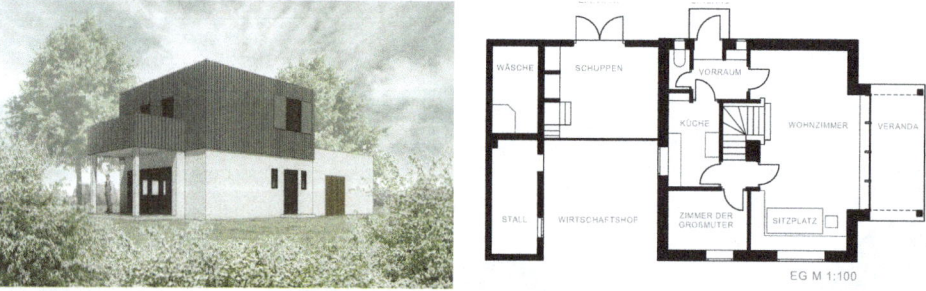

Abb. / Fig.28: Arbeiterhaus in Oranienbaum, Leopold Fischer 1927/1928. // Workers' house in Oranienbaum, Leopold Fischer 1927/1928.

Walter Gropius ./. Leopold Fischer –
Unequal Rivals for the Garden Cities in the Era of the Modern

Rudolf Lückmann

"Those of importance who worked at the Bauhaus are now almost all working in America. Walter Gropius, as head of the Department of Architecture at Harvard University, has a professorship in Architecture. Mies van der Rohe and Hilbersheimer teach at the Technical University in Chicago, Moholy- Nagy is head of an art school and propagates the teachings of the Bauhaus, Johannes Meyer works in Mexico City, and Leopold Fischer is working together with F.L. Wright."[1]

In this article published in "Die Welt" in January of 1947, they had all been mentioned already as the great architects of Dessau Modernism (Below 2005, 12). Leopold Fischer (Fig. 1) was also directly after war assigned to the Bauhaus school of the thoughts. The campaign, which was directed by the Harvard School of Design in Cambridge, Massachusetts, had yet to include all of the modernist companions. However, other modernists still have been given the honor. Currently, all of the locations associated with the Bauhaus are celebrating its 100th anniversary (Holm 2001, 2ff.). Officially, the first Bauhaus semester began in Weimar on April 1,1919. The Director, Walter Gropius (*1883-†1969), (Fig. 2) was asked – but he was still playing poker for his salary. Nevertheless, he arrived on April 28, 1919 with a fashionable lady, his first wife Alma Mahler-Werfel (*1879-†1964), who radiated the Bohemian spirit of the lost Viennese imperial era (Föhl 2010, 370). (Fig. 3) Modernism had not yet reached; it would still be some time before it arrived in Weimar. The couple then took up residence in the "Elephant (Elephant Hotel)". Later, Adolf Hitler (*1889-†1945) would also preferred to stay at this hotel when he was in Weimar (Dietrich 2013, 67ff.).

Nevertheless, Weimar was not a place of cultural barbarism. In Weimar, the city of poets and thinkers, Henry van de Velde (*1863-†1957) had even before the world war designed reform architecture at the highest level, albeit in Art Nouveau style (Müller-Krumbach et al. 2002, 5ff.; Ritz et al. 2010, 3-7). He was head of the Academy of Fine Arts until 1915 until the new director replaced him and the academy became the Bauhaus school. However, sadly van de Velde was forced out impoverished, in a true Weimar fashion, because he was reputed to be an opponent of the war (Föhl 2010, 288ff.).

---

1   „Die bedeutenden Mitarbeiter des Bauhauses sind derzeit fast alle in Amerika tätig. So hat Walter Gropius als Leiter der Architekturabteilung der Harvard-Universität eine Professur für Baukunst. Mies van der Rohe und Hilbersheimer lehren an der Technischen Hochschule in Chicago, Moholy- Nagy ist Leiter einer Kunstschule, die die Lehren des Bauhauses verbreitet, Johannes Meyer ist in Mexiko-City tätig, Leopold Fischer arbeitet gemeinsam mit F.H. Wright".

For the *Neue Sachlichkeit* (New Objectivity) were no signs. In its Weimar period, the Bauhaus reeled back and forth from one belief to another. At times following the beliefs of an idealized Bolshevik (Nehls 2001 S. 88ff.), then to Zarathustrian, then Hinduism, and Macedonianism (Itten 1963, 5ff), then to Dadaism and to other saviors, such as, Ludwig Christian Hauesser (*1881-†1966), whose teachings at this time were perceived as a cult (Polster 2019, 235), until it finally became a morally questionable institution (Wahl 2009, 371). Finally it turned into a design reform school taken seriously in liberal and left wing circles (Preiss 1996, 135). Contrary to what some biographers would like us to believe, the change to New Objectivity did not fall from the Weimar sky. It arrived in a perfectly normal way with a train ticket from the Netherlands. Instead of renouncing any cultural development from 1914-18 the Dutch understood how to march ahead without any military fanfare into the art scene; thus, into Modernism.

Adolf Meyer (*1881-†1929) (Fig. 5) was a follower and student of Johannes Ludovicus Mathieu Lauweriks also know as Jan Lauweriks (*1864-†1932) (Stamm 1998, 32ff.). Meyer also followed the developments that were happening in the small neighboring country. From 1910-1924 Meyer took over the creative side of the work in Gropius' office, as partner or employee (it has not yet been clarified). In 1919 Gropius secured a job for his colleague. Lauweriks was invited several times to Weimar at the Bauhaus as a guest lecturer (Polster 2019, 141).

However, the provocative artists of the Dutch artist group De Stijl brought about the real turnaround. Names like Jacobus Johannes Pieter Oud (*1890-†1963), Piet Mondrian (*1872-†1944), and Gerrit Rietveld (1888-†1864) stood for modernism. The rather difficult Theo van Doesburg (*1883-†1931) (Fig. 6) was under contract to teach as a guest lecturer at the Bauhaus in 1921 (Ackermann 2001[2]). Theo van Doesburg often created a stir by saying outrageous things, but it seems the others liked it when he did this, so they could in response draw attention to themselves.

Of course, competition among the colleagues was fierce especially concerning the savior Johannes Itten (*1888-†1967) (Fig. 4), who was the strongest personality at the school at that time. "Gropius is Itten, Itten is Gropius"[3], was an expression often used. Itten found the belligerent van Doesburg to be his nemesis who was competing with him (Ackermann 2001, 436). Later van Doesburg began to teach privately luring Bauhaus students and teachers to his private apartment. He proclaimed that the Bauhaus was: "... a sickly outgrowth of the artistic utterances of the 20th century"[4].

The rebellious Dutch neighbors greatly damaged the reputation of the Bauhaus in the eyes of the artistically awakened public of Weimar, but from an outside perspective they creatively enriched it. With these Dutch warriors, Modernism finally arrived in Weimar. Starting in 1922, the shift was beginning to move away from the more expressionistic, handcrafted production, as was still seen at the Haus Sommerfeld in Berlin in 1922, towards the design of prototypes in more objective forms[5].

---

2   Ackermann 2001, 20/261/ 433ff./ 518.

3   „Gropius ist Itten, Itten ist Gropius".

4   „...kränklicher Auswuchs der Kunstäußerungen des 20. Jahrhunderts".

5   ThULB (Thuringia University and State Library Weimar), Hauptarchiv Weimar, Staatliches Bauhaus Weimar,

Gropius, as he so often did, managed to make a clean 180-degree turn. His guns were now pointed in another direction. Only poor Oskar Schlemmer (*1888-†1943) could not follow the U-turn fast enough and once again carved out a "cathedral of socialism" slobbering on the right-wing journeymen (Isaacs 1983, 362). But instead of improving the world and Arts and Crafts, the devoted group was now looking to design for industry (Claussen 1986, 5ff.). However, in 1924 in Thuringia Gropius found himself surrounded in Thuringia by the „Völkisch-sozialen Block (Populist-Social Block party)" (Wingler 2002, 99; Fox & Weber 2018, 89) who were against the Bauhaus, however, they were right to a very limited extent. Reality looked less praiseworthy. As the director, he had a catastrophic bilance and the fine details of his record would cause serious problems for school directors in his position today. The Bauhaus student numbers had declined by one-third, and it discriminated against women and the school's general policies and admission regulations (Ackermann 2001, 123), reinforced this. At that time, this type of discrimination against women was not the norm. There was a high number of "Parkstudenten (parking students)", students who are registered but were neither attending classes nor working toward degrees, people were saying that the director was having affairs with secretaries and students; which was something that was even discussed in the People's Ministry. Moreover, the finances stipulated for the office and those for the school were mixed up, there were serious budget irregularities, etc. This all made politicians afraid of the always elegantly dressed, eloquently polarizing worldly gentleman, who was more on the move than he actually was in Weimar. Gropius was especially annoyed by the threatening tax investigation, which spoiled his delight at being in this location in Thuringia (Polster 2019, 320). In this apocalyptic scenario of his own making, the hussar Walter Gropius, who was trained in hopeless situations, nevertheless, understood how to get the continued support of some colleagues and most of the students. He knew how to protect the "Bauhaus" brand against any kind of hostile environment (Kiessling & Babel 2011, 6ff.). This was a bravura piece of tactical warfare with the maximum damage done to the boors and the oafs!

Walter Gropius, or rather the industrious people around him, contacted several cities where he could try to start a new beginning. At the decisive moment, the director as he always managed to do in times of crisis, was on holiday in Sicily with his new wife Ise. From there disgusted he sent a telegram: „Dessau unmöglich (Dessau impossible)" (Polster 2019, 315ff.). Nevertheless, as so often in his life, sometime later he pirouetted and found himself turned in the direction of Dessau.

When the washed up Weimar director of the Bauhaus, reopened the Bauhaus school in Dessau in makeshift accommodations on April 1, 1925, he unlike in Weimar did not end up in a desert of contemporary design. In Dessau, the Bauhaus director came to an epicenter of modernism and was faced with working with other artists, architects and bright personalities from the political and business world.

The city was represented by a coalition lead by the liberal-left wing DDP Mayor Fritz Hesse (* 1881- † 1973) (Fig. 8) and the SPD, represented by Wilhelm Heinrich Pëus (Regener 2018, 280ff.) (* 1862- † 1937) (Fig. 9), who were very open-minded about anything new. The lively Heinrich Pëus, who was hardened by Prussian prisons, had already in 1916 founded the first

---

No.97, Picture 52, also Gropious 1923.

Gartenstadtverein (Garden City Association). These cosmopolitan politicians could understand many of the Bauhaus theses and the aversion to the right, since they themselves were probably more likely to join those who spearheading the Modern era.

The city of Dessau had already launched trend-setting construction projects for social housing. Since 1919, the municipal building officer Theodor Overhoff (* 1880- † 1963) worked on the model settlement „Hohe Lache (the Octagon)". He planned terraced houses as housing for the workers and each house was assigned a kitchen garden. He varied the town planning arrangement into a large octagon, to which it owes its name. However with the rapid industrialization of the city, many sought a place to live and as late as 1929, a total of 4,902 families were in need of housing (Scheiffele 2003, 110).

The hope of the gentlemen promoting the Bauhaus from Dessau was to create a house-building industry in order to build faster and cheaper housing for the workers. Gropius had expounded a great deal on this subject, but in reality he had only delivered chaotic projects. As early as 1918, he himself described his plans and realizations as "a load of rubbish" to his friends (Jaeggi 1994, 279).

His last estate project he had done was in Wittenberg[6] before the war in 1914, where the local estate association „Eigene Scholle" in the end lost the property[7], due to exploding costs they could not pay for. (Fig. 20, Type I & Type III). However, these less respectable periods were forgotten, instead the experts discussed his pamphlets on the subject: „Typisierung des Bauens! (the mass production of buildings)" With his rhetoric and marketing skills no one would play him for a fool.

The city of Dessau not only allowed him to build his school and housing for the teachers, but he came close to having his vision of mass-producing houses become a reality. Gropius dreamed for years of becoming the Henry Ford (*1863- † 1947) of the construction industry (Scheiffele 2003, 124). Like Ford, he wanted to make his Model-T houses on an assembly line. Conventionally, the city of Dessau had been doing this for a long time with its architects. So, the gentlemen of Dessau sought his knowledge that he had loudly proclaimed about in the trade journals and invited him and his school to produce cheaper housing using industrial mass production methods.

The Dessau offer was tempting. The Bauhaus director, who still occasionally let himself be praised in Weimar with the Roman greeting "Hail Master" (Polster 2019, 239), went to the town on the River Mulde. But with this man also came someone who was skilled at the art of suggestion and who knew how to masterfully present himself to a city of modest, open-minded, and hard-working people.

Until the director arrived in Dessau his kind of masterful art at self-presentation was foreign to them. They did not have the techniques they needed to resist it. In the following years, Gropius and his court biographers knew how, even after his death, to suppress even the slightest hint that he may have had a few skeletons in his closet, even in Anhalt, until they were completely forgotten. A Chinese proverb says, "There can be only one tiger on a hill". This tiger had a

---

6   Siegel, Marco: Material und Quellensammlung „Eigene Scholle Wittenberge". Seminararbeit an der HS Anhalt WS 2018/19. Aus dieser Studie kommen die Angaben zu dem Projekt.

7   Stadtarchiv Wittenberge (1997).

name; and wherever the tiger went its name was Walter Gropius. He used his rhetoric and organizational talents in meetings, associations and chambers to promote himself and to suppress any possible competitors with the tactic of polarizing. Through his active publicity and networking, he always managed to be the frontrunner.

Only a leopard of quiet tones could not be lulled and resisted the brave, belligerent hussar of World War I after only two sobering meetings. At first, the small, slim aircraft manufacturer sank into a squeaky yellow Bauhaus chair in the office of Walter Gropius. In this unformed furniture the one generation older men learned from the few sentences of the slick, elegant gentleman around forty rather empty phrases than engineering approaches were to be expected (Polster 2019, 323).

In a second meeting, the city of Dessau invited Gropius to a reception in order to start plans for working with him. The following poorly elaborated concept of occupation of his resources for a house factory of Walter Gropius let him see the situation and the blinded misinvestment of the city in a dream of cheap working-class houses by this understand decorative gentlemen early on (Scheiffele 2003, 162ff.). The innovative engineer Hugo Junkers (*1859-†1935) (Fig. 10) had sufficient self-confidence, business and technical knowledge and also common sense, to assess the offer of the Bauhaus director correctly.

The family father of 12 children, who had not served in the military, escaped from the friendly offer to set up a ruinous cooperation from a world war hero who even had secret love affairs. He interpreted the proposal correctly as a friendly takeover. Junkers responded extremely cleverly to the joint venture idea of setting up a house factory by not responding at all.

Nevertheless, Junkers, in particular, was already using the more recent, fresh innovative "Bauhaus design" of the Weimarer Sachlichkeit (Weimar objectivity) for his advertising. His chief designer Friedrich Peter Drömmer (*1889-†1968) was taught this design concept at the Bauhaus in Weimar. Herta Junkers (*1899, later Bauer) had already brought the innovative man to her father in 1923. Up until 1933, Drömmer created the corporate identity of the company. In terms of design, the Lord of the Air, who felt more at home in the pomp of the 19th century, had no problem with the Bauhaus design.

Junkers partly used Gropius' building projects for advertising purposes, in some cases quite shamelessly, without naming the authorship of the products. Yes, he was on equal footing with the Bauhaus director. However, one thing was also certain: in Dessau Gropius was not the savior they were blindly hoping for. Even before he arrived, modernity had gained its social acceptance in Dessau (Schulte-Wülwer 2019, 151ff.).

If we look at the postal stamps themes representing Dessau, such as, the Enlightenment, the Bauhaus, or industrialization, we find almost twice as many with airplanes and other inventions by Hugo Junkers (Fig. 13) than with motifs depicting the Bauhaus or its protagonists (Fig. 14). Only this supple leopard was able to distance himself and not become a victim of the Gropius cult that devoured everything.

However, his architectural colleagues, the more modest and courteous ones, were completely at the mercy of this manic fame addicted egocentric. One of the saddest, figures, who was almost a generation younger than Gropius, in this unfair theater of one-sided glorification was the extremely talented architect Leopold Fischer (*1901-†1975); in the end he was even ostracized by Gropius.

Leopold Fischer, the son of a Jewish German family, was born in Bielsko near Teschen in Silesia. His father traded in wood and, therefore, worked closely with the building industry. Little Leopold was enthusiastic about the building sites that his father supplied. He discovered his passion; he wanted to plan and build himself.

In 1910, 18,568 inhabitants lived in the town of Bielsko, 84.3% spoke German, 14.3% Polish and 0.7% Czech. The Yiddish that 16.3% of the Jewish population spoke was not considered an official language. The Yiddish speakers were, therefore, more likely to be found among the German speakers. The majority of the population was 55.9%, Roman Catholic and 26.7% were Protestant (Wurbs 1981, 3f.).

Leopold Fischer's youth not only ended with the world war, but also left him, although too young for military service, as one of the countless victims. After the treaty of Saint-Germain-en-Laye signed on 10.09.1919, Austria lost the area around his hometown to the new Poland, even though the Germans were in the majority there. Due to growing nationalism under the anti-Semitic Marshal Józef Piłsudski (*1867-†1935), starting in 1920 Jews and Germans were subjected to uncontrolled sudden reprisals and there were even murder victims (Krzeminski 2016; RBB 2004). Many were forced to emigrate. Leopold Fischer succumbed to the pressure and left his homeland for the former capital of the KuK (Imperial Royal Monarchy of Vienna). In Vienna, Fortuna must have broadly smiled down upon him. He found access to the inaccessible, personally very complicated Adolf Loos (*1870-†1933) (Fig. 11). This exceptional genius is probably one of the most important pioneers of modernism. Loos found himself inspired by the architecture on Skyros when he visited the Greek island in 1904. The simplicity and dignity of the white flat-roofed architecture became fixed in his mind. Back in Vienna, he first began to build for the elite upper class (Rukschcio & Schachel 1982, 4ff.).

Whereas, the Goldman & Salatsch residential and commercial building during its construction from 1909-11 was still using a lot of ornamental natural stone for its exterior, Loos achieved his breakthrough in Vienna (1910) with the Steinerhaus by designing noble white terraced houses. Designing and building Robert Scheu's house (1912-13) (Fig. 15) and the director Viktor Bauer's house (Fig. 16) in 1918 completed his repertoire. With references like these, Loos was the clear choice as a master teacher for aspiring young people seeking the new and innovative after World War I. As early as circa 1921 Leopold Fischer had already established himself as someone who was a close coworker of Loos (Koitzsch 2006, 10).

Especially Adolf Loos' provocative lectures received a great deal of attention. The multitalented Loos wrote a much noticed, groundbreaking article advocating unadorned modernism reduced to objectivity. His lecture *Ornament und Verbrechen* (Ornament and Crime), held in Vienna on January 21,1908, was first enthusiastically received by artisans in Munich and then in Berlin, but was only much later printed in German (Threuter 1999, 106ff.).

"But it (the ornament) is a crime against the national economy that human labor, money and materials are thereby destroyed. Look, time is near, our fulfillment awaits us. Soon the streets of the cities will shine like white walls. Like Zion, the holy city, the capital of heaven."[8] (Loos 1910, 3)

---

8   „Aber es (das ornament) ist ein verbrechen an der volkswirtschaft, daß dadurch menschliche arbeit, geld und material zu grunde gerichtet werden…Seht, die zeit ist nahe, die erfüllung wartet unser. Bald werden die straßen der städte wie weiße mauern glänzen. Wie Zion, die heilige stadt, die hauptstadt des himmels.".

Articles like *Ornament und Verbrechen* influenced Walter Gropius, Mies van der Rohe (*1886-†1969), Le Corbusier (*1887-†1965) and many others. Loos started a good half a generation before the greats (the greats according to the Bauhaus devotees) of modern architecture (Polster 2019, 461) with groundbreaking, provocative projects and above with all his ideas of New Objectivity.

Of course, Gropius never named Loos as someone who influenced him and or someone he even copied. Nevertheless, after hearing the lecture *Ornament und Verbrechen* in Berlin probably around 1910, and taking part in discussions about it, he wrote to his lover, who at the time was the great composer Gustav Mahler's wife (*1860-†1911), about "Egyptian Peace"[9] (Jaeggi 1994, 57) and about buildings in detail that followed the Loos' design principles.

Intuitively, in 1911 he tried right away to put this into practice when he designed the worker's flats on his uncle Erich Gropius (*1855-†1919) Janikow estate in Pomerania. The simple houses (Fig. 21) adhered exactly to Loos' principles (Omilanowska 2007, Abb. 10-12). Even later in 1922 he looked to Loos for inspiration; Loos' Rufer house (Fig. 17) greatly inspired Gropius. The house Gropius designed for Dr. Felix Auerbach in Jena in 1924 (Fig. 22) made it blatantly obvious that Loos' terraced houses and facade layouts had indeed influenced him (Seewald 2009).

Adolf Loos was in close contact with other architects involved in the reform movement. Together with the supposed teacher of Gropius, Peter Behrens (*1868-†1940), he drew up general architectural plans for Vienna in 1920. Josef Hoffmann (*1870-†1956), Josef Frank (*1885-†1967) and Oskar Strnad (*1879-†1935) were also involved. In this extremely creative phase, Leopold Fischer was able to become a master student and employee in Adolf Loos' office. The background for this new construction task was rather sad in terms of the period of misery surrounding it.

In 1920, the consequences of the world war and the adversity it entailed were still very much present. By 1916 the world war and the blockades had increasingly bled the countries dry, starvation began for many poor people. In Germany, the term *Rübenwinter* (beet winter) (Baudis 1986, 129ff.) was used because cattle feed was eaten. In Vienna, workers' wives went outside the city and planted vegetables on overgrown fields, which had often been in the past farmland. In view of the need for food and the associated danger of a people's revolution, no one dared to stop them.

The war ending did not change the people's situation; especially conditions in the cities did not improve. In 1919, about one million people in Germany and Austria starved to death because the Entente maintained the naval blockade. A new flare-up of fighting was feared would happen if the terms of the Treaty of Versailles were not signed. The countries of the central powers were in a stranglehold and infant mortality rose to 14% that year (Heinsohn 1999, 6ff.).

Thus, hunger and the need for self-sufficiency were present for many people. Those who had a few potatoes, vegetables, clucking chickens, eggs and still had some rabbits in the hatch, were a bit more relaxed during these hard times. The red government of Vienna from 1919-1934 took up this idea of self-sufficiency after the war and wanted to pass legislation pertaining to it in order to ensure better living conditions.

---

9   „Ägyptische Ruhe".

From 1892-1902, Sir Ebenezer Howard (1850-1928) had developed a principle in England to combine green living with a modern industrial society (Howard 1898, 3ff.; Howard 1902, 4ff.). The external housing satellites were connected by traffic structures, which created a network to the city's workplaces and services. In return, it was possible to live outside in the countryside under healthier conditions. These ideas were welcomed all over the world and were already being implemented with projects and interpretations of it in all of the industrial nations, including the U.S.A.

Examples of it also emerged in Germany before the war. In Dresden-Heller the businessman, Karl Schmidt-Hellerau, created a garden city together with the architects Richard Riemenschmid (*1868-†1957), Heinrich Tessenow (*1876-†1950), Hermann Muthesius (*1861-†1927), Bruno Paul (*1874-†1968), Wilhelm Kreis (*1873-†1955) and other planners interested in the life reform movement (Fasshauer 1997, 5ff.). In Mannheim another one was founded. It was initiated in 1912/1926 by Hermann Esch (*1876-†1956) and Arno Anke (*1879-†1968) (Künstler, o.J.) and was honored with great public recognition.

Many workers' families shared the common experience of starvation during the world war. The concept of the garden city supplemented by self-sufficiency was attractive and was promoted by the official authorities as a means of social security in times of crisis. There was great potential for social democracy identification in politics.

Since the city of Vienna had fully adopted this concept of a garden city, variations or further developing the idea towards more self-sufficiency could definitely become a feasible concept. The City of Vienna established a housing development office and hired Adolf Loos, who was traumatized by the war, as its chief architect (Below 2005, 19).

Adolf Loos believed in this idea. He began to develop creative prototypes. In circa 1921 Loos implemented several housing estate projects he designed with garden cities in mind. However, he did not only want to create modern building forms, but also a way of life. Therefore, he invited the innovative landscape architect Leberecht Migge (*1881-†1935) (Fig. 7), who was a master of ecological cycles to work with him (Migge 1919, 1932).

In 1921, with Leopold Fischer's collaboration, the building plans for the Friedensstadt, Lainz, Laerberg and Hirschstetten housing estates were developed. In the Hirschstetten estate a Kriegerheimkehrsiedlung, (a housing estate for returning war veterans) was also built according to Loos' designs. In 1922 similar buildings were built in Laerberg (Fig. 18). The Rufer house (Fig. 17), built by his teacher in 1922, may have interested the young architect Fischer, as well as, his later competitor Gropius as a villa (Wikipedia, n.d.). Elements of this design can be found in Fischer's 1927 Villa Liebig in Dessau.

Migge's detailed ideas on the estate gardens incorporated closed cycles of recyclable materials promoting self-sufficiency. Nothing was lost, rainwater was also stored; as was the heat from the sun in the walls, where suitable plants, espalier fruit, etc. were attached. The water was then used to heat the buildings. Feces could be used specifically for fertilization in special peat water closets, etc. Migge had brought the concept of self-sufficiency to the highest point of efficiency. He merely trumped Howard's urban planning principle with an ecological system that was carefully thought out. He, therefore, only marginally referred to Howard (Crasemann 1982, 5ff.).

For Migge the houses were of less important aspect of the concept. Loos naturally wanted to develop inexpensive houses and he understood very well that this was the key factor for implementing cheaper construction methods. So, he invented the „Haus mit einer Mauer (house with one wall)" (Fig. 18). That meant he designed terraced houses. In addition, to the gabled outer wall, this concept required only one additional solid wall to the next house. He erected the remaining walls from wooden skeleton constructions. He also used continuous wooden beam ceilings for bracing. He inserted the stairs between two ceiling beams, which ran parallel to the gables. Therefore, the ceiling could be constructed without changing anything. He covered the two open eave walls with a wooden formwork and then had doors and windows installed. (Fig. 18)

On February 11,1921 Adolf Loos patented his construction method as a „Haus mit einer Mauer (house with one wall)". Loos had already worked together on these projects with Leopold Fischer, who become his pupil and closet colleague. From 1920-22 he built several important projects in and around Vienna (C/O Vienna Magazine, n.J.). Loos and Fischer must have respected each other. Moreover, even after they went their separate ways, they remained in close contact maintaining their friendship and their mutual recognition for one another.

The idealized garden cities also had disadvantages. Land had to be built on before the cities which speculators noticed and passed on. In addition, the planning required more area than if apartments were stacked above floors. Apartments on different floors were approx. 20 % cheaper in the square metre price. In the garden cities mostly the women used the farmland, while the men enjoyed and spent the money in the pubs. Therefore the concept could be viewed critically. Jakob Reumann (*1853-†1925), mayor of Vienna from 1919-1923, wanted more apartments built to ease the problem of homelessness and overcrowding in the miserable workers' quarters (Jahn 2014, 3ff.). Unfortunately, he did not realize this ambitious goal of garden cities, because he did not have the time or the money to acquire building land outside the surrounding area. Reumann intended to build 25,000 flats for workers in a short period of time. His successor Karl Seitz (*1869-†1950), mayor from 1923-34, pursued the same idea. If the mayors had succeeded with their plans Vienna would was in the end 60,000 apartments richer (Maderthaner 2006, 175ff.).

Instead of the gardens, new green spaces and modern leisure facilities were designed to compensate for the lack of greenery. The social interaction aspect was taken care of with public facilities such as, washhouses, cooperative shops and clubhouses. This concept became more widespread worldwide. With regard to the high population density in some regions, megacities are not being built any differently today. However, in the 1920s competition among urban planning ideas had not yet been settled.

The advantage of manageable investments was counter balanced by the building flats that were less attractive. Even today, every family that succeeds in moving from an apartment to a small house with a garden feels that it is an upgrade, whether or not women tend the gardens. Adolf Loos was disappointed in the new social policy. He gave up and went to Paris in 1924 and in circa 1924 he built a house for the Dadaist Tristan Tzara (*1896-†1963) that drew a great deal of attention. His pupil Leopold Fischer did not go with him. However, he continued to use Loos' networks in Austria and Germany. With one of his first independent commissions, he was able to build a house for Carla Spanner. With this house he intelligently implemented the wooden construction methods he had learned from Loos.

Leberecht Migge met Leopold Fischer when he was as a master student and Adolf Loos' employee in Vienna. He brought him to Worpswede to further develop his ecological Sonnenhof for himself and his large family. Fischer extended his house and added a glass veranda and roof garden in 1924-25 (Vierich 2005, 8). In June 1925 Fischer and Migge challenged the „Heim und Scholle" exhibition in Braunschweig with their new type of exhibit. They exhibited a model house worth seeing that included modest furnishings suitable for the needs of workers. At that time it seems Migge and Fischer had already had a commission to work in Anhalt. As early as 1925 Fischer drew sketches for nearby Coswig, where the Ratskiefern Estate had been under development since 1924 (Paul 2010, 98f.). This estate had a mixture of saddle roofs and cheaper flat roofs. Fischer and especially Migge did not make a philosophy out of what type of roof to use, since they were more interested in the garden as a chance at self-sufficiency for working families. The saddle roof was simply too expensive to build.

Although „Rotes Wien (Red Vienna)" had backed away from the concept, the chairman of the SPD in Dessau, Wilhelm Heinrich Pëus (*1862-†1937) (Regener 2018, 280ff.), continued to fight undauntedly for the garden cities (Regener 2018, 180ff.) with the housing project the Octagon, which since 1919 was being built under the direction of Theodor Overhoff, the municipal building officer. Overhoff commissioned the responsible Leberecht Migge to plan the gardens and the greenery. The Dessau residents were impressed with the principle of self-sufficiency (Wichmann, 2019). Heinrich Pëus and his SPD friend Rudolf Eberhard (*1891-†1961) had founded (Asmus 2009, 274ff.) the Anhaltische Siedlerverband e. V. (The Anhalt Estate Association) on June 3, 1923. Eberhard was to take on the responsibility and act as managing director (Drechsler 2002, 152). The association functioned according to cooperative principles. About 50% of the deposits came from workers' families, who were to be helped getting housing. It was Anhalt's most ambitious and successful project of social democracy.

In order to plan and build garden cities, despite the unsuccessful experience in Vienna, inexpensive building land with infrastructure was needed. This was the municipality of Dessau's responsibility to secure land to develop and the mayor, Fritz Hesse, felt he had a personal obligation to do so. Similarly, inexpensive housing solutions also had to be developed. Innovative architects were in demand in Dessau. Heinrich Pëus was looking for solutions. He trusted Legerecht Migge, but Leopold Fischer was probably also trusted because he was associated with Migge. Via this constellation, Fischer came into contact with to the Anhalt Estate Association, which above all was to be understood as the flagship of social democracy. The writer Pëus was the key figure in bringing the Bauhaus from Weimar to Dessau. His SPD had to obtain the majority in 1925 in order for the move to succeed. At the Bauhaus, he also had the idea of using his knowledge to create inexpensive housing in garden cities. When it became apparent that a new settlement project would be built in Dessau in the nearby village of Törten in the south of the city, Mayor Hesse wanted the new partners from the Weimar Bauhaus for the job. Pëus wanted different more innovative architects for the job, some of whom were known to think outside the box. Hence, the estate association was faced with unpleasant competition from the Bauhaus.

In February of 1926, the Anhalt Estate Association presented to the public in Kleinkühnau six single-story semi-detached houses with saddle roofs and twelve with flat roofs (Below 2010, 245/252; Paul 2010, 100). In this context, Walter Gropius may have become aware of the young Leopold Fischer. Fischer had also completed these types of building projects in only half a year; even though they had been conventionally built with bricks and with wooden beamed ceilings.

Gropius did not want to lose face and have to develop a garden city together with Leberecht Migge. Henry von de Velde, his predecessor at the arts and crafts school in Weimar, had just brought Migge on board to help develop the garden city Hohenhof in Hagen (Eickhoff-Weber 1989, 79). Karl Ernst Osthaus had commissioned them for the job (ibid.), and he was someone who Gropius believed was his friend (68)(Jahre 2001, 551ff.).

For Gropius, the generation of people actively working were members of an old set. He wanted to be new and innovative. Therefore, in any case he could not visibly integrate Migge. The problem with the tiger cropped up again. Nevertheless, Migge's knowledge interested him. His prodigy Marcel Breuer (*1902-†1981), who always had special privileges with him, was also a Jew and approximately the same age as Fischer, so Breuer is supposedly the person to have made the connection to Fischer (Scheiffele 2003, 278). The approach was ingenious, two birds could be killed with one stone: Gropius was able to keep his competitor Leopold Fischer away from the estate association. In addition, Gropius copied the housing concept in its entirety. Gropius was true to a wise old Chinese saying: "If you can't defeat your enemy, embrace him.".

Gropius offered Fischer a position in his office. Fischer fell for the brand "Bauhaus" and accepted the offer. At the end of April 1926, he began to work in Gropius' architectural office. Never again should Gropius be so close to his secret idol Adolf Loos. Irene Below assumes that Fischer introduced the Loos concept, which was patented by him under the name „Haus mit einer Mauer (house with one wall)" (Below 2010, 251).

But it just couldn't be done. When the spans between the supporting walls exceed five metres, the wooden profiles or other supporting structures have to be dimensioned so strongly that they no longer offer any advantage. This is why Gropius had to have the concept redesigned. For Törten, however, the houses shouldn't be built in wood and brick, but from large-format hollow cinder blocks, which bricklayers conventionally placed in large block sections. The prefabricated concrete girders replaced the light wooden beams and, due to their weight, had to be moved by a crane guided on rails (Fig. 23f.). How could this be cheaper than threading some light wooden beams in one direction?

Gropius wanted to modify the design for Törten with ideas from his older projects[10]. Loos's concept was so well known not be noticed as clumsy plagiarism. Even his modifications supposedly came under suspicion regarding some of his technical contributions. The housing ideas that he now introduced, he had developed together with Adolf Meyer (*1881-†1929). However these floor plans were not very well received in Wittenberge. The local cooperative had them altered right away because of their poor sale ability (Fig. 20). The experienced and more level headed architect Adolf Meyer was not working with the Bauhaus director when he began planning for Törten. Instead, Gropius gave the job as office manager to a hothead. The extremely talented but inexperienced Ernst Neufert (*1990-†1986) (Fig. 12) had been given the job to manage the office despite his youth. Gropius later dismissed him during the Törten construction as a *Bauernopfer (pawn sacrifice)* blaming him for the accounting irregularities that were discovered in the accounts for the Bauhaus building; 100,000 marks could not

---

10 The elaboration of „Eigene Scholle" was carried out by Siegel, Marco in the Master's course of studies in Monument Conservation MLU/ HS Anhalt in the seminar Methodology of Monument Conservation III in WS 2018/19.

be accounted for (Polster 2019, 336). At the helm of the Bauhaus, Gropius had hardly any experienced colleagues in his office. There they willingly sat, very young architects from the university environment and with these men he wanted to take on this complex project. Marcel Breuer, when he found time with his two other jobs, and the talented Carl Fieger (*1993-†1960) always stood by their for ever-travelling director.

As a result, the „Haus mit einer Mauer" concept patented by Loos with a staircase running against the span direction extensively broke through. For this, another load-bearing wall had to be put in, which in turn put too much tension on the front façade. Fischer was probably annoyed about the unexplainable and unprofessional building operations. He had enough experience to be able to estimate that this construction was statically indeterminate and together with the heavy construction materials it would only generate useless costs (Below 2010, 251).

Fischer felt out of place among the men of the Bauhaus, who would not allow him to join their inner circle. This led to arguments, especially with Ernst Neufert, who was nearly the same age. Neufert without any practical experience wanted to establish himself as a superior with authority; it did not go well. Even with Gropius it led to arguments (Crasemann 1982, 358ff.). Hence, Gropius took the initiative and fired Fischer. The employment relationship ended and left a deep hatred among those involved. The attempt to hug and make up failed miserably (Below 2010, 252). Whatever expertise they needed from Loos they believed it had already been obtained. Migge's ideas had probably already been abandoned. Gropius only offered the residents the peat toilet that was always used by Migge and could be purchased in catalogs. In his project, the Bauhaus director lacked the money, but also the understanding, for the complex cycles of the ecological garden. He built the workers' families primarily industry-standard, simple, chic houses in a thin-lizzy look. What they did with their rather too narrow piece of land behind the building was of secondary interest to him. Fischer's and Migge's concept went the other way around. They primarily looked at the garden for the ecological cycles for self-sufficiency. Fischer designed his architecture only as one part to serve this concept. He did this even in the larger villas, which also were classified in terms of ecology. That was the special attraction of his buildings.

To have a personal dismissal from Gropius in one's pocket, "because of too little skills"[11],as we want to believe Ise Gropius' (*1897-†1983) diary (Scheiffele 2003, 104f.), qualified to make a career at the Anhalt Estate Association; this clarified the circumstances. The Anhalt Estate Association was an association close to the SPD and the majority of the SPD supported the Bauhaus. However, their trust in Gropius' expertise was quickly dwindling and with his decision to fire Fischer it was becoming all too apparent that he was out of his depth. The association immediately hired Leopold Fischer after his dismissal. For this cooperative he planned various types of housing estates, built several single-family houses and commercial buildings to house the cooperative shops in the Ziebigk and Bernburg housing estates. Moreover, Fischer also designed a type of furniture for the houses that was inexpensive and practical.

Only after a short time, he was promoted to chief architect. Between 1926 and 1927, Fischer once again planned the estate using Migge's holistic and ecological concept (Below 2010, 252). Parallel, in 1926-28, the Estate Association transferred the planning for the Knarrberg estate

---

11 „wegen zu geringer Fähigkeiten".

in Dessau-Ziebigk to Fischer. Together with Migge they managed to complete it. Altogether 138 average-sized houses, 16 small houses where each one would house two estate families, eight terraced houses, and 20 special houses were built (Wolter 2005, 35).

Fischer used the principles he learned from Adolf Loos (Rukschcio & Schachel 1982, 14ff.). The firewall was shared by two houses. The staircase was optimized as a cutout with a quarter turn in the direction of the span tension. He placed load-bearing walls in front of them, which now supported the ceiling construction in the other direction with short spans. He gave the rooms different heights according to how they would be used (Worbs 1983, 64ff.). In addition, as with Loos, the entire design could be traced back to the principles of the spatial planning and the golden section (Fig. 19).

It cannot be emphasized enough how difficult it was for Fischer to apply these complex rules to such a small house with such a small budget. The planning of the "mass-produced products" was thought out down to the smallest detail. The eat-in- kitchen/living room was located in the center of the house. The room could be used for different purpose with folding doors that allowed the room to change into a living room. The layout of the apartments made it easy to furnish the rooms and they were also suitable for larger families.

The built-in materials provided sound and heat insulation. The bricks and wooden ceilings were of good quality. During the winter, wooden windows were reinforced and kept in the heat that was generated by stoves in the houses. A conservatory brought the transition from the garden into the house, which furthered the concept of self-sufficiency. The inhabitants got a holistic, well thought out house with a garden that functioned on the principles of "the cycle of substances".

Nevertheless, the houses lacked that chic automobile-look that the Törten houses had. It was a concept honoring Ford's assembly line technology, which was done with the design of the elongated horizontal windows. Nevertheless, these windows that let in light were not well received by the residents since they were place at a level 1.47 meters, which was too high for most people to be able to look out of and when seated it was impossible to see out of them. Over the years, most homeowners replaced the windows. Of course, a comparison between the rivals' designs could not be prevented. A short time later, Pëus teased: "What the Bauhaus manager Gropius created with his concrete houses is a valuable experiment and is certainly also something good. .... But what the estate association in Klein-Kühnau and Ziebigk ... what the estate association has achieved under the direction of the Viennese architect Fischer is that its beauty is unsurpassable"[12] (Scheiffele, 104/218). In Dessau-Ziebigk the estate association members had to pay 12,000 RM[13] for a house with a garden (Paul 2010, 19). The size of the houses ranged between 56-86 sq. meters. The purchase price included an elaborate garden based on Migge's design principles. The square meter price of 139.53 RM was a reasonable price. However, since most workers earned an annual wage of 1,500 RM, the rents or annuities for such a house were still too high. Therefore, Pëus set house prices in Törten to stay well below 10.000 RM.

---

12 „Was der Bauhausleiter Gropius mit seinen Betonhäusern schafft, ist ein wertvoller Versuch und auch sicher etwas Gutes. .... Aber was jetzt der Siedlerverband in Klein-Kühnau und Ziebigk ... schafft, was da der Siedler-verband unter Leitung des Architekten Fischer-Wien leistet, das ist unübertrefflich schön".

13 RM is the short form for *Reichsmark*, the legal currency in the *Deutsche Reich* from 1924 to 1948.

Gropius must have been worried that Leopold Fischer and the Anhalt Estate Association were running on the same road to success as he was. The housing estate „Am Obstgarten" with Fischer in Zerbst also started construction in 1926 (Below 2010, 6). People called it "Little Morocco" with its flat roofs. In the end, due to the fact that the estate association went bankrupt only 19 of the 130 planned semi-detached houses were built. Another great master builder of the modern age, Bruno Taut (*1880-†1938), also built three semi-detached houses in the settlement on the south side of the Amtsmühlenweg.

From 1927-30 the Anhalt Estate Association in Köthen-Geuz was constructing another project. The architect for this estate was Hermann Heinze and he used the estate housing plans that Leopold Fischer had previously used in Ziebigk, Zerbst and Coswig; presumably an employee took the plans. In Köthen, Heinze built the cheaper flat roofed versions of the houses that Adolf Loos had patented.

If Gropius wanted to score points with the project in Törten, he had to build more cheaply and better than the Anhalt Estate Association, however he was being closely observed. The mistakes he was making were particularly unsettling to the political representatives who supported him and his school in Dessau.

After a heated debate, Fritz Hesse saved the entire Törten project for Gropius even though the SPD was already very skeptical about awarding him the contract. This meant that Anhalt Estate Association bid for the juicy contract entailing the construction of over 300 houses had been rejected and bids from other architectural offices had also been rejected. Now it was up to Gropius to prove that he and his concept could do the job. He was under enormous pressure to succeed with the *Reichsheimstätten*[14] in Törten.

With almost an unanimous vote, the *Reichsheimstättengesetz (RHG)* passed in the *Reichstag* on 10 May 1920. It regulated all exemptions regarding "fees, stamp duties and Reich taxes that the states and other public government institutions collected"[15]. This saved around 400 to 500 RM per unit. In addition, it secured the workers' property against urgent action in the case of insolvency (Harteck 1929, 3ff.).

The city of Dessau financed the Törten project through city mortgage bonds and from *Reich* and property taxes. The price and size of the houses was set by the city; the average price set at the time by Dessau and used as a benchmark was RM 10,000 for a 70 sq. meter house. In 1926 during the first phase of construction, in the double row, the size of the larger terraced house was 74 sq. meters. However, Gropius calculated the price to be 9,200 RM (Fig. 23).

While Gropius was starting cold start without any experience, the Frankfurt city building supervisor Ernst May (*1886-†1970) had already in September of 1925 started his own mass production in a rented factory in Frankfurt (Scheiffele 2003, 116/127). May and Gropius made use of their contacts with the Social Democrats at the *Reich* level and were appointed to the *Reichsforschungsgesellschaft* (Research Association of the German Reich).

Both architects were appointed to the Committee for the Allocation of Subsidies. Ernst May with a real factory under his belt and his involvement in countless housing projects, was certainly

---

14 *Reichsheimstätte* was a German legal institution of 1920, which restricted the right of ownership of real estate.

15 „von allen Gebühren, Stempelabgaben und Steuern des Reichs, der Länder und sonstigen öffentlichen Körper-schaften".

much more adept in the development of prefabricated social housing projects than Gropius was with his ideas that were still intangible (Jung & Worbs 1991, 1688–1689; Flierl 2012, 5ff.). In spring 1927 Gropius invited the members of the *Reichstypenausschuss* to Dessau for three days and just for fun he had them flown in Junkers airplanes over his projects sites. On the afternoon of the third day, when most of his guests had already left for home, he finally showed the remaining guests his project plans for the estate association. No wonder he was the only one who awarded a government subsidy for the project (Polster 2019, 347).

Gropius was able to direct public funds into his own project because he compared himself to Ernst May (Stadler 2004, 632). While one of them directed the money to Dessau, the other had an interest in receiving funding for his factory in Frankfurt. This would be unthinkable today regarding how subsidies are allocated. The experts succeeded in providing each other with public funds and the deal was simply called: Halbe – Halbe (fifty-fifty).

A subsidy of 300,000 RM was granted for the Törten houses; however, it was only granted as a loan. The usual interest rate at that time was 7% and only 2% of the loan had to be repaid at an interest rate of 2%. This was a great success for the project.

Gropius received an additional RM 50,000 in research funding for the contract section (Scheifele 2003, 136) stipulating construction machinery, i.e. funds that would cover part of the cost for his factory, which was his biggest hurdle to overcome before he could start the project. He could not build a hall around it, so he used the machines out in the open at the construction site in Törten. If he had stayed in Dessau, he could have continued to use them, or he could have built a factory to house the machinery.

The enormous pressure to succeed made the Bauhaus director really horrible. In the media he badmouthed Leopold Fischer wherever he could. He defended himself against "imitators and said he was misconstrued". In doing so, he implied that Fischer had copied the flat roofs from him. The Ziebigker wood-cement roof was actually Adolf Loos' design and since 1910 Loos had held a patent on it. Additionally, well-known construction magazines also noticed the similarity between Gropius' plans in Törten and the Loos' projects (Zechlin 1929, 76; Polster 2019, 347ff.).

Unfortunately, Fischer was not only defenseless but also unsuspecting. He simply invited his teacher Adolf Loos to Dessau through the estate association; and he came! The construction project in Törten appealed to all those with a passion for building. On 3 March 1927, the mastermind Adolf Loos from Vienna presented his ideas and criticisms. Obviously, Fischer had instructed Loos beforehand, because he was angry with Walter Gropius even before he arrived. Therefore, this was the reason Gropius stayed away from the public event (Scheifele 2003, 103f.).

Thus, Loos could not resist criticizing the shadowy connection between Walter Gropius' architectural office and the Bauhaus: "The artist (Loos)... founded his own building school, whose curriculum meant a reform in how building is taught. ... Loos vigorously avoided competing with other architects with his school and completely separated his school from his private studio"[16] (Below 2005, 19). Gropius was never to give up the legally questionable principle

---

16 „Der Künstler (Loos)... gründete eine eigene Bauschule, deren Lehrplan auch eine Reform des Bauunterrichts bedeutete. ... Loos vermied es ganz energisch, den anderen Architekten durch seine Schule Konkurrenz zu machen und trennte dies auch gänzlich von seinem Privatatelier".

of mixing his professional office and the Bauhaus school and he even continued this practice at Harvard (Polster 2019, 474).

In 1931, even before the so-called Formalism debates started at the end of the 1940s (Bober 2006, 117), particularly in the socialist states, Adolf Loos bitingly summed up his opinion: "Bauhaus and constructive romanticism are no better than ornamental romanticism".[17] (Scheiffele 2003, 103f.)

In his usual brash approach, he wanted to warn against placing form before the meaningful analyses of human coexistence. The solution to solve the problem of ornament, to use only primary forms, seemed to him like another form of decoration, by simply and formally omitting the ornamentation. He was more interested in content and the quality of life.

What had previously been mere revival literature for Gropius had now changed. Now he felt that Loos, the guest speaker, was just an old unpleasant gentleman. Nevertheless, the audience remembered his lecture and hidden attack against the Bauhaus and its director. It might have been wiser if Gropius had given Loos the honor he was due, but as he acted in Weimar, he was not a man of reconciliation. He sought and lived by either courting fraternization or abhorrent enmity.

One beautiful villa Fischer ever designed and built in Anhalt was in Dessau between 1927-28. The years have left their mark on the house, but the quality and, in particular, the originality of the design still shines through. Students from Anhalt University studied it with their professor Wolfgang Paul. Fischer built the house for the seamstress Hedwig Liebig, a local woman who maintained a very successful workshop, where she made fashionable clothes employing up to ten people (Fig. 25f.).

On the ground floor was her studio and workshop with enough space for her employees to work. Fischer applied the principle that he learned from Loos of designing rooms with different heights depending on the importance of the rooms. This is very clear on the first floor, which was used for living. In the middle, on a lower level, there was an island for the piano, which led out to a large balcony. (Fig. 23)

Of course, the buildings that Fischer had seen designed by his teacher inspired his design of the charming house. The character of the Scheu house 1912-13 (Fig. 15) or the Rufer house 1922 was reflected in the Liebig house (Fig. 25f.). Except for the large balcony door, the house design was just as introverted as his teacher's houses. Small windows marked the facades and contained intimate rooms. The terraces, in this case accessible from the bedroom, were completely shielded from view of any neighbors etc.

Fischer had consistently implemented the philosophy of the Loos spatial plan in the Liebig House. According to this theory, Loos gave each room its own, appropriate form. This meant that heights and widths, lighting etc. changed from room to room. Every room had its own characteristics according to what its function would be. Here it was advantageous to choose a construction that allowed for the greatest freedom when designing individual compartments. Fischer found this in Dessau with this house and, thus, he was able to optimize his teacher Adolf Loos' spatial plan (Worbs 1983, 64ff.). (Fig. 27)

Fischer must have shown this house to his teacher. Loos was probably given the chance to

---

17   „Bauhaus- und Konstruktivismusromantik sind nicht besser als Ornamentromantik".

admire it in Dessau in 1927 when he gave his lecture to the Anhalt Estate association criticizing Gropius and his formalism. Fischer most likely showed Loos the workers' housing projects he designed and of course he also probably proudly, and rightly so, showed his old master the only villa he designed for the rich.

Adolf Loos gratefully took these fresh impressions home with him. They were in keeping with the spatial plan and with a commission he had in mind for the villa he was to design for the open-minded couple František and Milada Müllerová. The man worked as a partner in a construction company called Kapsa & Müller. The company specialized in concrete structures. The architect Karel Lhota brought the builder and the architect together. A project design was beginning to emerge (The City of Prague Museum, n.d.). So surprisingly or not what can be found in Prague with the famous Haus Müller - as it is called in German, is a case of the teacher copying from his student. Fischer placed a supporting structure consisting of four columns in the middle of the house, which was erected by placing the supporting structure in the middle of the rectangle in the abstractly divided golden section. Together with the surrounding, load bearing outer walls, he was able to obtain an interior space without any structural constraints (Fig. 25).

Due to this static trick, he no longer had to consider any underlying structures on any floor. He only had to respect the four columns and the stairway openings. The columns could be used for recesses or elevations of the ceilings over nine areas. The surrounding outer walls could withstand bulges and constrictions without too much effort.

Fischer had developed an ingenious construction system that allowed the greatest possible flexibility for the design of different rooms on each floor, each one beautiful in its own right and suitable for each unit. Finally a type of construction was found where Adolf Loos's spatial plan could be almost completely implemented with only a few restrictions.

The ingenious Haus Müller is still given a great deal recognition in Prague today. Together with the Villa Tugendhat, built by Mies van der Rohe in 1929-30, it is the most important modern monument in the Czech Republic. The previously unknown archetype for this outstanding design is still standing in Dessau, a stone's throw from the historic Bauhaus. How often did this house annoy Walter Gropius on one of his frequent trips to the railway station?

Leopold Fischer also used a more advanced principle of this method of construction, which was recognized as his, in the Konsumgebäude (a building for a shop) in the Bernburg housing estate Friedrichhöhe from 1929-30. Here, in addition to the inner load-bearing structure, he also used concrete columns in the outer walls to create even more flexibility (Koitzsch 2006, 44ff.). Another interesting building was found among some of Wolfgang Paul buildings in Oranienbaum (ibid., 13)., which is 12 km east of Dessau. Today the „Arbeiterhaus für eine neunköpfige Familie (worker's house for a family of nine)" has been completely rebuilt. However, the old photos show a charming building for a working class family, where Fischer succeeded in converting the floor plan into a square, and of course again using the golden section when he designed the other compartments. (Fig. 28)

At the same time Walter Gropius used the time to continue to put himself in the limelight. His absolutely innovative project that he was just starting up, (not the one with the estate association), was being discussed at the *Reich* level. Pride comes before the fall. Disaster was already apparent in the second half of 1927, when the first group of houses in Törten was about to be completed.

The Törten houses were already revealing major defects during their short construction period. The obscure statics got their revenge. The white, loud facades cracked lengthwise. Although drawn on a detailed scale of 1:20, the planners overlooked the fact that many doorways were too narrow. Some passage heights were only 1.70 m high. The floor plans also fell very short by making the longitudinal stairs too narrow. This handicap would make it very difficult to furnish the apartments (Polster 2019, 344).

Due to the hard, modern building materials, there was no mention of heat and sound insulation. Instead of wooden windows, the windows had to be made of expensive metal, with no trace of functionality or thermal insulation. The women crocheted wool protectors, which they put over window and door handles. The haptic coldness of the window and door handles was only the harbinger of the actual catastrophe. The following winter the embarrassing high heating costs caused by the heat conductive building materials shocked the poor homeowners.

However, the main problem was that the construction costs went well over budget. The town councils of the estate association were not used to this. The costs for the settlement per house rose by 11.4 %. This was considerably more than Gropius had calculated with his office at the helm of the Bauhaus, which was filled with students and young employees. At the end of the day, 10,500 RM had to be raised for the first houses.

Unlike at the Anhalt Estate association, for this construction price a garden for the new homeowners was not included. Gropius never had any interest in gardens, not for this project or for any other. After 1950 Ise Gropius in her solitude, planted the fruit trees in his garden in Lincoln, Massachusetts. Frank Lloyd Wright blasphemed that the World War I officer always had to have a clear shot around his houses.

After the construction defects and cost increases could no longer be concealed, the SPD protected itself and attacked Gropius massively. The patriarch of the social democrats, Heinrich Pëus, reacted aggressively and polemically to what he considered a personal failure. To inform the public, Pëus launched in January of 1928 a daily newspaper, the Dessauer Volksblatt. The newspaper wrote that Gropius had enriched himself with the construction of the Törten Estate and of his excessive fees, but Gropius was of the opinion that he had reduced his fees by 25% (Fox Weber 2018, 102).

The victims of the rising costs would have been more than 300 hopeful working class families who had been interested in the houses. Mayor Fritz Hesse realized how politically explosive the situation was. In foresight, he did everything he could to conceal the real damage. With public funds, the city stepped in as inconspicuously as possible to compensate for the deficit. In the end, no family who was waiting for housing paid more than what the calculated price had been at the beginning.

However, in Anhalt the right-wing propaganda that poor, hard-working German families were deprived of their homes by a strange, fashionable, indulgent gambler could not be swept under the carpet. A great deal of money was paid for structurally damaged houses. This information was put up on the houses for everyone in the area to read, and moreover, the Törten Estate in the south of the city was easily assessable by tram for anyone who wanted to venture out and to see it.

The rough, partly unfair polemic against Gropius saved the SPD from experiencing a very big slump in the next election. The actual slap came on November 11, 1927 when Mayor Hesse was slapped in the face by his own liberal left DDP party. The right-wing parties won. Fritz

Hesse saw the elections in 1927 as a setback for democracy; His DDP had almost disappeared. Hesse felt the pressure and made Gropius with his (non-) leadership of the Bauhaus jointly responsible for the devastating election results. The Bauhaus budget only kept increasing and never decreased and there was no sign of any of the income that his Bauhaus promised to generate, and of course the disastrous Törten project were all reasons to hold him responsible for the political turn (Scheiffele 2003, 199). Whenever he wanted to confront Gropius, he was as usual out of town away on his travels. He justified this by claiming he wanted to keep the media informed about the ongoing success of his buildings.

Gropius informed the other masters at the Bauhaus on February 2, 1928 of his intention to leave. He felt that the increasing disgruntlement of the mayor and the SPD, and the fact that new interesting projects were within his victorious reach coupled with his private problems led to his decision to leave. On the next day he sent his resignation letter to the mayor (Fox Weber 2018, 102). The employment contract was dissolved on 31 March 1928 (Isaacs 1983, 431ff.). Although to the outside world Hesse had to show that he was sorry to see Gropius go; he did not shed any tears at his leaving. However, this would not be the end of any more aggravation regarding his reputation.

Although Gropius officially left, his architectural office still had to be awarded the contract to build the new employment office. All of the other contestants were eliminated and he won the contest for the project in the 1927 competition "only because Mr. Gropius had his residence in Dessau" - which, according to today's competition rules, would be an absurdity and simply an effrontery towards the other competitors. Nevertheless, if the city wanted to have an employment office built on time, it could no longer avoid Gropius because there were contractual obligations to fulfill.

Gropius had estimated the total construction costs to be 220,100 marks, but what was inevitable came to be. One year later, in 1929, Gropius's office sent an invoice for 322,000 marks for the construction of the building. The town council was already aware of Gropius's miscalculations from Törten Estate, but the invoice included the land and adjoining riparian costs that the municipality was responsible for paying (Brückner 1975, Nr. 13, 1110).

Hesse again had to represent the catastrophic erroneous assessments before the municipal authorities. He was once again confronted with the unpleasant right-wing polemic against him and the now struggling Bauhaus. In addition, there were the effects of a devastating world economic crisis, which made the right-wing howl welcome even louder.

In the meantime Gropius was had himself celebrated with the revised film on Törten that was financed by the *Reichsforschungsgesellschaft*. "How can we live healthily and economically?" now was being shown in the every last corner of the *Reich* depicting what modern life looked economically (!) in the new buildings. The film depicts young dynamic residents sitting on the roofs of their 57 sq. meter houses. Therefore, these tiny houses appeared almost as voluminous as the master houses, whose sizes ranged between 250 and 350 sq. meters. At the same time, the film was an advertisement for building and loan associations, conveying the impression that everyone can share in this new life style, since on the outside everything appeared so very chic.

Those in Dessau who were responsible for the project could not openly oppose it, because they had to protect themselves from right-wing opponents. The explosive rising cost for the employment office was an embarrassment and once again the situation was making the governing parties sweat as they did with the Törten estate. Nevertheless, even if Gropius knew how to celebrate his settlement as a success through the *Reichsmedien* (Reich media) channel it could not counteract the next disaster in Dessau. Namely, his recent completely miscalculated employment office flop and the revival of the image of the German working class families left with ruinous houses that in these hard economic times feared they would lose their hard-earned income in Törten.

Hesse and his party did not survive this new disaster. In the next elections it was finally decided, the DDP did not even win one seat. The DDP lost what was left to be lost to the right. Only with these blocks the majorities within the group shifted to the NSDAP (National Socialist German Worker's Party). Thus, right-wing opponents of a completely different caliber were increasing in numbers. On November 14, 1930 Hitler's party reached 19.8 %. By the time the election was held on October 25, 1931 the percentage rose to 36.5 for the NSDAP[18]. Dessau was one of the first cities to succumb to the brown mob over Weimar democracy[19].

While Gropius failed in 1928 in Dessau with his daydreams of mass production, assembly line houses and house factories, in 1930 he managed to saddle the *Reichshauptstadt* (Reich capital) with a similar fiasco; the "Pompeii of Berlin" (Polsger 2019, 378). In the meantime, everything continued to run smoothly in the quiet projects of the Anhalt Estate association, unnoticed and upraised within the *Reich*.

Leopold Fischer even had the opportunity to show whether his innovative houses built in the same area could also be cheaper. He was commissioned to build 65 semi-detached houses on the west side of the Großring in Törten (Below 2010, 15). That must have angered the master Gropius, enormously. Unfortunately, the world economic crisis intervened; so only 30 of the 65 Fischer houses were built (Below 2010, 258). The estate association offered them at a lower price and the buyers preferred his houses because they had wider floor plans that could be more easily furnished and they could even look out of their windows (Schwarting 2012, 84f.). However, once again Leopold Fischer was sought after by the Bauhaus, their opinion of him was different now that there had been a change in the directorate. The second director, Hannes Meyer (*1889-†1954) was already in a clinch with Gropius and he was someone Gropius could never push around. So because of his anger towards Meyer, he once again pirouetted a complete turn.

Gropius attempted again to build a prefabricated settlement with Konrad Wachsmann's help in America, however such an estate was never successfully built (Scheiffele 2003, 124). Gropius was so jealous of the communist Hannes Meyer's success that starting in 1930 he redefined his Bauhaus, a Bauhaus, which no longer belonged to him, into a design institute for luxury products for the upper class, a class that he undoubtedly belonged to (Hoff, n.d.).

Hannes Meyer was primarily interested in social building. He tried to persuade Leopold Fischer to head the construction department when his former Swiss partner and colleague Hans Wittwer (*1894-†1954) moved to the Burg Giebichenstein in Halle at some point in 1929 (Below 2005, 18). This offer made it very clear how much Meyer was already on a con-frontational course with Gropius, but also how much respect Fischer had gained.

---

18   Dessau City Archives, C, Appendix 3, Table3. April 15, 2030.

19   Dessau City Archives, B, transcript section E. School, transcript 546/2/1932,22 dated October 13, 1932.

Leopold Fischer rejected his offer. In the meantime, he had more than enough work as chief architect for the Anhalt Estate Association, which obviously fulfilled him. Here he was professionally in his element. In the estate association he was the head architect, at the Bauhaus he would have had to work under Meyer.

Leopold Fischer presumably built the house of Rudolf Eberhard, the managing director of the Siedlerverein e.V., in Dessau-Siedlung, Kiefernweg 19. A corner loggia recalls the large open spaces that Loos gave his houses on the upper floors. Fischer had the chance here, however, to integrate the garden into the design, similar to the settlement houses. Here, too, he protected it from the public space with a brick wall (Allerheiligen 2019, 86).

Instead of Fischer, an equally gifted planner came to the Bauhaus. Ludwig Karl Hilberseimer (*1885-†1967), who joined the Bauhaus in 1929. He was the first at the Bauhaus, to intensively focus on the previously criminally neglected subject of urban development. He first taught building and planning and starting in 1930 students could become Masters in Urban Planning and Development. In 1938 he left to join Mies van der Rohe at the Armour Institute of Technology in America.

Hilberseimer was also responsible for altering the positive outlook towards developing garden cities. Instead of pursuing this concept further, his boss, Hannes Meyer, this time actually planned a Bauhaus project in the building department for balcony access apartments. Now in Dessau, a modern version of the apartment houses built during the Wilhelmina period were being built, where apartments were nested one on top of each other in a row construction. These large houses were cheaper to build and they required less building ground. The garden city concept of the self-sufficiency, developed for the people of the working class as a way to supplement their livelihoods was nearing its end.

Many supposed garden cities, which today we would like to view as such, are in reality suburbs. These space-guzzling satellites in the countryside are the exclusive homes of the wealthy middle class who can afford to live outside the confines of the city and are still able to commute to work and social engagements etc. by car or other means of transport. It is doubtful if these are still the garden cities that Howard had in mind. In any case, by no means have they been built in the tradition of the Viennese or Anhalt projects of the twenties and thirties.

While on the one hand, the pendulum was swinging towards building apartments in Anhalt, Leopold Fischer, on the other hand, received a commission to develop the largest garden city in Anhalt. The extent to which the estate association's trust had shifted is indicated with the project Leopold Fischer was offered in Bernburg on the Friedrichshöhe. Starting in 1928, 2,800 estate houses were to be built there. No one thought of inviting Gropius to work on the project or to continue using the construction system of industrialized prefabrication that employed in the Dessau-Törten Estate.

Fischer developed the houses in Bernburg based on the successful floor plan design that he used in Dessau-Ziebigk. However, he had the structures erected at 45-degree angle like on the blade of a saw cut. This provided each housing unit with wider and, thus, more a usable garden. The building authorities rejected his idea that the buildings would have no north side. The gardens are located on Friedrichshöhe, which is now called the Anton Saefkow estate, on the shady side of the buildings. The innovative building for shops was completed before the estate association fell apart and in the end only 90 houses were built there (Koitzsch 2006, 43). Unfortunately, in the late twenties, the cooperative also began to build apartments before they had buyers for them (Scheiffele 2003, 109). They then became part of the spirit of the times. They speculated on the future and gambled away the present. After Black Thursday when the New York Stock Exchange collapsed on October 10, 1929 the estate association went bankrupt (Hardach 2002, 5ff.); the pet project of Anhalt's strong social democracy crashed and collapsed with corresponding losses.

The world economic crisis had completely reshuffled the cards politically. In Anhalt it meant the rise of the National Socialists and, among other things, the end of this modern type of garden city (Below 2010, 15). The Anhalt Estate Association, which was run on a cooperative basis, no longer existed. In 1929 the association had 984 members; half of them were workers. It is remarkable that this small cooperative was able to build 738 houses and Fischer was probably responsible for building about 80% of them (Stadt Bernburg 2018, 4).

What this meant for Leopold Fischer was that his world collapsed. In 1930 he suffered a nervous breakdown and was admitted to an exclusive sanatorium in Dresden and was treated there. Fischer recovered in time for Adolf Loos' 60th birthday celebration on December 10, 1930. He initiated the commemorative publication and the honorary celebration for his mentor. Although during the last years of Loos' life his memory was seriously impaired (Simon, 2015), despite this he and Fischer remained friends until his death (Vierich 2005, 20).

After Fischer was released from the sanatorium in Dresden, he went back to Dessau. Between 1930-33 he stayed with the seamstress, Hedwig Liebig, in Dessau in the house that he had built for her. It remains unclear as to what kind of relationship they had. During this time they shared a common telephone number that was used by both the sewing workshop and his design office. Privately, Fischer developed a deep friendship with the painter Peter August Böckstiegel (*1889-†1951), the architect and the painter enjoyed a lively exchange of ideas. Böckstiegel lived in Bielefeld, where Fischer had worked as an architect and probably also lived there for a while. In 1932 he also designed and built detached houses in Berlin, Kronach, Werther and Stuttgart.

Sometime during 1932 Fischer met the dancer Gerda Vogt (*1905-†2002) while he was living and working in Hedwig Liebig house in Dessau. She was a student of the famous dancer Mary Wigman (*1886-†1973) (Below 2005, 16). Apparently, Hedwig Liebig was jealous of her and she warned the young woman about Fischer. Then she is said to have packed his things and sent them by mail to Bielefeld. Vogt and Fischer exchanged engagement rings in 1933 (ibid., 18).

The buildings in Bielefeld by Leopold Fischer were defaced piece by piece over the years. They have been built up to such an extent that nobody thinks about protecting them any more (Dietrich 2018, 4/12). A doctor's villa, which Fischer probably planned as one of his last projects in Germany in nearby Werther in Ravensburger Straße and which was built in 1933/34 for the then doctor Dr. Steinborn, became the object of dispute in 2018 between the owner and the Landschaftsverband, which rightly placed the house under protection. This building once again possessed the terraced steps and introverted windows that Fischer learned from Loos.

As early as February 1933 Fischer was prosecuted by National Socialist authorities in Anhalt and accused of making serious errors during the construction of the Bernburg estate. Legation Councilor Becker of the Anhalt State Ministry of Finance brought the charges against him. The justice system and its laws were, fortunately, still functioning and it was determined that the overcrowding of up to ten people on the upper floor caused the damage (Koitzsch 2006, 12) and, therefore, Fischer was not prosecuted.

However, the "non legale state" slowly began to take shape. With the law for the W*ieder-*

herstellung des Berufsbeamtentums (restoration of the professional civil service) on April 4, 1933 and the prohibition of "degenerate art" Leopold Fischer's restrictions of getting work were limited. However, when the Nuremberg Race Laws came into effect on September 15, 1935, Leopold Fischer understood that it was time to again flee from the grip of evil people (Adam 2003, 5ff.).

Fischer used his contacts to other important students of Loos to help him flee. The architect Richard Neutra (*1892-†1970), who had already established himself as a successful architect in southern California, helped him. They both had Jewish Austrian roots and both attended Adolf Loos' building school in 1912, and interestingly enough it was Loos who inspired Neutra to go to America (Wolsdorff 1999, 187f.). Neutra helped Fischer escape to the U.S.A and flee the hardships imposed on Jews by the National Socialists during the *Deutschen Reich*. In September of 1936 he emigrated via Rotterdam to the United States and with a heavy heart he had no choice but to leave his fiancée behind on the pier (Below 2005, 20). At first Fischer lived in Los Angeles and on June 26, 1937 he was already made a "legal resident of the U.S.". Therefore, he could officially seek employment. Not only is it likely that Neutra helped him, but also the composer Arnold Schönberg (*1874-†1951) helped him.

Fischer played the violin, which was something that probably was the reason he met Schönberg (Below 2005, 20). Interestingly enough, Arnold Schönberg belonged to Alma Mahler-Werfel's (Hilmes 2004[20]) very close circle of friends. She was the first wife of Walter Gropius and was one of the few who was never submissive to Gropius (Polster 2019, 554).Neutra knew and respected Frank Lloyd Wright (1867-1959). The contact to the famous architect, however, was probably established through Arnold Schönberg. Around 1938, the great architect F.L. Wright employed Fischer to work in his office at his Taliesen estate, in Spring Green, Wisconsin. Fischer was there from 1938-40, which was an extremely creative period for Wright, who had just begun his second creative phase in 1937 with the famous "Falling Water" house. Fischer probably worked on the project "Child of the Sun" between 1941-58 and on the "Community Christian Church" around 1940. He was also bonded with Frank Lloyd Wright because of his aversion to Walter Gropius. Wright wrote in 1950: "These Bauhaus architects fled from political totalitarianism in Germany (!) in order to establish their own art dictatorship here in America, supported by deceptive preferential treatment. (...) Why do I distrust and oppose this 'internationalism' as I do communism? Because both by their very natures, practice the same type of egalitarianism in the name of civilization"[21] (Blake 1960, 248). Despite the grumblings of this elderly gentleman, the Bauhaus in America became a reference for International Style, which was the plan of the Foreign Building Office (FBO), which was a subdivision of the US State Department. At the end of the 1940s, it discovered that it could use Bauhaus architecture as a weapon in the Cold War cultural struggle against the "Stalinist" national style. As a result, Gropius, Mies van der Rohe, Marcel Breuer and Richard Neutra (Nehls 2010, 146) were deliberately commissioned to design and build US embassies. This even gave Gropius

---

20 Hilmes 2004, S. 12, 19, 93, 136, 201ff., 321, 326, 336, 350, 378-382, 384.

21 „Diese Bauhausarchitekten flüchteten vor dem politischen Totalitarismus in Deutschland (!), um jetzt hier in Amerika, unterstützt von trügerischer Begünstigung, ihre eigene Kunstdiktatur zu errichten. (…) Weshalb misstraue und wiedersetze ich mich diesem ‚Internationalismus' ebenso wie dem Kommunismus? Weil beide ihrer Natur nach im Namen der Zivilisation dieselbe Gleichmacherei betreiben".

the opportunity as an American architect to contribute in designing the new public image for his new country (ibid., 110).

These developments completely passed Fischer. He remained a non-person of the modern age; he would never be affiliated with the success of the Bauhaus architects. His Dessau rival had in fact never really fled Germany. Gropius had always taken great care to stay in contact with the German authorities and to refrain from making any political statements. To be on the safe side, he even kept his distance from dissidents in England.

Gropius could have returned at any time up until war was declared on the U.S.A. He had more or less permission from Josef Goebbels (*1898-†1945), who was responsible for culture, to act as a representative in the NS state (Polster 2019, 447). The *Reich* even transferred his fortune to him in the USA. In contrast, Fischer the man who was really persecuted was, unfortunately, was regarded as uninteresting in America. In his commissioned biographies, Gropius allowed it to appear as if he had to flee the cultural barbarity of National Socialism. As we have read in the quote above, as early as 1950 even a critic like Wright was taken in by this farce. Fischer did not understand how to equate the economic refugee with the political refugee.

Leopold Fischer did not stay with Frank Lloyd Wright. Sometime during the years 1940-41 he designed a house for the lawyer Ralph Kohlmeier in Pasadena, California, which was his first independent project. Between 1941 and 1961 Fischer ran his own, probably quite successful architectural office in Beverly Hills, California. However, his American buildings have not yet been documented and have not achieved any national notoriety. The *Interbau* (a housing development constructed as part of the International Building Exhibition) in Berlin lured him back to Germany in 1957. In Berlin, he not only saw his former fiancée, Gerda Vogt, again, but it is said he went to see his buildings in Germany. This is when he learned that the love of his life was now married to a rich pianist (Below 2005, 21f.). In Berlin, Fischer also had seen Walter Gropius's buildings and exhibition at the Interbau, which beyond undoubtably must have nettled him (Nerdinger 1985, 274f.).

Gropius had understood how vital it was to have his legend quasi-accurately written down by Siegfried Giedion (*1888-†1968) and Reginald Isaacs (*1911-†1996). Moreover, Hans Maria Wingler (*1920-†1984) also came to Harvard via a Norton scholarship that Gropius awarded to him in order to add another disciple who could later ensure that the whole newly written story had a long-term existence in a worthy Berlin archive (Polster 2019, 549). The original Bauhaus buildings that were located in the German Democratic Republic (GDR) were not accessible to Gropius in the 1960s, because he had been reformed and was no longer a devotee of communism. Hence, he avoided ever going to the "Eastern Zone" after the war (Stock, 2008). In 1962 Fischer moved to his architectural office to a less expensive location in Seal Beach because he was no longer getting enough commissions. In 1967 he once again met his former fiancée. The drama involved in this relationship, from which both obviously suffered, can only be guessed at. In the same year Fischer contacted Lewis Mulford (*1895-†1990). He wanted to tell him about the scandalous „Machenschaften des Walter Gropius (machinations of Walter Gropius)". Why this publication never came about has not been explained. Presumably, the intelligent Mulford, saw that it made no sense to write something negative about someone that the American government promoted and who was celebrated in the art world, even though Mulford was very fond of people being exposed. At the end of his life Fischer must have been very lonely. The last news of him was that he died in 1975 after an operation in Long Beach. Again Gropius had trumped him; Fischer was not even allowed to reach the age of the Bauhaus founder.

Posthumously, all of Walter Gropius's buildings for which he was responsible for building during his time in Dessau were included in the UNESCO World Heritage List of 1996. This success awarded to him should be regarded without envy. With his experimental architecture, he set landmarks that still radiate worldwide today. Only within the span of three years another Gropius site in Dessau was awarded for the World Heritage cultural status.

Fischer's houses are only partially listed as sites of historical importance in the state of Saxony-Anhalt. Residents are often shocked when the authorities inform them they have been living in something architecturally very special. Sadly, up until the day they have been told many people who have lived in his houses have never heard the name Leopold Fischer.

Nevertheless, most of the residents feel very comfortable in the houses he built (Wolter 2005, 28ff.). This perhaps is the highest recognition for an architect. This attribute cannot be taken away from the modest, so often persecuted and ostracized student of Loos, no matter how skillful his opponent was with his eloquent rhetorical and journalistic abilities!

CV of Leopold Fischer, Architect

1901	Born in Bielsko near Teschen (Silesia) as a Jewish German
1919	Versailles commission
1920/24	Adolf Loos Building-School (1870-1933), then worked in his studio in Vienna (Austria) with Leberecht Migge (1881-1936)
1925	Fischer moved to Dessau to work with Migge
1926-1930	Chief architect at the Anhalt Estate Association
1928	Employed at Walter Gropius Architectural Office (1883-1963)
1927/28	Built the Villa Liebig for a friend
1930	Treatment for mental illness in Dresden after Anhalt Estate Association went bankrupt
1930-33	He lived in Hedwig Liebig' house
1932	Met his fiancé Gerda Voigt (1905-2002)
1933	Moved (temporarily?) to Bielefeld or Ludwigsburg
1933	He is sued by Anhalt Minister of Finance for "construction errors" in the Bernberg estate
1936	Emigrates to the U.S.A
1938-40	Employed in Frank Lloyd Wright's studio
1941-61	Works independently with his own architectural firm in Beverly Hills, California, USA
1957	Visited the Interbau in Berlin and reunites with Gerda Vogt again
1962	Moved to Seal Beach, has his own architecture office but with fewer commissions
1967	Met with Lewis Milford, to tell him inside "secrets" on the life of Walter Gropius
1967	Last competition
1975	Died after an operation in Long Beach, California

Literatur // Literature

Ackermann, U. (2001). Die Meisterprotokolle des Staatlichen Bauhauses Weimar 1919 bis 1925, In: Volker (Hrsg), Veröffentlichungen aus thüringischen Staatsarchiven. Nr. 6. Wahl, Veröffentlichungen aus thüringischen Hauptstaatsarchivs Weimar in Zusammenarbeit mit dem Bauhaus Archiv Berlin, Weimar.

Adam, U.D. (2003). Judenpolitik im Dritten Reich, Düsseldorf: Droste Verlag.

Allerheiligen, N. und Wendland, U. (Hrsg.) (2019). Mehr als das Bauhaus. Modernes Bauen in Sachsen-Anhalt 1915-1935, In: Landesamt für Denkmalpflege und Archäologie Sachsen-Anhalt. Landesmuseum für Vorgeschichte, Halle a. d. Saale 2019, S. 54, 86, 94.

Asmus, H. (2009). 1200 Jahre Magdeburg, Band 4: 1945–2005, Magdeburg, S. 274 ff.

Baudis, D. (1986). „Vom Schweinemord zum Kohlrübenwinter". Streiflichter zur Entwicklung der Lebensverhältnisse in Berlin im Ersten Weltkrieg (August 1914 bis Frühjahr 1917), In: Jahrbuch für Wirtschaftsgeschichte, Sonderband 1986: Zur Wirtschafts- und Sozialgeschichte Berlins vom 17. Jahrhundert bis zur Gegenwart, S. 129–152.

Below, I. (2005). Das Leben von Leopold Fischer, In: Bauhaus Dessau e.V. (Hrsg.). Leopold Fischer. Architekt der Moderne. Planen und Bauen in Anhalt der Zwanziger Jahre, Dessau: Funk Verlag Bernhard Hein e.K.

Below, I. (2010). Bauhaus Dessau e.V. (Hrsg.) Leopold Fischer. Architekt der Moderne. Planen und Bauen in Anhalt der Zwanziger Jahre, Dessau: Funk Verlag Bernhard Hein e.K.

Blake, P. (1960). The Master-Builders: Le Corbusier, Mies van der Rohe, and Frank Lloyd Wright, New York.

Bober M. (2006). Von der Idee zum Mythos – Die Rezeption des Bauhaus in beiden Teilen Deutschlands. In Zeiten des Neuanfangs (1945 und 1989), Dissertation, 1. Auflage, Norderstedt: GRIN Verlag.

Bock, R. (2009). Adolf Loos – Leben und Werke, München: DVA.

Brückner. F. (1975). Häuserbuch der Stadt Dessau, In: Rat der Stadt Dessau, Stadtarchiv (Hrsg.), Heft 12, Dessau.

Claussen, H. (1986). Walter Gropius. Grundzüge seines Denkens, Hildesheim u. a. 1986. Hildesheim: Verlag Georg Olms.

C/O Vienna Magazine (o.J.). Haus mit einer Mauer. Das legendäre Adolf Loos – Haus, [online] http://www.co-vienna.com/de/wien-entdecken/1594/. [20.03.2019].

Crasemann Collins, C. (1982). Review of Leberecht Migge, 1881–1935, In: Fachbereich Stadt-und Landschaftsplanung der Gesamthochschule Kassel (Hrsg.). Gartenkultur des 20. Jahrhunderts, Journal of the Society of Architectural Historians 41:4 (December 1982), Kassel: University of California Press.

Dietrich, A. (2013). Das Hotel Elephant in Weimar mit dem Gourmetrestaurant Anna Amalia und seinem Sternekoch Marcello Fabbri. Darin S. 67-97: Ein Haus voller Tradition, Gastlichkeit und Geschichte(n) mit vielen Informationen zur Hotel-Historie, Weimar.

Dietrich, E. (2018). Bauhaus? – Auf der Suche in Westfalen. In: LWL-Denkmalpflege, Landschafts- und Baukultur in Westfalen. Neues Bauen: Architektur der 1920er- und 1930er-Jahre. Denkmalpflege in Westfalen-Lippe Heft 2018/2, Münster: Ardey-Verlag, S 4-15.

Drechsler, I. (2002). Eberhard, Rudolf, In: Heinrich, Guido/ Schandera, Gunter (Hrsg.). In: Magdeburger Biographisches Lexikon 19. und 20. Jahrhundert. Biographisches Lexikon für die Landeshauptstadt Magdeburg und die Landkreise Bördekreis, Jerichower Land, Ohrekreis und Schönebeck. Magdeburg, S. 152.

Eickhoff-Weber, K. (1989). Ein Garten von Henry van de Velde und Leberecht Migge: Hohenhof, Hagen, In: Elfgang, Alfons (Hrsg.). Die Gartenbaukunst 1, (1/1989), Worms, S. 79–90.

Fasshauer, M. (1997). Das Phänomen Hellerau. Die Geschichte der Gartenstadt, Dresden: Hellerau-Verlag.

Flierl, T. (2012). Standardstädte. Ernst May in der Sowjetunion 1930–1933. Texte und Dokumente, Berlin: Suhrkamp Verlag.

Föhl, T. (2010). Henry van de Velde. Architekt und Designer des Jugendstils, Weimar: Weimarer Verlagsgesellschaft.

Fox Weber, N. (2018). Die Bauhaus-Bande. Meister der Moderne, Berlin: DOM Publishers.

Gropius, W. (1924). Die bisherige und zukünftige Arbeit des Staatlichen Bauhauses, Weimar: Staatliches Bauhaus.

Hardach, G. (2002). 1929. Wirtschaft im Umbruch, In: Die Welt spielt Roulette. Zur Kultur der Moderne in der Krise 1927 bis 1932, In: Möller, W. (Hrsg.), Frankfurt: Campus Verlag.

Harteck, M. (1929). Damaschke und die Bodenreform. Aus dem Leben eines Volksmannes, In: Deutsche Buch-Gemeinschaft, Berlin.

Harvey, C. E. (1982). John D. Rockefeller, Jr., and the social sciences: An introduction, Journal of the History of Sociology 4/2, Alberta, S. 1-31.

Heinsohn, G. (1999). Lexikon der Völkermorde, Eintrag „Deutsche Opfer / Hungerblockade 1917/1918", Reinbek: Rowohlt.

Hilmes, O. (2004): Witwe im Wahn: Das Leben der Alma Mahler-Werfel, München: Siedler Verlag.

Hoff, C.S. (o.J.). Lernen vom Bauhaus? [online] https://www.dear-magazin.de/stories/Lernen-vom-Bauhaus-_10285427. html. [12.04.2019].

Holm, K. (2001). Weimar im Banne des Führers. Die Besuche Adolf Hitlers 1925–1940, Köln: Böhlau-Verlag.

Howard, E. (1898). Tomorrow. A Peaceful Path to Real Reform, London.

Howard, E. (1902). Garden Cities of Tomorrow, London. (Deutsch: Gartenstädte in Sicht, Jena 1907).

Isaacs, R. (1983). Walter Gropius. Der Mensch und sein Werk, Bd. 1, Berlin: Gebrüder Mann Verlag.

Itten, J. (1963). Mein Vorkurs am Bauhaus, Gestaltungs- und Formenlehre, Ravensburg: Otto Maier Verlag.

Jaeggi, A. (1994). Adolf Meyer der zweite Mann. Ein Architekt im Schatten von Walter Gropius, Berlin: Argon-Verlag.

Jahre, L. (2001). Der Folkwang-Verlag. Weltmuseum in Buchform. In: Börsenblatt für den deutschen Buchhandel. Frankfurt/Main.

Jahn, H. A. (2014). Das Wunder des Roten Wien – Band II: Aus den Mitteln der Wohnbausteuer, Wien: Phoibos Verlag.

Jara, C. (1995). Adolf Loos's „Raumplan" Theory. Journal of Architectural Education (1984-), Vol. 48, No. 3 (Feb., 1995), pp. 185–201.

Jung, K. C. & Worbs D.(1991). Ernst Mays „Neue Heimat", In: Bauwelt. Nr. 33/1991, S. 1688–1689.

Kiessling, W. & Babel, F. (2011). Corporate Identity. Strategie nachhaltiger Unternehmensführung, 4., überarbeitete, erweiterte Auflage, Augsburg: ZIEL.

Koitzsch, P. (2006). Das Konsumgebäude von „Zickzackhausen". Denkmalpflege von Gebäuden der Moderne, Diplomarbeit. Betreuung Paul, Wolfgang/ Stuhr, Michael, Dessau.

Künstler, U. (o.J.). 100 Jahre Gartenstadt – ein geschichtlicher Überblick. Bürgerverein Gartenstadt e.V., [online] https://buergerverein-gartenstadt.de/die-gartenstadt/geschichte/2/. [03.04.2019].

Krzeminski, A. (2016). Polens neue Helden. DIE ZEIT Nr. 6/2016, 4. Februar 2016, [online] https://www.zeit. de/2016/06/nationalismus-polen-jaroslaw-kaczynski-pis-vorbilder. [14.04.2019].

Loos, A. (1910). Ornament und Verbrechen, In: Cahiers d'aujourd'hui, Bd. 5, Paris.

Maderthaner, W. (2006). Von der Zeit um 1860 bis 1945, In: Csendes, P./Opll, F. (Hrsg.). Wien. Geschichte einer Stadt von 1790 bis zur Gegenwart. Bd. 3., Wien-Köln-Weimar: Böhlau Verlag, S. 175–545.

Migge, L. (1919). Jedermann Selbstversorger – Eine Lösung der Siedlungsfrage durch neuen Gartenbau, Jena.

Migge, L. (1932). Die wachsende Siedlung nach biologischen Gesetzen, Stuttgart.

Müller-Krumbach, R.; Schawelka, K.; Korrek, N.; Zohlen, G. (2002). Die Belebung des Stoffes durch die Form. Van de Veldes Hochschulbau in Weimar. Bauhaus-Universität Weimar (Hrsg.), Weimar: Verlag der Bauhaus-Universität Weimar.

Nehls, W. (2010). Bauhaus und Marxismus, In: Architektur und Bauwesen, München: utzverlag GmbH.

Nerdinger, W. (1985). Walter Gropius: der Architekt, Zeichnungen, Pläne und Fotos aus dem Busch-Reisinger Museum der Harvard University Art Museums, Cambridge/Mass. und dem Bauhaus-Archiv, Berlin: Mann.

Omilanowska, M. (2007). Das Frühwerk von Walter Gropius in Hinterpommern, In: Pulsback, B. (Hrsg.). Landgüter in den Regionen des gemeinsamen Kulturerbes von Deutschen und Polen, Warszawa, S. 133-149.

Polster, B. (2019). Walter Gropius. Der Architekt seines Ruhmes, München: Carl Hanser Verlag.

Preiss, A. (1996). Die Staatliche Hochschule für Baukunst und Bildende Kunst 1946-1950, In: Preiss, A./ Winkler, K. J. (Hrsg.). Weimarer Konzepte. Die Kunst- und Bauhochschule 1860-1995, Weimar: Verlag und Datenbank für Geisteswissenschaften.

Rundfunk Berlin-Brandenburg RBB (2004). Deutsche & Polen. Übersicht über die Zeitzeugen, [online] https://www.deutscheundpolen.de/zeitzeugen/zeitzeuge_biografie_jsp/key=roman_dmowski.html. [14.04.2019].

Regener, R. (2018). Heinrich Pёus, Heinrich Deist und der eigentümliche Weg der anhaltischen Sozialdemokratie im Ersten Weltkrieg, In: Schöler, U./ Scholle, T. (Hrsg.). Weltkrieg, Spaltung, Revolution. Sozialdemokratie 1916 – 1922, Bonn: J. H. W. Dietz Verlag, S. 180–193.

Ritz, F.; Winkler, K. J.; Zimmerman, G. (2010). Aber wir sind! Wir wollen! Und wir schaffen! Von der Großherzog-lichen Kunstschule zur Bauhaus-Universität Weimar, 1860 - 2010, Bd. 1, Bauhaus-Universität Weimar (Hrsg.), Weimar.

Rukschcio, B. & Schachel, R. (1982). Adolf Loos Leben und Werk, Salzburg / Wien.

Schillig, K. P. (2018). Eigentümer im Streit mit der Stadt Werther – Entscheidung vertagt. Dilemma Denkmalschutz, In: Westfalen-Blatt, Artikel vom 09.09.2018. [online] https://www.westfalen-blatt.de/OWL/Kreis-Guetersloh/Werther/3464155-Eigentuemer-im-Streit-mit-der-Stadt-Werther-Entscheidung-vertagt-Dilemma-Denkmalschutz [25.01.2020].

Schwarting, A. (2012). Die Siedlung Dessau-Törten 1926 bis 1931, In: Bauhaus Taschenbuch 7, Dessau/ Leipzig: Stiftung Bauhaus Dessau.

Scheiffele, W. (2003). Bauhaus, Junkers, Sozialdemokratie: Ein Kraftfeld der Moderne, Berlin: Form & Zweck.

Schulte-Wülwer, U. (2019). Friedrich Peter Drömmer, In: Kieler Künstler. Bd. 3: In der Weimarer Republik und im Nationalsozialismus 1918–1945, Heide: Boyens Buchverlag, S. 151–166.

Seewald, S. (2009). Nur etwas für „Freaks", In: Welt.de, [online] https://www.welt.de/dossiers/bauhaus2009/article4149225/Nur-etwas-fuer-Freaks.html. [15.04.2019].

Simon, A.C. (2015): Loos, der pädophile Straftäter: Was die Protokolle verraten, In: Die Presse. [online] https://diepresse.com/home/zeitgeschichte/4655244/Loos-der-paedophile-Straftaeter_Was-die-Protokolle-verraten. [13.04.2019]

Stadler, F. (2004). Vetriebene Vernunft II, Emigration und Exil österreichischer Wissenschaft 1930-1940, Reihe: Emigration - Exil - Kontinuität. Schriften zur zeitgeschichtlichen Kultur- und Wissenschaftsforschung Bd. 2, 2. Auflage, Wien: Lit Verlag.

Stadtarchiv Wittenberge (1997). B1548, „Siedlung Eigene Scholle Wittenberge" Broschüre „Tag des offenen Denk-mals.

Stadt Bernburg (Saale) (Hrsg.) (2018). Zickzackhausen Bernburg (Saale), In. Arbeitskreis „Bernburg und die Moderne", Bernburg August 2018.

Stamm, G. (1998). J. J. P. Oud, Bauten und Projekte 1906 bis 1963, Berlin.

Stock, A. (2008). Das Gropius-Prinzip. Wie ein Architekt das Markenzeichen Bauhaus erfand, In: Deutschland-funkkultur, [online] https://www.deutschlandfunkkultur.de/das-gropius-prinzip.984.de.html?dram:article_id=153419. [01.01.2019].

The City of Prague Museum (o.J.). Villa Müller, [online] http://www.muzeumprahy.cz/mullerova-vila/. [14.04.2019].

Threuter, C. (1999). Ausgerechnet Bananen: Die Ornamentfrage bei Adolf Loos oder Die Evolution der Kultur, In: Bischoff, C./Threuter, C. (Hrsg.), Um-Ordnung. Angewandte Künste und Geschlecht in der Moderne, Marburg: Jonas-Verl, S. 106–117.

Vierich, J. (2005). Leopold Fischer. Architekt der Moderne. Planen und Bauen im Anhalt der Zwanziger Jahre, In: Bauhausverein (Hrsg.), Dessau.

Wahl, V. (2009). Das Staatliche Bauhaus in Weimar. Dokumente zur Geschichte des Institutes 1919-1926, Köln: Böhlau.

Wichmann, W. (2019). Chronik. Heimatverein Dessau-Siedlung e.V. [online] http://www.siedlung.andat.de/siedl/zentral_siedl_uu.htm. [23.04.2019].

Wikipedia (o.J.). Liste der Werke von Adolf Loos. [online] https://de.wikipedia.org/wiki/Liste_der_Werke_von_Adolf_Loos. [20.03.2019].

Wingler, H.M. (2002). Das Bauhaus 1919-1933, Weimar, Dessau Berlin und in der Nachfolge in Chicago seit 1937, Nachdruck, 4. Aufl., Köln: Verlag Gebr. Rasch / DuMont.

Wolsdorff, C. (1999). Neutra, Richard Josepf, In: Neue Deutsche Biographie (NDB). Bd. 19, Berlin: Verlag Dun-cker & Humblot.

Wolter, F. (2005). Die Siedlung Knarrberg in Dessau, In: Bauhaus Dessau e.V. (Hrsg.) Leopold Fischer. Architekt der Moderne. Planen und Bauen in Anhalt der Zwanziger Jahre, Dessau: Funk Verlag Bernhard Hein e.K., S. 28-40.

Worbs, D. (1983). Der Raumplan im Wohnungsbau von Adolf Loos. Adolf Loos. 1870–1933. Raumplan – Wohnungs-bau, Worbs, Dietrich (Hrsg.). Berlin: Katalog zur Ausstellung, Berlin: Akademie der Bildenden Künste, S. 64–77.

Wurbs, G. (1981). Die deutsche Sprachinsel Bielitz-Biala. In: Eckartschriften-Heft 79. Schutzverein Österreichische Landsmannschaft (Hrsg.), Wien:Schutzverein „Österr. Landsmannschaft".

Zechlin, H. (1929). Siedlungen von Adolf Loos und Leopold Fischer. In: Wasmuths Monatshefte für Baukunst, S.70-78.

Abbildungen // Figures

Teil 2

Blick in die Praxis // A Look into Practice

VORN DIE OSTSEE

VISION

HINTEN DIE FRIEDRICH STRASSE

(TUCHOLSKY)

Haben Sie Visionen? – Zur Relevanz der Gartenstadtidee für die heutige Planungspraxis

Gero Heck & Thomas Thränert[1]

Zeitungsbeiträge und Umfragen setzen sich regelmäßig mit dem Gegensatz des Lebens in der Stadt und auf dem Land auseinander. Fast unweigerlich führt das zu Fragen wie: Wo möchten Sie lieber leben? Auf dem Land oder in der Stadt? Oder: Wo – glauben Sie – lässt sich besser bzw. glücklicher leben?

In den Antworten darauf schneidet das „Land" oft außergewöhnlich gut ab. 2014 entschieden sich beispielsweise in einer Umfrage des Instituts für Demoskopie Allensbach auf die Frage „Wo haben die Menschen Ihrer Ansicht nach ganz allgemein mehr vom Leben?" 40 Prozent für das Land, während nur 21 Prozent der Stadt den Vorzug gaben. Damit wandelte sich die Haltung dazu in den vergangenen Jahrzehnten grundsätzlich. 1956 glaubte mit 54 Prozent noch die deutliche Mehrheit, dass man in der Stadt mehr vom Leben habe. Das „Land", das sich dabei heute so großer und wachsender Beliebtheit erfreut, wurde von den Befragten 2014 v. a. mit guter Luft, günstigem Wohnraum, Nachbarschaftshilfe, Zufriedenheit, sozialer Kontrolle, Sauberkeit und Ruhe assoziiert (Petersen 2014, 8).

Es liegt also auf der Hand, dass es hier nicht nur um das reale Landleben geht, sondern zumindest ein Teil der Befragten darin einen Sehnsuchtsort bzw. eine Projektionsfläche sieht. Was davon erhofft wird, das scheint v. a. Gesundheit, gesellschaftlicher Zusammenhalt und Raum für Selbstverwirklichung zu sein. Solche Sehnsüchte sind nie ganz frei von der Widersprüchlichkeit, die Kurt Tucholsky schon 1927 in seinem Gedicht „Das Ideal" formulierte (Tucholsky 1974, 579):

„Ja, das möchste:
Eine Villa im Grünen mit großer Terrasse,
vorn die Ostsee, hinten die Friedrichstraße;
mit schöner Aussicht, ländlich-mondän,
vom Badezimmer ist die Zugspitze zu sehn –
aber abends zum Kino hast dus nicht weit."

Bei näherer Betrachtung kommt also der Verdacht auf, dass nicht nur Tucholskys Adressaten, sondern auch viele der Befragten, die sich nach dem Land sehnen, eigentlich etwas meinen, was die Vorzüge von Stadt und Land verbindet. Nicht nur dieser Ansatz, sondern auch die Qualitäten, um die es dabei geht, entsprechen somit noch immer dem von Ebenezer Howard in seinem Diagramm der drei Magnete als „Town-Country" dargestellten Ideal (vgl. Abb. 1) (Pose-

---

1   Gero Heck und Thomas Thränert, relais Landschaftsarchitekten Heck Mommsen PartGmbB,
    Berlin/ Deutschland, E-Mail: buero@relaisLA.de

© Springer Fachmedien Wiesbaden GmbH, ein Teil von Springer Nature 2020
N. Uhrig (Hrsg.), *Zukunftsfähige Perspektiven in der Landschaftsarchitektur
für Gartenstädte*, https://doi.org/10.1007/978-3-658-28941-6_5

ner 1968, 57). Demnach ist die Frage „Haben Sie Visionen?" – oder allgemeiner: „Haben Sie mit Visionen zu tun?" – für Planer sehr relevant und zwangsläufig zu bejahen. Einerseits bieten die Projektionen, die das Verhältnis von Stadt und Land bestimmen, reizvolle Gestaltungsmotive und andererseits bezeichnen diese Visionen, die Wünsche der Nutzer, die einen äußeren Rahmen der Planungsrealität abstecken.

„Gartenstadt" vs. Gartenstadt

Doch führen diese Wünsche und dieser Planungsansatz nicht zwangsläufig zur Entstehung von Gartenstädten, die tatsächlich eine neue städtebauliche Qualität formulieren. Stattdessen wird die ursprüngliche Polarität von Stadt und Land nicht selten zugunsten unbestimmter und typologisch unschärfer Situationen aufgegeben. So entstehen zwischenstädtische Lagen ohne oder mit nur schwer fassbarer Qualität, die zersiedelt wirken und, weil sie als Siedlungsräume selbst nicht attraktiv sind, zu „Schlafstädten" werden (vgl. Sieverts 1998, 14-20). Vorprogrammiert sind damit grundsätzliche Konflikte zwischen den Bewohnern, die hier dennoch Verwurzelung und Heimat suchen, den „Somewheres", wie sie der britische Publizist David Goodhart bezeichnet, und den „Anywheres", die sich hier vielleicht nur als Durchreisende sehen und über einen begrenzten Zeithorizont hinaus gar keinen sozialen Anspruch an so eine Siedlung stellen (Friedrichs & Hurst 2019, 12).

In diesem Kontext droht der Begriff Gartenstadt zu einer Vermarktungsstrategie ohne spezifische Qualität zu werden. Daher ist es in den letzten Jahrzehnten immer entscheidender geworden, Mittelwege oder wie auch immer geprägte Hybride zwischen Stadt und Land zu planen, die in diesem Spannungsfeld eigenständige gestalterische Lösungen schaffen. Dieses Aufgabenfeld bezieht sich auf ähnliche Themen wie die klassische Gartenstadt, was nicht zuletzt erklärt, warum es seit einigen Jahren auch einen zunehmenden theoretischen Diskurs zu den Fragen gibt: Wie lässt sich die Idee der Gartenstadt für unsere Zeit aktualisieren? Wie lassen sich aus dieser Tradition zeitgemäße Konzepte entwickeln?

Diese Thematik hat auch für die Arbeit von *relais Landschaftsarchitekten* in den vergangenen Jahren mit verschiedener Fragestellung immer wieder eine Rolle gespielt. Mit diesem Beitrag möchten wir daher anhand von drei eigenen Projektbeispielen, auf unterschiedliche Konzepte für den – unserer Meinung nach – zeitgemäßen Umgang mit der Situation des „Town-Country" eingehen. Während es im ersten Fall um die Neuplanung einer Siedlung im Rahmen eines aktualisierten Gartenstadtkonzepts geht, sollen die beiden folgenden Beispiele zeigen, dass dieser Ansatz auch für das „Bauen im Bestand" großes Potential aufweist.

Das Quartier Fischbeker Reethen als „Gartenstadt des 21. Jahrhunderts"

Am südwestlichen Stadtrand des wachsenden und zunehmend verdichteten Siedlungsraums von Hamburg werden in den kommenden Jahren die *Fischbeker Reethen* als neues Stadtquartier entstehen. Das von der IBA Hamburg GmbH entwickelte Projekt zielt vor diesem Hintergrund auf das Leitbild einer „Gartenstadt des 21. Jahrhunderts". Darunter wird verstanden, dass „in diesem Quartier die Gartenstadtidee neu und zeitgemäß interpretiert [… und die] Siedlungsentwicklung mit der Landschaftspflege sowie Naherholungsqualitäten zusammengeführt" werden soll (IBA Hamburg GmbH 2018, 3).

Damit haben in diesem Projekt tatsächlich viele Aspekte eine wesentliche Bedeutung, die auch Ebenezer Howard in seinem Gartenstadtkonzept betonte: der unmittelbare Landschaftsbezug, die Schaffung differenzierter Freiraumtypen, aber auch der besondere Stellenwert von Fragen der Entwässerung und des Kleinklimas. Dafür bietet das Entwicklungsgebiet *Fischbeker Reethen* eine besondere Lagegunst. Es befindet sich am Übergang von Marsch und Geest. Im Norden grenzt es an die Ausläufer des Alten Landes und des Naturschutzgebietes Moorgürtel und im Süden an die Hügel des Geestlandes und das Naturschutzgebiet Fischbeker Heide.

Als Ergebnis des 2018 durchgeführten freiraumplanerischen Realisierungswettbewerbs mit anschließendem Verhandlungsverfahren werden die Quartiersfreiräume von *relais Landschaftsarchitekten* geplant. Das Freiraumkonzept greift dazu die Lage an einer landschaftlichen Schnittstelle auf, indem es die lineare Rasterung des Marschlandes und die fließenden Formen des Geestlandes als gegensätzliche Ordnungssysteme zusammenführt. Dadurch werden die Quartiersfreiräume mit dem Landschaftsraum vernetzt und durch die unterschiedliche Struktur lässt sich eine klare funktionale Differenzierung vermitteln.

Die in Nord-Süd-Richtung verlaufenden Freiraumstrukturen stellen dabei unmittelbare Bezüge zur anthropogenen Marschlandschaft her und schaffen die Haupterschließung im Quartier. Den landschaftlichen Gegenpol dazu bildet das *Blau-Grüne Band* als großzügiger zentraler Freiraum, dessen komplementärer Charakter durch den an topographischen Formen orientierten Geestweg unterstrichen wird. Entlang dieses Weges wird eine Abfolge unterschiedlicher Parkszenen entwickelt, die den Nutzern vielfältige Aufenthalts- und Aneignungsmöglichkeiten bieten. Wichtig war dabei aus planerischer Sicht, dass die Freiräume eine so markante, eigenständige Gestaltsprache aufweisen, dass sie die Wiedererkennbarkeit und Identität des Quartiers tatsächlich prägen können (Abb. 2).

Zugleich muss die Struktur der öffentlichen Quartiersfreiräume so stark sein, dass ihr Zusammenhalt gewahrt bleibt und sie als Kontinuum zwischen den daran anknüpfenden Stadtbausteinen und privaten Grundstücken erlebbar sind. Das städtebauliche Konzept dazu stammt von *KCAP Architects & Planners*, Rotterdam und *Kunst+Herbert, Büro für Forschung und Hausbau*, Hamburg.

Bei der Siedlungsentwicklung wird das Konzept der „Sponge City" verfolgt. Regenwasser soll also möglichst lang im Quartier gehalten und vor Ort versickert werden. Die Freiräume sind daher als System von Retentionsflächen konzipiert. Dieses Konzept reagiert auf die zunehmende Häufigkeit von Hitzeperioden und Starkregenereignissen und versucht, ihre Wirkungen auszugleichen. Durch die Modellierung von Bodenmulden und Gräben wird Niederschlagswasser aufgenommen und langsam versickert (vgl. Abb. 3 und 4). Zugleich bereichert die Ausgestaltung der Retentionsflächen das Erscheinungsbild der Freiräume, indem der nachhaltige Umgang mit Niederschlägen für alle erlebbar wird. Die Betonung solcher ökologischer Aspekte und die Suche nach Synergien für die Lebensqualität ist unserer Meinung nach ein zentrales Thema für die Gartenstadt des 21. Jahrhunderts.

Im Quartier *Fischbeker Reethen* erhält dieser Aspekt auch durch einen Teich, der an zentraler Stelle in die Gestaltung integriert werden sollte, einen besonderen Stellenwert. Diese Wasserfläche bildet zusammen mit einem angrenzenden Platz die Quartiersmitte. Dabei betont das Freiraumkonzept durch die Teichform und die Ufervegetation die Wirkung dieses Gestaltungselements als Naturmotiv, so dass die urbane Situation in diesen Kontrast gestellt wird. Verbunden werden Platz und Teichanlage durch eine bewegten Ufertopographie, die vielfältige Nutzungsmöglichkeiten schafft: niedrige Sitz- und Stützmauern, kleine Treppen sowie eine barrierefreie, leicht geneigte Ebene führen auf ein wassernahes Platzniveau. Eine großzügige Sitzbank bietet direkt am Wasser Raum zum Aufenthalt.

Ein weiterer zentraler Gestaltungsansatz ist die Konzeption des Quartiers als „Active City". Wenn im Quartier vielfältige und differenzierte Nutzungsangebote geschaffen werden, dann kann das nicht nur die persönliche Identifikation mit dem Wohnumfeld, sondern auch die soziale Interaktion entscheidend positiv beeinflussen. Insbesondere das zentrale *Blau-Grüne-Band* beinhaltet ein vielfältiges und robustes Nutzungsprogramm. Dieses reicht von urbanen Nutzungen wie Marktveranstaltungen, Einkaufsmöglichkeiten, Außengastronomie bis zu eher parkbezogenen Nutzungen mit aktiven Spiel- und Sportmöglichkeiten und zu ruhigeren Erholungsangeboten und Naturgenuss.

Die Angebote richten sich an alle Generationen. Es werden Bewegungs- und Fitnessangebote im Quartier „vor der Haustür" geschaffen. Auch diese „Barrierefreiheit" ist als wesentlicher Aspekt der Aktualisierung des Gartenstadtgedankens anzusehen. Westlich und östlich der Quartiersmitte schließen vegetativ geprägte Parkräume mit malerischen Gehölzgruppen an. Deren Mitte bilden Spielwiesen, die zum Aufenthalt, Spiel und Sport einladen.

Das *Blau-Grüne Band* wird mit den schmalen Quartierswegen (Twieten) und privaten Freiräumen durch steinerne Stege verknüpft, die einen formalen Bezug zur regelmäßigen Struktur der Marschlandschaft herstellen. Ziel ist es, die Freiräume robust und anpassungsfähig für vielfältige Aneignungsprozesse durch die späteren Bewohner auszuformulieren.

Der Übergang zwischen den öffentlichen Parkflächen des *Blau-Grünen-Bandes* und den angrenzenden Privatflächen wird in den nördlichen, besonnten Parkrändern über eine Pflanzung aus Sträuchern, Gräsern und Stauden mit Arten der Geest und in den südlichen Parkrändern, die meist im Gebäudeschatten liegen, mit Arten der Marsch gestaltet. Über diese attraktiven pflanzlichen und die Jahreszeiten widerspiegelnden Parkränder wird der landschaftliche Charakter und die angestrebte Weite der Parkräume unterstützt und ein halbdurchlässiger Übergang zu den privaten Bereichen formuliert.

Wenn man ein Quartier wie *Fischbeker Reethen* unter dem Gesichtspunkt der „Gartenstadt des 21. Jahrhunderts" betrachtet, dann wird auch deutlich, dass es dabei immer um die Schaffung eines besonderen Ortes geht, was ja auch für die klassischen Gartenstädte eine große Bedeutung hatte. Wenn es durch Prägnanz und Identitätsstiftung gelingt, ein anhaltendes Interesse an so einem Ort zu wecken, dann ist das unserer Meinung nach ein entscheidendes Kriterium, das den Gartenstadtbezug legitimiert.

Die Schlossanlage Türnich als „Zukunftsensemble"

Als wesentlichen Ansatz für eine Aktualisierung der Gartenstadtidee sehen wir die Anwendung dieses Konzepts zur Konversion von Bestandssituationen. Im Folgenden soll dies an zwei Projektbeispielen illustriert werden. Das erste ist ein Wettbewerbsbeitrag für das „Zukunftsensemble Schloss Türnich" in Kerpen im Rheinland. Dabei handelt es sich um eine kulturgeschichtlich sehr wertvolle Schlossanlage, die durch die mit dem Braunkohletagebau in der

Umgebung verbundenen Grundwasserabsenkungen seit einigen Jahrzehnten stark baulich bedroht und nur teilweise nutzbar ist. Wenn eine Entwicklungsperspektive für so ein Objekt gefunden werden soll, dann ist das immer auch eine ökonomische Frage.

Es geht also darum, so eine Schlossanlage als einen nachhaltigen Wirtschaftsbetrieb zu sehen, was ja über Jahrhunderte auch ganz entscheidend für ihre Entwicklung war und sich dabei mit folgenden Fragestellungen auseinanderzusetzen: Welche adäquaten Nutzungen können gefunden werden, die andere interessante Nutzungsperspektiven nicht ausschließen? Wie nachhaltig sind diese Nutzungen; schaffen sie vielleicht sogar Synergien für weitere Nutzungsmöglichkeiten? Und nicht zuletzt hatte so eine Schlossanlage traditionell eine besondere Bedeutung für die Entwicklung der angrenzenden Gemeinde. Es stellt sich also auch die Frage nach dem künftigen Verhältnis zur Stadt Kerpen. Welche Effekte könnte es da geben?

Demnach waren im Wettbewerb planerisch Konzepte für einen Funktionswandel zu formulieren. Dieser Ansatz ist unserer Meinung nach auch als Strategie für schrumpfende Regionen besonders relevant und übertragbar, da er darauf zielt, die spezifischen Potentiale eines Ortes zu entwickeln. Im Konzept für die Schlossanlage Türnich sollte das durch die Schaffung eines neuen Verhältnisses zwischen Ästhetik, Landwirtschaft und Ökologie erfolgen. Dieser Zusammenhang ist zumindest für Ästhetik und Landwirtschaft schon seit etwa 200 Jahren im Diskurs um die Schaffung von Ornamented Farms und die Idee einer allgemeinen Landesverschönerung ein wichtiges Thema für die Gartenkunst und eine entscheidende Traditionslinie der Gartenstadtidee (vgl. Pruns 1994 und Schmidt 2010). Für die Landschaftsarchitektur bietet sich ein sehr inspirierender Impuls, wenn daran verstärkt angeknüpft und Freiräume, auch landwirtschaftliche Flächen, als Experimentierfelder gesehen werden.

Der Ansatzpunkt, der dafür im Wettbewerb für die Schlossanlage Türnich entwickelt werden sollte, war das Konzept der Permakultur, also die Entwicklung nachhaltiger Bezüge zwischen ökologischen, ökonomischen und sozialen Aspekten.

Das dazu von *relais Landschaftsarchitekten* in Zusammenarbeit mit *STADT · LAND · FLUSS - Büro für Städtebau und Stadtplanung* und *D/Form Architekten* entwickelte Konzept soll im Folgenden kurz an zwei Gesichtspunkten dargestellt werden.

So wurde erstens das planerische Ziel formuliert, die heterogene und strukturreiche Kulturlandschaft um das Schloss durch neue Funktionen als Permakulturlandschaft behutsam weiterzuentwickeln. Daraus folgt, dass deren überkommene Strukturen weder negiert noch musealisiert werden. Vielmehr geht es um die Etablierung kleinräumiger Nutzungen entsprechend vorgefundener Entwicklungspotentiale. So werden einige Flächen als Weideflächen wechselnd umzäunt. Neugeschaffene Obstpflanzungen sollen zur Ernte verpachtet werden, so dass ein geringerer Pflegeaufwand entsteht und trotzdem ein Beitrag zur Selbstfinanzierung des Areals geleistet wird. Entlang des historischen Mühlengrabens sollte eine Wasserlandschaft aus mehreren Teichen geschaffen werden, die zur Fisch- und Krebszucht dient und in den angrenzenden Feuchtwiesen die Möglichkeit zur Haltung von Geflügel sowie Schweinen und Rindern bietet.

Ein zweiter wichtiger Konzeptansatz war, dass die Wandlungsprozesse in Türnich auch für eine möglichst große Öffentlichkeit erlebbar werden. Daher wurden die einzelnen Teile des Ensembles durch einen *Belt walk* („Rundweg") verbunden (Abb. 5). Dieser übergeordnete Weg dient der Bewirtschaftung, schafft aber zugleich eine touristische Erschließung der Kulturlandschaft. Er führt den Besuchern gleichermaßen die Ästhetik der Park- und Landschaftsszenen, die angewandten Wirtschaftsweisen und die Ökologie des Areals vor Augen. Die Besucher sollen an diesem Konzept aber nicht nur passiv teilhaben, sondern können durch Ernteland für Gemüse und Obst und mietbare Saisongärten auch selbst aktiv werden. Gerade solche Aneignungsformen für die Öffentlichkeit sind in diesem Gestaltungsansatz als zeitgemäße Adaptionen der Gartenstadtidee aufzufassen, deren entscheidender Vorteil darin besteht, dass sie auch eine temporäre Teilhabe ermöglichen.

Eine Möglichkeit zur dauerhaften Teilhabe an dieser besonderen Permakulturlandschaft bietet die Parksiedlung, die als Erweiterung des Schlossparks konzipiert war (Abb. 6). Diese Parksiedlung bringt verschiedene Wohnformen vom Mehrfamilienhaus über Reihenhäuser bis hin zu Sonderwohnformen wie altersgerechtem und gemeinschaftlichem Wohnen zusammen. In die Häusergruppen sind Gewächshäuser integriert. Umgeben ist die Siedlung mit Hügelbeeten, so dass saisonaler Anbau und die Selbstversorgung direkt vor Ort möglich werden.

Demnach tragen in diesem Konzept Aspekte der Gartenstadtidee ganz wesentlich dazu bei, die historische Struktur einer Kulturlandschaft aus Park und landwirtschaftlichen Flächen mit neuen Funktionen fortzuschreiben.

Die Stadt Burg als Stadtlandschaft

Der im Wettbewerbsbeitrag für das „Zukunftsensemble Schloss Türnich" angewandte Planungsansatz bietet auch als Strategie für die Entwicklung urbaner Strukturen und v. a. im Kontext schrumpfender Städte großes Potential. Zeigen möchten wir das an der Planung von *relais Landschaftsarchitekten* für die Stadt Burg bei Magdeburg, die für die dortige Landesgartenschau 2018 realisiert wurde. Die städtischen Grünanlagen Burgs wurden zuvor durch zwei größere städtische Parks geprägt: den *Goethepark* im Westen und den *Flickschupark* im Osten der Altstadt. Diese beiden etwa 100 Jahre alten Parks bilden demnach so etwas wie eine grüne Klammer. Durch die Landesgartenschau wurden sie durch einen dazwischen verlaufenden Grünzug ergänzt, der sich entlang des Flusses Ihle durch die Altstadt zieht (Abb. 7). Dieser umfasst die Freiräume des *Weinbergareals* und der *Ihlegärten*. Da alle vier Teilbereiche im Rahmen der Landesgartenschau entweder revitalisiert oder neu geschaffen wurden, bot sich damit für uns die Möglichkeit, die wesentlichen Ankerpunkte des städtischen Grünsystems in ihrem Zusammenhang zu planen.

Entsprechend hat das Gestaltungskonzept auch eine städtebauliche Dimension, da es uns darum geht, nachhaltige positive Impulse für die von Schrumpfungserscheinungen betroffene Stadt zu formulieren. Ein entscheidendes Problem ist dabei der wachsende Bedeutungsverlust des historischen Stadtkerns. So sind die dortigen Einkaufsangebote der übermächtigen Konkurrenz auf der „grünen Wiese", im nahegelegenen Magdeburg und – wie überall – durch die digitalen Märkte ausgesetzt. Und auch für das Wohnen werden zunehmend Stadtrandlagen attraktiv. Gerade in Burg gab es historisch viele Industriestandorte im Stadtkern, insbesondere alte Fabrikanlagen aus dem 19. und frühen 20. Jahrhundert, die sich entlang des Flusses Ihle befanden, weil sie die Wasserkraft nutzten oder Wasser als Rohstoff brauchten. Eine Reihe davon wurde in den vergangenen Jahren abgebrochen. Damit hat die Innenstadt, wie die vieler vergleichbarer Städte, viele historisch prägende Funktionen, aber auch Bauten verloren. Der Bedeutungswandel der Innenstadt, um den es hier geht, ist damit so umfassend und ergebnisoffen, dass er nicht allein mit einem Freiraumkonzept, als eine Art „Ersatz" gelöst werden kann. Das landschaftsarchitektonische Konzept zielt daher darauf, den Blick einerseits auf reizvolle, verborgene und unerwartete Situationen in dieser historischen Stadt zu lenken. Andererseits ging es darum, dass von den revitalisierten oder neugeschaffenen Freiräumen ein umwertender Impuls für den Stadtraum ausgeht, der neue Lesarten der Stadt anregt und perspektivisch vielleicht neue Bedeutungen der Innenstadt vermitteln kann.

Grundlage dafür ist ein Funktionswandel bestehender Strukturen. Jeder Teilbereich wird aufbauend auf seinen vorgefundenen Potentialen zukunftsfähig gemacht. Das lässt sich besonders gut an der Gestaltung der *Ihlegärten* illustrieren. Wie der Name vermuten lässt, befindet sich dieses Areal direkt am Fluss Ihle. Es liegt in einem Bereich, wo durch die Schließung und den Abbruch von Fabrikgebäuden aber auch von Wohnhäusern im Zentrum der Stadt plötzlich Weite entstand. Als Reaktion auf diese Schrumpfungserscheinungen im Stadtkern greift die Gestaltung des Areals die Parzellengrenzen der früheren Bebauung dieses städtischen Gebiets auf und schafft eine Folge von Parzellengärten. Mit der Kammerstruktur dieser Gärten wird die räumliche Dichte und Heterogenität des abgerissenen Stadtquartiers aufrechterhalten und als eine diesen Ort prägende Qualität kenntlich gemacht. Verdeutlicht werden soll damit, dass das Gefüge der Parzellen, auch in seiner Transformation in eine durchlässige Raumstruktur, einen Wert besitzt. Die Ihlegärten sind mit Hecken eingefasst, so dass einzelne Gartenräume entstehen, die unterschiedliche, wechselnde Nutzungen aufnehmen können.

Ziel war es, mit dieser Gestaltung weder den stadtstrukturellen Befund „auszuräumen", noch diese innerstädtische Lage zu renaturieren. Das Gefüge der *Ihlegärten* bezieht sich daher auf gärtnerisch-urbane Formen. Das wird durch die Bepflanzung vermittelt aber auch durch die vielfältigen, differenzieren Aufenthaltsmöglichkeiten (Abb. 8). Das Innere der Parzellen wird durch leichte Höhenstaffelungen und Rabatten gegliedert, deren Bepflanzung traditionelle Motive bürgerlicher Gartenkultur aufgreift. Formal geht es hier also um die Frage: Was kann eine städtische Struktur noch leisten, speziell wenn man sie in eine fast schon gärtnerische Form überführt?

In Bezug zum Umfeld können dabei durchaus auch „gartenstädtische" Bezüge und Qualitäten ins Spiel kommen. Die Gartenparzellen haben eine kleine, private Dimension, die zu besonderen temporären Aneignungen einladen. Sie bilden einen Experimentierraum – auch für neue Formen der städtischen Aneignung von Freiraum.

Im angrenzenden *Weinberg* wird diese gärtnerisch-pflanzlich Offerte noch stärker formuliert. Dieses Areal ist Teil eines topographisch auffälligen Ausläufers des Fläming, der in das weitgehend flache Relief um Burg hineinragt. Der Höhenzug stößt hier auf den Flusslauf der Ihle und bildet damit eine spannungsreiche landschaftliche Situation. Es handelt sich dabei um eine historische Weinbergslage, die traditionell auch als Gartenstandort genutzt wurde und daher alte Obstbäume aufweist.

Auf dem Höhenzug des *Weinbergs* wurden die vorgefundenen Relikte des Obst- und Weinanbaus zu einem zukunftsfähigen Konzept entwickelt. Die gärtnerische Tradition wird dazu in das heute für diesen Ort aktuellere Thema des „Urban Gardening" transformiert (Abb. 9). So sind in den hier neugeschaffenen Pflanzungen – das Mikroklima des Südhangs ausnutzend – u. a. Mandel-, Walnuss-, Quitten- und Aprikosenbäume und auch in den Staudenpflanzungen verschiedenste essbare Pflanzen und Pflanzenteile zu finden. Auch in diesem Ansatz der „essbaren Stadt" ist eine vielversprechende Perspektive für das Gartenstadtthema zu sehen.

Durch solche Konzepte wird ein anderes Verhältnis zum öffentlichen Raum vorgeschlagen, das zu einer Inwertsetzung führt. Wenn irgendwo etwas angebaut wird und gegessen werden soll, dann braucht es Aufmerksamkeit und Schutz. Damit bieten solche Gestaltungsansätze nicht nur eine auffällige Ästhetik und einen potentiellen Obst- oder Gemüseertrag, sondern auch die soziale Chance, dass Menschen sich gemeinsam für so etwas interessieren und engagieren. Dieser neuformulierte Stellenwert des städtischen Grüns zeigt sich auch am Konzept für die Revitalisierung der historischen Parkanlagen *Goethepark* und *Flickschupark*. Diese haben nicht nur entscheidend an räumlicher Prägnanz gewonnen, sondern wurden auch mit Nutzungsangeboten ausgestattet, so dass sie nun in vielfältigerer Weise zur städtischen Identitätsbildung beitragen.

Durch die umfangreiche Sanierung seiner öffentlichen Freiräume hat die Stadt Burg Standortqualitäten hinzugewonnen. Die Landesgartenschau wurde 2018 unter dem Motto „Von Gärten umarmt" propagiert. Dieser Titel zielt auf ein neues Selbstverständnis und eine neuformulierte Identität. Die Lebensrealität, auf die damit angespielt wird, lässt sich als Verbindung der Vorzüge von Stadt- und Landleben verstehen. Dadurch ist in Burg sicher noch keine Gartenstadt im klassischen Sinne entstanden, doch werden Freiräume und Freiraumfunktionen damit als potente Mittel der Stadtplanung angesehen.

Wenn die Tagung *City.Country.Life* also das Thema schrumpfender oder stagnierender Regionen in den Fokus nimmt, dann lohnt es, über solche Wege und Gestaltungsansätze, wie die drei hier dargestellten, und v. a. über das Schaffen von neuen Partizipationsformen durch Freiräume nachzudenken. Dafür bietet das „working model" der Gartenstadt weiterhin inspirierende Anregungen.

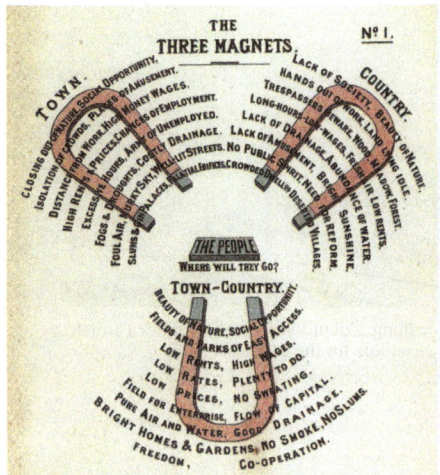

Abb./ Fig. 1: Die Gartenstadt („town-country") als Gegenpol zu Stadt und Land. // The Garden City as antipole to the city and the country.

Abb./ Fig. 2: Die eigenständige Gestaltsprache der Grünzüge in den Fischbeker Reethen vermittelt räumlichen Zusammenhalt und Wiedererkennbarkeit. // The independent design language of the green spaces in the Fischbeker Reethen quarter conveys spatial cohesion and recognisability.

Abb./ Fig. 3: Die Ausgestaltung der Retentionsflächen prägt die Struktur der Freiräume, Fischbeker Reethen. // The design of the retention surfaces determines the structure of the open area.

Abb./ Fig. 4: Niederschlagsereignisse verändern das Erscheinungsbild des Grünzugs, Fischbeker Reethen. // Precipitation conditions change the appearance of the green corridor.

Abb./ Fig. 5: Zukunftsensemble Schloss
Türnich, Wettbewerbsbeitrag, Lageplan. //
Future ensemble for the Türnich Castle,
competition design entry, site plan of the
grounds, the Türnich Castle.

Abb./ Fig. 6: Parksiedlung, Zukunftsensemble Schloss Türnich. //
Park Estate, Future ensemble for the Türnich Castle.

Abb./ Fig. 7: LGS Burg 2018, Wettbewerbsbeitrag, Lageplan. // LGS in Burg 2018, competition design entry, site
plan.

Abb./ Fig. 8: Die Parzellenstruktur der Ihlegärten bietet vielfältige
Aneignungsmöglichkeiten, LGS Burg. // The parcel structure of the
Ihlegärten offers a variety of possible way to use the area, LGS Burg.

Abb./ Fig. 9: „Urban Gardening" auf dem
Weinberg, LGS Burg. // "Urban Gardening" at the vineyard, LGS Burg.

Are You a Visionary? - the Relevance of the Garden City Concept in Today's Planning Practice

Gero Heck & Thomas Thränert

Newspaper articles and surveys regularly deal with the contrast between urban and rural life, which almost inevitably leads to questions such as: "Where would you prefer to live in the country or in the city?" or "Where do you think you would be happier living in the city or in the country?"

With regards to the answers to these questions, the option the "country" fares remarkably well. For example, a survey conducted in 2014 by the *Institut für Demoskopie Allensbach*, (Allensbach Institute for Public Opinion Research) the following question was asked: "In your opinion where do you think people will generally get more out of life in the country or in the city?" Their results showed that 40% of those surveyed choose the country, whereas only 21% choose the city. Thereby, indicating that the attitudes towards the country have fundamentally changed in recent decades. In 1956 a clear majority of 54% were of the opinion that life in the city was better. According to the responses given in a 2014 survey, the "country", which today is gaining more and more in popularity, was associated with above all: cleaner air, affordable housing, helpful neighbors, satisfaction in general, social control, cleanliness and quiet. (Peterson 2014, 8). It is obvious that this is not only about actual rural life, but is more about how, at least some of those surveyed see it, as a desirable place or a desirable projection of how they perceive it. It seems that what is hoped for above all is: health, social cohesion and space for self-realization. Such desires are never completely free of contradictions. In 1927 Kurt Tucholsky had already formulated these contradictions in his poem "Das Ideal (The Ideal)" (Tucholsky 1974, 579):

„Ja, das möchste:
Eine Villa im Grünen mit großer Terrasse,
vorn die Ostsee, hinten die Friedrichstraße
mit schöner Aussicht, ländlich-mondän,
vom Badezimmer ist die Zugspitze zu sehn –
aber abends zum Kino hast dus nicht weit."

Translation:
"Yes, that's what you want:
A mansion in the countryside with a large terrace,
in front the Baltic Sea, in the back Friedrichstraße
with a beautiful view, rural-mundane,
from the bathroom the Zugspitze can be seen –
but in the evenings the cinema is close by."

A closer look, however, reveals the suspicion that not only Tucholsky addressees, but also many of those who were surveyed. Those who long for the country are really longing for a combination of the advantages of city and the country. Not only this approach, but also the qualities that are essential correspond to the ideal represented in Ebenezer Howard's Three Magnet Diagram as "Town-country" (cf. Fig. 1) (Posener 1968, 57). Therefore, the question, "Are you a visionary?" or more generally "Do you have anything to do with visionary concepts?" is very relevant and inevitably planners should answer in the affirmative to these questions. On the one hand, the projections that determine the relationship between the city and the country offer attractive design motifs, whereas, on the other hand, these visions identify the desires of the users, who in turn define the external framework required for the reality of the actual planning.

"Gartenstadt" vs. Garden City

However, these desires and this planning approach do not necessarily lead to the emergence of garden cities that actually formulate a new urban quality. Instead the original polarity of the city and the country is often abandoned in favor of undefined typologically diffuse situations. So this results in inter-urban locations without or only with qualities that are difficult to comprehend. These qualities, which seem to reflect uncontrolled urban sprawl and because these areas are not seen as attractive places to live they become "dormitory cities" (cf. Sieverts 1998, 14-20). Thus, in such places, fundamental conflicts among the inhabitants are already preprogrammed, because there are two types of inhabitants. The first type is defined as those looking for a place to call home and put down roots. These are whom the British journalist, David Goodhart, refers to as the "Somewheres" and he refers to the other type of inhabitants as the "Anywheres", those who perhaps regard themselves as travellers only passing through. The "Anywheres" make no social demands beyond staying in such a place for a limited time period (Friedrichs & Hurst 2019, 12).

In this context, the term Garden City threatens to become a marketing strategy without any specific qualities. Therefore, in recent decades it has become increasingly important to plan and strike the right balance or create hybrids made up of qualities from both the cities and the countryside, which in this field of unresolved tension force the creation of independent design solutions. This task field can be related to similar themes found in the concept of the classical Garden City, which particularly explains in recent years why there has been an increasingly theoretical discourse on the following questions: How can the idea of the Garden City be updated for our current times? How can we develop contemporary concepts from this tradition? In recent years, this topic has also played an increasing role in how to address the different types of questions that arise in the work of *relais Landschaftsarchitekten*. Therefore, in our opinion with this paper, we would like to demonstrate, by using three of our projects as examples, an up to date solution for interpreting the "Town-Country" concept. The first example deals with the new planning of a housing development within the framework of an updated garden city concept. The other two examples intend to show that this approach has great potential for constructions in existing contexts.

The Fischbeker Reethen Quarter (Quartier Fischbeker Reethen) as a "Gartenstadt des 21. Jahrhunderts" (Garden City of the 21st Century)

Within the next few years, the ever expanding and increasingly densely populated area of *Fischbeker Reethen*, on the southwestern outskirts of Hamburg, will emerge as new urban quarter. Against this backdrop, the project, which was developed by IBA Hamburg GmbH, has as its goal the concept of a "Garden City of the 21st Century". What this means is that "in this quarter the garden city idea will be interpreted in a new and contemporary way [… and the] the development of the quarter will incorporate landscape conservation and local recreational facilities" (IBA Hamburg GmbH 2018, 3) .

Thus, in this project there are many aspects that actually have the same essential significance that Ebenezer Howard emphasized in his garden city concept. These aspects include a direct reference to the characteristics of the landscape, the creation of various types of open spaces, but also taking into account the special importance of dealing with drainage of the land and the microclimate. Notably, the location of the *Fischbeker Reethen* development area is very advantageous for this purpose. It is located in an area where marshlands merge with geest lands. In the north it borders on the foothills of the Alte Land and the Moor Band Nature Reserve and in the south, it borders on the hills of the geest lands and the Fischbeker Heath Nature Reserve. As a result of an open space planning competition in 2018 and its ensuing negotiations; *relais Landschaftsarchitekten* are planning the open space areas in the quarter. What this open space approach in the area accomplishes is that it joins the landscape together at the point where two juxtaposing landscape systems intercept; namely at the linear grid of the marshlands and the flowing forms of the geest lands. In this way the open spaces of the area are incorporated into the landscape and through the different structures it allows a clear functional differentiation to be conveyed. The open space structures running in a north-south direction establish a direct connection to the anthropogenic marshland landscape and in doing so create the main development road in the quarter. Moreover, a blue-green band that forms the generous open space forms the landscape's counterpart; the topographical forms that are oriented towards the geest pathway emphasize its complementary character. Along this pathway a sequence of different types of parks will be developed, which will offer users a variety of possibilities for recreation and appropriation. From a planning point of view, it is important that open spaces have such a distinctive independent design language that will actually shape the recognizability and identity of the quarter (Fig. 2).

However, at the same time the structure of the public open spaces in the quarter have to be strong enough to preserve the cohesive aspects, so there is a continuum linking the urban building blocks and the private properties. This urban development concept was developed by *KCAP Architects & Planner*, Rotterdam and *Kunst+Herbert*, *Büro für Forschung und Hausbau* (Office for Research and House Construction), Hamburg.

In addition, the concept of "Sponge City" is being pursued in the development of the housing estate. Rainwater should, therefore, be kept as long as possible in the quarter and will be drained away on site; rendering the design of the open spaces is a system of retention surfaces. The concept reacts to the increasing frequency of heat waves and times of heavy rainfall and attempts to balance their effects. This is achieved by modeling ground depressions and ditches, where rainwater is absorbed and slowly seeps away (cf. figs. 3 and 4). At the same time, the design of the retention areas enriches the physical form of the open spaces and demonstrates a sustainable handling of precipitation. In our opinion, a central theme for the garden city of the 21st century should have an emphasis on such ecological aspects and the quest for finding quality of life synergies.

This aspect has also given special significance in the *Fischbeker Reethen* Quarter with a pond placed in a central location that will be integrated into the design (Fig. 6). This pond, together with an adjoining square, will form the center of the quarter. The shape of the pond and the vegetation at the water's edge in this open space concept emphasize the effect of the design; depicting it as a natural motif while placing it in contract to the urban setting. The square and the pond are connected by the topographic movement at the water's edge, which creates various possibilities for using the area, such as, low seating and supporting walls, small steps, as well as, a barrier-free surface built on a slight incline leading to a level closer to the water. Moreover, an additional central design approach is the concept of the quarter as an "Active City". When a variety of different uses are created in the area; it can have a decisive positive influence, not only with the inhabitants personally identifying with their environment, but also on the social interaction among the inhabitants. Especially the *blue-green band* (Blau-Grüne-Band) has a diverse and robust range of uses. This ranges from urban type uses, such as market events, shopping opportunities, outdoor restaurants to more park-like uses, e.g. active play areas and sports facilities, quieter recreational uses or simply enjoying the natural surroundings. The offers are geared towards all generations. Exercise and fitness facilities are designed right "on the doorstep". This "barrier-free accessibility" can be regarded as an essential update on the garden city concept. To the east and to the west of the center of the quarter there are parking areas, which have been designed with plenty of vegetation and picturesque groups of trees. In the middle there are playgrounds that invite visitors to stay and play or engage in sports.

The *blue-green band* is linked to the area's narrow paths (Twieten) and to private open spaces by stone footbridges, which create a formal connection to the even structure of the marsh landscape. The aim is to formulate the open spaces for various appropriation processes in a robust and adaptable manner, which is something that will be required for future inhabitants. The transition between the public park areas in the blue-green band areas and the adjoining private areas will be achieved by planting shrubs, grasses and perennials in the northern sunny park edges and with marsh plant species in the southern park edges; these will be mostly planted on the shady side of buildings. These attractive plants and the vegetation at the park edges will reflect the changing seasons and support the character of the landscape and the envisioned expanse of the park spaces. In addition, they also formulate a semi-permeable transition to the private areas.

If one views a quarter, such as the *Fischbeker Reethen*, from the point of view of a "Garden City of the 21st century", then it becomes evident that it is always a matter of creating a special place, which is of great significance for classic garden cities. If conciseness and creating a feeling of identity succeed in arousing a lasting interest in such a place; than in our opinion this is a decisive criterion that legitimizes the concept of the garden city.

The Türnich Palace Complex as an "Ensemble of the Future"

We see the application of this concept of converting the existing stock situations as an essential approach for updating the garden city idea. What follows in this paper will be two project examples, which will illustrate this approach. The first is a competition entry for Ensemble of the Future Türnich Palace (*Zukunftsensemble Schloss Türnich*) in Kerpen located in the Rhineland. Culturally and historically this is a very valuable palace complex, however it is only in partial use because it has been under severe structural collapse for several decades. This has been caused by ground water level sinkage in the surrounding area, which is linked to the opencast lignite mining operations in the area. Unfortunately, when developmental prospects for an object have been found, there are always economic questions to take into consideration. Therefore, it is a matter of regarding such a palace complex as a sustainable business enterprise; which has for centuries been decisive for its own development and for the following questions: What other adequate uses can be found for it that do not exclude other interesting perspectives on how to use it? How sustainable are these uses? Do they perhaps even create synergies for further possible uses? Last but not least, such a palace complex has traditionally had a special significance for the development of the neighboring community. So there is also the question of its future relationship with the town of Kerpen. What effects would there be on it? Therefore, for the completion we formulated concepts for a functional change. In our opinion, this approach is also a particularly relevant and transferable strategy for regions in decline with a shrinking population, since it aims to develop the specific potential a place has. To achieve this concept for the Türnich Palace complex, new relationships have to be created that link aesthetics, agriculture and ecology. This linking, at least with regards to aesthetics and farming, has been a topic of discussion for circa 200 years; mainly concerning the creation of ornamental farms. Moreover, the general beautification of the countryside as an important topic for garden art has been a decisive traditional focus in the garden city idea (cf. Pruns 1994 and Schmidt 2010). Landscape architecture offers a very inspiring impulse when it is reinforced with open spaces, which includes agricultural land and especially when farming areas are seen as experimental fields.

The starting point that was developed for the Türnich Palace complex was the concept of permaculture, i.e. the development of sustainable relationships linking the economic, ecological and social aspects. This concept developed by *relais Landschaftsarchitekten* in cooperation with *STADT · LAND · FLUSS – Büro für Städtebau und Stadtplanung* (Office for City Construction and Planning) and *D/Form Architekten* will be presented briefly below from two different points of view. First, the planning objective was formulated to carefully develop the heterogeneous and structurally rich cultural landscape around the palace, which was then given a new function as a permaculture landscape. It can be concluded from this that the traditional structures were neither negated nor museumized. Rather it is a matter of establishing small-scale uses that correspond to the existing development potential. For instance, some areas are alternately fenced in as pasture areas. In addition, newly created fruit plantations could be leased for harvesting, so that less maintenance is required and this leads in turn to contributing to the self-financing of the area. Along the historical mill trench a water landscape of several ponds will be constructed. This would be used to fish and for breeding crayfish, as well as, offering the possibility to raise poultry, pigs and cattle in the adjacent wet meadows.

A second important conceptual approach was that the transformation process in Türnich was made public to as many people as possible. This was done by connecting the individual parts of the ensemble with a *belt walk* (Fig. 5). This unifying path serves a managerial purpose and at the same time creates a touristic development of the cultural landscape. It provides the visitors with a view of the aesthetics of the park and the landscape scenery, as well as, a chance to view the new applied farming practices and the ecology of the area. The visitors should not only passively take part in this concept, but they can also become active themselves by harvesting fruit and vegetables or renting a seasonal garden plot. It is precisely these forms of public appropriation that are to be understood in this design approach as contemporary adaptations. They entail a decisive advantage, namely, that they allow for temporary participation. One possibility for permanent participation in this special permaculture landscape is the park estate area, which was conceived as an extension of the palace park (Fig. 6). This park estate area brings together various types of housing ranging from apartment buildings and terraced houses to special types of housing, such as age-appropriate and communal living. Greenhouses are integrated into the groups of houses. Raised garden beds surround the estate, so that it is possible for seasonal cultivation and self-sufficiency on site.

Therefore, within this concept, aspects of the garden city idea contribute significantly to the continuation of the historical structure of a cultural landscape consisting of a park and agricultural areas by providing them with new functions.

The City of Burg as an Urban Landscape

The planning approach, which was used in the competition "Ensemble of the Future Türnich Palace" also has great potential as a strategy for the development of urban structures and especially in the context of cities in decline with a shrinking population. We would like to demonstrate this with what *relais Landschaftsarchitekten* planned for the city of Burg near Magdeburg and these plans were actually realized for the National Garden Show in Burg in 2018. Two large urban parks previously characterized the urban green areas in Burg: the *Goethepark* in the west and the *Flickschupark* to the east of the old town center. These two parks, which are about 100 years old, form something like green brackets around the town. Through the design development for the National Garden Show, the parks were complemented by a green corridor running between them, which runs through the old town along the River Ihle (Fig. 7). This includes the open spaces of the *vineyard* area and the *Ihle gardens*. Since all four sections were either revitalized or newly created within the framework of the National Garden Show, it provided us with the opportunity to contextually plan the essential anchor points of an urban green system.

Accordingly, the design concept also had an urban planning dimension, since it was important for us to formulate a sustainable positive impulse for a town that has been in decline with a shrinking population. A decisive problem here is the increasing loss of the significance of the historic town center. For example, the town has been exposed to an overpowering supply of competitive shopping options on the green fields, in the nearby city of Magdeburg, online shopping and in other words all over. So this also affects housing; making suburban locations increasingly more attractive. Especially in Burg, where there were historically many industrial sites in the town center, especially old factories form the 19th and early 20th centuries. They were located along the River Ihle because it was used as a source of hydropower or the water was used as a raw material. In recent years, a number of them have been abandoned. As a consequence, the center of the town, as what has happened in many comparable towns, has lost many historically influential functions and buildings as well. What is at stake here is the substantial change that is occurring in inner cities and towns. Since it encompasses so much and its outcome is open ended; it cannot be solved by using the concept of open spaces alone as a kind of substitute.

Hence, on the one hand, the goal of this landscape architectural concept is to draw attention to attractive, hidden and unexpected situations in this historic town. On the other hand, however, the revitalized and newly created open spaces were intended to provide a reassessment impulse for the urban space. In other words, the goal was to stimulate new ways of viewing the downtown area of the town and perhaps from these new perspectives it will convey a new appreciation for the town.

Thus, the basis for fundamental change lies in its existing structures. Every section will be made sustainable for the future by building on its existing potential. This is particularly well illustrated with the design of the *Ihle gardens*. As the name suggests, this area is located directly on the River Ihle. It is located in an area in the center of town where the closing and demolition of factory buildings and residential buildings took place, which suddenly left vast open spaces. As a reaction to this shrinking city phenomenon in the town center the design of the area used the layout of the foundations of the buildings that used to exist and created a sequence of garden parcels. The chamber structure of the gardens has maintained the spatial density and the heterogeneity of the demolished urban area and is seen as a quality defining this area. Perhaps this means that the structure of the land parcels, even after their transformation into a permeable spatial structure, have a value. Hedges board the *Ihle gardens* in order to create individual garden plots, which in turn can accommodate different changes in how the gardens are used.

The goal of the design was not to "clear out" the existing urban structures nor was it to renaturate this urban location. Therefore, the structure of the *Ihle gardens* is a reference to the horticultural urban-forms. This is conveyed through the vegetation and also through the diverse differentiated ways to use the recreational space (Fig. 8). Form a formal point of view, the question to ask here is, what can an urban structure still provide? Especially when it has been almost transformed into a horticultural form. With regard to the surroundings the "garden city" references and qualities can also come into play. The garden parcels have a small private dimension that has is very appealing in terms of temporary appropriation. They form an experimental space and create new forms of urban appropriation of open spaces.

The adjoining vineyard, the horticultural offer is even more strongly formulated. This area is part of the topographically conspicuous foothills of the Fläming Mountains, where they protrude into the mostly flat relief around the castle. At this point the mountain range meets the River Ihle and forms an exciting scenic view. Moreover, this is a historic vineyard, and because it was traditionally used as garden location there are still old fruit trees on it.

On the slopes of the *vineyard* the remains of the fruit orchards and the viticulture were developed into a sustainable concept. The gardening tradition is being transformed into a more modern theme, namely "urban gardening" (Fig. 9). In this newly created plantation that takes advantage of the microclimate that exists on the southern slopes, there are almond, walnut, quince, and apricot trees, as well as, a variety of edible plants and greenery. Here with this approach to the "edible city" a promising perspective on the garden city theme can be seen. This concept suggests a different relationship to public spaces and leads to valorization of the area. When somewhere something is grown and will be eaten, it will need to be protected and cared for. Hence, this type of design does not only offer a striking aesthetic, and a potential fruit and vegetable harvest; it also offers a social opportunity for people to take an interest and get involved in something like this. This newly formulated importance of urban greenery is also reflected in the concept for the revitalization of the historic *Goethepark* and *Flickschupark*. The parks have not only gained spatial resonance, but have now been equipped with other ways to utilize them, so in more diverse ways they contribute to forming an urban identity.

Due to the extensive redevelopment of its open spaces, the town of Burg has gained a great deal in location quality. The National Garden Show in 2018 was publicized with the slogan „Von Gärten umarmt (Embraced by Gardens)". This slogan aims to generate a new self-image and a newly formed identity. The reality of life, which is alluded to, can be understood as a combination of the advantages of urban and rural life. Certainly the town of Burg cannot be considered to be a garden city in the classical sense, but more open spaces and more types of utilization for open spaces are regarded as potent resources for urban planning.

If the *conference City.Country.Life* would focus on the topic shrinking or stagnating regions than it would be worth thinking about the design approaches presented here and above all about creating new ways of public participation through open spaces. Nevertheless, the garden city's working model continues to provide galvanizing inspiration.

Literatur // Literature

Friedrichs, J. & Hurst, F. (2019). Die Alten und die Neuen, Süddeutsche Zeitung Magazin, Jg. 30, Nr. 9, S. 8-17.

IBA Hamburg GmbH (2018). Freiräume Fischbeker Reethen – Gartenstadt des 21. Jahrhunderts, Wettbewerbsauslobung, Hamburg: o. V.

Petersen, T. (2014). Die Sehnsucht der Städter nach dem „Land", In: Frankfurter Allgemeine Zeitung, Jg. 66, Nr. 162, S. 8.

Posener, J. (Hrsg.) (1968). Ebenezer Howard. Gartenstädte von morgen. Das Buch und seine Geschichte (= Bauwelt Fundamente 21), Berlin: Ullstein.

Pruns, H. (1994). Die Idee der ornamented-Farm. Entstehung und Entfaltung einer ästhetisch-praktischen Idee in England, In: Heckmann, H. (Hrsg.): Berlin–Potsdam. Kunstlandschaft, Landeskultur, Bewahrung der Umwelt (= Aus Deutschlands Mitte, Bd. 28). Weimar: Böhlau.

Schmidt, E. (2010). Dörflemode, „ornamental farm", Landesverschönerung. Einführung und Versuch einer Abgrenzung, In: Stiftung Fürst-Pückler-Park Bad Muskau (Hrsg.): Die „ornamental farm". Gartenkunst und Landwirtschaft (= Muskauer Schriften, Bd. 7). Zittau: Graphische Werkstätten.

Sieverts, T. (1998). Zwischenstadt (= Bauwelt Fundamente 118), 2. Aufl. Braunschweig: Vieweg & Sohn.

Tucholsky, K. (1974). Das Lächeln der Mona Lisa (= Ausgewählte Werke, Bd. 4), 2. Aufl. Berlin: Volk und Welt.

Abbildungen // Figures

Abb./ Fig. 1: Ebenezer Howard, To-morrow: A Peaceful Path to Real Reform, London 1898.

Abb./ Fig. 2: relais Landschaftsarchitekten 2019.

Abb./ Fig. 3: relais Landschaftsarchitekten 2019.

Abb./ Fig. 4: relais Landschaftsarchitekten 2019.

Abb./ Fig. 5: relais Landschaftsarchitekten 2017.

Abb./ Fig. 6: relais Landschaftsarchitekten 2017.

Abb./ Fig. 7: relais Landschaftsarchitekten 2013.

Abb./ Fig. 8: Hanns Joosten 2018.

Abb./ Fig. 9: Hanns Joosten 2018.

WORKING
FOR BIG
CITIES

BACKYARD

城镇
TOWN

乡村
RURAL

Schönheit im Stadtraum am Beispiel von Lujia Town

Dingzong Yu[1]

Trotz der rasant voranschreitenden Entwicklung in China leben viele Menschen noch immer in einem städtebaulich und freiraumplanerisch wenig organisierten Umfeld. Als Ursache dafür, ist primär die starke Binnenmigration und der Landverbrauch durch neue Industrieansiedlungen und die dadurch verursachte Raumnot auszumachen. Dieser Beitrag stellt Strategien zur Umgestaltung der Stadt Lujia in der Provinz Jiangsu vor. Mit Hilfe einer die Stadtplanung aufwertenden integrierten Gestaltung und Raumästhetik zielt das vorgestellte Projekt durch ein Re-Design bzw. durch Neugestaltung der Industrie- und Wohngebiete, der Grün- und Verkehrsflächen und Gebäudefassaden auf die Verbesserung des Lebensumfeldes der Bewohner von Lujia ab.

Einleitung

Auf der Suche nach einem besseren Lebensstandard und besseren Arbeitsmöglichkeiten findet im sich sehr schnell entwickelnden China eine lebhafte Binnenmigration statt. Neue Industrieanlagen und Fabriken siedeln sich gerne in kleineren Städten an, welche sich dann vom großen Dorf zum Industriestandort wandeln und folglich von der Arbeitsmigration profitieren. Die meisten Fabriken werden am Rande dieser Städte gebaut. Der notwendige Wohnraum für die neuen, oftmals nur temporär beschäftigten Arbeiter werden in der Regel in der Umgebung der Arbeitsstätten gebaut. Diese Umstände in Verbindung mit den begrenzten Kapazitäten der zuständigen Stadtmanager führte schließlich zu chaotischem Verkehr, unorganisierten Märkten und heruntergekommenen Gemeinschaftsgebäuden. Letztlich ist die Lebensqualität in jenen überformten Kleinstädten geringer als in den größeren Städten Chinas (Abb. 1).

Mit der sich entwickelnden Wirtschaft und den damit gestiegenen Bedürfnissen der Menschen hat die Frage nach der Qualität des Lebensumfeldes in den Gemeinden die Aufmerksamkeit des Staates auf sich gezogen. Dies hat zur landesweiten Einführung des Programms *charakteristische Stadt* geführt. Die Hauptschwerpunkte des Programms sind:

1. Wie kann die Industrie die Entwicklung der Region vorantreiben?
2. Wie können die Menschen von der industriellen Entwicklung profitieren?
3. Wie kann man die Qualität des Wohnumfeldes effektiv verbessern? Sollte dies zu einem Aufgabenschwerpunkt sogenannter *Kleinstadtmanager* werden?

---

1   Dingzong Yu, Zhejiang Gongshang University, Hangzhou/China, E-Mail: dingzongyu@foxmail.com

© Springer Fachmedien Wiesbaden GmbH, ein Teil von Springer Nature 2020
N. Uhrig (Hrsg.), *Zukunftsfähige Perspektiven in der Landschaftsarchitektur für Gartenstädte*, https://doi.org/10.1007/978-3-658-28941-6_6

Unter dem Leitsatz „Jeder Bürger sollte sein Lebensumfeld genießen" und mit dem Ziel sowohl den chinesischen Lebensstil als auch die typisch chinesische Siedlungsentwicklung in der Stadt und auf dem Land voranzubringen, beschäftigt sich unser Team seit mehreren Jahren mit der Erforschung von integrierter Gestaltung und der Ästhetik des Lebensumfeldes. Integrierte Gestaltung und Raumästhetik liegen derzeit in China im Trend und stellen ein wichtiges Mittel dar, um die Qualität städtischer und ländlicher Lebensumwelten in Zukunft zu verbessern. Die Kernidee der integrierten Gestaltung und Raumästhetik besteht darin, dass räumliche Elemente wie die Kubatur von Architektur, Fassadengestaltung, Werbeschilder, Stadtmobiliar, Kunst im öffentlichen Raum usw. nach höchsten Standards und Anforderungen an Planung und Implementierung in der Stadt integriert werden.

Zu Beginn der Planung für das *Projekt Luxi Road* fand eine intensive Recherche und Vorplanung statt. Grundsätzlich galt es, Probleme im Stadtraum zu lösen - verursacht durch unbegründete ästhetische Konzepte, widersprüchliche Ideen und eine wenig zufriedenstellende Atmosphäre im Straßenraum. Schließlich wurde die Straßenraumgestaltung als Modellprojekt für eine charakteristische chinesische „Kinder- und Spaßstadt" definiert. Dementsprechend sollte das „Kindgerechte" im Zentrum des Entwurfes stehen. Die Atmosphäre im Raum sollte in Richtung „fortschrittlich, elegant, kindlich und energetisch" entwickelt werden und damit auch das Image der umliegenden Industrien (Spielzeug- und Babyartikelhersteller) widerspiegeln (Abb. 2).

Herangehensweise der integrierten Gestaltung und Raumästhetik

Ergänzungen an Gebäudefassaden
Da sich die Luxi Road in der Altstadt befindet, wurden im Zuge der Umgestaltung zeitgenössische Elemente an den Gebäudefassaden angebracht, die Bezüge zu traditionellen chinesischen Architekturelementen aufweisen. So etwa zur traditionellen Form des Gesimses im chinesischen Stil, oder die vertikalen Gitter und Verkleidungen der Klimaanlagen. Lineare, in ihrer Richtung leicht gegeneinander verschobene, vorgeblendete Fassadenelemente verleihen der ursprünglich schmutzig erscheinenden Gebäudefassade ein gepflegtes Aussehen und schaffen einen neuen und einfachen chinesischen Stil. Durch die kontrastreiche Farbigkeit der Grundfarben erreicht das Gebäude auf beiden Seiten der Straße eine helle, freundliche, schlank-elegante Wirkung. Der farbenfrohe, modular zusammengesetzte Zaun und die punktuell eingefügten dekorierten Farbwände unterstreichen die Intention eines kindgerechten Entwurfes (Abb. 4 und Abb. 5).

Integration von Industrieelementen und Kunst-Wänden
Um das Bild der chinesischen „Kinder- und Spaßstadt" weiter zu stärken, kombinierte unser Team für die Kunst-Wände im Bereich des Stadtzentrums und dem Parkplatz kindliche Themen mit Industrieelementen und den im Corporate Design verwendeten Formen & Farben der ansässigen Marken „Good Baby" und „Thermos" (Abb. 6).

Organisation der Verkehrsflächen
Bei der Gestaltung der Verkehrsflächen wurden zunächst die Einzelparkplätze für Kraftfahrzeuge auf beiden Seiten entlang der Straße beseitigt und im Gegenzug zusammenhängende, öffentliche Parkflächen in der Nachbarschaft eingerichtet. Die Trennung der Gehwege von

den Fahrspuren für den nicht-motorisierten Verkehr und die Gestaltung eines Insel-Busbahn-hofs gewährleistet größere Sicherheit sowohl für die nicht motorisierten Fahrer als auch für die Fußgänger.

Kohärenz in Stadtmobiliar und Ladenfronten
Gemäß den Anforderungen einer integrierten Gestaltung wurde bestehendes Stadtmobiliar wie Straßenlaternen, Sitzbänke, Wartehäuschen, Mülltonnen und Leitsysteme systematisch konzipiert, um eine Kohärenz zwischen den einzelnen Elementen zu schaffen und um ein harmonisches Gesamtbild sicherzustellen. Die Ladengeschäfte wurden unter Berücksichtigung individueller Gebäudefassaden und je nach Geschäftsart in Form, Größe, Farbe und Schrift zusammengeführt und konnten mit Hilfe der Umgestaltungen ihren veralteten Stil hinter sich lassen.

Pocket-Parks und Freizeitanlagen
Auf einem ein Kilometer langen Teilstück der Straße wurden zwei Freizeitanlagen und drei Pocket-Parks eingerichtet. Jeder Freizeitbereich ist mit Ruhemöglichkeiten sowie mit Einrich-tungen für Erwachsene und Kinder ausgestattet. Den Bewohnern bietet sich nun ein attraktiver Ort für Outdoor-Aktivitäten.

Begrünung und Themenbepflanzung
Bei der Landschaftsgestaltung wird ein besonderes Augenmerk auf die Anordnung der Pflan-zenarten und -farben gelegt. Die großen Bäume sind hauptsächlich Eukalyptus und Ginkgo, die kleineren Baumpflanzungen sind hauptsächlich Pfirsichbäume (Abb. 3). Die Anordnung der Pflanzungen orientiert sich strikt an der Gesamtplanung und an der bestehenden Stadt-struktur. Im Masterplan wurden die wichtigsten Baumarten für jede Straße klar definiert und die geeigneten Baumarten nach Form und Farbänderungen im Lauf der Jahreszeiten unter-sucht und klassifiziert. Jede Richtung wird durch eine bestimmte Farbe charakterisiert. Mit Hilfe der Themenbepflanzungen soll die Einzigartigkeit, Ornamenthaftigkeit und Farbfülle verschiedener Pflanzen das ganze Jahr über gezeigt werden.

Fazit

Ausgehend von unseren ersten Recherchen, Raumanalysen und Untersuchungen, welcher Stil sich wohl am besten für die Stadt Lujia eignet, haben wir zwei Jahre lang kontinuierlich alle Bereiche des Luxi-Road-Projektes geplant und entworfen. In den südöstlichen Küsten-gebieten Chinas gab es in nur wenigen Jahrzehnten unzählige Städte, die sich ausgehend von landwirtschaftlichen Strukturen zu Leicht-Industriestädten gewandelt haben. Es bestehen viele Widersprüche zwischen den sozialen Gruppen und ihren unterschiedlichen Ansprüchen was den Lifestyle betrifft. In Wechselwirkung zu weiteren Aspekten wie Umwelt, Transport, Handel, Hygiene, Unterhaltung oder Produktion verbindet die integrierte Gestaltung und Raumästhetik die Einzelteile der Stadt, passt sie an und verschmilzt sie zu einem komfor-tableren und lebenswerten Lebensumfeld. All diese Erkundungen und Entwürfe sind nur ein Anfang. Die Verbesserung ästhetischer Qualitäten in chinesischen Städten und Dörfern ist ein kontinuierlicher Prozess, der schrittweise verbessert werden muss. Gleichzeitig werden neue Anforderungen an die Führungsebenen der Regierung und an den Bildungsstandard der Bevölkerung gestellt. Doch solange Entschlossenheit besteht, eine Blaupause für ein besseres Lebensumfeld zu entwickeln, kann die Ästhetik für die weitere Siedlungsentwicklung in Chinas Städten und Dörfern hohe Ziele erreichen.

Abb./ Fig. 1: Der Zustand der Luxi Straße. // The status of Luxi Road.

菜溪路区位及设计范围 Luxi Road Location and Design Scope

Abb./ Fig. 2: Standort und Planungs-
bereich. // Location and Scope.

Abb./ Fig. 3: Darstellung der südlichen Kreuzung. // Rendering of the southern intersection.

Abb./ Fig. 4: Fassade der Messehalle. // Facade of the exhibition hall.

Abb./ Fig. 5: Umzäunung der Ausstellung. // Fence of the exhibition.

Abb./ Fig. 6: Umzäunung eines Fabrikgebäudes. // Fence of a factory.

Beauty of Space - Share the Case of Lujia Town

Dingzong Yu

Under the extremely developing era in China, there are many citizens who even today live in an unorganized place, primarily because considerable amount of land is occupied for industries and the space crunch caused by domestic immigration. Here I will present some of my projects to demonstrate the strategy which has changed the town named 'Lujia' in Jiangsu province in the regional analysis as well as in several parts. As an example, the method of improving the urban planning is the mixture of industrial area and residential areas, greening of urban areas, transportation and using billboards and street side building façades for introduction.

Introduction

China, as a rapidly developing country, has a large number of population still living in unorganized built environment. Typically, these people for a better lifestyle and better work opportunities travel for long distances to small scale industrial setups and factories that are located in small towns. These industrial towns are large villages converted into industrial towns. The life quality of these new inhabitants is lower than that of the people who live in cities. Most of the factories are built on the outskirts of towns and villages. However, the living space or the dormitories for workers are usually built in the surroundings of these factories. This is primarily because of the temporary mentality of living. This coupled with limited care of city managers, eventually lead to disorderly traffic, messy markets, and dilapidated community buildings (Fig. 1). With the developing economy and improvised living needs of people, the issue of the quality of the living environment in the township has drawn attention of the state. This has led to the nationwide launch of *characteristic town*. Primary focal points of this plan are:

1. How to let the industry drive the development of the region?
2. How to let these people benefit from the development of the industry?
3. How to effectively improve the quality of their living environment is the focus of these *small town managers*?

Holding the motto "Every citizen should enjoy the living space", our team has been focusing on researching the integrated design of living space aesthetics for several years, and constantly consummating the methodological system of typical Chinese development not only in urban and rural built fabric but also in the living style. The integration of space aesthetics is the trend and important means for China to improve the quality of urban and rural living environment in the future. The core idea of the integration of space aesthetics is that the spatial elements (architectural modeling, facade image, shop advertisement, urban furniture, public art, etc.)

are positioned, integrated and designed according to the city's top-level planning concepts and positioning. Fundamentally, the problems of conflicting ideas, unreasonable aesthetic ideas, and unsatisfactory street atmosphere caused by the classification of various elements in space have been eliminated.

Taking *Luxi Road* as an example, at the beginning of the design, a lot of preliminary planning work was carried out (Fig. 2). Finally, it was set as "the characteristic demonstration road of Chinese children's fun town", and we must grasp the "children's interest" as the core and display the image of the surrounding industries (toy and baby article manufacturers). As a goal, the overall atmosphere of the space is set to "modern, elegant, childlike, and energetic".

Method of space aesthetics and integrated design

Suitable additions to building façades
Since the Luxi Road is located in the old city, some modern Chinese architectural elements have been added on the building façade while during the renovation, mainly reflected in the shape of the Chinese-style cornice, the vertical grills and the enclosure of the air-conditioning mainframe. A large number of straight lines arranged in different ways are used to purify and order the original messy building facades to create a modern and simple new Chinese style. At the same time, using the contrasting color matching method, in the basic color of the high-lightness, low-slender and elegant in the whole building on both sides of the street. The high-color component fence and color wall are partially embellished, which highlights the core connotation of childlike interest (Fig. 4 and Fig. 5).

Integration of industrial elements and art walls
To further strengthen the picture of the childlike town demonstration road, our group combined the childlike theme and industrial elements which come from the typical brand "Good Baby" and "Thermos" in the using of the shapes & colors in the factories, the childlike town center and the parking (Fig. 6).

Organizing Traffic
In the design of road space, the parking spaces of motor vehicles on both sides of the road were first cancelled, and a number of public parking lots were set up along the road blocks. The design of the island bus station and the separation of non-motor vehicles and sidewalks ensures the safety of non-motorized driving and also the safety of pedestrians.

Purification and sequencing of urban furniture and store fronts
According to the requirements of the integrated design, urban facilities, such as bus shelters, street lamps, seats, garbage bins, and guide systems have been systematically and individually designed to ensure the coordination between the image of each facility and the integrity. About the stores, the design has abandoned the dated style, according to the building façade and the types of business, we diversified and standardized the shape, size, color and font on the store card.

Pocket parks and leisure spaces
On a one-kilometer-long road, we entirely set up two leisure plazas and three pocket parks. Each leisure space is equipped with resting facilities and facilities for adults and children. The residents provide a good space for outdoor activities.

Greening and theme planting
In the landscape design special attention is paid to the arrangement of plant species and colors. The large trees are mainly Eucalyptus and Ginkgo, and the small trees are mainly peach trees. These designs strictly follow the results of overall planning of road landscape plants in the town (Fig. 3). The master plan has clearly defined the main tree species for each road, studied and classified tree species suitable for planting, as well as the shape of plants, and the changes of color of the four seasons. Dedicated theme of the plants, for one way and one color. The theme planting can bring the uniqueness and richness of the colors displayed by different plants throughout the year, greatly improving the ornamental and integrity of the plant colors.

Conclusion

Starting with the initial research and analysis, we constantly explored what is the best suited style for the town, and spent two years to plan and design every part of the system. In the southeastern coastal areas of China, in just a few decades, there have been countless towns that have switched from agriculture to light industry. There are many contradictions between social groups, lifestyle contradictions. There are links to all aspects of the environment of the town, transportation, commerce, hygiene, entertainment, and production. Space aesthetics integrated design connects each part and invisibly adjusts and blends, thus creating a more comfortable living space.

All these exploration and design is only the beginning. The aesthetic construction and quality improvement of Chinese towns and villages is a continuous process, which needs to be gradu-ally improved and improved. At the same time, it also puts forward new requirements for the government's management level and the people's education. But as long as the determination to maintain a blueprint in the end, the aesthetics of the human settlements in China's towns and villages will usher in a new height.

Abbildungen // Figures

Abb./Fig.1 - 6: Dingzong Yu

RESPEKT IST:

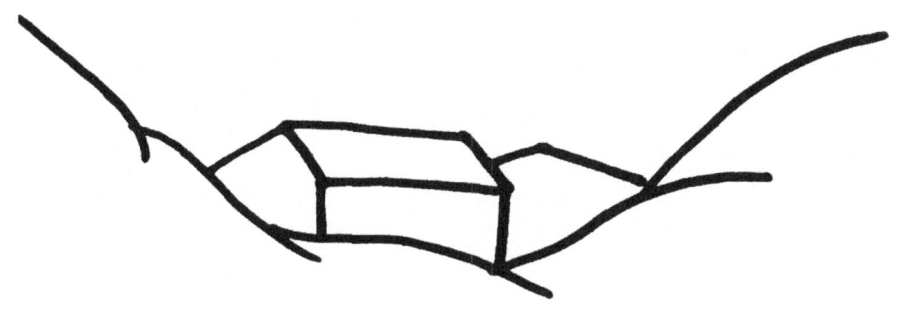

NICHT UNTERORDNEN
SONDERN

EINORDNEN!

Architektur und Landschaft unter der Mitternachtssonne. Die nachhaltige Strategie der Norwegischen Landschaftsrouten

Iván I. Rincón Borrego[1]

In den 1990er Jahren entwickelte die norwegische Regierung das National Scenic Routes-Konzept, das sich auf die Neugestaltung 18 lokaler Streckenabschnitte entlang norwegischer Straßenverkehrswege konzentrierte. Das Programm zielte auf die Rückbesinnung eines erlebnisreichen Autoreisens ab und schuf gleichzeitig Zugang zu interessanten, abgelegenen Orten, die dadurch eine nachhaltige Wertsteigerung erfuhren. Viele der Projekte wurden von jungen norwegischen Teams aus der Architektur- und Landschaftsarchitektur durchgeführt, die an der *Oslo School of Architecture and Design (AHO)* unter dem Einfluss von Knut Knutsen, Christian Norberg Schulz und Sverre Fehn ausgebildet wurden.

Einleitung

"The endless plain upon which I stood was bathed in half-light and mysterious shadow. I saw deformed, twisted and overturned trees, mute indications of nature´s inconceivably powerful forces, for the storm´s might and fury. (…) Before me in the distance rose a range of mountains, beautiful and majestic in the moonlight, like petrified giants. The scene was the most magnificent and filled with fantastic stillness that I have ever experienced. Over the white contours of a Nordic winter stretched the sky´s endless vault, filled with myriad glimmering stars. It was like a holy service in a great cathedral" *Winternight in Rondane* (1914) Harald Sohlberg (vgl. Norberg Schulz et al. 1996).

Die Natur in Norwegen ist beeindruckend und majestätisch. Von den abrupten Felsvorsprüngen, die die dunkle Küste von *Varanger* durchbrechen, bis hin zum natürlichen Amphitheater, das von den Fjorden des *Sognefjellet* gebildet wird, wechselt die Landschaft zwischen undurchdringlichen dichten Wäldern, die auf einen Blick nicht zu erfassen sind, Berggipfeln aus ewigem Schnee, Tundra und Eisfällen, die alle in diffusen Farbtönen des Nebels und dem Glanz der Mitternachtssonne gebadet sind. Eine erhabene und unbändige Schönheit.
Seit jeher ist die Natur in Norwegen die Lebensquelle für ihre Bewohner und die Inspiration für ihren Glauben. Die extrem zerklüftete Landschaft, zusammen mit den extremen klimatischen Bedingungen, hat sie dazu gezwungen, sich mit ihrer Umgebung auseinanderzusetzen, um ihr Überleben zu sichern. Gleichzeitig hat dies den skandinavischen Charakter mit einem Gefühl des Respekts, der fast schon einer Verehrung für die Mysterien in *Midgard* gleichkommt, geprägt. Es ist die Welt von Odin und seinen Brüdern *Vili* und *Ve* gemeint, die die Menschheit

---

1   Iván I. Rincón-Borrego, Universidad de Valladolid, Valladolid/Spain, E-Mail: ivanr@tap.uva.es

© Springer Fachmedien Wiesbaden GmbH, ein Teil von Springer Nature 2020
N. Uhrig (Hrsg.), *Zukunftsfähige Perspektiven in der Landschaftsarchitektur für Gartenstädte*, https://doi.org/10.1007/978-3-658-28941-6_7

zum Leben erweckten. Vielleicht ist dies eine Erklärung dafür, dass sich die Bewohner sogar an die unwirklichsten Orte des Landes wagen.

Malerei und Literatur

Die norwegische Literatur und Kunst ist reich an brillanten Beispielen für dieses Gefühl. Ausgehend von der Odyssee von *Peer Gynt* (1876), geschrieben von Henrik Ibsen (1828-1906), über einen unkontrollierbaren Reisenden, wenn es jemals einen gab, und weiter durch die Romane von Knut Hamsun (1859-1952) – zum Beispiel *Pan* (1894) und *Growth of the Soil* (1917) – hat die norwegische Literatur den Mythos des einsamen skandinavischen Reisenden, der sich in der Zivilisation verloren fühlt und sich ständig von dem unwiderstehlichen Ruf der heimischen Wälder angezogen fühlt, gefestigt.

Der Maler Harald Sohlberg (1869-1935) fertigt in *Winternight in Rondane* (1914) ein Bild dieses Rufes, ein Tor, das ihn zu den *Blue Mountains* führt. Unter dem kalten Nordlicht wird die Szene in Schattenschichten dargestellt, die die Wälder bedecken, während die schneebedeckten Bergketten im Hintergrund rätselhaft durch die Spiegelung des Mondes leuchten, was sie zu geisterhaften Erscheinungen macht. Nachdem der Maler die Erscheinungen erkannt hatte, beruhigte er sich "deformed, twisted and overturned trees, mute indications of nature´s inconceivably powerful forces, for the storm´s might and fury. (…) Before me in the distance rose a range of mountains, beautiful and majestic in the moonlight, like petrified giants." (vgl. Norberg Schulz et al. 1996). Die Szene zeigt eine erhabene Perspektive der norwegischen Natur. Aber noch mehr als das, offenbart es die eigene Erfahrung des Künstlers, die rastlose Unruhe des modernen skandinavischen Individuums, der Wanderer, der so weit wie möglich weg sein möchte, aufregende, unerforschte Orte entdeckt, und innerhalb dieser Flucht sich selbst ein Stück näherkommt.

1975 veröffentlichte der Historiker Robert Rosenblum seine Studie *Modern Painting and the Northern Romantic Tradition: Friedrich to Rothko*, (Rosemblum et al. 1993), die von der Romantik des 19. Jahrhunderts bis zum abstrakten Expressionismus der Mitte des 19. Jahrhunderts reichen. Diese Studie formt das Konzept des abstrakten Erhabenen; Panorama als Ursprung und Grundlage, die romantische Vision als Samen der moderneren Vision. Die Romantiker haben uns beigebracht, wie man den Blick auf die Landschaft richtet, doch ist die Landschaft nicht mehr der Rahmen für eine Szene, sie ist zur Szene selbst geworden.

Norwegische Landschaftsrouten

Wie Literatur und Kunst wurde auch die norwegische Architekturkultur durch das unbestrittene Naturerbe, das sie umgibt, genährt, insbesondere im Laufe des 20. Jahrhunderts. Viele skandinavische Architekten und Theoretiker haben einen Großteil ihres Schaffens mit dieser Landschaft verknüpft, ein Erbe, dass auch den Architekturstudenten im ganzen Land, vor allem an der *Oslo School of Architecture and Design (AHO)* positiv vermittelt wurde. Ein Beweis dafür ist der Norwegische Nationale Routenplan, ein von der Staatlich Norwegischen Straßenverwaltung initiiertes Programm zur Erneuerung von 18 Straßen entlang der Küste des Landes mit Hilfe von kleinen landschaftlichen und architektonischen Projekten. Bis 2023 werden 250 Initiativen abgeschlossen sein und damit eines der umfangreichsten Landschafts-interventionsprogramme der zeitgenössischen Kultur (Rønning et al. 2016).

Einer der ersten Autoren, der den vorteilhaften Dialog zwischen Architektur und Umwelt spürte, war der Architekt und AHO-Professor Knut Knutsen (1903-1969). In seinem Text *People in Focus* von 1961 erzählt er uns, wie er immer versucht hat, seinen Schülern während seines Unterrichts beizubringen, dass jedes "building -it can be a really good one- will always be weakened by its surroundings if there is no connection between them." (Knutsen et al. 1961). Worte, die die Idee betonen, dass das Konstruieren bei weitem nicht der Umwelt untergeordnet ist (d.h. sie unberührt lässt); es sollte sich vielmehr mit ihr beschäftigt werden, um sie zu verbessern und sichtbar zu machen: "Respect and reverence for a landscape must be prevailing values. Respect is not just a matter of making buildings subordinate to the landscape, but also to emphasize it, develop it – maybe even create new nature." (Knutsen et al. 1961). Nicht nur eine formale, sondern auch eine einfühlsame Verbindung zu ihr her-stellen. Ein gutes Beispiel für diese Idee ist Knutsens eigenes Sommerhaus in Portor (1949). Ursprünglich inspiriert von der auffälligen *Sorlandhuser* (bunte Sommerresidenzen an der Küste Südnorwegens), unterscheidet sich sein Projekt von ihnen dadurch, dass es sich vor unbedeutenden Blicken versteckt und versucht, die Umgebung intakt zu lassen. Der Grundriss ist in zwei kleine Massen unterteilt, die wie ein natürliches Element erscheinen; diese beiden Volumina werden durch schräge, dunkle Holzdächer minimiert, die zwischen Bäumen und Granitfelsen aus dem Boden herausragen und dem gesamten Haus ein geomorphes Aussehen verleihen (Knutsen et al. 1952) (Abb. 1).

In diesem Sinne sind zwei malerische Aussichtspunkte, die im Rahmen des Nationalen Tourismuswegeplans errichtet wurden, würdige Vertreter der von Knut Knutsen vertretenen Postulate. Der erste ist der Aussichtspunkt *Kleivodden* auf der Insel *Andøya* (2013). Die Land-schaftsarchitektin Inge Dahlman entwarf eine kantige Betonplattform, aus der vier Blöcke aus schwarzem *Lødinger* Granit hervorgehen. Seine spitzen Formen leiten die Besucher zu dem weiten Meeresblick, der sich vor ihnen öffnet, während sich sein scharfes, poliertes Erschei-nungsbild mit den raffinierten Bergkristallen vermischt, die im Laufe der Zeit an der Oberfläche erscheinen. Der zweite Aussichtspunkt ist der von *Bergsbotn* auf der Insel *Senja* (2008). Das Studio *Code Arkitektur* entwarf eine leichte Struktur aus Stahl- und Holzplattformen, die sanft auf dem Gelände ruhen. Seine Linien flirten miteinander, wenn sie sich dem Meer nähern, und bilden einen intensiven formalen Dialog mit den steilen Berggipfeln im Hintergrund. Der mehrschichtige Holzsteg erinnert an den skurrilen Verlauf der Küste, die kantigen Stege erinnern an die geologischen Falten, die die Küstenlinie geformt haben.

Der Theoretiker und Architekturhistoriker, der die norwegische Sensibilität für die eigene Landschaft am besten repräsentiert, ist Christian Norberg Schulz (1926-2000). Er ist seit 1966 AHO-Professor für Architekturtheorie und -geschichte. Bücher wie *Intentions in Architecture* (1963) und *Existence, Space and Architecture* (1971) bilden die Grundlage für ein produktives Schaffen, in dem er Konzepte modelliert, die bei den jüngsten norwegischen Architekten noch heute erkennbar sind: die Ideen des *existentiellen Raums* und des *Genius Loci*. Der existenzielle Raum ist definiert als „ein relativ stabiles System von Wahrnehmungsschemata oder „Bildern" der Umgebung" (Norberg Schulz et al. 1975), ein Hintergrund menschlichen Handelns, das sich aus den Bedeutungen des Gewöhnlichen zusammensetzt, das mittels Architektur kodifiziert wird. Dies wird zum zweiten Konzept, dem *Genius Loci* oder dem Prinzip der Identität des Ortes, wenn es in einer territorialen Skala angewendet wird. Norberg Schulz zufolge sind es die Formen der Natur, die den Architekten auf die Umgebung aufmerksam machen. Diese Formen und Qualitäten sind in Kategorien unterteilt: „Objekt, Ordnung, Charakter, Licht und Zeit" (Norberg Schulz et al. 1975). Die ersten beiden haben mit räumlichen Qualitäten zu tun, und die folgenden beiden Kategorien beziehen sich auf die Atmosphäre des Umfeldes. Schließlich spielt die Kategorie Zeit auf die Idee von Beständigkeit und Veränderung an, die in den ewigen Zyklus der Zeit eingeschrieben ist. Die Sensibilität für diese Formen und Qualitäten macht den architektonischen Raum zu einem Teilnehmer an einem lebendigen Ereignis, im Sinne eines spezifischen Ortes, eines *Genius Loci*, einer aus der Landschaft geborenen, existentiellen Realität. Naturereignisse reagieren auf die Idee des Ortes, der sich schon in den alten Theorien zum Universum wiederfindet, wo Himmel, Land, Felsen, Bäume und Wasser (d.h. die primären „Dinge") Orte markieren, die für den Architekten von Bedeutung sind (Norberg Schulz et al. 1979).

Im Buch *Principles of Modern Architecture. About the new tradition of the 20th century* (2000) übersetzt Norberg Schulz die existentiellen Konzepte von Genius Loci in architektonische Konzepte, die mit der Identität des Ortes verbunden sind. Der skandinavische Historiker betrachtet die Prinzipien der „Visualisierung" und der „Komplementarität" als überlegenswerte Projektstrategien (Norberg Schulz et al. 2000).

Nach dem Visualisierungsprinzip neigen Gebäude dazu, die Merkmale einer bestimmten Umgebung zu wiederholen und zu betonen. Ein Beispiel wäre eine in das Gelände eines Hügels eingemeißelte Stadt, welche die Topographie des Felsens, auf dem sie steht, offenbart. Dieses Prinzip nutzen Arild Waage vom Architektenteam *Nordplan-AS* zusammen mit Igne Dahlman im *Hellåga-* Aussichtspunkt auf der *Helgelandskysten-* Route (2006). Das Design besteht aus einer rätselhaften Granittreppe, die in die Granitküste geschnitzt ist und im Meer endet, poetisch verschwommen durch die Wirkung der Gezeiten und Wellen. Die Treppe betont das Material, aus dem die Küste besteht, und umgekehrt, beide teilen das gleiche Schicksal wie die Natur.

Im Gegensatz dazu ist das Prinzip der *Komplementarität* eine Strategie, bei der die Gebäude bewusst versuchen, sich den Merkmalen ihrer Umgebung zu widersetzen, um eine sinnvolle Verbindung zwischen ihnen herzustellen. Ein gutes Beispiel sind die aus Stampferde befestigten Gebäude im Süden Marokkos, die sich mit geschlossenen Räumen gegen die undifferenzierte Weite der Wüste abgrenzen. Das *National Scenic Routes*-Konzept umfasst auch bemerkenswerte Projekte, die diese Strategie nutzen. Im ersten von zwei Fällen können wir berücksichtigen, dass in *Selvika* Ramstad Reiulf die Offenheit des marinen Horizonts mit dem Ruhebereich kontrastiert, der aus gekrümmten Betonflächen besteht, die die Besucher umgeben (2012). Und gegen die Anziehungskraft des Abgrunds von *Stegastein* konstruieren Todd Saunders und Tommy Wilhelmsen einen schwerelosen Aussichtspunkt als Schlitten, der nur für diejenigen geeignet ist, die schwindelfrei sind (2006). Zwei Konzepte, die das gemeinsame Ziel teilen, entwurflich eine bedeutungsvolle Einheit zu bilden und die Idee des architektonischen Raumes als eine Art erste Intuition zum Verständnis des Ortes hervorzuheben.

Der bedeutendste Autor für die aktuelle Generation norwegischer Architekten ist Sverre Fehn (1924-2009), seit 1971 AHO-Professor und als einziger norwegischer Architekt mit dem Pritzker Architekturpreis (1997) ausgezeichnet. Das beachtliche Erbe dieses Autors ist sowohl wegen seiner Arbeit als auch wegen seiner Art, sie zu erklären, bemerkenswert. Fehn vertrat die Ansicht, dass die Aufgabe des Architektur Lehrenden darin besteht, die Welt und ihre Konstruktionen zu erzählen, ihre Triebfedern zu erklären und damit das Wissen der Zuhörer zu vermehren; denn Architektur zu lehren erschafft sie auch, und nur auf diese Weise – durch das Erschaffen – kann anderen ermöglicht werden, sie sich vorzustellen. Wie in der Tradition der Wikinger-Saga schuf dieser Autor Fabeln für seine Studenten. Mit ihnen symbolisierte er architektonische Mittel, die auf rhetorischen Figuren basieren, insbesondere ökologische Analogien und Metaphern. Beispiele hierfür sind die Strukturen des Himmels und des Meeres, die durch den Horizont verbunden sind oder der Flug der Vögel in Verbindung mit dem Tauchen der Fischer oder das schattenlose Licht der Mitternachtssonne. All diese Figuren wandte er auf Architektur und den Ort an.

Ein Ausnahmefall in diesem Sinne ist seine Fabel *The Skin, the Cut & the Bandage* (Fehn et al. 1994), die er für die Eröffnungskonferenz der *Pietro Belluschi Lectures* am Massachusetts Institute of Technology (MIT) adaptierte. In dieser Rede bezieht Fehn die meisten seiner Projekte auf diese Fabel und wendet sie auf die Beziehung zwischen den Gebäuden und der Landschaft an. Zuerst finden wir *the Skin* (die Haut), verstanden als die Oberflächenschicht, die die Erdkruste bedeckt und die die Fußspuren von Menschen und Kulturen beim Vorbeigehen beherbergt. Als nächstes kommt *the Cut* (der Schnitt), verkörpert in den Spalten im Land, in dessen Tiefe Zeit und Erinnerung einfließen. Und schließlich haben wir die *Bandage* (das Bandagieren), die die architektonische Schicht darstellt: die Gebäude, die die Haut bedecken und den Schnitt vernähen, oder, um es anders auszudrücken, die die Bedeutung der Umgebung betonen.

Ein Großteil von Fehns Werk, insbesondere seine Museumsprojekte, enthalten diese symbolischen Konzepte. Sie finden sich in Projekten wie dem *Vasa-Museum* in Stockholm (1982), das in die Haut der Erde eintaucht; in anderen wie dem *Røros Museum-Olav's Mine* in Sør-Trøndelag (1979-80), das den Einschnitt in das Land, das der Fluss Glåmma darstellt, näht; oder schließlich im Norwegischen Gletschermuseum in Fjærland (1989-91), das genau den Ort markiert, von dem aus man den größten Gletscher Europas betrachten kann, "like an altar in a great cathedral, as the nature is, with mountains for walls and the sky as the roof." (Fehn et al. 1994), als Sockel inmitten der Unermesslichkeit der Felswände, in dem man die Dimension seiner selbst im Panorama spüren kann (Abb. 2 und 3).

Sverre Fehn widmet der Architektur besondere Aufmerksamkeit, die aus der Vogelperspektive durch die Idee des *Tattooing* konzipiert wurde (Fehn et al. 1994), einer Variation, die die Linie zwischen dem Schnitt und der Bandage überspannt, einem Abdruck, der gleichzeitig eine Verlängerung der Haut und eine neue Bedeutungsschicht ist. Seine Zeichnung mit dem Titel "The Globe and the Arm" zeigt den Architekten als Tattoo-Künstler, der auf der Erde arbeitet. (Abb. 4). Seine Architektur kann daher als ein auf der Landschaft hinterlassener *Fußabdruck* verstanden werden, eine Schöpfung, die sowohl an der räumlichen Komponente des Geländes als auch an seiner Bedeutung teilhat, eine in die Erdkruste gehauene Konstruktion. Es besteht kein Zweifel, dass *Land Art* die Geschichte von *The Skin, the Cut & the Bandage* beeinflusst hat. Auf einem Weg parallel zur Ausstellung *Earth Works* (1968) definiert die norwegische Fabel das Handeln auf der Landschaft neu, indem sie den objektiven Wert der Arbeit zugunsten des Führungsprozesses des Landes, der die Intervention fördert, sowie ihre Beobachtung von oben aufhebt. Werke wie *Line in Tula Desert* (1969) von Walter de María, *Double Negative* (1969-70) von Michael Heizer und *Relocated Burial Ground* (1978) von Dennis Oppenheim (Abb. 6) zeigen unter anderem eloquente Wechselwirkungen zwischen

Landschaft und Architektur mit einer Sensibilität, die Sverre Fehn zu eigen machte und an seine Studenten weitergab. Dies wird durch seinen Hinweis auf den deutschen Künstler Hannsjörg Voth (eine Inspiration für ihn), der der amerikanischen Land Art nahesteht, während seiner Rede am MIT veranschaulicht: "I don´t remember why but, when designing the Glacier Museum, I was thinking also about a big figure, wrapped in cloth, made by the German artist Hannsjörg Voth. (…) I looked and looked at pictures of it" (Fehn et al. 1994). Hannsjörg Voths Werk setzt sich aus so genannten "Zero landscapes" zusammen (Weilacher et al. 1999), mit stark utopischen und kritischen Performances, die geometrische Formen und imaginäre Topographien in die Landschaft einbetten. Es handelt sich um Beispiele, die, genau wie Sverre Fehn, die formale Beziehung zwischen Design und Natur betonen, um zu verstehen, dass sie sich gegenseitig ergänzen.

Auf der Grundlage der Annahmen von Land Art zu agieren bedeutet, im Voraus die Zeitlosigkeit der Architektur zu akzeptieren und ebenso die Gegenstücke der Landschaft als solche, ihren symbolischen Charakter und den damit verbundenen großen Maßstab zu akzeptieren. Diese Haltung ist, wenn möglich, noch transzendentaler, wenn man einige der atemberaubenden norwegischen Orte betrachtet, an denen sich Sverre Fehn's befinden, und die Projekte des National Scenic Routes- Konzepts.

Im *Hedmark Museum* und *Bischofspalast* (1967-79) erweitert Sverre Fehn die Idee eines Ortes der Erinnerung, der mit einem Ort konfrontiert ist, an dem seiner Meinung nach "the Earth's skin has been dissolved" (Fehn et al. 1994). Die Umgebung ist die archäologische Stätte des alten Palastes in Hamar, von dem nur noch wenige Mauern in Ruinen erhalten sind und wo der Boden allmählich verschwindet, wenn archäologische Studien ihn ausgraben. Unter diesen Umständen konzentriert sich der Architekt auf zwei Faktoren: erstens auf die Erkenntnisse, die im Boden vergraben sein könnten, "objects that are essential for tracing the history of the past"; und zweitens auf den Nutzer, unter dessen Schritten das Land schmilzt. Die Aufgabe des Museums besteht also darin, zwischen den beiden zu vermitteln, "help the visitor, who should be provided with a horizon, a firm floor", betont Sverre Fehn, "with the Earth's skin, you shape it, to show that which is hidden in it" (Fehn et al. 1994). Die Lösung besteht aus einem einfachen System von Betonplattformen, die über dem Boden schweben und mit den bestehenden Wänden verschlungen sind. Die Blaupause ist eine Kulisse von architektonischen Strukturen, die der Benutzer immer von oben betrachtet, von Ruinen, die wie ein Steinbuch gelesen werden. Das Museum macht die archäologische Stätte verständlich, näht die Schnitte und stellt das Gefühl eines verlorenen Ortes wieder her.

Die Betonplattformen des Hedmark-Museums bringen die Erinnerung an die archäologische Stätte Hamar ans Licht, und ebenso führt uns Carl-Viggo *Hølmebakks* Aussichtspunkt *Sohlbergplassen* (2003) zurück zu den ursprünglich von Harald Sohlberg in *Winternight in Rondane* erwähnten Erfahrungen. Der Architekt entwirft eine einzige Betonplattform aus geschwungenen Linien an den Hängen von *Antsiøen*, eine Plattform, die sich mit den bestehenden Tannenbäumen verflechtet, sie umgeht und sich wie eine Zwischenschicht in den Wald setzt, die den Besucher auf die richtige Höhe hebt, um die *Blue Mountains* zu bewundern (Abb. 5 und 6). Der Blickwinkel harmoniert mit dem Museum, da beide das Lesen der Landschaft fördern, als wäre es ein Sammelsurium von Erinnerungen und Erfahrungen. Wir scheinen fast zu hören, wie Carl-Viggo Hølmebakk, ein ehemaliger Student von Sverre Fehn, sich an Fehns Worte erinnert: "[When] history occurs as a layering of signs, nature and history remember their rhythm and blend together in a single organic reality thanks to architecture" (Fehn et al. 1980), oder vielleicht sein anderes Motto von der zuvor erwähnten MIT-Konferenz: "the best [architectural] poems have few words" (Fehn et al. 1994). Etwas mehr als eine Betonplatte, die sich hilfreich in der Umgebung orientiert, um sich an die Bäume anzupassen, genügt, um die atavistischen Werte dieser unvergesslichen Passage der skandinavischen Kultur zu kodieren.

Fazit und Ausblick

In den letzten Jahrzehnten hat Norwegen in Bezug auf seine Architektur einen Zykluswechsel erlebt. Es war eine Veränderung, die von den Institutionen dank Initiativen wie dem *Oslo Fjord Plan* und den norwegischen Landschaftsrouten gefördert wurde, deren Projekte größtenteils von jungen, aber nicht minder erfahrenen Architekturbüros durchgeführt wurden. Um einige dieser neuen Generation vorzustellen, sind ganz klar Jan Olav Jensen, Rune Grov, Knut Hjeltnes, Hilde Haga, Jensen & Skodvin, das Snøhetta-Team und viele andere zu nennen. Als Vorzeigeprojekt steht für diese Gruppe die Norwegische Nationaloper und das Norwegische Nationalballett (2000-08), ein eloquenter Vertreter des Erbes von Meistern wie Knut Knutsen, Christian Norberg Schulz und Sverre Fehn. Tatsächlich hat Jonas Gahr Støre, Vertreter des norwegischen Außenministeriums, bei der Einweihung der Ausstellung *Snøhetta, architecture – landscapes – interiors* im Mai 2009 darauf hingewiesen, dass das Wesen dieses Wandels hauptsächlich generationenbezogen ist. Er betonte die Idee der norwegischen Architektur als eine Möglichkeit, Geschichten zu erzählen und den Ort und die Welt zu erklären, eine Botschaft, die (wie wir festgestellt haben) ihre Erzieher zuvor implizit unterstützt hatten.

Kurz gesagt, alle von ihnen sind sich direkt und indirekt einig, wie wichtig es ist, durch Architektur eine Beziehung zur Landschaft und ihrem Gedächtnis herzustellen. Die Projekte der National Scenic Routes (National Tourist Routes) begannen vor langer Zeit in Klassenzimmern für Workshops wie *Bygg 3* an der *Oslo School of Architecture and Design (AHO)*, wo Per Olaf Fjeld, Neven Fuchs-Mikac, Turid Haaland, Finn Kolstad, Terje Moe und Ole Frederik Stoveland im Laufe der Jahre mit Sverre Fehn zusammenarbeiteten.

Jan Olav Jensen vom Architekturbüro Jensen & Skodvin erinnert uns daran, dass die Klassen so konzipiert wurden, dass sie den Studenten den Kopf öffnen, „die kreative Lüge" (Jensen et al. 2008): Intellektuelle Fiktionen, um das Projekt in Richtung der Umgebung zu lenken: "Whether or not the colourful and often baroque stories ha told in his lectures had any counterpart in life, for many of us who studied with him, there was something cultic both about the concept of precision an about how far it was possible to take it. It was a matter of uncovering one´s inner source. " (Jensen et al. 2008) und der Welt.

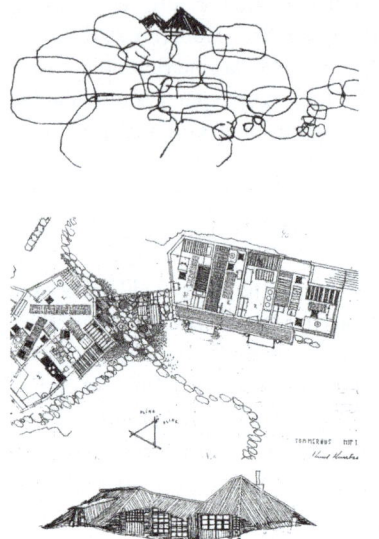

Abb./ Fig. 1: Knut Knutsen, Sommerhaus in Portor, 1949. // Knut Knutsen, Summer house in Portor, 1949.

Abb./ Fig. 2: Sverre Fehn. Norwegisches Gletschermuseum, Fjærland, 1989-91. Skizze des Gebäudes in der Landschaft. // Sverre Fehn. Norwegian Glacier Museum, Fjærland, 1989-91. Sketch of the building in landscape.

Abb./ Fig. 3: Sverre Fehn. Norwegisches Gletschermuseum, Fjærland, 1989-91. // Sverre Fehn. Norwegian Glacier Museum, Fjærland, 1989-91.

Abb./ Fig. 5: Carl-Viggo Hølmebakk. Sohlbergplassen Aussichts-plattform, 2003. Modell. // Carl-Viggo Hølmebakk. Sohlbergplassen viewpoint, 2003. Model.

Abb./ Fig. 4: Sverre Fehn, Zeichnung "The Globe and the Arm". // Sverre Fehn, drawing "The Globe and the Arm".

Abb./ Fig. 6: Carl-Viggo Hølmebakk. Sohlbergplassen Aussichtsplattform, 2003. Aussichts in die Blue Mountains. // Carl-Viggo Hølmebakk. Sohlbergplassen viewpoint, 2003. View towards Blue Mountains.

Architecture and Landscape under the Midnight Sun. Sustainable Strategy of the Norwegian Scenic Routes

Iván I. Rincón-Borrego

During the 1990s the Norwegian government developed the National Tourist Routes Plan, focusing on upgrading 18 local road routes. The interesting program involved thoroughfares designated for road vehicles, bringing about the recovery of the epic sense of car road trips, access to remote spots, and sustainable enhancement of their value. Many of the projects were carried out by young Norwegian architectural and landscaping teams trained at the *Oslo School of Architecture and Design* (AHO) under the influence of Knut Knutsen, Christian Norberg Schulz, and Sverre Fehn..

Introduction

"The endless plain upon which I stood was bathed in half-light and mysterious shadow. I saw deformed, twisted and overturned trees, mute indications of nature′s inconceivably powerful forces, for the storm′s might and fury. (…) Before me in the distance rose a range of mountains, beautiful and majestic in the moonlight, like petrified giants. The scene was the most magnificent and filled with fantastic stillness that I have ever experienced. Over the white contours of a Nordic winter stretched the sky′s endless vault, filled with myriad glimmering stars. It was like a holy service in a great cathedral" *Winternight in Rondane* (1914) Harald Sohlberg (cf. Norberg Schulz et al. 1996).

Nature is imposing and majestic in Norway. From the sudden outcrops of rocks that break up the dark coast of *Varanger* to the natural amphitheatre formed by the fiords of *Sognefjellet*, the scenery alternates among forests of impenetrable thickness, glaciers impossible to encompass at a glance, mountain peaks of perpetual snow, tundra and icefalls, all bathed in the diffuse tones of the mists and the glow of the midnight sun. A sublime and mercurial beauty.

Since time immemorial, nature in Norway has been the source of life for its inhabitants and the inspiration for their beliefs. The extremely rugged landscape, together with the extremes of climate, has pushed them to face the environment to ensure their survival. But at the same time, this has impregnated the Scandinavian character with a sense of respect, almost veneration, for the mysteries found in *Midgard* – the world Odin and his brothers *Vili* and *Ve* created for humankind to live in – which drives the denizens to venture into its most inhospitable locations.

Painting and Literature

Norwegian literature and art are teeming with brilliant examples of this feeling. Beginning with the odyssey of *Peer Gynt* (1876) written by Henrik Ibsen (1828-1906), an uncontrollable traveller if there ever was one, and continuing through the novels of Knut Hamsun (1859-1952) – for example, *Pan* (1894) and *Growth of the Soil* (1917) – Norwegian literature has cemented the myth of the solitary Scandinavian traveler, who feels lost in civilization, constantly attracted by the irresistible call of native forests.

The painter Harald Sohlberg (1869-1935) crafts an image of this call in *Winternight in Rondane* (1914), a doorway that leads him to the *Blue Mountains*. Under the cold northern light, the scene is presented in layers of shadow that shroud the forests while the snow-capped mountain ranges in the background glow enigmatically from the reflection of the moon, which makes them ghostly apparitions. The vision, far from being troubling, calms the painter after having seen "deformed, twisted and overturned trees, mute indications of nature's inconceivably powerful forces, for the storm's might and fury. (…) Before me in the distance rose a range of mountains, beautiful and majestic in the moonlight, like petrified giants." (cf. Norberg Schulz et al. 1996). The scene highlights a sublime perspective of Norwegian nature. But even more than this, it reveals the artist's own experience, the roving restlessness of the modern Scandinavian individual, of the wanderers that live to the extent that they discover exciting unexplored settings, places where they become self-aware in the escape.

In 1975 the historian Robert Rosenblum published his study on the evolution of scenery in painting, *Modern Painting and the Northern Romantic Tradition: Friedrich to Rothko*, (Rosemblum et al. 1993), ranging widely from the *Romanticism* of the 19th century to the Abstract Expressionism of the mid-1900s. This study moulds the concept of the abstract sublime; panorama as origin and basis, the romantic vision as a seed of the more modern vision. While it is true that the romantics taught us how to look at the scenic view, the landscape is no longer the frame for a scene, it has become the scene itself.

National Tourist Routes in Norway

Like literature and art, Norwegian architectural culture has also been nourished by the indisputable natural heritage surrounding it, especially throughout the 20th century. Many Scandinavian architects and theorists have linked a good part of their output to this landscape, a legacy that has also been transmitted positively to architectural students around the country, fundamentally in the *Oslo School of Architecture and Design* (AHO). Proof of this is the Norwegian National Tourist Routes Plan, a program launched by the National Administration of Norwegian Roads to regenerate 18 roadways along the country's coast using small-scale scenic and architectural projects. By 2023, 250 initiatives will have been completed, making it one of the most extensive landscape intervention programs in contemporary culture (Rønning et al. 2016).

One of the first authors to sense the advantageous dialog between architecture and the environment was the architect AHO professor Knut Knutsen (1903-1969). In his 1961 text *People in Focus* he tells us how he always tried to teach his students during his classes that every "building -it can be a really good one- will always be weakened by its surroundings if there is no connection between them." (Knutsen et al. 1961). Words that emphasize the idea that constructing is far from subordinate to the environment (that is, leaving it untouched); it should rather become involved with it to enhance it and make it visible: "Respect and reverence for a landscape must be prevailing values. Respect is not just a matter of making buildings subordinate to the landscape, but also to emphasize it, develop it – maybe even create new nature." (Knutsen et al. 1961). Establishing not only a formal link with it, but also an empathetic one. Knutsen's own summer house in Portor (1949) provides a good example of this idea. Initially inspired by the eye-catching *Sorlandhuser* (bright-colored summer residence built on the coast of southern Norway), his project differs from them in that it hides from indiscrete glances, attempting to leave the setting intact. The floor plan is divided into two small masses that seem like a natural feature; these volumes are minimized using slanted dark wooden roofs that emerge from the ground among trees and granite bluffs, giving the entire house a geomorphic look (Knutsen et al. 1952) (Fig. 1).

In that sense, two scenic viewpoints built within the National Tourist Routes Plan framework are worthy representatives of the postulates upheld by Knut Knutsen. The first is the *Kleivodden* viewpoint on the island of *Andøya* (2013). The landscape architect Inge Dahlman designed an angular concrete platform from which four blocks of black *Lødingen* granite emerge. Its pointed shapes guide the visitors toward the wide maritime view that opens in front of them, while its sharp, polished look mixes with the sophisticated rock crystals that appear on the surface from the passage of time. The second vantage point is that of Bergsbotn on the island of *Senja* (2008). The *Code Arkitektur* studio designed a light structure of steel and wood platforms resting gently on the terrain. Its lines flirt with each other as they descend toward the sea, establishing an intense formal dialog with the steep mountain peaks in the background. The layered wood walkway evokes the whimsical course of the cost, the angular walkway shapes recalling the geological folds that have formed the coastline.

The theorist and historian of architecture who best represents Norwegian sensibility toward its own landscape is Christian Norberg Schulz (1926-2000), an AHO professor of architecture theory and history since 1966. Books such as *Intentions in Architecture* (1963) and *Existence, Space and Architecture* (1971) constitute the basic works in a prolific output in which he fashions concepts still detectable today in the youngest Norwegian architects: the ideas of *existential space* and *genius loci*. Existential space is defined as "a relatively stable system of perceptive schemes or 'images' of the surrounding environment" (Norberg Schulz et al. 1975), a backdrop of human actions made up of the meanings of the ordinary codified by means of architecture. This becomes the second concept, the genius loci or principle of identity of place, when applied in a territorial scale.

According to Norberg Schulz, the codes of nature are what make the architect conscious of the setting. These codes are divided into categories: "object, order, character, light, and time" (Norberg Schulz et al. 1975). The first two have to do with spatial qualities, and the following two categories refer to the atmosphere of the setting. Finally, the last – time – alludes to the idea of constancy and change inscribed in the eternal cycle of time. Sensitivity toward these codes makes the architectural space a participant in a live event represented as a specific setting, as a *genius loci*, an existential reality born in the landscape. Natural events respond to the idea of place present in the ancient theory of the universe where the sky, land, rocks, trees, and water (that is, the primary "things") mark settings filled with meaning for the architect (Norberg

Schulz et al. 1979). In the book *Principles of Modern Architecture. About the new tradition of the 20th century"* (2000), Norberg Schulz translates the existential concepts of genius loci to architectural concepts associated with the identity of place. The Scandinavian historian views the principles of "visualization" and "complementarity" as project strategies worthy of consideration (Norberg Schulz et al. 2000). According to the visualization principle, buildings tend to repeat and emphasize the features of a specific setting. An example would be a city carved into the heights of a hill, which reveals the topography inherent to the rock on which it is set. This principle is used by Arild Waage, from the *Nordplan-AS* team of architects, together with Igne Dahlman, in the *Hellåga* viewpoint on the *Helgelandskysten* route (2006). The design consists of an enigmatic granite stairway carved out over the granite coast, coming to an end in the sea, poetically blurred by the action of the tides and waves. The stairs emphasize the material the coast is made of and vice versa, both of them sharing the same fate from nature's actions. In contrast, the *complementarity* principle is a strategy in which the buildings intentionally seek to oppose the features of their surroundings, in order to establish a meaningful link between the two. The rammed-earth fortresses in southern Morocco are a good example; they delimit enclosed spaces against the undifferentiated immensity of the desert. The National Tourist Routes Plan also includes notable projects that use this strategy. In the first of two cases we can consider, in *Selvika* Reiulf Ramstad contrasts the openness of the marine horizon with the rest area formed by curved concrete spaces that surround the visitors (2012). And against the attraction of the abyss of *Stegastein*, Todd Saunders and Tommy Wilhelmsen construct a weightless viewpoint toboggan suitable only for those who do not suffer from vertigo (2006). Two conceptions that share the common goal of transforming the design into a meaningful enclave, highlighting the idea of architectural space as a premature intuition of place.

The foremost author for the current generation of Norwegian architects is Sverre Fehn (1924-2009), an AHO professor since 1971 and the only Norwegian architect awarded the Pritzker Architecture Prize (1997). The considerable legacy of this author is remarkable both because of his work and because of his way of explaining it. Fehn considered that the teacher-architect's task is to narrate the world and its constructions, to explain their raison d'être, consequently nourishing the knowledge of those who listen; because teaching architecture also creates it, and only in this way –creating– can others be helped to imagine it. As in the tradition of the Viking sagas, this author created fables for his students. With them, he symbolized architectural resources based on rhetorical figures, especially environmental analogies and metaphors. Examples are the structures of the sky and the sea linked by the horizon, the flight of birds against the diving of fish, and the shadowless light of the midnight sun, all figures that he applied to architecture and place.

An exceptional case in that sense is his fable *The Skin, the Cut & the Bandage* (Fehn et al. 1994), which he adapts to include in the opening conference at the *Pietro Belluschi Lectures* at the Massachusetts Institute of Technology (MIT). Using the same plot Fehn weaves most of his projects together in this speech, thanks to the use of the three concepts that give rise to its title, applied to the relationship between the building and the landscape. First of all we find the *Skin*, understood to be the surface layer that covers the Earth's crust and houses the footprints left by humans and cultures as they pass by. Next comes the *Cut*, embodied in the crevices in the land, in whose depths time and memory slip in. And finally we have the *Bandage*, which is the architectural layer: the buildings that cover the skin and suture the cut or, to put it in other terms, that emphasize the meaning of the setting. Much of Fehn's work, especially his museum projects, incorporate these symbolic concepts. They are found in projects such as the Vasa Museum in Stockholm (1982), which sinks into the Earth's skin; in others like the Røros Museum-Olav's Mine in Sør-Trøndelag (1979-80), which sutures the incision in the land that the Glåmma River represents; or, finally, in the Norwegian Glacier Museum in Fjærland (1989-91), which marks the exact spot from which to contemplate the largest glacier in Europe, "like an altar in a great cathedral, as the nature is, with mountains for walls and the sky as the roof." (Fehn et al. 1994), a plinth among the immensity of the walls of rock in which to feel the dimension of the stay in the panorama. (Fig. 2 and 3)

Sverre Fehn pays special attention to architecture conceived from a bird's-eye view through the idea of *Tattooing* (Fehn et al. 1994), a variation that straddles the line between the Cut and the Bandage, an imprint that is simultaneously an extension of the skin and a new layer of meaning deposited on it. His drawing entitled "The Globe and the Arm" portrays the architect as a tattoo artist working on the Earth (fig. 4). His architecture, accordingly, could be understood as a footprint left on the landscape, a creation that participates in both the land's spatial component and in its meanings, a construction carved into the Earth's crust.

There can be no doubt that Land Art influenced the story of *The Skin, the Cut & the Bandage*. Following a path parallel to that of the show *Earth Works* (1968), the Norwegian's fable redefines the action on the landscape by canceling the objective value of the work in favor of the guiding process of the land that nurtures the intervention, as well as its observation from above. Works such as *Line in Tula Desert* (1969) by Walter de María, *Double Negative* (1969-70) by Michael Heizer, and *Relocated Burial Ground* (1978) by Dennis Oppenheim, among others, exemplify eloquent interchanges of counterparts between landscape and architecture, with a sensitivity that Sverre Fehn made his own and transmitted to his students. This is illustrated by his reference to the German artist Hannsjörg Voth (an inspiration for him), close to American Land Art during his speech at MIT: "I don't remember why but, when designing the Glacier Museum, I was thinking also about a big figure, wrapped in cloth, made by the German artist Hannsjörg Voth. (...) I looked and looked at pictures of it." (Fehn et al. 1994). Hannsjörg Voth's work is composed of what are called "Zero landscapes" (Weilacher et al. 1999), with strongly utopist and critical performances that embed geometric shapes and imaginary topographies in the landscape. They are examples stressing, just as Sverre Fehn did, the formal relationship between design and nature as a way to understand that they complement each other.

Acting on the setting from the assumptions of *Land Art* means accepting beforehand the timeless nature of architecture and, likewise, accepting the counterparts of the landscape as being such, its emblematic nature, and the grand scale accompanying it. This attitude is, if possible, even more transcendent if we consider some of the breathtaking Norwegian spots where Sverre Fehn's are placed and the National Tourist Routes Plan projects.

In the *Hedmark Museum* and *Bishop's Palace* (1967-79) Sverre Fehn expands the idea of memory of place, faced with a location where, according to him, "the Earth's skin has been dissolved" (Fehn et al. 1994). The setting is the archeological site of the ancient palace in Hamar, of which barely a few walls in ruins remain, and where the ground gradually disappears as archeological studies excavate it. Under such circumstances, the architect is focused on two factors: first, on the findings that might be buried in the soil, "objects that are essential for tracing the history of the past"; and second, on the user, under whose steps the land melts.

The raison d'être of the museum is thus to mediate between the two to "help the visitor, who should be provided with a horizon, a firm floor", Sverre Fehn stresses, "with the Earth's skin, you shape it, to show that which is hidden in it" (Fehn et al. 1994). The solution comes through a simple system of concrete platforms raised above the ground that are intertwined with the existing walls. The blueprint is a setting of architectural structures that the user always views from above, of ruins that are read like a stone book. The museum makes the archaeological site understandable, sutures the cuts, and restores the sensation of a lost place.

The concrete platforms of the Hedmark Museum bring the memory of the Hamar archaeological site to light; and, similarly, Carl-Viggo Hølmebakk's *Sohlbergplassen* viewpoint (2003) takes us back to the experiences initially mentioned by Harald Sohlberg in *Winternight in Rondane*. The architect designs a single concrete platform of curvy lines on the slopes of *Antsiøen*, a platform that interlaces with the existing fir trees, sidestepping them, adding itself to the forest like a suspended layer that lifts the visitor to the right height to admire the *Blue Mountains* (Fig. 5 and 6). The viewpoint harmonizes with the museum, given that both encourage reading the landscape as if it were a palimpsest of memories and experiences. We almost seem to hear Carl-Viggo Hølmebakk, a past student of Sverre Fehn, remembering Fehn's words: "[When] history occurs as a layering of signs, nature and history remember their rhythm and blend together in a single organic reality thanks to architecture" (Fehn et al.1980), or perhaps his other motto from the previously-mentioned MIT conference: "the best [architectural] poems have few words" (Fehn et al. 1994). Little more than a sheet of concrete helpfully oriented in the setting, placed to adapt to the trees, is enough to encode the atavistic values of this unforgettable passage of Scandinavian culture.

Conclusion and Outlook

Over the last decades, Norway has experienced a change of cycle with respect to its archi-tecture. It has been a change promoted by the institutions thanks to initiatives like the *Oslo Fjord Plan* and the National Tourist Routes Plan, whose projects have been carried out to a great extent by young, but none-the-less consolidated, architecture studios. Clearly, delving into this new generation would require mentioning Jan Olav Jensen, Rune Grov, Knut Hjelt-nes, Hilde Haga, Jensen & Skodvin, and the Snøhetta team, among many others. The famous project the last group mentioned for the Norwegian National Opera and Ballet (2000-08) would be the showcase piece, an eloquent representative of the legacy of masters such as Knut Knutsen, Christian Norberg Schulz, and Sverre Fehn. In fact, during the inauguration of the exposition *Snøhetta, architecture – landscapes – interiors* in May 2009, Jonas Gahr Støre, representing the Norwegian Ministry of Foreign Affairs, indicated that the essence of this change is mainly generational. He emphasized the idea of Norwegian architecture as a way to tell stories and explain the place and the world, a message that (as we have noted) their educators had implicitly endorsed before. In short, all of them converge directly and indirectly agree on the importance of establishing a relationship with landscape and its memory through architecture. The projects of the National Tourist Routes Plan really began a long time ago in classrooms for workshops like *Bygg 3* in *Oslo School of Architecture and Design (AHO)*, where Per Olaf Fjeld, Neven Fuchs-Mikac, Turid Haaland, Finn Kolstad, Terje Moe, and Ole

Frederik Stoveland collaborated together with Sverre Fehn over the years. Jan Olav Jensen, of the architectural firm Jensen & Skodvin, reminds us that the classes were designed to open the students' minds, "the creative lie" (Jensen et al. 2008): intellectual fictions to channel the project toward the setting: "Whether or not the colourful and often baroque stories he told in his lectures had any counterpart in life, for many of us who studied with him, there was something cultic both about the concept of precision an about how far it was possible to take it. It was a matter of uncovering one´s inner source." (Jensen et al. 2008) and of the world.

Literatur // Literature

Jensen, J. O. (2008). Affinity, In: Andersen, M. A. (Eds.) (2008). Nordic Architects Write. A Documentary Anthology, New York: Routledge, p. 295.

Knutsen, K. (1952). A holiday house, Byggekunst, 8, pp. 126-129.

Knutsen, K. (1961). People in Focus, In: Andersen, M. A. (Eds.) (2008). Nordic Architects Write. A Documentary Anthology, New York: Routledge, p. 249.

Norberg Schulz, C. (1975). Existencia, espacio y arquitectura, Barcelona: Herman Blume.

Norberg Schulz, C. (1979). Genius Loci, Paesaggio, Ambienta Architettura, Milan: Electa.

Norberg Schulz, C. (1996). Nightlands, London: The MIT Press.

Norberg Schulz, C. (2005). Los Principios de la Arquitectura Moderna, Sobre la nueva tradición del siglo XX, Barcelona: Eds. Reverté.

Rosenblum, R. (1993). La pintura moderna y la tradición del romanticismo, De Friedrich a Rothko, Madrid: Alianza.

Rønning, S. (2016). Nasjonale turistveger. Die Norwegischen Landschaftsrouten National, Tourist Routes in Norway, Oslo: Forlaget Press.

Fehn, S. (1980). The tree and the horizon, Spazio & Societa, 10, pp. 32-55.

Fehn, S. (1994). The Skin, the Cut & the Bandage, In: Anderson, S. (Eds.) (1994). The Pietro Belluschi Lectures, Boston: The MIT Press.

Weilacher, U. (1999). Between Landscape Architecture and Land Art, Basilea: Birkhäuser.

Abbildungen // Figures

Abb./ Fig. 1: Knut Knutsen. Summer house in Portor, 1949, Byggekunst, n° 8, pp. 126-129.

Abb./ Fig. 2: The National Museum of Art, Architecture and Design, Oslo – Norberg Schulz, C. & Postiglione, G. (1997). Sverre Fehn: Works, Projects, Writings, 1949-1996, Milan: The Monacelli Press, p. 205.

Abb./ Fig. 3 Fehn, S. & Mauritzen, M.O. (1994). "The Norwegian Glacier Center". Living Architecture, n°13.

Abb./ Fig. 4: The National Museum of Art, Architecture and Design, Oslo - Fehn, S. (1997). Bronze Age rock-carving site and Cultural Centre at Begby in Borge, Byggekunst, n° 2, p. 11.

Abb./ Fig. 5: Villalobos, D. & Pérez, S. (2018). Arquitectura y Paisaje. Carreteras que emocionan. Arquitectura y paisaje en la Noruega contemporánea, Valladolid: MUVa. Museo de la Universidad de Valladolid, p. 55.

Abb./ Fig. 6: Villalobos, D. & Pérez, S. (2018). Arquitectura y Paisaje. Carreteras que emocionan. Arquitectura y paisaje en la Noruega contemporánea, Valladolid: MUVa. Museo de la Universidad de Valladolid, p. 55.

WHEN THE FLOOD COMES...
I'LL GO UPSTAIRS.

Informelle Siedlungen am Fluss und Nachhaltigkeitsfragen städtischer Landschaften am Beispiel der Code Siedlung in Yogyakarta, Indonesien

Noor Cholis Idham & Barito Adi Buldan Rayaganda Rito[1]

Landknappheit, boomende Urbanisierung als Folge der wachsenden Wirtschaft sowie das Fehlen eines geeigneten Stadtentwicklungs- und Wohnungsprogramms haben zur Verbreitung illegalen Wohnens in städtischen Gebieten wie am Flussufer des Code in Yogyakarta Indonesien beigetragen. Die Siedlung entstand in den 1960er Jahren und entwickelte sich im Laufe der 1980er Jahre zum Gegenmodell der klassischen Favela. Seit die Stadtverwaltung in den 1990er Jahren begann die Siedlung zu tolerieren, explodiert das Wachstum. Das Flussufer sollte eigentlich offene Grünfläche sein, stattdessen hat es sich zu einer dicht besiedelten, überflutungsgefährdeten Siedlung entwickelt, die in Fragen der Sicherheit, Ökologie und Nachhaltigkeit sichtlich überfordert ist. Dieser Beitrag diskutiert die Entwicklung der „Wohngebiete" am Flussufer und wie die Bewohner in Selbsthilfe versuchen, die vorherrschenden Probleme zu lösen und ihren Wohnort aufzuwerten. Mit dem Ziel die unterschiedlichen Grade von Aufwertung mit der durch die Regierung definierten „Slumparameter" zu bewerten, wurden drei Siedlungsbereiche untersucht. Unter den kontinuierlichen Verbesserungen hat sich der Status der Siedlungen mittlerweile von illegal zu „halblegal" gewandelt. Auch haben sich die Bedürfnisse der Bewohner gewandelt. Zur bloßen Notwendigkeit des Wohnens kommen vor dem Hintergrund des Wirtschaftswachstums und dem wachsenden Bewusstsein für Nachhaltigkeitsfragen nun auch Ansprüche an ein lebenswerteres Wohnumfeld hinzu.

Einführung

Urbanisierung und Stadtentwicklung in Indonesien

Die massiven Entwicklungen in Indonesien begannen in den 1970er Jahren mit der Modernisierung, als die so genannte *Orde Baru* (Neue Ära) unter der Leitung von Präsident Soeharto zu regieren begann. Alle Sektoren, einschließlich des städtischen Wohnungsbaus, wurden im Rahmen von Fünfjahresplanungsprogrammen projektiert. Die Modernisierung der Slums war einer der wichtigsten Aspekte des Massenwohnungsprogramms *Perumnas*, welches Hunderte von Wohneinheiten in nahezu jeder Stadt anbot (Minnery et al., 2013). Das indonesische Wohnprogramm war leider wenig erfolgreich, da es an entsprechender Planung und Budget mangelte (Rolnik, 2014). Die Mehrheit der Bevölkerung kann sich die von der Regierung zur

1   Noor Cholis Idham, Department of Architecture, Universitas Islam Indonesia, E-Mail: noor.idham@uii.ac.id
     Barito Adi Buldan Rayaganda Rito, Department of Architecture, Universitas Islam Indonesia

© Springer Fachmedien Wiesbaden GmbH, ein Teil von Springer Nature 2020
N. Uhrig (Hrsg.), *Zukunftsfähige Perspektiven in der Landschaftsarchitektur für Gartenstädte*, https://doi.org/10.1007/978-3-658-28941-6_8

Verfügung gestellten Wohnungen noch immer nicht leisten. Stattdessen wurden teils legale, teils illegale urban-dörfliche „Kampongs" (kleine bis mittelgroße Siedlung in u.a. Malaysia, Indonesien) in Selbsthilfe entwickelt.

Kampongs am Stadtrand, welche die Menschen auf ihren eigenen Grundstücken errichtet haben, werden meist als legale Wohngebiete anerkannt. Illegale Siedlungen besetzen eher die Ränder von Bahntrassen und Flussufern und entwickeln sich im weiteren Verlauf meist zum Slum. Den Slums wird ein hohes Wachstum vorausgesagt. Bereits ein Drittel der Weltbevölkerung lebt in Slums (Ragheb et al. 2016). Aus diesem Grund ist die Urbanisierung ein entscheidender Faktor für das Management prosperierender Städte der Zukunft (UN-Habitat, 2016). Parallel zum Wirtschaftswachstum Indonesiens wuchsen zunehmend auch legale und illegale Kampongs, was die Kommunen dazu veranlasste, Regelungen und Beschränkungen zu erlassen. Erst kürzlich hat sich die indonesische Regierung zum Ziel gesetzt, 23.656 Hektar Slum im Rahmen des Programms *KOTAKU* („eine Stadt ohne Slums") mit erforderlicher Infrastruktur auszustatten. Die Ziele lauten: Herstellung von Bautauglichkeit, Verkehrssicherheit, Trinkwasserversorgung, Abwasser- und Sanitärsystem, Abfallwirtschaft, Brandschutz und Grünflächen (PKPBM, 2015).

Die Umsiedlung oder Räumung von Slums wurde in vielen Großstädten Indonesiens regelmäßig, vermehrt in den 1980er bis 1990er Jahren, durchgeführt. Nach der Wirtschaftskrise von 1998 nahmen sie drastisch ab, was jedoch zu beengten Verhältnissen in den Städten führte. Auf jene Krise folgte eine schwache Regierung, die zudem für Turbulenzen sorgte. Im Namen der Freiheit fühlten sich die Menschen veranlasst, frei zu denken und handeln, was zu einem Boom der Slumbildung führte. Nahezu alle Bahnkanten und Flussufer der Städte sind besetzt mit informellen Siedlungen, zumeist als dauerhafte Baumaßnahme. Mittlerweile leben mehr als 17 Millionen Menschen in Indonesien in Slums, in mehr als 14,5 Millionen Häusern, auf mehr als 47.000 Hektar Land (Wulandari, 2009). Die an den Flussufern siedelnden Menschen wären jedoch bereit umzuziehen, würde die Regierung sie in geeigneter Weise, z.B. mit der Bereitstellung von Grundstücken oder Unterkünften unterstützen (Soemarno, 2010).

Yogyakarta, Urbanisierung und Wohnen
Die kleine, in Java gelegene Region *Yogyakarta* ist eine von insgesamt 35 indonesischen Provinzen, die vom Sultan als Sonderprovinz regiert wird, da sie noch vor der Republikgründung existierte. Die Stadt bedeckt eine Fläche von 3.186 km² und erstreckt sich entlang der Wasserlinien zwischen dem *Mount Merapi* im Norden und dem Indischen Ozean im Süden (Abb.1). Obwohl das Wirtschaftswachstum im Vergleich zu anderen Großstädten wie Jakarta oder Surabaya geringer ist, spielt *Yogyakarta* eine im Vergleich bedeutendere Rolle für Tourismus und Bildung. Infolgedessen weist die Stadt ein starkes Bevölkerungswachstum auf. Sie ist nicht nur für Studierende attraktiv, sondern auch für die Landbevölkerung, die ihre landwirtschaftlichen Aktivitäten in den Dörfern aufgibt, um in den Städten Arbeit zu finden. Die Arbeiter suchen nach einfachen Siedlungsmöglichkeiten, was letztlich zur Bildung von Slums, z.B. an Flussufern, Bahnhöfen und unter Brücken, führt.

Slums in Yogyakarta

Der *Code River* ist einer von drei Flüssen, der durch *Yogyakarta* fließt. Er ist nicht nur Wasserlauf, sondern vor allem auch Wohnsiedlung seit die Menschen begonnen haben, den Raum unter den Brücken und später auch die Flussufer zu besetzen. Zwischen den illegalen Siedlern und der Stadtverwaltung, welche die entstandenen Slums räumen wollte, entbrannte ein intensiver Kampf.

Im Jahr 2010 verursachte der Ausbruch des Vulkans Merapi eine Überschwemmung, die erhebliche Verluste verursachte. 980 Häuser wurden unter Wasser gesetzt, 5700 Einwohner wurden vertrieben, und die Verluste an Eigentum erreichten mehr als 115 Milliarden Rupien (Pratopo, n.d.). Der *Code River* leitet den Abfluss des Mount Merapi durch die Stadt in den Indischen Ozean. Regelmäßig treten Überschwemmungen nach Regenfällen auf, insbesondere nach Vulkanausbrüchen. Die Überschwemmungen bestehen aus einem Stein-Sand-Gemisch und gelten als gefährlichste Bedrohung der Siedlungen.

Code River, die Siedlungen und Nachhaltigkeitsfragen

Die Herausforderungen, die sich für die Code Riverbank Siedlungen seit den 1980er Jahren ergeben, betreffen vor allem die Kampongs *Ledok Tukangan* als eine der ersten bekannten Flussufer-Siedlungen, das Gebiet von *Jogoyudan*, und die markante Siedlung *Ledok Code* (Subhansyah, 2018). Die diskutierten Konfliktthemen drehen sich vor allem darum, dass die Slums die Landschaftselemente der Stadt zerstören, die Fähigkeit des Flussufers, die Strömungsgeschwindigkeiten abzupuffern verringert wird und dass die Slums meist eine Erhöhung der Kriminalitätsrate in der Nachbarschaft verursachen (Fabusuyi, 2017). Zudem gibt es neben der Problematik der illegalen Wohnbebauung auch den Umstand der Umweltverschmutzung, einschließlich der Gefahr von Überschwemmungen, Erdrutschen, Erdbeben und anderen Naturkatastrophen, Krankheiten und die Beeinträchtigung des Stadtbildes.

Die Stadtverwaltung beschloss in den 1980er Jahren, die Slums am Flussufer zu räumen und plante bereits die Umsiedlung der Menschen. Letztlich haben begrenzte Budgets und der Widerstand der Bevölkerung die Räumung verhindert. Zwar bringen sich die Menschen ein, indem sie bei der Reinigung des Flusses durch Müll sammeln und sortieren behilflich sind und auch Uferbepflanzungen vornehmen, so dass der Wasserstrom in dem verengten Flussbett etwas freier fließen kann. Doch leider stellen nach wie vor Überschwemmungen in der Regenzeit eine große Bedrohung und wirtschaftliche Belastung für die mehr als 13.000 Menschen der Siedlungen sowie der umliegenden Stadtviertel dar.

Aus diesen Gründen untersucht dieser Beitrag den aktuellen Zustand der Flussufer, indem er „Slum-Ness"-Kriterien und ihre Kompatibilität mit den Nachhaltigkeitsfragen städtischer Siedlungen analysiert. Die drei genannten Flussufersiedlungen werden vergleichend untersucht und bewertet. Diese Studie ist nicht als quantitative Studie (vgl. KOTAKU) zu bewerten, sondern diskutiert vielmehr Verfügbarkeit und Angemessenheit der Themen zur Problemstellung. Die Datenerhebung erfolgte durch vor Ort Begehungen und Interviews auf der Grundlage von Slumparametern.

Ergebnis und Diskussion

Das Ministerium für Bau- und Wohnungswesen definiert im Kampf gegen die Slums folgende Slumparameter im städtischen Kontext (Kemenpera, 2017): (1) Gebäudetypen in Bezug auf angemessene Abmessungen, Ausrichtung und Form; Dichtegrad gemäß den Bestimmungen der Raumplanung; Kompatibilität mit den technischen Anforderungen an bauliche Anlagen, Blitzsicherheit, Luftqualität, Lichtkomfort, Haussanierung und Baumaterialien. (2) Eignung der Straße einschließlich ihrer Zugänglichkeit; Oberfläche für Sicherheit und Komfort; Größe und Ausstattung. (3) Trinkwasserverfügbarkeit wie das Vorhandensein der Versorgung und deren Zugänglichkeit und Beschaffungsmöglichkeit, die Qualität des Wassers nach Gesundheitsstandards. (4) Verfügbarkeit von Entwässerungssystemen, die auch in der Lage sind, Regenwasserabflüsse zu entwässern, Geruchsbelästigung zu verringern und städtische Entwässerungssysteme anzuschließen. (5) Verfügbarkeit der Grauwasserwirtschaft wie Abwassersysteme, Kontrolle der Abfallqualität gemäß den geltenden Normen und Vermeidung von Grauwasserverschmutzung. (6) Verfügbarkeit der Abfallwirtschaft für Abfallsysteme, Abfallverarbeitungsanlagen und -infrastruktur sowie die Handhabung der Abfallverschmutzung. (7) Brandschutz für die Verfügbarkeit von passiven oder aktiven Sicherheitssystemen, die Verfügbarkeit von Wasserversorgung für angemessene Ausfälle und die Zugänglichkeit für Feuerwehrfahrzeuge. (8) Öffentlich verfügbare, begrünte Freiflächen und Bereitstellung von nicht-grünen, öffentlichen Freiflächen.

Das *KOTAKU*-Programm hilft indonesischen Städten die „Slum-Ness" zu Gunsten einer lebenswerteren Umwelt zu bekämpfen. Einige öffentliche Dienstleistungen wie Strom- und Trinkwasserversorgung wurden bereits umgesetzt, doch gibt es bürokratische Hindernisse und Einschränkungen des Programms, so dass einige Aspekte der „Slum-Ness" wie z.B. sicherheitsrelevante statisch bedenkliche Bauweisen oder Brandgefährdung nicht mehr angegangen werden.

Die Code River Siedlungen

Die Siedlungen am Flussufer des *Code River* wurde aus verschiedenen sozialen, wirtschaftlichen und ökologischen Gründen von der Gemeinde als „semi-legal" anerkannt. Aus dem Blickwinkel des Sozialen betrachtet, wird die Siedlung von vielen, ehemals in der Landwirtschaft tätigen Menschen bewohnt. Wirtschaftlich gesehen arbeiten die meisten Bewohner auf Märkten, in Geschäften oder Fabriken und werden in der Stadt gebraucht. Sie kommen aus einkommensschwachen Gruppen und verbleiben in diesen Siedlungen, weil die Regierung seinerzeit noch nicht in der Lage war angemessenen Wohnraum bereitzustellen. Aus ökologischer Sicht wurde argumentiert, dass die Besiedelung des Flussufers den Wasserfluss nicht stören würde (Subhansyah, 2018). Aus diesen Gründen befinden sich die Siedlungen in einem Status quo, während die Bevölkerung und die Regierung die weitere Siedlungstätigkeit sowie deren Entwicklung fortsetzen.

Ledok Tukangan, das im südlichen Teil nahe dem Stadtzentrum liegt, ist eine der ersten *Siedlungen am Flussufer des Code* (Abb. 2). Es wurden zunächst semi-permanente Hütten aus Holz und Bambus gebaut, später baute man auf einer abgeflachten Düne am Flussufer mit Ziegeln. Neben ihren Häusern bauten die Bewohner am Flussufer Gemüse an, das sie nach der Arbeit in der Stadt verkauften, um ein zusätzliches Einkommen zu erzielen. Nachdem das

Gebiet an Dichte zunahm, wurde die Siedlung als *Ledok Jogoyudan* und *Ledok Code* in den 1980er Jahren in Richtung Norden erweitert.

Ledok Tukangan liegt gleich neben der berühmten *Straße von Malioboro* als eine der ältesten Siedlungen am Flussufer, die seit vier bis fünf Generationen bewohnt wird. Mehr als 200 Häuser befinden sich am Ufer. Der Ort wurde ursprünglich von Arbeitern aus den umliegenden Geschäftsvierteln bewohnt, die weder innerhalb der Stadt noch außerhalb der Stadt eine angemessene Wohnung finden konnten. Mit der Zeit nahm die Zahl der Arbeiter zu und es entwickelte sich ein Kampong. Einige der Menschen bearbeiten ihr Grundstück, um eine Legalisierung durch Landnutzungszertifikate zu erreichen.

Der Kampong war bis in die 1990er Jahre bekannt als gefährlichster, krimineller Ort der Stadt. Es ist erstaunlich, dass die Gemeinde diesen Kampong kürzlich als eines der am besten organisierten Siedlungen ausgezeichnet hat. *Ledok Tukangan* wurde zu einem touristischen Ziel, jedoch nicht aufgrund von „Slumtourismus" (Hernandez-Garcia, n.d.; Nisbett, 2017), sondern durch das Anbieten alternativer Unterkünfte.

Ledok Jogoyudan ist mit mehr als 300 Gebäuden die bedeutendste Siedlung im Vergleich. Da das Gelände uneben und instabil war, wurden die regelmäßig überfluteten Flächen zunächst für die Landwirtschaft genutzt (Abb. 3). Dennoch entwickelte sich hier später eine Siedlung. Die Menschen befestigten die Ufer mit Erde, Sand und Treibgut, die Gemeinde baute zudem eine Stützmauer zum Schutz vor Überflutungen in der Regenzeit. Nach dem Bau der Schutzmauer nahm die Besiedelung und auch die Legalisierungen durch Grundstückszertifikate massiv zu, die Ufer wurden schließlich aufgefüllt und eingeebnet, permanente Baustrukturen nahmen zu. Ein Gouverneurserlass aus dem Jahr 2000 und ein weiterer Parlamentsbeschluss im Jahre 2012 forderte jedoch, weitere Siedlungsprozesse zu stoppen und unter die Regierung des Sultan zu stellen.

Im Vergleich zu den beiden vorangegangenen Siedlungen handelt es sich bei *Ledok Code* um ein relativ kleines Gebiet mit etwa 60 Gebäuden. Das Ufer ist nur 30 Meter breit und 150 Meter lang (Abb. 4). *Kampung Code* wurde in den 1990er Jahren berühmt, als sich der Architekt Mangunwijaya für die Siedlung einsetzte. Für seine Arbeit erhielt er den *Aga Khan Award* (Al-Radi, 1992) und öffentliche Anerkennung für die bemerkenswerten Lösungen zur Unterbringung der Menschen und zur Erhaltung der Uferfunktionen (Idham, 2018).

Die 30-45 Grad steile Uferböschung des *Ledok Code* erstreckt sich nur etwa 20 Meter bis zum Fluss an der Ostseite des Ufers. Mangunwijaya veranlasste die Menschen, die Siedlung entlang einer Ordnung in drei Ebenen unter Berücksichtigung der Häuserfluchten zu entwickeln. Zwei Wege erschließen und verbinden die drei Ebenen innerhalb der Siedlung. Die obere Häuserreihe schließt direkt an eine Garagenreihe an. Obwohl sich die Hauptzugänge der Häuser nicht direkt am Fluss befinden, sind die übrigen Öffnungen der Gebäude zumeist in Richtung Fluss ausgerichtet.

Baubestimmungen

Die Regularien zur Gebäudequalität konzentrieren sich auf die Aspekte Statik, Baumaterial, Anordnung und Erschließung. Obwohl sich die Bauqualität der Gebäude zunehmend verbessert und weiterentwickelt haben, einige Häuser sind sogar zwei- bis dreigeschossig in Betonbauweise errichtet, sind geringe Bauwerksqualität und unzureichende Statik leider noch immer weit verbreitet. Die flächendeckende Anordnung der Gebäude verteilt sich in

Abhängigkeit der jeweiligen Uferneigung zwischen den Gewerbeflächen der Hauptstraße bis hinunter zur Wasserlinie. Die dem Fluss zugewandte Gebäudeanordnung gewährt nicht nur einen Ausblick auf den Fluss. Die Idee, sich dem Fluss zuzuwenden, hat auch Auswirkungen auf das Bewusstsein was den Katastrophenschutz und die Sauberkeit des Flusses betrifft. So sind die Menschen immer wachsam, wenn der Flusspegel steigt und ergreifen dann geeignete Maßnahmen, wie z.B. die Vorbereitung einer Evakuierung. Durch diese Regelungen konnten unnötige Schäden reduziert werden.

Während noch zu Zeiten des Architekten Manguwijaya die in *Ledok Code* auf Stelzen erbauten Gebäude einen Regenwasserkanal und Überlauf für die Regenzeit im oberen Teil des Ufers berücksichtigten und durch ein erhöht gelegenes Erdgeschoss oder durch Mehrstöckigkeit Katastrophenvorsorge leisteten, vernachlässigen viele der jüngsten Ufererschließungen diese Bedrohung durch Überflutung (Idham, 2018). Außerdem könnte die Überlastung der Hänge Erdrutsche auslösen, die geringe Bauwerksqualität erhöht die Gefährdung bei einem Erdbeben zusätzlich (Abb.5).

Quartierszugänglichkeit

Das *KOTAKU*-Programm sieht eine Mindestbreite von 1,5 Metern für die Durchgangswege in einem Kampong vor. Zudem sollten sie mit einer Hauptstraße verbunden sein und entsprechend befahrbare Oberflächen für Fahrzeuge aufweisen. Sowohl *Ledok Tukangan* als auch *Ledok Jogoyudan* folgen diesen Vorgaben (Abb. 6). Im *Ledok Code* hingegen sind die Gassen zwar befestigt, doch entsprechen nur wenige der manchmal nur für eine Person ausgelegten Gassen der vorgegebenen Breite und sind damit für kein Verkehrsmittel zugänglich.

Im *Ledok-Code* zielen die Wege darauf ab, die Häuser direkt an den Fluss anzubinden, die Anbindung an die Hauptstraße erfolgt dagegen indirekt. Von der Hauptstraße aus gibt es drei Zuwegungen zum Flussufer, von denen nur eine Verbindung für Motorradverkehr zugelassen ist und zum gemeinsamen Motorradparkplatz führt. Der Rest der Wege besteht aus einer steilen schmalen Gasse, die nur Fußgänger passieren lässt. Die mit Beton befestigte Erschließung verbindet alle Häuser, die wie bereits erwähnt im Allgemeinen in drei Ebenen unterteilt sind. Zwar gelingt es dem Wegenetz die Zugänglichkeit für die Siedlung zu gewährleisten, doch dient sie nur der Mobilität und nicht der Sicherheit. Mehr als die Hälfte der untersuchten Gassen ist zu schmal, im *Ledok-Code* ist der abgestufte, schmale Durchgang sogar als Hindernis für ältere und bewegungseingeschränkte Menschen zu bewerten.

Trinkwasserversorgung und -qualität

Die Trinkwasserversorgung wird anhand des Zugangs zu Wasserquellen wie den traditionellen Grundwasserbrunnen und dem von der Gemeinde bereitgestellten Trinkwassersystem beurteilt. Die Wasserqualität selbst wird ausschließlich auf ihre physikalischen Eigenschaften (klar und geruchlos) hin überprüft. Die Brunnen und die Wasserversorgung stehen allen Bewohnern zur Verfügung (Abb. 7). Alle Bereiche wurden zudem mit einem Trinkwassersystem ausgestattet, das vom Grundwasserspeicher und vom städtischen Wasserwerk (PDAM) versorgt wird. Im *Ledok-Code* haben jedoch nur wenige Haushalte Zugang zum PDAM, und die meisten Bewohner sind auf die Grundwasserbrunnen angewiesen.

Obwohl alle Bewohner der Kampongs, den Grundbedürfnissen des Menschen entsprechend, Zugang zu Trinkwasser haben, sollte vor dem Hintergrund zunehmender Verknappung auch die langfristige Verfügbarkeit und Qualität des Grundwassers im Stadtgebiet betrachtet werden. Die Überflutungen in der Regenzeit beeinträchtigen z.b. die Qualität des Wassers, da die Brunnen am Flussufer gebohrt werden. Die Nutzung der Brunnen sollte schrittweise reduziert und durch das Trinkwassersystem der Stadt ersetzt werden.

Das Entwässerungssystem

Die Analyse der Entwässerungssysteme erfolgte über die Kontrolle, ob sich stehendes Wasser auf den Straßen befindet und ob sich schlechte Gerüche entwickeln. Alle Bereiche der Siedlung verfügen über ein Entwässerungssystem, welches das Regenwasser direkt in den Fluss leitet (Abb. 8). In *Ledok Jogoyudan* verläuft das gesamte System parallel der Straße. In *Ledok Tukangan* und *Ledok Code* ist das System jedoch segmentiert und sammelt Wasser in voneinander unabhängigen Bereichen bevor das Wasser in den Fluss geleitet wird. In allen Siedlungen wurde vereinzelt stehendes Wasser entdeckt. Doch je besser die Verteilung der Abflüsse organisiert ist, desto geringer sind die Vorkommnisse.

Fast alle Kanäle, die gleichzeitig auch für häusliches Grauwasser genutzt werden, entwässern in den Fluss. Da die Höhenlage der Siedlung niedriger ist als die der Stadtkanalisation, gestaltet sich der Anschluss schwierig. Somit trägt die direkte Einleitung in den Fluss zur Gewässerverschmutzung bei, ein weiteres Minus in punkto ökologischer Nachhaltigkeit.

Sanitäre Einrichtungen und Grauwassermanagement

Die Sanitärversorgung wird anhand der Verfügbarkeit von privaten oder kommunalen Toiletten mit entsprechender Grauwasseraufbereitung beurteilt. Gemeinschaftstoiletten, durch ein Sickergruben-System und einen Schacht zur Abwassereinleitung ergänzt, erfüllen die Kriterien sanitärer Ausstattung. Das Gemeinschaftsbad steht allen Bewohnern zur Verfügung, die mit Sanitäranlagen wie Toiletten und Klärtanks ausgestattet sind. Die meisten dieser Toiletten sind kommunal und werden von nicht mehr als fünf Haushalten pro Toilette genutzt. Mittlerweile ziehen es die Menschen jedoch vor, das Badezimmer in ihren Häusern zu haben, und einige von ihnen haben bereits ein privates Badezimmer für ihre Familien eingebaut.

Die öffentlichen Toiletten dienen den Menschen im Alltag und halten den Fluss frei von menschlichen Exkrementen. Die direkte Einspeisung von Schwarz- und Grauwasser in die Kanalisation ist hingegen in fast allen Kampongs noch immer üblich. Letztendlich wird das verunreinigte Wasser über Rinnen der Kanalisation in den Fluss geleitet – eine in der ganzen Stadt vorherrschende Problematik auf Kosten der Nachhaltigkeit.

Abfallwirtschaft

Die Abfallwirtschaft wird nicht nur durch die Verfügbarkeit von Mülltonnen, sondern auch durch die entsorgungslogistische Prozesskette bestimmt. Der Müll muss mindestens zweimal pro Woche außerhalb der Nachbarschaft zur Deponie gebracht werden. Alle Bereiche wurden mit Gemeinschaftsmüllcontainern ausgestattet. In *Ledok Tukangan* und *Ledok Jogoyudan* gibt es eine tägliche Abfallentsorgung, während die Entsorgung in *Ledok Code* nur dreimal pro Woche stattfindet. In einigen Teilen von *Ledok Code* wird der Müll zudem auf offenen Flächen und am Flussufer zurückgelassen.

In fast allen Entwicklungsländern werden Flüsse als Mülldeponien genutzt. Das geringe Bewusstsein der Bevölkerung, wenig geeignete Abfallprogramme der jeweiligen Kommunen und eine schwache Umweltpolitik haben zur Verschmutzung der Flüsse beigetragen. Das Szenario, dass Überschwemmungen durch verstopfte Rinnen und überlastete Flüsse verursacht werden, ist weit verbreitet. Die Abfallwirtschaft wird häufig als Mülltonnenausstattung missverstanden - ohne Verständnis für ein ökologisches Gesamtkonzept im Sinne der Nachhaltigkeit.

Brandschutzmaßnahmen

Die Verfügbarkeit aktiver oder passiver Brandschutzsysteme wie Hydranten oder Feuerlöscher, ein angemessener Zugang für die Feuerwehr und die Möglichkeiten einer einfachen Evakuierung sind die Voraussetzungen für die Brandsicherheit. Es gibt in den Siedlungen keine Hydranten oder Feuerlöscher und die Fahrspur für Notfallfahrzeuge und Feuerwehr ist in den schmalen Gassen sehr eingeschränkt. *Ledok Tukangan* und *Ledok Jogoyudan* sind besser in Bezug auf die Verfügbarkeit der Gassen, die mit der Hauptstraße verbunden sind, obwohl die Größe der Gasse nicht für Autos oder Lastwagen ausreicht. Es gibt keinen entsprechenden Zugriff im *Ledok-Code*, da der Pfad abgestuft und schmal ist.

Die Qualität der Gebäudekonstruktion, ihre elektrische Ausstattung und die Zugänglichkeit zu einzelnen Gebäuden sind weitere Faktoren für die Brandgefahr. Viele Holzhäuser stehen dicht nebeneinander und verfügen im Umfeld über wenig Raum zur Bekämpfung großer Brandkatastrophen. In fast allen Kampongs könnten die dicht gedrängten Häuser aus brennbaren Materialien und minderwertigen elektrischen Leitungen einen Brand auslösen, der schnell auf den Rest der Siedlung übergreift.

Öffentliche Freiflächen

Öffentliche Grünflächen wie Gärten und Plätze sollten ein wesentlicher Bestandteil des städtischen Lebens sein. Ihre Verfügbarkeit sollte im Verhältnis zur Anzahl der Bewohner eines bestimmten Gebietes stehen und den jeweiligen Bedürfnissen gerecht werden. In allen Kampongs liegt die Anzahl verfügbarer Freiflächen unter dem Niveau der allgemeinen Standards. Es haben sich alternative Formen des nutzbaren, öffentlichen Raumes etabliert wie z.B. die Hochwasserschutzmauer in *Ledok Tukangan*, die auch als öffentlicher Sitzbereich genutzt wird. In *Ledok Jogoyudan* ist zudem eine offene Fläche als Kinderspielbereich verfügbar (Abb. 9). In allen Siedlungen fehlen größere Grünflächen. Doch ist in *Ledok Tukangan* und *Ledok Jogoyudan* die Ufermauer voll begrünt. Es gibt eine Reihe kleinerer Plätze und öffentliche rFreiflächen, die sich in der Nähe des Eingangs zu *Ledok Jogoyudan* befinden, während im *Ledok-Code* nur ein einziger öffentlicher Freiraum in der Nähe des Flusslaufs zu finden ist. Die geringe Verfügbarkeit an Freiflächen scheint für die Kampongs akzeptabel zu sein, obwohl sie nicht den Normen entspricht. Das Selbsthilfeprogramm, bekannt als „musyawarah" und „gotong royong", initiiert kompensierende Maßnahmen, um in der Umgebung strategische Treffpunkte und öffentliche Räume für Menschen jeden Alters zu schaffen und um die sozialen Bindungen innerhalb der Nachbarschaft zu stärken.

Schlussfolgerungen

Nachdem alle Kriterien der „Slum-Ness" bewertet wurden, lässt sich schlussfolgern, dass die drei Kampongs noch nicht alle Anforderungen des *KOTAKU*-Programms erfüllen und somit noch Slumcharakter besitzen (Tabelle 1). Die wesentlichen Mängel sind die schlechte Quartierszugänglichkeit, Gebäudequalität und Baubestimmungen sowie einige Aspekte der Abfallwirtschaft. Im Hinblick auf die Umweltsicherheit könnte die begrenzte Zugänglichkeit einen Risikofaktor für die Evakuierung und für Notfallmaßnahmen darstellen. *Ledok Code* zeigt, dass dieser Problematik mehr Aufmerksamkeit gewidmet werden muss. Schlechte Gebäudequalität und -anordnung sind weitere dominierende Faktoren für die Anfälligkeit der Siedlungen bei Überschwemmungen, Bränden und Erdbeben. Angesichts der bestehenden Naturrisiken und Sicherheitslücken benötigen alle Kampongs bauliche Anpassungsmaßnahmen. Zudem verstärkt die mangelnde Abfallwirtschaft die Problematik der Überschwemmungen sowie der herrschenden Umwelt- und Gesundheitsprobleme.

Andererseits sind die wesentlichen Anforderungen an Kanalisation, Trinkwasserversorgung, sanitäre Anlagen und öffentliche Freiflächen erfüllt. Mit dem Ziel den Fluss nicht durch Abwässer zu belasten, wäre eine Trennung und dezentrale Behandlung des im Kampong anfallenden Grauwassers von den städtischen Regenwasserkanälen anzustreben.

Tabelle 1: Der Nachhaltigkeitsstatus der Kampongs nach den „Slum-Ness"-Kriterien

No	Aspekte	Ledok Code	Ledok Tukangan	Ledok Jogoyudan
1	Quartierszugänglichkeit	-	√	√
2	Baubestimmungen	-	-	-
3	Entwässerungssystem	√	√	√
4	Trinkwasserversorgung	√	√	√
5	Sanitäre Einr./Grauwassermanagement	√	√	√
6	Abfallwirtschaft	-	√	√
7	Brandschutzsicherheit	-	-	-
8	Öffentliche Freiflächen	√	√	√

Aus dieser Studie lässt sich ableiten, dass die „städtisch-ländlich" geprägten Flussufersiedlungen am *Code River Yogyakarta* zu einem integralen Bestandteil der Stadtlandschaft geworden sind und sich als alternative Wohngebiete entwickelten, da von Seiten der Stadtverwaltung keine bessere Lösung angeboten werden konnte. Zwar gibt es in den Siedlungen Mängel, die zeigen, dass teilweise noch „Slums-Ness"-Parameter vorhanden sind und dass Nachhaltigkeitsfragen und Umweltaspekte nach wie vor von großer Bedeutung sind. Jedoch haben die Menschen bewiesen, dass sie in gemeinschaftlichen, flexiblen und kreativen Selbsthilfe-Lösungen ihr Wohnumfeld verbessern konnten. Ein größeres Bewusstsein für eine stärkere Zusammenarbeit zwischen den Siedlungen und der Regierung wäre erforderlich, um bessere Lösungen für nachhaltigere Umweltbedingungen in den Siedlungen zu finden.

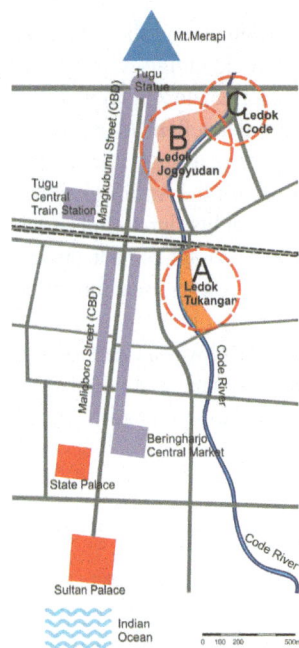

Abb./ Fig. 1: Indonesien, Yogyakarta und seine Flussufersiedlungen. // Indonesia, Yogyakarta, and
the riverbank settlements map.

Abb./ Fig. 2: Luftbild von Ledok Tukangan. // Aerial picture of Ledok
Tukangan.

Abb./ Fig. 3: Luftbild von Ledok Jogoyudan. // Aerial picture of Ledok
Jogoyudan.

Abb./ Fig. 4: Ledok Code Ansicht
von der Brücke in der Hauptstraße
der Stadt. // Ledok Code view from
the bridge in the main city's street.

Abb./ Fig. 5: Die zweistöckigen Häuser am Flussufer von Ledok Jogoyu-dan, wo sich die Stelzenhäuser auf eine Flut vorbereiten. // The double story houses in the river edge of, Ledok Jogoyudan where stilt houses prepare for a flood.

Abb./ Fig. 6: Der Zugang zum Quartier in Ledok Tukangan, die meist schmal und abgestuft sind. // The neighbourhood access in Ledok Tukangan which mostly narrow and stepped.

Abb./ Fig. 8: Das Entwässerungssystem in Ledok Tukangan in gutem Zustand. // The drainage system in Ledok Tukangan in good condition.

Abb./ Fig. 7: Trinkwasserversorgung durch Brunnen in Ledok Tukangan. Das Grundwasser ist nach wie vor die wichtigste Ressource für das Trinkwasser. // Drinking water availability by well in Ledok Tukangan. Groundwater is still as the primary resource for the drinking water.

Abb./ Fig. 9: Freiflächen in Ledok Jogoyudan. // Open space in Ledok Tukangan (left) and Ledok Jogoyudan.

Riverbank Slums, Kampong Organisations and Sustainability Issues of Urban Landscapes: The Case of Code Settlements Yogyakarta, Indonesia

Noor Cholis Idham & Barito Adi Buldan Rayaganda Rito

Land scarcity, booming urbanisation as the impact of the growing economy, and lack of an appropriate city plan and housing program have contributed to the proliferation of illegal housing in urban areas such as in Code Riverbank Yogyakarta Indonesia. The settlement has emerged in the 1960s, created the favela's contra version in the 1980s, somehow acknowledged by the municipality in the 1990s; thus, housing growth explodes since then. The riverbank supposed to be an open green area turned to a very crowded slum which has been overwhelmed with the water stream and the issues on the people safety and the city's environmental sustainability. This paper discusses the riverbank evolution by the people as self-help-development to answer the problem. The three kampongs on the bank are investigated to distinguish vicinity upgrading by assessing their arrangement based on the slum parameters of the government. The slums have transformed from illegal to 'semi-legal' circumstances as many improvements are ongoing on the environment. The need to settle has morphed to the expectation for more liveable neighbourhood parallel with the economic growth and increasing awareness on sustainability.

Introduction

Urbanisation and city development in Indonesia

Massive development in Indonesia started in the 1970s by modernisation when so-called the *Orde Baru* (New Era) was starting to rule lead by President Soeharto. All sectors including housing in the urban area were projected by the series of five-years planning program of Repelita. *Perumnas* was the massive housing program offering hundreds of house units in almost every city, and slum upgradation was one of the most important aspects (Minnery et al., 2013). However, the housing program in Indonesia less succeeded since there is no appropriate planning and the budget allowance is very limited (Rolnik, 2014). The rest-majority people still cannot afford the formal housing provided by the government. Instead, they have developed by themselves resulting *urban-village kampong* or *kampung-kota* as the self-help housing both legally and illegally.

Legal kampongs are mostly acknowledged as the residential area surrounding the city built on the land owned by the people while illegal housings are occupying the riverbanks and the railroad edges which later turn to be slums. The slums are predicted in high growth, and already one-third people in the world are living in slums (Ragheb et al. 2016). For this reason, urbanisation is a crucial factor in managing a thriving city in the future (UN-Habitat, 2016). Parallel with the economic growth in the country, both legal and illegal kampongs grew increasingly and triggered the municipalities to launch some regulations and restrictions. Recently, the government is targeting to resolve 23.656 hectares slum with the needed facilities and infrastructures such as *KOTAKU* or literally as 'a city without slums' program with the eight targets of building viability, roadworthiness, drinking water availability, drainage system, sanitary system, waste management, fire protection, and green open space (PKPBM, 2015). Resettlement or eviction of the slums has been done regularly in many big cities in Indonesia. Slum eviction was frequent in the 1980s to 1990s but drastically decreased after the economic crisis in 1998 which was resulting in an overwhelming situation in every city. The crisis was followed by the weak government causing turmoil in many aspects. It triggered the people to think and act freely in the name of freedom thus even led the booming of the slums. Almost all railroad edges and riverbanks in the cities are crowded with informal settlements which most of them are in permanent construction. In the last decade, more than 17 million people in Indonesia are living in slums which inhabiting more than 14,5 million of houses and more than 47.000 hectares land (Wulandari, 2009). However, people who occupy the riverbank are willing to move if the government facilitate them in appropriate ways such as preparing the substitute land or housing (Soemarno, 2010).

Yogyakarta, urbanisation, and housing

Yogyakarta is a small region in Java as one of the 35 provinces in Indonesia which also suffers the slum problems. It has an area of 3,186 km² that is controlled by the Sultan as a special province since it existed before the republic. The city stretches near the water lines between *Mount Merapi* in the north and the Indian Ocean in the south (Fig. 1). Although less in the economic growth compared to the other major cities such as Jakarta or Surabaya, it has a significant role in touristic and education where hundred thousands of tourists and students come every year. As a result, the city has attracted the significant growing population not only inviting students but also drawing the people surrounding to leave their agricultural activities in the villages and find jobs in the towns. Thousands of workers have come and stayed wherever they could live such as in riverbanks, railroad sides, under the bridge, and others which are resulting in the slums.

The slum in Yogyakarta

Code River is one of the three rivers flowing through to the city which accommodates not only the water stream but also the place for people. The Code riverbank settlement problem first appeared when some people started to occupy the space under the bridges and expanded to the most of the banks. The illegal occupation triggered the appearance of illegal housing on the banks and turned out to be a slum. Struggle was very intense between the people who need to stay and the municipality who need to clean up the slums.

The river drains the water from *Mount Merapi* to the Indian Ocean through the city, but the overflow occurs periodically in the rainy sessions particularly after Merapi's eruption. The overflowing stream consists of a mixed fluid of sands and stones as the most dangerous threats to the riverbank settlements. The powerful stream from 130 million cubics of cold lava in 2010 caused overflow which generated considerable loss as 980 houses were submerged, 5700 residents were displaced, and property losses reached more than 115 billion rupiahs (Pratopo, n.d.).

Code River, the settlements and sustainability issues

Code Riverbank settlements and its issues upraised at most for three riverbank kampongs since the 1980s. Each of these three kampongs has a specific characteristic such as known for one of the first riverbank settlements for *Ledok Tukangan*, the self-developed site of *Jogoyudan*, and the distinctive settlement of *Ledok Code* (Subhansyah, 2018). The dispute of the settlement between the municipality and the settlers was because the slum they built has destroyed the city's landscape, decreased the ability of the bank to facilitate the water stream, and mostly created a high rate of crime in the neighbourhood (Fabusuyi, 2017). In the riverbank case, there are many problems since its beginning such as illegal housing; environmental unsustainability including threat of floods, landslides, earthquakes, and other natural disasters; social sickness; and the city's visual pollution.

The struggle started in the 1980s, when the number of settlements sharply increased along with the high rate of urbanisation in Yogyakarta. The municipality decided to clear the slum and planned to resettle the people; however, the limitation of budget and the resistance from the people has suspended the eviction. On the other side, the people claimed that there was no appropriate housing program offered by the government so far. Furthermore, they help to clean the river by taking and sorting the trash out from the river, planting the banks and keeping the water stream flowing in the river. Unfortunately, the overflow in the wet season is a threat to more than 13.000 life and millions of rupiahs of properties. Furthermore, the narrowing water stream can quickly dump the bank causing floods in the riverbanks and surroundings making the city condition at its worst.

For all these reasons, this paper examines the actual riverbank condition by analysing their arrangement based on the "slum-ness" criteria and its compatibility with the sustainability issues in the urban settlement. The three of riverbank settlements above are evaluated regarding the availability of the aspects by assessing and comparing them. However, this study does not mean to asses a quantitative model as in *KOTAKU*, but more to discuss on their availability and appropriateness regarding the issues. Data collection was done by physical survey and interviews based on the slum parameter.

Result and Discussion

To diminish the slum, the Indonesian Government has set eight parameters of the urban envi-ronment of a settlement. The public works and housing ministry indicated the aspects related to a slum which are (Kemenpera, 2017): (1) Building regularities in terms of appropriate dimensions, orientation, and shape; density level in accordance with the provisions in the spatial plan; compatibility with the technical requirements of structural systems, lightning security, air quality, lighting comfort, house sanitation, and building materials. (2) Road's appropriateness including its accessibility; surface for the safety and comfort; size, and equip-ment. (3) Drinking water availability such as the existence of the supply and its accessibility; ability to get drinking water for everyone; and the quality of the water according to health standards. (4) Drainage system availability which is also able to drain rainwater runoff; dimi-nish the odour, and connect urban drainage systems. (5) Grey-water management availability such as wastewater management systems; control of waste quality according to applicable standards; and grey-water pollution prevention. (6) Waste management availability for waste systems; waste processing facilities and infrastructure; and the garbage pollution handling. (7) Fire safety for the availability of passive or active security systems; availability of water supply for adequate outages; and accessibility of the fire trucks. (8) Public open space for the availability of land for green open space (RTH); and the readiness of non-green open land for public open spaces (RTP).

The scheme of *KOTAKU* helps the cities in Indonesia to decrease of 'slum-ness' to a more liveable environment. However, the illegal housing in the riverbanks still faces bureaucratic obstacles though some public services already provide the area such as electricity and drinking water system. Many aspects of slum-ness may be inapplicable since the limitation of the accessibility of the program such as related to weak construction and fire vulnerability for public safety.

The riverbank slope settlements
The settlement in Code's bank has become 'semi-acknowledged' by the municipality because of some reasons related to social, economic, and environmental aspects. Socially, the settlement has been occupied by a large number of people who moved out from the rural areas who cannot rely on agriculture anymore. Economically, most of the people were workers in the markets, stores, and industries who were needed in the city. They came from low-income group who stayed in the settlement while the government was not capable yet of providing appropriate housing. Environmentally, they stated that the empty bank could be occupied and not disturb the water flow (Subhansyah, 2018). For all those reasons, the settlements have been left in a status quo, while the people and the government continue the occupation and development.

Ledok Tukangan, which is laid in the southern part near the city centre is one of the first settlements on the Code Riverbank (Fig. 2). Settlers initially constructed semi-permanent huts with wood and bamboo and later by bricks on a flattened dune in the riverbank. Besides the constructed houses, they planted the banks with vegetables after working in the city for their consumption and selling it to get an additional income. After the density of the area started to swell up, the people expanded the settlement to the northern parts to *Ledok Jogoyudan* and *Ledok Code* in the 1980s.

Ledok Tukangan is located just next the famous street of Malioboro as one of the oldest settlements on the riverbank occupied since four or five generations. More than 200 houses reside on the bank. The place was initially served workers from the surrounding vital business districts who can neither achieve an appropriate housing inside the city nor back home far away outside the city. As time goes by, the number of worker inhabitants the riverbank has increases, and factually the area turns to be a kampong. Some of the people even process their land to become certified land legally, and others get land use certificates.

The kampong was known for its reputation as a place for criminals until in the 1990s making it the most dangerous place in the city. It is amazing that recently the municipality awarded it as one of the most in order villages in organisational performance. *Ledok Tukangan* transformed to be one of the tourist spots not because of slum tourism (Hernandez-Garcia, n.d.; Nisbett, 2017), but merely by offering an alternative tourist accommodation busting their economy.

Ledok Jogoyudan, another riverbank kampong, is the most significant settlement compared to the others with more than 300 buildings. It was used as initiative for farming since the contoured and unstable land. The floods regularly swept the sandbanks, however, later it has also turned to be a settlement. Initially people started to inhabit it by dumping the banks from the water stream by soil, sand, and drifted materials from the river. The municipality builds the retaining wall for directing the stream and keeping the site from overflowing water in the wet season (Fig. 3).

Unexpectedly, the people massively occupied the space even after the wall and start to build the permanent settlement. The bank is finally filled and flattened; consequently, the population was also sharply increased in the ,90s. The people started to formalise the land and some successes to get a land certificate. However, the Governor Decree year of 2000 demanded to freeze the process and turned back the land to the right of the Sultan which strengthened by the Parliament by ratifying the Yogyakarta as Special Region by Legislation No. 13 ear 2012. Ledok Code is a relatively smaller area than the previous two settlements. The bank is only 30 meters wide, and 150 meters long with about 60 buildings standing.

Kampung Code became famous in the 1990s when Architect Mangunwijaya committed to resolving the problem of the slum. From his work on this kampong, he achieved *Aga Khan Awards* (Al-Radi, 1992) and the public appreciation for the remarkable solution of the settlement for accommodating the people, as well as keeping the riverbank functions (Idham, 2018). The slope of the *Ledok Code* spans only for about 20 meters in 30-45 degree down to the river in the east side of the bank. Mangunwijaya led the people to develop the settlement by considering the contour for the houses in three rows upper, middle, and lower parts. Two pathways connect these three layers of the settlement; upper houses just behind the row of garages on the street side with the middle row buildings; the lower layer of the houses with the middle row. The third pathways were added just on the side of the river stream. Although the primary access of the houses is not on the riverside, the openings are mostly facing the river (Fig. 4).

Building's regularities

Building's regularity aspect is focusing on the building quality based on the structural system, material used, and their arrangement in the kampong related to the neighbourhood's access way. The quality of the building is evolving; some houses are even two or three stories with a perfect concrete structural system. Unfortunately, the weak and poor constructions are still widely spread.

Houses in the kampong are scattered according to the slope of the riverbank and buildings in these three kampongs are facing the alleyway and river. The riverbank was flattened in the two previous villages, while in the *Ledok Code*, houses were built on factual slopes. The buildings are just behind the row of the commercial garages on the main street, stretch to the lower part just beyond the edge of the river.

Building arrangement allows the occupant's view to the river instead on to the street on the opposite side. The idea of facing the river has a significant impact not only to flood disaster mitigation awareness but also to maintain the river cleanliness. Thus the people are always alert when the level of the stream increases and take appropriate action if needed such as prepare to evacuate. By this arrangement, unnecessary casualty could be diminished.

In Manguwijaya's era, the buildings in *Ledok Code* were built on stilts considering the water stream and overflow possibility in the wet season as well as the rainwater channel from the upper part of the bank but other just using the double story construction. From the perspective of the disaster mitigation, some houses in the settlement were initially prepared to the flood by the elevated floor. However, many of the recent riverbank development is neglecting the threat (Idham, 2018). Overload capacity of the slope will also trigger the landslide, and the low-quality structural system makes high vulnerability on an earthquake (Fig. 5).

Neighbourhood access
KOTAKU has allowed the minimum width of 1.5 meters for the alleyway in a kampong and should be connected to the main street with properly finished surfaces for the ease of vehicular access. Only a few passages meet the width, and the rest is just enough for one person passing by. Both *Ledok Tukangan* and *Ledok Jogoyudan* had many alleys with an appropriate pavement more than 1.5 meters and connected to the main street directly (Fig. 6). While in *Ledok Code*, the road is also paved and generally suitable, but the width varies from more than 1.5 meters into much smaller towards the settlements. Most of these alleyways are inaccessible by any mode of transportation.

In *Ledok Code*, the pathways purpose to link the main street with the houses indirectly and the houses to the river directly by the walkways. There are three entrances to the riverbank from the main street which one only allows the motorcycle trough to the common motorcycle parking. The rest of the pathways consists of steeped narrow alley that only allows people to passing. The concrete lane connects all the houses which are in general divided into three layers as mentioned before.

The pathways arrangement succeeds to provide the accessibility for the settlement. However, it serves people only for mobility rather than a safety precaution. In all cases, more than half of the alleys are very narrow which is only for movement function. The stepped thin passageway in *Ledok Code* is even as a hindrance both for the age and disable person.

Drinking water sources and quality
The properness of drinking water supply is assessed by the water source availability such as the traditional groundwater well and drinking water system provided by the municipality. The water quality is checked solely on its physical properties. The wells and the water supplies are available for all resident, and its physical properties are clear without odour (Fig. 7). All the areas have been equipped with drinking water system supplied by groundwater reservoir and by the *Municipal Waterworks (PDAM)*. However, in *Ledok Code*, only a few households have access to the PDAM, and most of the resident relies on the groundwater wells.

Though all the residents in the kampongs have access to the drinking water as a basic need in human life, the long term availability should be concerned as the decreasing quantity and quality of groundwater in the urban area. The flooding river in the rainy season is also affecting the quality of the water since the wells are dig in the river bank. The use of the groundwater well should be gradually decreased and changed by the city's drink water system.

Drainage system
The drainage system is checked by the existence of the channel and its function which indicated by no water runoff left on the road and leave no bad odours. All the areas have the drainage system that distributes rainwater into the river (Fig. 8). In *Ledok Jogoyudan*, the system is elongated and runs along with the Road. However, in *Ledok Tukangan* and *Ledok Code*, the

system is segmented and collects water per areas, before they stream the water into the river nearby. In all research areas, puddles or water runoff which left on the road seems unavoidable, but considerably minimal, where almost all the parts can distribute the runoff properly. Although many of the alleys have the gutter to pass the rainwater, almost all the channels end up in the river. The system contributes to river pollution mainly because it is also used for domestic greywater. Since the location of the settlement is lower than the city sewer system, connecting them is an obstruction. Throwing rainwater directly to the river is another burden in environmental sustainability.

Sanitation and greywater management
The sanitation is assessed by its availability of private or communal toilet with appropriate greywater processing. The shared lavatory has met the criteria and is able to accommodate five households that has been completed by a septic tank system and a well for wastewater discharge. The communal bathroom is available for all residents equipped with sanitation facilities such as toilets and septic tank. Most of these lavatories are communal and accessed by not more than five households per toilet, as Individual latrine is limited. However, now people prefer to have their bathroom in their homes, and some of them have already built for their families. The public toilets serve the people and keep the river free from human waste pollution. Nevertheless, the greywater is less considered in many cases both for public and private lavatories. Streaming the used water directly to the sewer system is still common in almost all the kampongs. Again, the final destination of the polluted water in the ditch is the river itself. River pollution from greywater is considerably decreasing sustainability which unfortunately is a predominant issue of the city.

Waste management
The waste management is not only determined by the availability of a community's trash bin facility, but also the processing of the same. The trash has to be disposed outside the neighbourhood at least twice a week to the non-deteriorated waste landfill. All the areas have been equipped with community garbage containers fulfilling the function except for *Ledok Code* which is not fully usable. *Ledok Tukangan* and *Ledok Jogoyudan* have garbage collection every day, while Ledok Code has only three times a week. However, in some parts of *Ledok Code*, trash is left on an open areas such as riverbank.
In almost all developing countries, rivers are being treated as garbage dumpyards. Low awareness of the people, less appropriate waste program by the respective municipalities and weak law enforcement regarding the environment have contributed to the pollution in rivers. The scenario of floods being caused by choked gutters and overloaded streams is quite common. Waste management, in this case, is still considered more as giving the bin rather than the wholesome idea of environmental sustainability in general.

Fire hazard precautions
The availability of active or passive systems for fire safety such as fire hydrants or fire extinguishers, adequate access for firefighters, and ease of access to evacuation are fire hazard safety. There is no presence of hydrant or fire extinguisher in all the areas, and the lane for emergency and firefighters are very limited. The alley width is not enough for the firefighting

truck to access the settlements. *Ledok Tukangan* and *Ledok Jogoyudan* are better in terms of the availability of the alleyways connecting to the main street although the alley size is not enough for cars or trucks. There is no appropriate access in Ledok Code since the pathway is stepped and narrow.

The quality of the building construction and its electricity are the other pressing factors for fire hazards. Building safety related to fire is also connected to the accessibility of the environment. There are many wooden houses standing side by side lacking appropriate space for big fire disaster vulnerability. Unfortunately, almost all the kampongs are filled with crowded houses with combustible materials and low-quality electrical wiring which could easily trigger a fire. The fire started at one point could easily affect the rest of the settlement.

Public open space

Public open green spaces such as gardens and plazas should present as an essential aspect for urban life. Their availability should be in balance with the number of the residents in any given area. The adequate presence of the open space should meet the dedicated needs. In all the kampongs, the existence of open spaces is below the level of general standards. However, the other form of public space is obtainable. The embankment wall in Ledok Tukangan which was raised due to the flooding threat is also used as a public seating area. The open area where local children used to play is also available in *Ledok Jogoyudan* (Fig. 9).

There is an absence of considerable amount of wide green open spaces in all the areas. However, in *Ledok Tukangan* and *Ledok Jogoyudan*, the embankment wall is full of greenery. There are limited spots of open spaces and public area situated near the entrance to the site in *Ledok Jogoyudan* while in *Ledok Code*, only one public open space area is found on the lowest part near the river stream.

The availability of the open spaces seems acceptable for the kampongs although the size might be less than the standard. The people self-help program known as musyawarah and gotong royong are capable of initiatives to provide the environment with a gathering space. This space strategically facilitates the people of all ages to meet and gather for strengthening the social ties among them.

Conclusions

After all the criteria of the slum-ness have been assessed, the three kampongs do not meet yet with the entirely requirements of *KOTAKU,* which indicates that the slum character still exists (Table 1). The essential failures are limited access, building quality and regularity, and some aspects related to waste management. In terms of environmental safety, limited accesses may disrupt the evacuation and emergency purposes. *Ledok Code* indicates the need for more attention to the limited access which most probably is a problem. Poor building quality and arrangement are other dominant contributing factors for the settlement vulnerabilities under floods, fires, and earthquakes. All the kampongs need to increase the safety from natural hazards by increasing building appropriateness. Low-quality management in the garbage also will affect the flood and other environmental health problems. Conversely, most of the essential elements such as drainage system, drinking water availability, sanitation, and public open spaces are available and serve the people as expected. However, an important consideration related to the drainage and greywater system should be made regarding the final destination that should not end up in the river. The municipality should consider a unique system detached from the city's rainwater gutters. Otherwise, it will be harmful to the neighbourhood as it might provoke floods and health problems.

Table 1: The kampong sustainability status according to the slum-ness parameter

No	Aspects	Ledok Code	Ledok Tukangan	Ledok Jogoyudan
1	Neighbourhood access road	-	√	√
2	Buildings regularities	-	-	-
3	Drainage availability	√	√	√
4	Drinking water sources availability	√	√	√
5	Sanitation and greywater management	√	√	√
6	Waste management	-	√	√
7	Fire hazard safety	-	-	-
8	Public open spaces	√	√	√

From this study, it can be determined that the riverbank settlements on the *Code River Yogyakarta* have become an integral part of the city landscape and have emerged as an alternative housing areas that have not had a better solution by the city government. Some shortcomings exist in the settlements showing the character of slums are still intact, and sustainability issues in the environment are still inherent. However, people prove that their self-help solutions provide a better environment for responding to the slum issues. For these reasons, greater awareness and collaboration between communities and the government is needed to achieve better solutions for a more sustainable environment for the settlements.

Literatur // Literature

Al-Radi, A. (1992). Kampung Kali Cho-de Yogyakarta, Technical Review Summary, Aga Khan Award for Architecture.

Fabusuyi, T. (2017). Is crime a real estate problem? A case study of the neighborhood of East Liberty, Pittsburgh, Pennsylvania. European Journal of Operational Research, 268, 1050–1061. https://doi.org/10.1016/j.ejor.2017.12.003.

Hernandez-Garcia, J. (n.d.). Slum tourism, city branding and social urbanism: the case of Medellin, Colombia. https://doi.org/10.1108/17538331311306122.

Idham, N. C. (2018). Riverbank Settlement and Humanitarian Architecture, The Case Of Mangunwijaya's Dwellings and 25 Years After, Code River, Yogyakarta, Indonesia. Journal of Architecture and Urbanism, 42(2), 177–187. https://doi.org/10.3846/jau.2018.6900.

Kemenpera. (2017). Kotaku : Kota Tanpa Kumuh. Retrieved February 18, 2019, [online] http://kotaku.pu.go.id/page/6880/tentang-program-kota-tanpa-kumuh-kotaku.

Minnery, J., Argo, T., Winarso, H., Hau, D., Veneracion, C. C., Forbes, D., & Childs, I. (2013). Slum upgrading and urban governance: Case studies in three South East Asian cities. Habitat International, 39, 162–169. https://doi.org/10.1016/J.HABITATINT.2012.12.002.

Nisbett, M. (2017). Empowering the empowered? Slum tourism and the depoliticization of poverty. Geoforum, 85, 37–45. https://doi.org/10.1016/J.GEOFORUM.2017.07.007.

PKPBM. (2015). KOTAKU, Kota Tanpa Kumuh. [online] http://kotaku.pu.go.id:8081/pustaka/files/Brosur_KOTAKU_rev.pdf [14.02.2019].

Pratopo, T. (n.d.). MENOLAK LUPA LAHAR DINGIN KALI CODE 2010. [online] https://www.academia.edu/6530718/MENOLAK_LUPA_LAHAR_DINGIN_KALI_CODE_2010 [14.02.2019].

Ragheb, G., El-Shimy, H., & Ragheb, A. (2016). Land for Poor: Towards Sustainable Master Plan for Sensitive Redevelopment of Slums. Procedia - Social and Behavioral Sciences, 216, 417–427. https://doi.org/10.1016/J.SBSPRO.2015.12.056.

Rolnik, R. (2014). Special Rapporteur on adequate housing on her mission to Indonesia. [online] http://www.ohchr.org/EN/HRBodies/HRC/RegularSessions/Session25/Documents/A-HRC-25-54-Add1_ch.doc [18.04.2019].

Soemarno, I. (2010). A 'Simple' Solution Proposal for Riverbank Settlement Problems in Surabaya. Environment and Urbanisation ASIA, 1(2), 209–222. https://doi.org/10.1177/097542531000100207.

Subhansyah, A. (2018). Tiga Kampung di Lembah Code. [online] https://aansubhansyah.wordpress.com/2018/02/23/kisah-tiga-kampung-di-lembah-kali-code/ [08.02.2019].

UN-Habitat. (2016). Urbanisation and Development: Emerging Futures (I). Nairobi: United Nations Human Settlements Programme (UN-Habitat). [online] https://www.unhabitat.org/ [20.11.2018].

Wulandari, A. P. (2009). The Slums at the Riverbanks and a Challange for Cultural Change. In Informal Settlements and Affordable Housing. [online] https://www.irbnet.de/daten/iconda/CIB_DC25396.pdf [03.02.2019].

Abbildungen // Figures

Abb./ Fig. 1 - 9: Noor Cholis Idham & Barito Adi Buldan Rayaganda Rito.

BRIDGING RURAL-
URBAN DIVIDE

Überwindung des Stadt-Land-Gefälles: Kann Geodesign helfen?

Bartlett Warren-Kretzschmar[1]

Die US-Gesellschaft spaltet sich zunehmend in Stadt und Land. Das Stadt-Land-Gefälle tritt auf vielen Ebenen auf: ethnisch, politisch, sozial und wirtschaftlich. Dies hat nicht nur Konsequenzen für die US-Gesellschaft, sondern auch für den Beruf des Designers und Planers. Diese wachsende ideologische Kluft macht eine Zusammenarbeit über das Stadt-Land-Gefälle hinweg schwierig. Ein bioregionaler Planungsansatz befasst sich mit natürlichen und kulturellen Systemen in der Landschaft, die über die politischen Grenzen hinausgehen. Die heutigen komplexen Planungsfragen erfordern eine Plattform, um verschiedene Szenarien mit unterschiedlichen Akteuren zu untersuchen. Geodesign bietet einen Rahmen, um einen Konsens über die Pläne für die zukünftige Entwicklung zu finden oder zumindest ist es ein Weg, um Übereinstimmungen zu identifizieren. Ein Fallbeispiel eines Geodesign-Workshops in Park City, Utah, zeigt, wie Geodesign genutzt werden kann, um Akteure mit gegensätzlichen Zielen zu einem Konsens über die zukünftige Entwicklung zu bringen.

Einführung

Die Bevölkerung in den Vereinigten Staaten wächst zahlenmäßig und ist dabei multikultureller geworden. Eine neue Analyse des *PEW Research Centers* (Bialik 2018) zeigt, dass sich diese Trends in den verschiedenen Gemeindearten unterschiedlich auswirken. Dabei werden die städtischen und vorstädtischen Landkreise immer multikultureller als ländliche Gebiete. Obwohl die Mehrheit der US-amerikanischen Landkreise als ländlich gilt, leben hier nur 14% der US-Bevölkerung. -Zudem schrumpft die Bevölkerung in den ländlichen Landkreisen und enthält den geringsten Anteil an Einwanderern. Im Gegensatz dazu haben die städtischen Landkreise mit 31% der Bevölkerung keine weiße Mehrheit mehr, während die Mehrheit der Bevölkerung, nämlich 55%, in den suburbanen Landkreisen lebt. Über alle Landkreistypen hinweg altert die Bevölkerung. Auch politisch sind diese drei Gemeindetypen auf unterschiedlichen Wegen. Die ländlichen Gebiete haben sich in den letzten zwei Jahrzehnten in eine republikanische Richtung entwickelt und die städtischen Gebiete sind in den letzten zwei Jahrzehnten noch demokratischer geworden. Die Vorstädte sind nach wie vor etwa gleichmäßig zwischen den beiden Parteien aufgeteilt. Interessanterweise zeigt die PEW-Forschung auch, dass die Mehrheit der städtischen und ländlichen Bevölkerung das Gefühl hat, dass ihr Gemeinschaftstyp von den Menschen der anderen Gemeinschaftstypen

1 Dr. Bartlett Warren-Kretzschmar, Leibniz Universität Hannover, Hannover/ Deutschland,
   E-Mail: warren@umwelt.uni-hannover.de

© Springer Fachmedien Wiesbaden GmbH, ein Teil von Springer Nature 2020
N. Uhrig (Hrsg.), *Zukunftsfähige Perspektiven in der Landschaftsarchitektur für Gartenstädte*, https://doi.org/10.1007/978-3-658-28941-6_9

abgelehnt wird (Parker et al. 2018). Darüber hinaus sieht die Mehrheit der Amerikaner auf dem Land eine Diskrepanz zwischen ihren Werten und denen der Stadtbewohner. Die Mehrheit der städtischen und suburbanen Demokraten sieht eine Diskrepanz zwischen ihren Werten und den Bewohnern des ländlichen Raums; die meisten suburbanen und ländlichen Republikaner sagen, dass die Menschen in den Städten ihre Werte nicht teilen.

Mit anderen Worten, die ländliche Bevölkerung, meist Weiße, wird politisch konservativer und wählt die Republikaner. Die städtische Bevölkerung, die immer vielfältiger wird, wird immer liberaler und wählt demokratisch. Jeder Wahlkreis hört verschiedene Meinungsbildner auf verschiedenen Fernsehkanälen und lebt in den sozialen Medien in einer eigenen Kommunikationsblase. Das Stadt-Land-Gefälle besteht auf vielen Ebenen: ethnisch, politisch, sozial und wirtschaftlich. Dies hat nicht nur Konsequenzen für die US-Gesellschaft, sondern auch für den Beruf des Designers und Planers. Diese wachsenden ideologischen Diskrepanzen machen eine Zusammenarbeit über die Stadt-Land-Grenzen hinweg sehr schwierig. Die Frage bleibt: Wie können wir als Planer diese Diskrepanzen überbrücken?

Bioregional Denken

Ich schlage zunächst vor, in *Bioregionen* zu denken. In den USA erstrecken sich Bioregionen von städtischen Zentren über Vororte, landwirtschaftliche Betriebe und Ranches bis hin zu Wildnis. *Bioregionalismus* ist ein Planungsansatz, der größere physische Einheiten der Landschaft und die biophysikalischen und soziokulturellen Systeme, die die Landschaft formen und wie wir in ihr leben, berücksichtigt. So liegen z.B. städtische und ländliche Gebiete innerhalb eines Wassereinzugsgebiets, in der die Systeme oder Kreisläufe der Ressourcen tief miteinander verwoben sind. *Bioregionen* teilen sich sowohl biophysikalische Ressourcen wie Wasser, Flora, Fauna, als auch soziokulturelle Systeme wie Siedlungen, Infrastruktur und Landwirtschaft. Robert Thayer, Autor von LifePlace (2003), gibt die folgende Definition: "Bioregionalism includes a shared system of human values where local stakeholders take an active role in the social construction and physical caretaking of the region itself." Der *Bioregionalismus* erfordert einen gemeinsamen Respekt für die Werte der anderen in der Region.

Bioregionale Planung

Konkret betrachtet die *bioregionale Planung* die biophysikalischen, soziokulturellen und wirtschaftlichen Systeme einer Region; die theoretischen Grundlagen stützen sich auf die Ökosystemwissenschaften, die Landschaftsökologie und die Gestaltungstheorie (siehe Abbildung 1). Die biophysikalischen Systeme nutzen Daten, wissenschaftliche Erkenntnisse und Methoden, um ihren Zustand zu analysieren. Die soziokulturellen Systeme werden durch Daten über Demographie, historischen Kontext, kulturelle Einstellungen, Werte und Landschaftsprägungen gebildet. Dateneingaben über Arbeitsplätze, Steuereinnahmen und wirtschaftliche Entwicklung informieren über den wirtschaftlichen Status einer Region. Schließlich wird ein Ansatz der Szenarioplanung verwendet, um der Komplexität und Vernetzung dieser Systeme gerecht zu werden. Geodesign ist einer dieser Ansätze.

Geodesign

Geodesign bezieht georeferenzierte Informationen in Entwurfsentscheidungen ein und spiegelt die zunehmende Nutzung von GIS-Daten in der Landschaftsplanung wider. Durch die Verknüpfung von Design mit der Wissenschaft und Wissenschaft mit Design gibt Geodesign dem Designer die Möglichkeit, wissenschaftlich fundiertes Design zu betreiben (Miller 2012). Darüber hinaus ist Geodesign eine iterative Entwurfsmethode, die den Input von Stakeholdern, eine georeferenzierte Modellierung und Echtzeit-Feedback nutzt, um ganzheitliche Entwürfe und intelligente Entscheidungen zu erleichtern (McElvaney 2013).

Geodesign baut auf einem von Prof. Carl Steinitz entwickelten Rahmenwerk für komplexe Projekte auf. Seine Methodik stellt sechs Fragen über die Landschaft und ihre Funktionsweise (siehe Abbildung 2). Obwohl Designentscheidungen auf vielen Ebenen getroffen werden, vom kleinräumigen Wohndesign bis hin zu globalen Klimaentscheidungen, beinhaltet die Ebene, die Geodesign am effektivsten adressiert, Projekte vom Städtebau bis hin zum Wassereinzugsgebiet. Dies erfordert eine umfassende Zusammenarbeit zwischen verschiedenen Personengruppen erfordern. Zu den Menschen, die in Planungs- und Entwurfsentscheidungen auf dieser Skala einbezogen werden sollten, gehören 1.) Fachleute aus dem Bereich des Designs, die Design- und Planungsexpertise mitbringen, 2.) Menschen vor Ort, die lokales Wissen anbieten, 3.) Experten in der Informationstechnologie, um dem Bedarf an aktuellen Daten gerecht zu werden, und 4.) Wissenschaftler mit Kenntnissen der physikalischen Systeme.

Geodesign beinhaltet das Denken in Szenarien, indem man erkennt, dass es viele Alternativen gibt und nicht nur eine Antwort. Diese sind abhängig von den Annahmen die wir machen oder der Perspektive die wir wählen. Geodesign erkennt an, dass Menschen unterschiedliche Prioritäten haben und ermöglicht informierte Verhandlungen zwischen Menschen mit einer Vielzahl von lokalen und technischen Fachkenntnissen (Canfield & Steinitz 2014).

Geodesignhub

Die Konzepte und der Prozess des Geodesigns wurden in die Entwicklung von *Geodesignhub* integriert, einer Cloud-basierten, frei zugänglichen Software-Plattform, die von Hrishi Ballal in Zusammenarbeit mit Carl Steinitz und Stephen Ervin von der Harvard University entwickelt wurde[2]. Die Software unterstützt Kollaboration und Abwägung in Entscheidungsprozessen. Sie kann in einer Workshop-Umgebung verwendet werden, um verschiedene Szenarien für die zukünftige Entwicklung zu erstellen und zu testen. Eingesetzt wird die Software zur Verwaltung von Planungen und Studien für große, komplexe, politisch umstrittene Projekte. Hierbei wird sie insbesondere in der frühen konzeptionellen und strategischen Phase eingesetzt, da hier der Prozess am dynamischsten ist (Steinitz 2017). *Geodesignhub* ist leicht zu erlernen, zu benutzen und zu verstehen.

Fallstudie: Park City, Utah, Utah

Eine Geodesign-Fallstudie in Park City, Utah, zeigt die Möglichkeiten zur Überbrückung der Stadt-Land-Gefälle mit der Software Geodesignhub. Stakeholder aus dem wohlhabenden Ski-

---

2 https://www.geodesignhub.com/.

gebiet Park City, Utah, und dem umliegenden ländlichen Summit County nahmen im Februar 2018 an einem Geodesign-Workshop teil, um einen Plan für das nachhaltige Wachstum der Region zu entwickeln, der die Netto-Null-Kohlenstoff-Ziele erreicht. Obwohl die städtischen und ländlichen Akteure sehr unterschiedliche Meinungen über die zukünftige Entwicklung hatten, konnten die Workshop-Teilnehmer einen ersten Konsens über ein Szenario für zukünftiges Wachstum erzielen. Der Workshop wurde von graduierten Studenten der Bioregionalplanung der Utah State University vorbereitet.

Hintergrund
Park City liegt eingebettet in den Wasatch Mountains, 30 Minuten von Salt Lake City entfernt und beherbergt drei Skigebiete. Es wurde 1870 gegründet, als die transkontinentale Eisenbahn die Menschen zum Abbau von Silbererz brachte. Als der Bergbau in den 1950er Jahren zurückging, war Park City auf dem Weg, eine Geisterstadt zu werden. In den 1980er Jahren etablierte sich Park City jedoch als weltbekanntes Skigebiet und 2002 war Park City Gastgeber der Olympischen Winterspiele.

Das historische Stadtzentrum und die schroffen Berge ziehen im Winter Skifahrer und im Sommer Mountainbiker und Wanderer an. Diese Annehmlichkeiten ziehen auch die Reichen und Berühmten an; es ist die Heimat von Robert Redford und dem Sundance Film Festival. Große Zweitwohnungen prägen die Landschaft und die historischen Bergarbeiterhäuser wurden in teure Eigentumswohnungen umgewandelt.

Park City ist jedoch eine Gemeinde, die aus drei verschiedenen Wahlkreisen besteht. Die örtliche Bevölkerung bietet professionelle Dienstleistungen an, schickt ihre Kinder zur Schule und hilft der Gemeinde zu funktionieren. Eine Gruppe von wohlhabenden Zweitwohnungsbesitzern kommt zum Skifahren, Wandern oder Radfahren und vermietet ihre Immobilien oft an Touristen, wenn sie nicht da sind. Und schließlich ist die Gemeinde von den Arbeitern der Dienstleistungsbranche abhängig, die sich jedoch das Wohnen direkt in Park City und den umliegenden Städten nicht leisten können.

Park City ist von Summit County umgeben, einem ländlichen Landkreis mit großen Rinderfarmen und weiten Ausblicken auf die Uinta-Berge. Auf der einen Seite sind die Ranches Teil der ikonischen Western-Landschaft, auf der anderen Seite wird die Viehzucht immer unwirtschaftlicher und beugt sich dem steigenden Immobilienwert. Die Entwicklung greift auf historische Ranches und teure Zweitwohnungen auf großen Landstrichen über, die den Charakter und die Kontinuität dieser ikonischen Landschaft zu beeinträchtigen drohen. Der Kontrast zwischen der wohlhabenden Park City und den umliegenden konservativen, ländlichen Ranchern ist stark. Ihre Zukunft ist jedoch eng miteinander verflochten.

Als ob das nicht genug Herausforderungen sind, hat die Gemeinde beschlossen, in den nächsten fünf Jahren das Null-Kohlenstoff-Ziel zu erreichen. Als Skigebiet sind sie sich der Auswirkungen des Klimawandels, wie z. B. der abnehmenden Schneelinie und des Schneefalls, bewusst und wissen, was das für ihren Lebensunterhalt und die Umwelt bedeutet. Jahre der Dürre und die Abhängigkeit von Schneefall, um während der Vegetationsperiode Bewässerungswasser zu liefern, machen den Gemeinden in Utah klar, wie wichtig es ist, die Kohlenstoffemissionen zu reduzieren, um dem Klimawandel zu begegnen.

Die Herausforderung von Park City besteht darin, bis 2023 Netto-Null-Kohlenstoff für die städtischen Betriebe und bis 2030 Netto-Null-Kohlenstoff für die Gemeinde zu erreichen. Diese ehrgeizigen Ziele erfordern, dass alle zusammenarbeiten, um zu bestimmen, wie Park City und das umliegende Summit County nachhaltig wachsen und diese Ziele erreichen können. Vor diesem Hintergrund trafen sich Entscheidungsträger, Anwohner, Planer, Interessenvertreter und Studenten zu einem zweitägigen Workshop in Park City.

Vorbereitung des Workshops
In Vorbereitung wurden neun biophysikalische/sozial-kulturelle Systeme ausgewählt, die für die Zukunft von Park City und der Region von Bedeutung waren (Grüne Infrastruktur, graue Infrastruktur, Gewerbe, Wohnen, Lebensraum, Erholung, öffentliche Verkehrsmittel, Kohlenstoffspeicherung und Wasser). Die Möglichkeit zur Veränderung oder Verbesserung dieser Systeme wurde mit GIS-Daten modelliert. Rot zeigt an, wo keine Änderung erforderlich ist, und Grün zeigt an, wo eine Änderung oder Verbesserung des Systems erfolgreich wäre und gerechtfertigt ist. Gelbe Bereiche sind für eine Änderung nicht geeignet. (Siehe Abbildung 3)

Workshop
Zu Beginn des Workshops wurden die Teilnehmer in eine von neun *Systemgruppen* eingeteilt und gebeten, Projekte und Richtlinien zu entwickeln, die ihr System in Zukunft verbessern würden. In diesem Fall ist ein *Projekt* etwas, das gebaut wird oder die Landschaft physisch verändern wird, und *Richtlinien* sind Regeln, Vorschriften oder Anreize, die ihr System stärken können. Mit der Software Geodesignhub zeichneten die Teilnehmer auf ihrem eigenen Laptop Diagramme, die die Größe und den Standort des Projekts oder der Richtlinie zeigten. Jedes Diagramm erhielt einen Namen und wurde im Geodesignhub für alle im Workshop zugänglich gemacht. Jedes System hat seine eigene Farbe; die Richtliniendiagramme sind schraffiert; Projektdiagramme sind ausgefüllt.
Abbildung 4 zeigt die Diagramme, die die Teilnehmer der Gruppe für grüne Infrastruktursysteme erstellt haben, um ihre Ziele zu erreichen: Wege und Freiraum innerhalb der Stadt miteinander zu verbinden; Schutzmaßnahmen zum Schutz des Freiraums zu fördern; Sumpfgebiete wiederherzustellen; die Mehrfachnutzung von Freiraum und Golfplätzen zu fördern. Die Workshop-Teilnehmer wurden dann in vier Stakeholder-Teams „neu geordnet": 1.) *Einheimische*, 2.) *Umweltschützer*, 3.) *Tourismus/Zweitwohnsitze* und schließlich 4.) *Wirtschaft und Handel*. Jedes Team wurde gebeten, einen Vorschlag für die zukünftige Entwicklung zu erstellen, der Ihre Ziele widerspiegelt, indem es die Bibliothek der Projekt- und Richtliniendiagramme verwendet, die zuvor im Workshop erstellt wurden.
Die *Einheimischen* konzentrierten sich auf Maßnahmen, die ihre Lebensqualität durch erschwinglicheren Wohnraum, eine höhere Wohnraumdichte und Energieeffizienz, die Verbesserung der Infrastruktur, des öffentlichen Nahverkehrs sowie der Freiflächen und Wege, verbessern würden. Die Gruppe, die den *Tourismus* und die *Zweitwohnungsbesitzer* vertrat, war an allen Dingen interessiert, die die Lebensqualität oder das Erlebnis für die Besucher verbessern. Sie wählten Diagramme aus, die das Wegesystem, geschützte Lebensräume und Wildtierkorridore sowie Flüsse, Feuchtgebiete und Freiflächen verbesserten. Die *Wirtschafts- und Handelsgruppe* förderte Geschäftsmöglichkeiten, indem sie die Erschließung neben der bestehenden Bebauung in den Mittelpunkt stellte, die Zahl erschwinglichen Wohnraums erhöhte und die Erholungsmöglichkeiten verbesserte. Schließlich konzentrierte sich die *Umweltschutzgruppe* auf Projekte und Maßnahmen zum Schutz der natürlichen Umwelt, wie z.B. Schutz der Was-

serqualität und der Tierwelt; aber auch die Förderung von Freiflächen- und Wegsystemen und die Bekämpfung der Kohlenstoffbindung (siehe Abbildung 5).

Die Absicht ist, dass der Geodesign-Workshop schnell und mit vielen Entwurfs-Iterationen durchgeführt wird, damit Gestaltungsideen bewertet und verbessert werden können. Nach mehreren Iterationen des Entwurfs wählte jede Gruppe ihren „besten" Entwurf aus (siehe Abbildung 6) und stellte ihn den anderen Gruppen vor. Nach dem Anhören der Präsentationen entschied jede Gruppe anhand eines Soziogramms, welche Gruppe am besten zu ihren Zielen passt (siehe Abbildung 8). Das *Soziogramm* bewertet die Wahrscheinlichkeit der Zusammenarbeit zwischen den Teams. Die Ergebnisse des *Soziogramms* bestimmten die Reihenfolge der Verhandlungen zwischen den Teams. Die Verhandlungen begannen mit der Identifizierung der Projekte und Richtlinien, auf die sich alle einigten. Abbildung 7 zeigt die Liste der Projekte und Richtliniendiagramme und wie oft sie in die Gruppenentwürfe aufgenommen wurden. Die Karte in Abbildung 7 zeigt die Projekte, die von mindestens drei der Gruppen ausgewählt wurden. Auf diese Weise kann die Diskussion auf dem bestehenden Konsens aufbauen.

In der ersten Verhandlungsrunde verhandelte die *Wirtschafts- und Handelsgruppe* mit der Interessengruppe der *Einheimischen*. Die beiden Interessengruppen entwickelten einen gemeinsamen Entwurf oder ein gemeinsames Szenario, das sich auf folgende Bereiche konzentrierte: gewerbliche Entwicklungsprojekte, den Ausbau von bezahlbarem Wohnraum und die Verbesserung der kommunalen Infrastruktur und des öffentlichen Verkehrs. Die *Tourismus-Zweitwohnungseigentümer* und die *Umweltschützer* verhandelten einen Konsens, der folgende Punkte hervorhob: Schutz von Lebensraum und Wildtierkorridoren, offener Raum; Ausbau des Wegenetzes; Förderung der Kohlenstoffbindung, kommunale Infrastruktur und öffentliche Verkehrsprojekte und -politik. Diese beiden verhandelten Entwürfe waren der Ausgangspunkt für die letzte Verhandlungsrunde (Siehe Abbildung 8).

In der Abschlussverhandlung verfolgten die Teilnehmer des Workshops die Verhandlungen, indem jeweils ein Vertreter aus jedem Wahlkreis teilnahm. Auch hier ermöglichte die Software den beiden Gruppen, mit den von ihnen vereinbarten Diagrammen zu beginnen, und unterstützte die Verhandlungsführer, jedes Projekt und jede Richtlinie System für System zu diskutieren, was zu einem Konsens über einen endgültigen Entwurf für die zukünftige Entwicklung von Park City und seiner Umgebung führte.

Ergebnisse

Die Verhandlung führte zu einem Entwurf mit Projekten und Richtlinien, die nach übereinstimmender Meinung aller für die zukünftige Entwicklung nützlich waren - niemand erhielt alles, was er wollte. Aber innerhalb von zwei, halbtägigen Sitzungen bildete die Gruppe einen Konsens über ein Szenario, um als Gemeinschaft voranzukommen. Geodesign ist „quick and dirty" und diagrammatisch. Hat es geholfen, ein Gespräch über die Planung zu beginnen? So reflektierten die Teilnehmer die Erfahrungen im Geodesign-Workshop.

Auf die Frage, ob die Geodesignhub-Software geholfen hat, einen Konsens über einen Vorschlag zu erzielen, antworteten die Teilnehmer:

* „Ja, mit den Daten, Fakten und Alternativen, die veranschaulicht wurden, war es einfacher, alternative Ansichten in Betracht zu ziehen und einen Konsens zu finden.

- „Weniger über das Erreichen von Vereinbarungen. Mehr über die Möglichkeit, verschiedene Ansichten einzubeziehen".
- „Egal, wie wir uns orientieren, wir sind uns meist in allen Zielen einig, nur in unterschiedlichen Graden von Bedeutung."
- „Die Software erleichterte es, Gemeinsamkeiten zu finden."
- „Wir hatten eine Menge Informationen zur Hand, die uns bei der Entscheidung für bestimmte Orte halfen."

Als die Teilnehmer gefragt wurden, ob sie während des Workshops ihre Ansichten zu bestimmten Themen geändert hätten, antworteten einige, dass sie eine ganzheitlichere Sicht der Situation hätten, und „die Kohlenstoffbindung schien nicht so wichtig zu sein, wie ich dachte, weil sie in die anderen Systeme integriert war". Schließlich, als sie nach den wertvollsten Dingen gefragt wurden, die sie während des Workshops gelernt haben, erklärten sie: „Wie schnell so viele Ideen und Projekte generiert, geteilt und priorisiert werden können" und „Geodesign ist ein schönes Werkzeug und ein guter Weg, um viele gute Ideen für die Community zu sammeln".

Fazit und Ausblick

Zusammenfassend lässt sich sagen, dass die US-Gesellschaft zunehmend gespalten wird. Die Probleme, mit denen unsere ländlichen und städtischen Gebiete konfrontiert sind, sind komplex und erfordern ein Verständnis der Stadt, des Landes, des nationalen und globalen Kontexts. Ein bioregionaler Ansatz spricht Systeme in der Landschaft an, die über politische Grenzen hinausgehen. Als Gestalter und Planer benötigen wir die Möglichkeit, diese komplexen Themen mit den Bürgern in Stadt und Land zu diskutieren. Geodesign bietet die Möglichkeit, durch Verhandlungen einen Konsens über zukünftiges Wachstum zu erzielen oder zumindest einen Weg zu erkennen, worauf wir uns einigen.

Es mag ein Klischee sein, zu sagen, „wir müssen in der Lage sein, miteinander zu reden", aber in der polarisierten Gesellschaft der USA müssen wir Wege finden, miteinander zu kommunizieren - ländlich/urban, Bauer/Naturschutz, Entwickler/Planer - und Methoden, Ansätze, Techniken verwenden, um die wir Gespräche beginnen können. Die Zusammenarbeit auf einer bestimmten Ebene ist für den Fortschritt unerlässlich. Geodesign ermöglicht es den Workshop-Teilnehmern, von ihren Anforderungen Abstand zu nehmen, um die Motivation und die zugrunde liegenden Ziele zu verstehen, was die Möglichkeit bietet, Alternativen zu identifizieren, die vorher vielleicht nicht auf dem Tisch lagen. Der erste Schritt besteht darin, alle zu überzeugen, sich an den Tisch zu setzen, und sicherzustellen, dass jeder das Gefühl hat, dass seine Anliegen und Ideen gehört werden. Meiner Erfahrung nach ist der erste Schritt jedoch oft der schwierigste; wenn der Workshop beginnt, folgen die Gespräche und Ideen.

Schließlich findet sich das Stadt-Land-Gefälle auch in unserem Beruf. Während meiner gesamten Karriere sowohl in den USA als auch in Deutschland war ich mir der Diskrepanz zwischen Landschaftsplanern/Umweltplanern, die sich auf den großen Maßstab, die natürliche Umwelt, und Landschaftsarchitekten/-designern, die sich auf städtische und kleinere Projekte spezialisiert haben, sehr bewusst. In vielen Universitäten sind beide Richtungen in verschiedenen Abteilungen, die unabhängig voneinander arbeiten; oder innerhalb einer

Fakultät, wo diese beiden Aspekte unserer Disziplin als unterschiedliche Spezialgebiete mit wenig Überschneidungen angesehen werden. Mehr denn je müssen wir zusammenarbeiten und von den Ideen und dem Wissen des anderen profitieren, um Lösungen für die komplexen Probleme unserer Zeit zu finden. Wie in Park City dargestellt, können wir keine Empfehlungen für die Stadt geben, ohne den größeren Kontext zu berücksichtigen. Der größere Kontext ist heute nicht mehr nur das Umland, sondern hat eine globale Dimension. Wenn wir uns dieser Herausforderung stellen wollen, müssen wir auch die Diskrepanz zwischen dem Ländlichen und Urbanen innerhalb unseres eigenen Berufsstandes überbrücken.

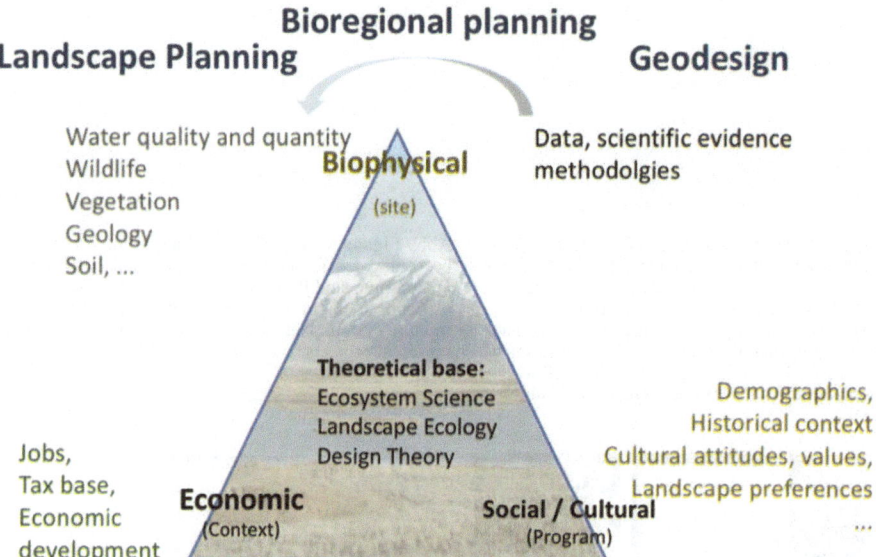

Abb./ Fig. 1: Die bioregionale Planung nutzt relevante Daten, um Entscheidungen über die biophysikalischen, soziokulturellen und wirtschaftlichen Systeme eines Untersuchungsgebietes zu treffen. // Bioregional planning employs relevant data to inform decisions about the bio-physical, social-cultural and economic systems of a study area.

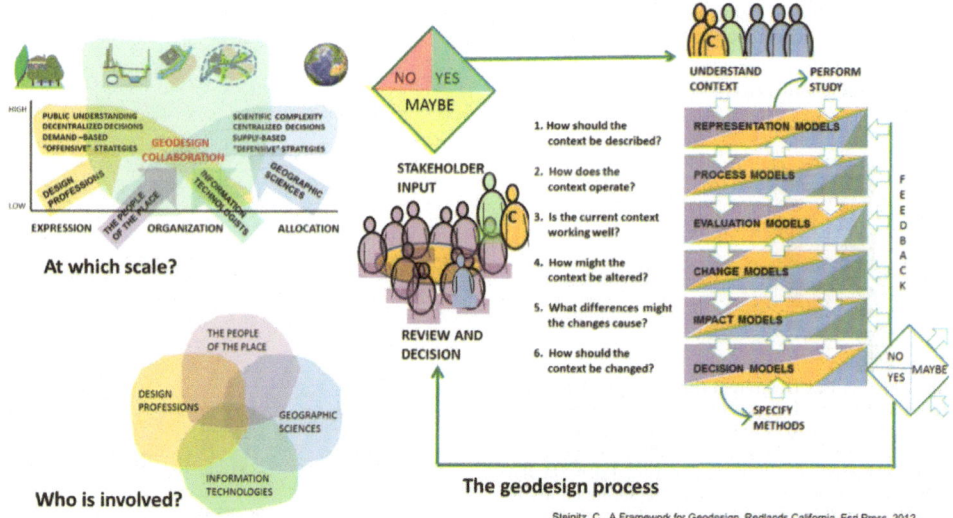

Abb./ Fig. 2: Geodesign ist ein Rahmenwerk, das komplexe Projekte auf verschiedenen Ebenen anspricht und die Zusammenarbeit zwischen verschiedenen Personengruppen fördert. // Geodesign is a framework to address complex projects at different scales that fosters collaboration among different groups of people.

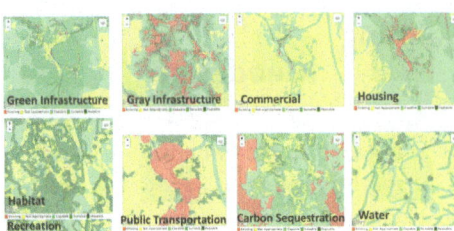

Abb./ Fig. 3: Bewertungsmodelle, die für jedes System Bereiche für Veränderungen anzeigen, d.h. Verbesserungen, geeignet sind (Rot: keine Änderung erforderlich, Gelb: nicht änderungsfähig; Grün: Änderung wünschenswert // gerechtfertigt). / Evaluation models that show areas appropriate for change, i.e. improvement, for each system (Red: no change necessary, Yellow: not appropriate for change; Green: change desirable/ warranted).

Abb./ Fig. 4: Vorgeschlagene Diagramme zur Verbesserung des grünen Infrastruktursystems. Schraffierte Diagramme sind Richtlinien, solide stellen Projekte dar. // Proposed diagrams to improve the Green infrastructure system. Hatched diagrams are policies, solid represent projects.

Abb./ Fig. 5: Jede Stakeholdergruppe hat ihre Ziele festgelegt, ihr bevorzugtes Design anderen Gruppen vorgestellt und die Wahrscheinlichkeit einer Zusammenarbeit anhand eines Soziogramms ermittelt. // Each Stakeholder group established their goals, presented their preferred design to other groups and established the likelihood of cooperation using a sociogram.

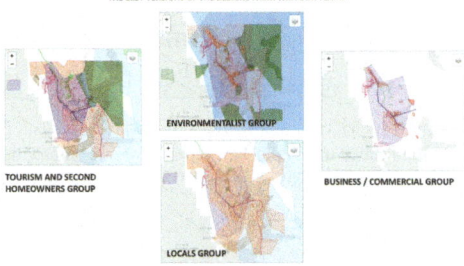

Abb./ Fig. 6: Das endgültige oder „beste" Design, das von jeder Interessengruppe erstellt wurde. // The final or "best" design created by each stakeholder group.

Abb./ Fig. 7: Das Diagramm (links) zeigt die Häufigkeit, mit der jedes Diagramm in einem Entwurf verwendet wurde. (Jedes System hat eine andere Farbe; Solid-Diagramme sind Projekte; schraffierte Diagramme sind Richtlinien.) Die Karte (rechts) zeigt den Standort von Diagrammen, die mindestens drei Gruppen in ihrem Design verwendet haben. // The diagram chart (on left) shows the number of times each diagram was used in a design. (Each system has a different color; solid diagrams are projects; hatched diagrams are policies.) The map (on right) shows the location of diagrams that at least three groups used in their design.

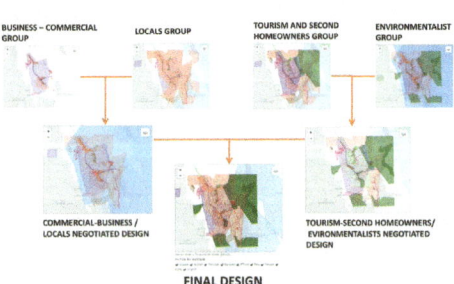

Abb./ Fig. 8: Flussdiagramm der Verhandlungen der Interessengruppen, die zum endgültigen Design führen. // Flow chart of stakeholder group negotiations leading to the final design.

Bridging the Urban-Rural Divide: Can Geodesign Help?

Bartlett Warren-Kretzschmar

The US society is becoming increasingly divided along urban and rural lines. The urban-rural divide occurs on many levels: ethnic, political, social and economic. This has consequence not only for the US society but also for the design and planning profession. This widening ideological gap makes collaboration across the urban-rural threshold a difficult proposition. A bioregional approach to planning addresses natural and cultural systems in the landscape that go beyond political boundaries. Today's complex planning issues require a platform to explore different scenarios with different stakeholders. Geodesign offers a framework for building a consensus around plans for future development, or at least it is a way to identify areas of agreement. A case study of a geodesign workshop in Park City, Utah illustrates how geodesign can be used to bring stakeholders with opposing objectives to a consensus about future development.

Introduction

While the population in the United States is growing in numbers, it has become more racially and ethnically diverse. A new analysis by the *Pew Research Center* (Bialik 2018) shows that these trends are playing out differently across community types. Urban and suburban counties are becoming more racially and ethnically diverse at a much faster rate than in rural counties. Although a majority of counties in the USA are considered rural, only 14% of the US population lives in these counties. Furthermore, the population in rural counties is shrinking and contains the smallest share of immigrants. In contrast, urban counties, with 31% of the population, no longer have a white majority, while the majority of the population, 55%, lives in suburban counties. Across all county types, the population is aging.

These three community types are also on different paths politically. Rural counties have moved in a republican direction and urban areas have become even more democratic over the past two decades; the suburbs remain about evenly divided between the two parties. Interestingly, the PEW research also shows that the majority of urban and rural populations feel their type of community is looked down on by people of the other community types (Parker et al. 2018). Moreover, a majority of rural Americans see a values gap between themselves and urban dwellers. Majorities of urban and suburban Democrats see a values divide with rural residents; most suburban and rural republicans say people in cities don't share their values.

In other words, rural populations, mostly white, are becoming more politically conservative and vote republican. Urban populations, ever more diverse, are growing more liberal and voting democratic. Each constituency listens to different opinion leaders on different TV channels and lives within its own communication echo chamber on social media.

The urban-rural divide is on many levels: ethnic, political, social and economic. This has consequence not only for the US society but also for the design and planning profession. This widening ideological gap makes collaboration across the urban-rural threshold a very difficult proposition. The question remains: How can we, as planning professionals, bridge this divide?

Bioregional thinking

First, I suggest thinking in terms of *bioregions,* which in the US extend from urban centers to suburbs to rural farms and ranches all the way to wild lands. *Bioregionalism* is an approach to planning that considers larger physical units of the landscape and the bio-physical and social-cultural systems that work to form the landscape and how we live in it. For example, urban and rural areas lie within one watershed in which the systems or cycles of resources are deeply intertwined. *Bioregions* share bio-physical resources such as water, vegetation, wild-life, as well as socio-cultural systems such as settlements, infrastructure, agriculture. Robert Thayer, author of LifePlace (2003), gives the following definition: "Bioregionalism includes a shared system of human values where local stakeholders take an active role in the social construction and physical caretaking of the region itself." *Bioregionalism* requires a common respect for the values of others in the region.

Bioregional planning

More specifically, *bioregional planning* considers the bio-physical, social-cultural and econo-mic systems of a region; the theoretical basis draws on ecosystem science, landscape ecology and design theory (see Figure 1). The bio-physical systems use data, scientific evidence, and methodologies to analyze their status. The social-cultural systems are informed by data about demographics, historical context, cultural attitudes, values and landscape preferences. Data inputs about jobs, tax base, and economic development inform about the economic status of a region. Finally, a scenario planning approach is used as a way to approach the complexity and interconnectedness of these systems. Geodesign is one of these approaches.

Geodesign

Geodesign incorporates georeferenced information into design decisions and reflects the growing use of GIS data in landscape planning. By linking design to science and science to design, geodesign gives the designer the power to do science-based design (Miller 2012). Furthermore, geodesign is an iterative design method that uses stakeholder input, geospatial modeling, and real-time feedback to facilitate holistic designs and smart decisions (McElvaney 2013).
Geodesign builds on a framework to address complex projects that was developed by Prof. Carl Steinitz. His methodology asks six questions about the landscape and how it is func-tioning (see Figure 2). Although design decisions are made at many scales, from small scale residential design to global climate decisions, the scale that geodesign most effectively addresses involves projects from urban design to watershed scope, which require compre-hensive collaboration among different groups of people. The people who should be involved in planning and design decisions at this scale include: 1.) design professionals, who bring design and planning expertise, 2.) people of the place, who offer local knowledge, 3.) experts

in information technology to accommodate the need for current data, and 4.) scientists with knowledge of the physical systems. Geodesign involves scenario thinking which recognizes that there are many alternatives, not just one answer, depending on the assumptions we make or the perspective we choose. Geodesign recognizes that people have differing priorities and enables informed negotiation among people with a variety of local and technical expertise (Canfield & Steinitz 2014).

Geodesignhub

The concepts and process of geodesign have been incorporated into the development of *Geodesignhub,* which is a cloud-based, free and open access, open platform software built by Hrishikesh Ballal in cooperation with Carl Steinitz and Stephen Ervin of Harvard University[1]. The software is designed to support collaboration and negotiation towards agreement, and it can be used in a workshop environment to build and test different scenarios about future development. *Geodesignhub* is used to manage large, complex, politically contentious projects and studies in their early conceptual and strategic phases, when the process is most dynamic (Steinitz 2017). Finally, *Geodesignhub* is easy to learn, use and understand.

Case study: Park City, Utah

A geodesign case study in Park City, Utah illustrates the opportunities to bridge the urban-rural divide using Geodesignhub software. Stakeholders from the affluent ski resort Park City, Utah, and the surrounding rural Summit County participated in a geodesign workshop in February, 2018 to develop a plan for the sustainable growth of the region that achieves net-zero carbon goals. Although the urban and rural stakeholders had very different opinions about future development, the workshop participants were able to attain an initial consensus around one scenario for future growth. The workshop was prepared by bioregional planning graduate students at Utah State University.

Background

Park City is nestled in the Wasatch Mountains, 30 min from Salt Lake City and is home to three ski resorts. It was established in 1870 when the transcontinental railroad brought people to mine silver mineral ore. As mining declined in the 1950s, Park city was on the path to becoming a ghost town until the 1980s, when Park City established itself as a world renown ski resort, and in 2002 Park City hosted the winter Olympic Games.
The historic downtown, and the rugged mountains attract skiers in the winter and mountain bikers and hikers in the summer. These amenities also attract the rich and the famous; it is home to Robert Redford and the Sundance Film Festival. Large second homes punctuate the landscape and the historic miners' cottages have been converted into expensive condominiums. However, Park City is a community that consists of three distinct constituencies. The local population provides professional services, send their children to school, and help the community to function. A group of wealthy, second homeowners comes to ski, hike, or bike, and often

---

1 https://www.geodesignhub.com/.

rent their real estate to tourists when they are not there. And finally, the community depends on the service industry workers who, unfortunately, cannot afford to live in Park City and commune from surrounding towns.

Park City is surrounded by Summit County, which is a rural county with large cattle ranches and long vistas of the Uinta Mountains. On one hand, the ranches are part of the iconic western landscape; on the other hand, ranching is becoming less economically viable and bending to the soaring property value. Development encroaches on historic ranches and expensive second-home lodges situated on large swaths of land threaten to impact the character and continuity of this iconic landscape. The contrast between wealthy Park City and the surrounding conservative, rural ranchers is stark. However, their futures are deeply intertwined.

As if that were not enough challenge, the community has taken up the gauntlet of achieving net-zero carbon goals in the next five years. As a ski resort, they are acutely aware of the impacts of climate change, e.g. the receding snow line and snow pack, and what that means for their livelihoods as well as the environment. Years of drought and the dependence on snow pack to supply irrigation water during the growing season makes the communities in Utah understand the importance of reducing carbon emissions to combat climate change.

Park City's challenge is to achieve net-zero carbon goals for the municipal operations by 2023, and net-zero carbon for the community by 2030. These ambitious goals require that everyone work together to determine how Park City and surrounding Summit County can grow sustainably and meet these objectives. With this question in mind, decision makers, local residents, planners, stakeholders and students met for a two, half-day workshop in Park City.

Workshop Preparation

In preparation, nine bio-physical/social-cultural systems were selected that were considered significant for the future of Park City and the region (Green infrastructure, gray infrastructure, commercial, housing, habitat, recreation, public transportation, carbon sequestration, and water). The opportunity for change or improving of these systems was modeled with GIS data. Red indicates where change is not needed, and green shows where change or improvement of the system would be fruitful and is warranted. Yellow areas are not appropriate for change (see Figure 3).

Workshop

At the beginning of the workshop, participants were placed into one of nine *system groups*, and ask to develop projects and policies that would improve their system in the future. In this case, a *project* is something that is built or will physically change the landscape, and *policies* are rules, regulations or incentives that could strengthen their system. Using the Geodesignhub software, the participants drew diagrams on their own laptops that showed the size and location of the project or policy. Each diagram was given a name and made accessible in Geodesignhub to everyone in the workshop. Each system has its own color; the policy diagrams are hatched; project diagrams are solid. Figure 4 shows the diagrams that the participants in the green infrastructure systems group created to achieve their objectives to: connect trails and open space within the city; promote conservation easements to protect open space; restore wetlands; promote multi-use of open space and golf courses.

The workshop participants were then "rearranged" into four stakeholder teams: 1.) *Locals*, 2.)

Environmentalists, 3.) *Tourism/Second Homeowners* and finally 4.) *Business and Commercial.* Each team was asked to create a proposal for future development that reflected their objectives using the library of project and policy diagrams that were created previously in the workshop. The *Locals* focused on measures that would improve their quality of life by providing more affordable housing, increasing housing density and energy efficiency, improving infrastructure, public transportation, and open space and trails. The group representing *Tourism and Second Homeowners* were interested in all things that improved the quality of life or experience for visitors. They chose diagrams that improved trail systems, protected habitats and wildlife corridors, as well as rivers, wetland and open space. *Business and Commercial group* promoted business opportunities by focusing development next to existing development, increasing affordable housing, and improving recreational opportunities. Finally, the *Environmentalist* focused on projects and policies that protected the natural environment, such as protecting water quality and wildlife; but also important were promoting open space and trail systems and addressing carbon sequestration (see Figure 5).

The intent of the geodesign workshop was to move quickly, with many design iterations, so that design ideas could be assessed and improved. After several iterations of the design, each group chose their "best" design (see Figure 6) and presented it to the other groups. After listening to the presentations, each group decided which group was most closely aligned with their objectives using a *sociogram* (see Figure 5). The *sociogram* assesses the likelihood of cooperation between teams. The results of the sociogram determined the order of negotiations between teams.

The negotiation started by identifying the projects and policies that everyone agreed upon. Figure 7 lists the project and policy diagrams and how often they were included in group designs. Furthermore, the map shows the projects that were chosen by at least three of the groups. In this way, the negotiation built on the existing consensus.

In the first round of negotiation, the *Commercial-Business* group negotiated with the *Locals* stakeholder group. The two stakeholder groups developed a joint design, or scenario, that focused on: commercial development projects, expanding affordable housing and improving municipal infrastructure and public transportation. The *Tourism–Second Homeowners* and the *Environmentalists* negotiated a consensus that emphasized: protecting habitat and wildlife corridors, open space; expanding the trail system; promoting carbon sequestration, municipal infrastructure and public transportation projects and policies. These two negotiated design were the starting point for the final round of negotiation. (see Figure 8)

In the final negotiation, workshop participants watched while a representative from each constituency negotiated. Again, the software enabled the two groups to start with the diagrams they agreed upon and allowed the negotiators to discuss each project and policy, system by system, culminating in a consensus around one final design for the future development of Park City and its environs.

Results

The negotiation resulted in a design with projects and policies that everyone agreed were useful for future development – no one obtained everything they wanted. However within two, half day sessions the group built a consensus around a scenario for moving forward as a community. Although Geodesign is "quick and dirty" and diagrammatic, did it help to start a conversation about planning? This is how the participants reflected on the experience in the geodesign workshop. When ask whether the Geodesignhub software helped build a consensus around one proposal, participants responded:

- "Yes, with data, facts and alternatives illustrated it was easier to consider alternative views and build consensus."
- "Less about driving consensus. More about being able to include different views"
- "No matter what our orientation is, we mostly agree on all goals, just varying degrees of importance."
- "The software made it easier to find common ground"
- "We had a lot of information at our fingertips, and it helped us decide on specific locations."

When the participants were asked whether they modified their views about any topics during the workshop, some responded that they had a more holistic view of the situation, and "Carbon sequestration did not seem as important as I thought because it was incorporated in the other systems." Finally, when asked about the most valuable things they learned during the workshop, they stated: "How quickly so many ideas and projects can be generated, shared and prioritized." and "Geodesign is a nice tool and it is a good way to collect lots of good ideas for the community."

Conclusion and Outlook

In summary, the US society is becoming increasingly divided. The problems that face our rural and urban areas are complex and require an understanding of the city, country, national and global context. A bioregional approach addresses systems in the landscape that go beyond political boundaries. As designers and planners, we require opportunities to discuss these complex issues with urban and rural constituents. Geodesign offers the opportunity to build consensus about future growth through negotiation, or at least a way to identify what we agree upon.
It may be a cliché to say, "we need to be able to talk to each other", but in the US polarized society, we need to find ways to communicate with each other – rural/urban, farmer/nature conservations, developer/planner – and use methods, approaches, techniques around which we can start conversations. Working together, at some level, is essential for progress. Geodesign enables workshop participants to step back from their demands in order to understand motivation and underlying goals, which offers the opportunity to identify alternatives that may not have previously been on the table. The first step is convincing everyone to sit at the table, and ensuring that everyone feels that their concerns and ideas are heard. In my experience, however, the first step is often the most difficult; once the workshop starts, the conversations and ideas follow.
Finally, the urban-rural divide is also found in our profession. Throughout my career both in the US and in Germany, I have been acutely aware of the divide between landscape planners/ environmental planners, who focused on the large scale, natural environment, and landscape

architects/designers, who specialized in urban and smaller scale projects. In many universities, the two directions are in different departments that operate independently; or within a faculty, where these two aspects of our discipline are seen as distinct specialties with little overlap. More than ever, we need to work together and benefit from each other's ideas and knowledge in order to find solutions to the complex problems of our times. As illustrated in Park City, we cannot make recommendations for the city without considering the larger context. Today the larger context is no longer just the surrounding country, rather it has a global dimension. If we are going to face this challenge, we must also bridge the "rural- urban divide" within our own profession.

Literatur // Literature

Bailik, K. (2018). Key findings about American life in urban, suburban and rural areas, PEW Research Center, [online] https://www.pewresearch.org/fact-tank/2018/05/22/key-findings-about-american-life-in-urban-suburban-and-rural-areas/ [15.01.2019].

Canfield, T., Steinitz, C. (2014). Revised definition of geodesign, 4th geodesign summit, Redlands, CA, [online] http://video.esri.com/watch/3140/geodesign-with-little-time-and-small-data.

Magog the Ogre (2016). Wikipedia. Creative Commons. [online] https://en.wikipedia.org/wiki/File:2016_Nationwide_US_presidential_county_map_shaded_by_vote_share.svg [05.02.2019].

McElvaney, S. (2013). Geodesign—strategies for urban planning, Paper presented at American Planning Association (APA) national conference, Chicago, IL, April 2013.

Miller, W.R. (2012). Introducing geodesign: the concept, Esri Press, Redlands, CA.

Offord, I. (2014). US Census Bureau, [online] http://quickfacts.census.gov/qfd/index.html and map template from: http://en.wikipedia.org/wiki/File:USA_Counties_with_FIPS_and_names.svg.

Parker, K., Horowitz, R.C., Brown, A., Fry, R., Cohn, D., & Igielnik, R. (2018). What Unites and Divides Urban, Suburban and Rural Communities, PEW Research Center. [online] https://www.pewsocialtrends.org/2018/05/22/what-unites-and-divides-urban-suburban-and-rural-communities/ [28.01.2019].

Steinitz, C. (2012). A Framework for Geodesign: Changing Geography by Design, ESRI Press, Redlands, CA.

Steinitz, C. (2016). Lecture, Utah State University, Moab, Utah. Jan. 19, 2017.

Thayer, R. (2004). LifePlace, University of California Press, Davis, CA. p. 300.

Abbildungen // Figures

Abb./ Fig. 1: Bartlett Warren-Kretzschmar (2018). Park City Geodesign Workshop.

Abb./ Fig. 2: Steinitz, C. (2012). A Framework for Geodesign, Redlands, CA. Esri Press.

Abb./ Fig. 3 - 8: Bartlett Warren-Kretzschmar (2018). Park City Geodesign Workshop.

Teil 3

Ausblick // Future Perspectives

WELCHE BILDER
PRODUZIERT DIE
HEUTIGE GARTENSTADT?

Gartenstadt21 grün – urban – vernetzt. Ein Leitbild für eine nachhaltige Stadt- und Siedlungsentwicklung?

Bastian Wahler-Żak[1]

Dieser Beitrag basiert auf den Ergebnissen der Studie *Gartenstadt21 – ein neues Leitbild für die Stadtentwicklung in verdichteten Ballungsräumen – Vision oder Utopie?* des Bundesinstituts für Bau-, Stadt- und Raumforschung (2017). Er wurde in Teilen in der Heftreihe *Information zur Raumentwicklung (IZR)* Heft 6.2016 gemeinsam mit Frau Dappen (BPW Stadtplanung, Bremen) 2016 veröffentlicht. Die vorliegende Version wurde durch den Autor inhaltlich weiterentwickelt und im Hinblick auf die thematische Ausrichtung der Konferenz *City.Country.Life* überarbeitet.

Die über einhundert Jahre alte Idee der Gartenstadt von Ebenezer Howard findet immer wieder aufs Neue Beachtung in der Fachwelt. Ihr Gegenentwurf zur damaligen verdichteten, überlasteten und lebensfeindlichen Stadt wird immer dann, wenn der Zuzug in die Ballungsräume so stark ansteigt, dass in kurzer Zeit viele neue Wohnungen gebaut werden müssen, für viele wieder erstrebenswert. Doch was ist eine Gartenstadt überhaupt, welche Aspekte sind heute – rund 120 Jahre nach der ersten Veröffentlichung Howards – noch aktuell und übertragbar? Was können wir noch heute aus dieser alten Idee lernen? Und wie könnte eine solche Gartenstadt des 21. Jahrhunderts aussehen?

Diese Fragen waren Gegenstand der Studie „Gartenstadt21 – ein neues Leitbild für die Stadtentwicklung in verdichteten Ballungsräumen – Vision oder Utopie?" des Bundesinstituts für Bau-, Stadt- und Raumforschung[2]. Neben der Auseinandersetzung mit dem historischen Gartenstadtgedanken und dessen Umsetzung bis heute wurde im Rahmen eines Zukunftslabors Visionen und Handlungsfelder für eine Übertragung des Gartenstadtmodells in das 21. Jahrhundert entwickelt. Der Schwerpunkt lag hierbei insbesondere in der Diskussion neuer und zeitgemäßer Bilder und Begriffsmerkmale der Gartenstadt.

Die Gartenstadt – ein reformistisches Stadtmodell

Die Gartenstadt kann allgemein als ein Modell einer planmäßigen Stadtentwicklung bezeichnet werden. Dieses Modell wurde Ende des 19. Jahrhunderts maßgeblich durch den Briten Ebenezer Howard entwickelt und geprägt. Ebenezer Howard, seines Zeichens Stenotypist verkehrte in seiner Freizeit vorwiegend in reforminteressierten Gruppen, die insbesondere die Bodenreform diskutierten. Besonders die sozialreformerischen Diskussionen seiner Zeit sowie

---

1 Bastian Wahler-Żak, Bundesinstitut für Bau-, Stadt- und Raumforschung (BBSR), Bonn/ Deutschland, E-Mail: bastian.wahler@bbr.bund.de

2 Das BBSR wurde durch den Auftragnehmer, das Büro bpw baumgart+partner aus Bremen als Forschungsassistenz unterstützt.

© Springer Fachmedien Wiesbaden GmbH, ein Teil von Springer Nature 2020
N. Uhrig (Hrsg.), *Zukunftsfähige Perspektiven in der Landschaftsarchitektur für Gartenstädte*, https://doi.org/10.1007/978-3-658-28941-6_10

die Teilhabe an Parlamentsdebatten die er als Stenograph begleitete, bildeten die Grundlage für Howard's Ansatz und Konzept der Gartenstadt als bodenreformistischer Gegenentwurf zur damaligen liberalen Bodenpolitik und ungesteuerten Stadtentwicklung (Posener 1968, 173). Der Begriff der Gartenstadt wurde von Howard selbst erst im Laufe der weiteren Konkretisierung seines ursprünglichen Konzepts verwendet. Sein 1898 erschienenes Werk *To-Morrow, a Peaceful Path to Real Reforms* verwendete erst in der zweiten Auflage im Jahr 1902 den Begriff der Gartenstadt („Garden Cities of To-Morrow") (Posener 1968, 163). Die erste deutschsprachige Auflage erschien 1907 unter dem Titel *Gartenstädte in Sicht* in Jena. Erstmals 1968 veröffentlichte Julius Posener das Buch *Gartenstädte von morgen. Das Buch und seine Geschichte*. Diese Sekundärliteratur ist bis heute eine vielzitierte deutschsprachige Quelle der ursprünglichen Gartenstadtidee Howards (Posener 1968, 163) (siehe auch Abb. 1).

Die Grundlage des Modells der Gartenstadt von Howard differenziert zwischen der Stadt (town) sowie dem Land (country) als Magnete, welche mit ihren positiven wie negativen Eigenschaften Menschen anziehen. Die Gartenstadt (town-country) als neuer und dritter Magnet soll hingegen die jeweils positiven Eigenschaften der Stadt mit ihren sozialen Möglichkeiten, Stätten der Unterhaltung, infrastrukturellen Ausstattung und nicht zuletzt Kapital mit den Vorzügen des Landes der frischen Luft, klarem Wasser und Schönheit der Natur verbinden (Posener 1968, 56). Aus der Verschmelzung dieser beiden Magneten in ihren positiven Eigenschaften speist sich das Wesen der Gartenstadt (der dritte Magnet) (Posener 1968, 57). Mit dessen Hilfe soll die überfüllten Städte wie zu Howard's Zeiten die Großstadt London entlastet werden damit sich diese wieder regenerieren können (Posener 1968, 151 ff.). Dabei liegt die Besonderheit dieses Modells nicht in den stadtstrukturellen und städtebaulichen Prinzipien, sondern insbesondere in den sozioökonomischen Ideen bzw. ihren finanziellen und organisatorischen Aspekten (siehe Abb. 2).

Howard hat in „seiner" Gartenstadt die wesentlichen ökonomischen, sozialen und politischen Fragen jener Zeit, die die Stadtentwicklung betrafen, sowie die Antworten einer Vielzahl von Fachleuten und Autoren reflektiert und zusammen mit eigenen Ideen zu einem neuen Siedlungsmodell verknüpft. Bei diesem handelt es sich nicht um eine monofunktionale Siedlung mit vielen privaten Gärten, sondern um eine Kleinstadt mit einer durchaus städtischen Dichte von rd. 245 Einwohner pro Hektar und funktionalen Überlagerung des Arbeitens und des Wohnens. Die Gartenstadt liegt inmitten eines „Gartens", das heißt einem landwirtschaftlichen Grüngürtel, der als Teil der Stadt sowohl ihrer Versorgung als auch der Entsorgung dient (Posener 1968, 59 ff.).

Eine solche Gartenstadt hat Howard (am Beispiel der Neugründungen von Letchworth und Welwyn) in der Praxis erprobt und weiterentwickelt. Dabei verstand der Gründer sich selbst als Erfinder und sein Konzept „(…) der Stadtplanung [der Gartenstadt] als Teamwork und als ein Vorgang (…)" (Posener 1968, 165), in den viele verschiedene Fachleute und Akteure vor Ort einbezogen werden müssen.

Gartenstädte - damals bis heute

Im Rahmen der Forschungsstudie des BBSR wurden 12 Städtebauprojekte, welche seinerzeit und heute als vorbildlich im engeren sowie im weiteren Sinne dem Leitbild der Gartenstadt zugeordnet werden können, hinsichtlich dem Aspekt der Vielfalt der umgesetzten Ideen und der (ausdrücklichen oder unbeabsichtigten) Bezugnahme auf die Originalschrift Howards analysiert. Des Weiteren wurden vier Grüngürtel- bzw. Regionalparkkonzepte hinsichtlich des, von Howard genannten Systems der Grüngürtel im Rahmen der Entwicklung von überschaubaren Siedlungseinheiten untersucht (siehe Abb. 3).

In Deutschland entstanden zwischen 1900 und 1930, in der Regel getragen durch genossenschaftliche Unternehmen oder im Ruhrgebiet häufig auch in der Tradition der Werkssiedlungen (Fallbeispiel: Margarethenhöhe), gartenstädtische Siedlungen. Diese setzten sich überwiegend aus Reihenhäusern mit relativ homogener und ansprechender Architektur zusammen. Arbeitsplätze waren jedoch nicht immer fußläufig erreichbar oder wurden nur von einem Arbeitgeber bereitgestellt. Insbesondere im Hinblick auf eine entsprechend städtische Dichte sowie eine Vielfalt an Wohnangeboten für unterschiedliche Gruppen der Gesellschaft weisen diese Gartenstadtentwicklungen deutliche Unterschiede zu dem von Howard entwickelten Leitbild auf. Auch in der Nachkriegszeit entstanden vor dem Hintergrund des enormen Wohnungsbedarfs unter dem Begriff der Gartenstadt grüne Trabantenstädte mit stark verdichteter Bauweise in einer parkartigen Landschaft (Fallbeispiel: Neu Vahr), jedoch ohne dabei die Prinzipien von eindeutig definierten öffentlichen, halböffentlichen und privaten Räumen oder der sozialen Teilhabe mitzudenken.

Insbesondere jüngere Projekte wie das Stadterweiterungsprojekt Freiham bei München zeigen hingegen eine Entwicklung, die viele der von Howard beschriebenen stadtstrukturellen, finanziellen und organisatorischen Prinzipien neu interpretieren, ohne dass sie explizit den Begriff der Gartenstadt verwendet. In Freiham werden hierbei innovative Grundstücksvergaben erprobt, bei denen das Konzept im Vordergrund steht. Auch das Fallbeispiel der Seestadt Aspern in Wien legt den Fokus der Entwicklung insbesondere auf funktionale und stadtstrukturelle Mischung und infrastrukturelle Vernetzung. Bei diesen Beispielen ist die neue Stadtstruktur durch eine hohe Dichte, eine Vielfalt der Funktionen und die Einbeziehung von neuen Arbeitsplätzen geprägt. Finanziell und organisatorisch spielt dabei der Umgang mit Grundstückspreisen, Folgekosten und bezahlbaren Wohnraum eine immer größere Rolle.

Gleichzeitig kann jedoch auch beobachtet werden, dass der Begriff Gartenstadt als Vermarktungsstrategie für neue Vorstadtsiedlungen mit meist aufgelockerter Bebauung und einem hohen privaten Grünflächenanteil verwendet wird. Die hierbei aufgerufenen Kauf- bzw. Mietpreise der neuen sogenannten Gartenstädte machen deutlich, dass diese vorwiegend für einkommensstarke Bevölkerungsschichten entwickelt werden. Bezahlbarer Wohnraum für unterschiedliche Einkommensschichten, eine angemessene Funktionsmischung oder die Möglichkeit einer Teilhabe der neuen Bewohner an der Entwicklung des neuen Quartiers entstehen aufgrund der stark renditeorientierter Vermarktung meist nicht.

Aktuelle Herausforderungen

Im Gegensatz zur Entstehungszeit der Gartenstadtbewegung Ende des 19. Jahrhunderts stehen Städte heute nicht nur vor der Herausforderung des Wachstums. Das Themenspektrum heutiger Stadtentwicklung ist aufgrund der unterschiedlichen Ansprüche und Rahmenbedingungen zunehmend umfangreicher und vielschichtiger als zu Howards Zeit. Gegenüber der

Vergangenheit hat besonders die Vielfalt zugenommen. Darunter ist nicht nur die Vielfalt der Bewohner bezogen auf ihre Herkunft und ihre Lebensstile zu verstehen, sondern auch die Mannigfaltigkeit der Arbeits- und Mobilitäts-, Freizeit- und Versorgungsmöglichkeiten, verknüpft mit einer Fülle an Werthaltungen und der angestrebten Nutzungen öffentlicher Räume. Hinzu kommen ökologische Herausforderungen, die zum Beispiel durch die anhaltend hohe Flächeninanspruchnahme für die Siedlungsentwicklung oder durch den Klimawandel bedingt sind. Freiflächen wecken Begehrlichkeiten für die Innenentwicklung, spielen für das Klima in der Stadt, beispielsweise als Frischluftschneisen oder Retentionsflächen eine wichtige Rolle, dienen Bewohnern als Begegnungs- und Spielorte, als Fläche für Naherholung und Freizeit. Mancherorts sind sie der Nahrungsmittelproduktion vorbehalten. Und nicht zuletzt bilden sie städtische Oasen für die Flora und Fauna.

Die Ansprüche an die Bezahlbarkeit und an neue Finanzierungsmodelle sind hingegen nahezu unverändert geblieben. Insbesondere die Ballungsräume verzeichnen bereits jetzt ein hohes Miet- und Baulandpreisniveau welches sich vor dem Hintergrund der aktuellen Bevölkerungsentwicklung in diesen Räumen und anhaltendenden niedrigen Zinsen nicht weiter verringern wird. Somit sind auch heute der Erhalt und die Schaffung bezahlbaren Wohnraums ein wichtiges Ziel der Stadtentwicklung. Spekulationen müssen eingeschränkt und kommunale Kosten überschaubar und tragbar bleiben.Gleichzeitig gibt es immer mehr Initiativen, die angesichts dieser Herausforderungen neue Lösungsansätze erproben mit dem Ziel die Lebensqualität in den Städten zu erhöhen. Der herkömmlichen, Investoren getragenen Stadtentwicklung werden alternative Modelle gegenübergestellt. Neue und nicht gewinnorientierte Bauträger wie Baugemeinschaften oder Genossenschaften wie beispielsweise die GIMA München eG[3] oder Vereine zur Umsetzung urbaner Projekte und Revitalisierung von Flächen tragen zunehmend zur Entwicklung und Qualifizierung der Stadt bei. Viele dieser Initiativen werden mittlerweile von der Stadtpolitik aktiv aufgegriffen und unterstützt.

Zehn Thesen zu einer Gartenstadt21 grün-urban-vernetzt

Was lässt sich nun aus den Erkenntnissen zur Gartenstadt vor dem Hintergrund aktueller Herausforderungen für die Stadtentwicklung heute ableiten? Welche Prinzipien und Merkmale der Gartenstadtidee sind auch heute noch aktuell und wie lassen sie sich, vergleichbar dem Modell von Howard, zu einem schlüssigen Gesamtkonzept zusammenführen? Auf der Grundlage der angeführten Analyse wurden im Rahmen der Forschungsstudie des BBSR folgende zehn Thesen zur Gartenstadt21 entwickelt. Diese beschreiben Qualitätsmerkmale einer nachhaltigen Stadtentwicklung im Sinne der Gartenstadt21 grün-urban-vernetzt.

Dabei spielen, wie auch bei Howard, raumgliedernde Grünstrukturen eine wichtige Rolle. Vor dem Hintergrund zunehmend ökonomisch bedingter Flächenkonkurrenzen sind qualitätsvolle Freiräume auch heute grundlegend für die Lebensqualität in Stadtregionen. Darüber hinaus

---

3   Die Die GIMA München eG (Genossenschaftliche Immobilienagentur München eG) ist ein Zusammenschluss von aktuell 23 Wohnungsunternehmen in München. Die Mitgliedsunternehmen sind Genossenschaften oder haben ihre Wurzeln in der Gemeinnützigkeit. Die GIMA vermittelt Mehrfamilienhäuser oder ganze Wohnanlagen (GIMA 12.04.2019).

leisten sie einen wichtigen Beitrag zur Qualifizierung Grüner Infrastruktur. Allerdings ist die Gartenstadt21 dabei nicht nur „grün", sondern auch „urban". Dies meint nicht nur eine höhere Dichte, die auch der historischen Gartenstadtidee entspricht und vielfältige Funktionen erst wirtschaftlich macht, sondern auch eine kulturelle und ökonomische Vielfalt hinsichtlich ihrer Funktionen, Angebote und differenzierten Handlungsmuster. Darüber hinaus ist sie „vernetzt" im weitest möglichen Sinne des Begriffs, sowohl in technischer, infrastruktureller und funktionaler Hinsicht als auch bezogen auf kulturelle, ökologische und ökonomische Aspekte. Die gesamtstädtische bzw. regionale Betrachtungsebene ist hierbei, wie bereits bei Howard, im Hinblick auf eine Bezugnahme auf bestehende Stadt- und Freiraumstrukturen bei der Entwicklung stets zu beachten.

Die Gartenstadt21 ist durch gemeinschaftliche Organisations- und Finanzierungsmodelle geprägt, welche ihre Entwicklung und dauerhafte Pflege sicherstellen
Trotz der anhaltenden Bedeutung von Genossenschaften als Bauträger sowie der Möglichkeit städtebauliche Verträge für entstehende Folgekosten abzuschließen, steht die Stadtentwicklung heute wieder vor der Herausforderung, Spekulation mit Wohnraum zu verhindern und die Erlöse aus Bodenwertsteigerungen nachhaltig für die Allgemeinheit einzusetzen. Gleichzeitig sind viele Städte und Gemeinden aufgrund enger finanzieller Spielräume kaum mehr in der Lage, langfristige Folgekosten bzw. Folgeverantwortung für kommunale Einrichtungen oder Liegenschaften zu übernehmen, die nicht zu ihren Pflichtaufgaben gehören.
Zentral für die Gartenstadt21 sind daher besondere Organisationseinheiten, beispielsweise in Form von gemeinnützigen oder öffentlichen Entwicklungsträgern, Stiftungen oder Genossenschaften, unter Nutzung privatrechtlicher oder öffentlich-rechtlicher Instrumente zur Qualitätssicherung. Einer Grundstücksvergabe, die nicht an Gewinnmaximierung orientiert ist, kommt in diesem Zusammenhang eine besondere Bedeutung zu. Nur differierende Preise erlauben auch unterschiedliche und vielfältige Nutzungen im Sinne einer urbanen Stadt. Wesentliche Elemente der Gartenstadt21 sind demnach eine antispekulative und proaktive Bodenpolitik.

Die Gartenstadt21 entwickelt und verstetigt anpassungs- und tragfähige Modelle der allgemeinen Mitwirkung und Teilhabe
Der Aspekt der Teilhabe wird in der historischen Gartenstadt häufig verkannt. Doch bereits Howard begreift die Entwicklung der Gartenstadt als einen partizipativen Prozess, an dem zunächst Fachleute verschiedener Disziplinen, später auch die Pächter der Stadt, das heißt ihre Bewohner und ihre Gewerbetreibenden, teilhaben. Diese bestimmen sowohl die ökonomische als auch die baulich-räumliche Entwicklung mit. Dieser Aspekt ist auch für die Gartenstadt21 von zentraler Bedeutung.
Dabei sind heutige Möglichkeiten der Mitwirkung und Teilhabe – auch aufgrund neuer technischer Möglichkeiten – gleichzeitig vielfältiger aber auch spontaner. Nicht nur Entscheidungsmöglichkeiten sind daher Bestandteil der Gartenstadt21 sondern, auch neue Formen des „Stadtmachens". Dazu bedarf es sowohl offener, multicodaler und unfertiger Räume, als auch einer stetigen kritischen Reflexion der Regularien und Handlungsmuster sowie einer gezielten Begleitung.

Die Gartenstadt21 bewirkt eine Qualifizierung und Vernetzung vorhandener Sied-lungs- und Freiraumstrukturen in der Großstadtregion

Das Land aufzuwerten und ökonomisch und funktional stärker mit der Stadt zu verknüpfen ist ebenfalls bereits bei Howards Gartenstadtmodell entscheidend. Dieser Aspekt besitzt ange-sichts der zunehmenden Mobilität und der Notwendigkeit der Weiterentwicklung vorhandener Stadt- und Landschaftsräume in der Großstadtregion nach wie vor eine hohe Aktualität. So kann auch die Gartenstadt21 zu einer qualitativen Entwicklung von Räumen und Flächen, beispielsweise durch neue Infrastruktur und Versorgungseinrichtungen beitragen. Auch die Entwicklung neuer Arbeitsplätze und Wohnangebote für die Bevölkerung der vorhandenen Gebiete, die Inwertsetzung vernachlässigter Freiräume oder die Aufwertung bestehender Stadtquartiere kann dabei eine Rolle spielen.

Die Gartenstadt21 verfügt über stadträumliche Qualitäten, bei denen eine hohe bau-liche Dichte und öffentliche Freiräume in einem angemessenen Verhältnis zueinander stehen

Die realisierten Gartenstädte Howards sowie die gartenstädtischen Siedlungen legen zunächst die Vermutung nahe, dass es sich bei der Gartenstadt um ein vorstädtisches Gebilde handelt, bei dem Haus und Garten namensgebend sind. Dabei wird kaum berücksichtigt, dass die his-torische Einwohnerdichte um ein vielfaches höher war als es die heutige Einwohnerdichte bei einer stetig steigenden Wohnfläche pro Kopf ist. So geht Howard noch von einer Dichte von rund 240 Einwohnern pro Hektar Nettowohnbauland aus (Posener 1968, 62). Eine Dichte, die in heutigen Einfamilien- bzw. Reihenhaussiedlungen nur selten erreicht wird.

In der Gartenstadt21 spielt daher das Thema Dichte wieder eine wichtige Rolle. Sie verfügt über eine höhere bauliche Dichte, um dem Bedarf nach mehr Wohnraum pro Kopf Rech-nung zu tragen, Flächen im Außenbereich zu schonen und eine hinsichtlich der Infrastruktur wirtschaftliche Stadtentwicklung zu ermöglichen. Dabei werden die Freiflächen von Anfang an mitgedacht, damit ein angemessenes Verhältnis von Bebauung und attraktiven privaten, halböffentlichen und öffentlichen Freiflächen und Plätzen entsteht.

Die Gartenstadt21 bietet eine attraktive „Grüne Infrastruktur", im Sinne von differen-zierten öffentlichen Freiräumen mit unterschiedlichen Funktionen

Schon in der historischen Gartenstadt bildete der Freiraum das Grundgerüst der Gartenstadt. Möglichkeiten der Zwischen- und Mehrfachnutzung sowie einer künftigen Entwicklung wurden von vornherein mit bedacht. Bis heute sind Grün- und Freiräume von entscheidender Bedeutung für die Lebensqualität in Städten. Im Rahmen der Gartenstadt21 geht es diesbezüglich nicht nur um deren Gestaltung oder Nutzungszuweisung, auch im Sinne von Mehrfachnutzungen, sondern auch um ihre Entwicklung durch unterschiedliche soziale Gruppen. Die Grün- und Freiräume in der Gartenstadt21 tragen langfristig zur sozialen Identität, zur Naherholung, zur Biodiversität und zum Klima in der Stadt bei. In der Gartenstadt21 sind diese unterschiedlichen Grün- und Freiräume in einem übergeordneten System miteinander vernetzt und bilden einen wichtigen Bestandteil der städtischen Grünen Infrastruktur. Mit Hilfe grüner Architektur kann dies zusätzlich qualifiziert werden.

Die Gartenstadt21 ist klimaangepasst und energieoptimiert
Der Umgang mit dem Klimawandel durch Klimaanpassung und Energiewende ist eine Herausforderung des 21. Jahrhunderts. Trotzdem waren diese Themen auch schon vor einhundert Jahren relevant. Damals war es entscheidend, dass die Stadt mit technischer Infrastruktur zu ihrer Versorgung ausgestattet und eine funktionierende Entsorgung eingerichtet wurde. Die Gewährleistung von Gesundheit und Sicherheit waren wichtige Aufgaben jener Zeit. Heute hingegen rückt die Qualität der Ver- und Entsorgung vor den Herausforderungen des Klimawandels und des technologischen Wandels in den Vordergrund. Stadträume unterliegen der Notwendigkeit der Anpassung an den Klimawandel (Hitze, Niederschlag, Sturm). Der Aspekt der Gesundheit ist zudem facettenreicher und umfasst heute Aspekte wie den Schutz vor belastenden Luftschadstoffen, Lärm und Hitze. Die Gartenstadt21 berücksichtigt diese Aspekte vor dem Hintergrund der neuen technischen Möglichkeiten in besonderem Maße und integriert sowohl die Maßnahmen der Klimaanpassung als auch die Möglichkeiten des Klimaschutzes. Damit erhält die Gartenstadt21 gegenüber klimatischen Veränderungen eine größtmögliche Resilienz.

Die Gartenstadt21 bietet vielfältige bezahlbare Wohnangebote für verschiedene soziale Gruppen
Der Aspekt eines vielfältigen Wohnungsangebots besitzt heute eine erheblich größere Relevanz als vor einhundert Jahren. Aufgrund der Pluralisierung der Lebensstile sowie bedingt durch den demografischen Wandel ist die Nachfrage nach Wohnungen sowohl bezogen auf den Preis als auch auf Lage, Ausstattung und Größe von großer Heterogenität. Dabei kommt insbesondere der Mischung von Wohnungstypen, Eigentumsformen und Preisen in der Gartenstadt21 eine große Bedeutung zu, um diese auch langfristig sozial und in ihrer Nachfrage stabil zu halten. Weniger an der Gewinnmaximierung orientierte Bauträger, wie Genossenschaften, öffentliche Wohnungsbaugesellschaften, Baugruppen oder einzelne private Bauherren spielen in der Gartenstadt21 daher eine wichtige Rolle.

Die Gartenstadt21 berücksichtigt neue Formen des Arbeitens sowie die Prinzipien der Kreislaufwirtschaft gleichermaßen
Die Gartenstadt der Vergangenheit ist ein Kind der industriellen Revolution und deshalb eine Industriestadt. Die Gartenstadt21 dagegen ist eine Stadt der neuen urbanen Produktion, in der die Veränderung der Arbeitswelten durch die digitale Revolution sowie der Wandel von Produktionsbedingungen im Sinne von sauberen, urbanen Technologien (urbane Werkstätten, Industrie 4.0), als Chance begriffen werden. Diese Chance beinhaltet gleichzeitig die Entwicklung einer Kreislaufwirtschaft, sowohl was die Ver- und Entsorgung der Stadt betrifft, als auch bei der Produktion von Gütern, Lebensmitteln und Dienstleistungen.

Die Gartenstadt21 verfügt über verschiedene öffentliche und soziale Einrichtungen für Menschen unterschiedlichen Alters und Herkunft
In der Gartenstadt21 wird die Entwicklung der sozialen Infrastruktur als ein Prozess verstanden und analog zu ihrem historischen Vorläufer von Anfang an bedacht. Diese verändert sich mit den Bewohnern und geht auf deren Bedarfe ein. Die Integration verschiedener Angebote und die multifunktionale Nutzung von Räumen und Gebäuden spielen dabei eine zentrale Rolle.

Die Gartenstadt21 ist durch ein vernetztes Mobilitätsangebot geprägt und trägt hierdurch zu einer Reduzierung der Verkehrsbelastung bei
Die Nähe der verschiedenen Funktionen, das heißt auch die fußläufige Erreichbarkeit von Nahversorgungseinrichtungen sowie die Anbindung durch und die Verknüpfung mit modernen Mobilitätsangeboten bildet ein grundlegendes städtebauliches Element der historischen Gartenstadt. Der Umweltverbund (ÖPNV, Rad(schnell)wege, Carsharing, kurzfristige Verleihsysteme, etc.) ist auch für die Erschließung der Gartenstadt21 entscheidend. Dabei kommt der Vernetzung der verschiedenen Angebote, auch durch moderne Technologien, eine zunehmende Bedeutung zu.

Zukunftslabor – Gartenstadt 21 grün – urban – vernetzt

Die Thesen der Gartenstadt21 grün-urban-vernetzt können als Handlungsprinzipien für die Entwicklung neuer und den Umbau bestehender Stadtquartiere wie auch Transformationsräume allgemein verstanden werden. Die Gartenstadt21 beschreibt dabei ein Modell der nachhaltigen Stadtentwicklung. Sie ist eine Konfiguration unterschiedlicher ökonomischer, ökologischer, sozialer wie auch städtebaulicher Parameter, welche in ihrem Zusammenspiel erprobt und weiterentwickelt werden sollen. Ihre zehn Thesen bilden den Handlungsrahmen. Sie ist kein finaler Baukasten für den richtigen Stadtentwurf, Städtebau oder Architektur, sondern ein umfassender, integrierter Ansatz der neben den funktionalen und stadtstrukturellen Qualitäten wie Dichte und das Verhältnis von privaten und öffentlichen Räumen auch prozessuale Aspekte der Organisation und Finanzierung von Stadt weiter denkt und nach Möglichkeiten der nachhaltigen Umsetzung sucht.
Um der eingehenden Frage, wie denkbare und zeitgemäße Bilder einer Gartenstadt, abseits des rein profitmaximierenden und vermarktungsorientierten Städtebaus aussehen kann nachzugehen wurde im Rahmen der Forschungsstudie ein Zukunftslabor mit drei interdisziplinär besetzten Teams durchgeführt. Jedes Team sollte für einen fiktiven Referenzraum Zukunftsvisionen für eine Entwicklung im Sinne der Gartenstadt21 und den hierfür beschriebenen zehn Thesen aufzeigen.
Die einzelnen Ergebnisse können der Publikation der Forschungsstudie (Band 2) entnommen werden und werden an dieser Stelle nicht einzeln ausgeführt. Allgemein kann jedoch festgehalten werden, dass die Ergebnisse der einzelnen Teams kein eindeutig definiertes Bild oder Aussehen einer Gartenstadt des 21. Jahrhunderts hervorgebracht haben. Vielmehr haben sich die Teams mit Prozessen und Szenarien auseinandergesetzt welche geeignet erscheinen die Entwicklung gemäß den zehn Thesen für eine Gartenstadt21 maßgeblich zu beeinflussen. Hierfür notwendige Management- und Gemeinschaftsstrukturen sind für die Begleitung und Orchestrierung der Prozesse von besonderer Bedeutung. Insbesondere die aktive Einbeziehung der bestehenden wie auch der zukünftigen Bewohner der Quartiere welche im Sinne der Gartenstadt entstehen sollen sowie die Etablierung geeigneter Formate der Teilhabe und Mitwirkung sollte im Zentrum der Entwicklung stehen (BBSR 2017, 68 ff.).
Essentiell für jegliche Entwicklung wurde neben der Sicherung und Qualifizierung von multifunktional zu gestaltenden Grün- und Freiräumen von den Teilnehmern jedoch ein tragfähiges Finanzierungsmodell gesehen. Um die Gartenstadt als Handlungsmaxime auch für das kom-

munale Handeln zu verstetigen sind bundesweites Förderinstrumente zu schaffen. Eines dieser Förderinstrumente könnte ein sogenannter „Metrogartenstadtfond" (MGF) darstellen. Dieser ist vergleichbar mit einem bundesweit agierenden Rentenfonds und sollte in Sondergebieten für die Entwicklung einer Gartenstadt eingesetzt werden, um dort Grundstücke aufzukaufen und für eine Entwicklung im Sinne der Gartenstadt21 vorzubereiten (BBSR 2017, 5).

Die Gartenstadt21 - ein Modell der nachhaltigen Stadtentwicklung

Aktuell lassen sich erste Ansätze einer solchen Neuinterpretation des Gartenstadtgedankens bundesweit ausmachen, wie Beispiele aus Köln oder München zeigen. Mit dem kooperativen Planungsprozess zur Entwicklung der „Parkstadt Süd" in Köln wurden mit unterschiedlichen Akteuren der Stadtgesellschaft Leitlinien formuliert welche die Handlungsgrundlage für weitere Entwicklungsprozesse der „Parkstadt Süd" bilden und Themen wie bspw. Teilhabe, kooperative Entwicklung, Konzeptvergabe oder Grün als Grundgerüst aufnimmt (Stadt Köln 2015, 8). In München soll mit dem Stadterweiterungsprojekt Freiham gemäß dem Leitsatz der Stadt-baurätin Frau Prof. Dr. (I) Elisabeth Merk „Wir wollen urban leben wie in der Stadt, aber grün wie auf dem Land." (Landeshauptstadt München 2014, 14) die „(…) Neuinterpretation einer Münchner Gartenstadt (…)" (Landeshauptstadt München 2014, 14) durch eine breite Mischung an unterschiedlichen Wohnformen, Wohnbauarten und Nutzungen realisiert werden (Landeshauptstadt München 2014, 14).

Das Modell der Gartenstadt21 grün-urban-vernetzt ist neben der Stadterweiterung auch im Rahmen von Stadtumbau denkbar. Insbesondere Abstands- oder Brachflächen in stark immis-sionsbelasteten Siedlungsbereichen (urbane Zwischenräume), gemischte Siedlungsstrukturen des Geschosswohnungsbaus oder aufgelockerte Einfamilienhausgebiete mit großzügigen Flä-chenreserven erfordern vor dem Hintergrund ihrer zunehmenden Bedeutung für den Stadtumbau insbesondere in Ballungsräumen eine ganzheitliche und nachhaltige Entwicklungsperspektive.

Gartenstadt21 – ja aber wie?

Unabhängig von der jeweiligen stadträumlichen Verortung ist für die Erprobung des Modells der Gartenstadt21 die Ressource Fläche von entscheidender Bedeutung. Um die genannten Prinzipien der Gartenstadt21 anwenden zu können und hierbei insbesondere auch bezahlba-ren Wohnraum zu schaffen, bedarf es einer kontrollierten und reglementierten Entwicklung durch die Kommunen im Rahmen ihrer hoheitlichen Aufgaben wie sie auch das Bündnis für bezahlbares Wohnen des Bundesministeriums des Innern, für Bau und Heimat (ehem. Bundes-ministerium für Umwelt, Naturschutz, Bau und Reaktorsicherheit) in seinen Handlungsemp-fehlungen fordert (vgl. BMUB 2015, 4 ff.). Die verstärkte Bereitstellung und preisreduzierte Abgabe von Grundstücken für bezahlbares Wohnen sowie die Verknüpfung von Auflagen, Anforderungen und Kriterien zur Vergabe öffentlicher Grundstücke sind wichtige Strategien für die Umsetzung der Gartenstadt21. Dabei sollten anstelle von Höchstpreisvergaben das Nutzungskonzept sowie soziale, ökologische und städtebauliche Kriterien, analog der in den zehn Thesen zur Gartenstadt21 formulierten Leitlinien bei der Vergabe im Vordergrund stehen.

Möglichkeiten der sozialen Teilhabe sind in diesem Zusammenhang bereits mitzudenken und in die weitere Entwicklung zu implementieren. Die Konzeptvergabe, wie sie beispielsweise bei der Vergabe städtischer Grundstücke in München oder Hamburg angewendet wird, sollte zum Regelfall für die Gebietsentwicklungen werden. Des Weiteren können Quoten für geförderten und preisgedämpften Wohnungsneubau, die Festlegung von Baulandmodellen sowie die marktgerechte Nutzung von Erbbaurechten zum Einsatz kommen. Das Instrument der städtebaulichen Verträge hat sich bereits in der kommunalen Praxis bewährt und sollte auch bei der Entwicklung der Gartenstadt21 weiterhin seine Anwendung finden (vgl. BMUB 2015, 4 ff.). Darüber hinaus ist das Instrument der städtebaulichen Entwicklungsmaßnahme vor diesem Hintergrund sicherlich in seiner Bedeutung und Notwendigkeit für die kommunale Flächenpolitik ebenfalls positiv zu bewerten.

Parallel zur aktiven Bodenpolitik der Kommune sind bei der Entwicklung der Gartenstadt21 die verbreiteten, historischen Vorstellungen und Bilder einer Gartenstadt in Frage zu stellen. Das Bild der Gartenstadt wird meist auf durchgrünte und aufgelockerte Siedlungsgefüge reduziert. Dieses Bild muss insbesondere für die weitere Entwicklung in Ballungsräumen überdacht und neu definiert werden, um das Modell der Gartenstadt21 grün-urban-vernetzt auf die aktuellen Herausforderungen übertragen zu können.

Die Gartenstadt21 beschreibt keinen finalen Zustand und ist ortsspezifisch. Sie ist stark durch gemeinschaftliche Prozesse geprägt. Diese müssen dauerhaft moderiert, begleitet und von Beginn an in die städtebauliche Entwicklung implementiert werden. Hierzu bedarf es entsprechender „unfertiger" wie auch „multicodierter" Räume sowie dauerhafte Anlaufstellen im Quartier.

Es bleibt festzuhalten, dass die Gartenstadtidee nichts an ihrer Aktualität verloren hat. Einzig bei der Frage, wie ganzheitlich der Gartenstadtgedanke verstanden wird und welche Konsequenzen dies für die funktionale sowie bauliche Umsetzung hat, lassen sich Unterschiede ausmachen. Gehört eine hohe Dichte zur Gartenstadt? Wie kann Urbanität auch in der Gartenstadt21 entstehen? In welchem Maß und Form wird soziale Teilhabe in der Gartenstadt21 ermöglicht? Und letztlich welche Rolle und Bedeutung hat die Natur, der Garten in der Gartenstadt21? Hierzu braucht es neue Vorstellungen, Konzepte und Bilder die mit dem Begriff der Gartenstadt verbunden werden. Erste Beiträge zu diesem Diskurs wurden im Rahmen der Forschungsstudie des BBSR zur Gartenstadt21 entwickelt. In wieweit die entwickelten Vorstellungen in der kommunalen Praxis umgesetzt werden können wird weiter zu untersuchen sein. Einige Ansatzpunkte hierfür sind bereits erkennbar.[4]

---

4   Weitere Informationen finden Sie unter: www.gartenstadt21.de.

Abb./ Fig. 1: Leben und Arbeiten in der Sonne, Werbung für die Gartenstadt Welwyn. // Life and Work in the Sun. An advertisement for the Welwyn Garden City.

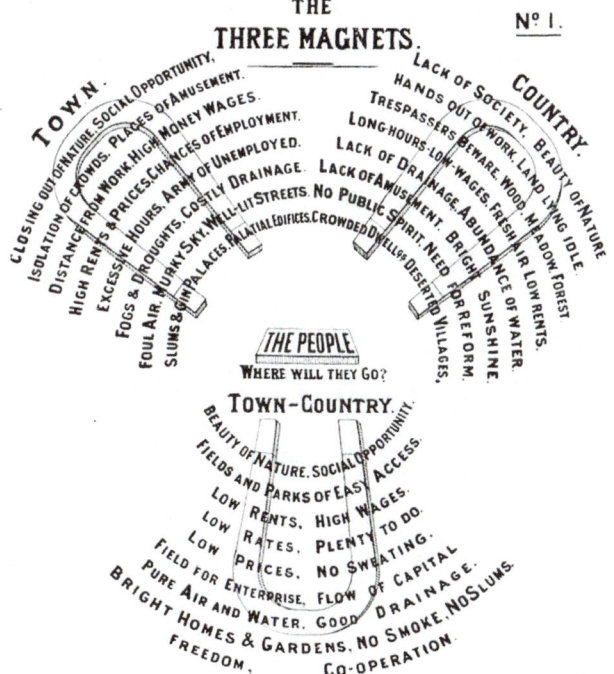

Abb./ Fig. 2: Die drei Magnete nach Howard. // The Three Magnets according to Howard.

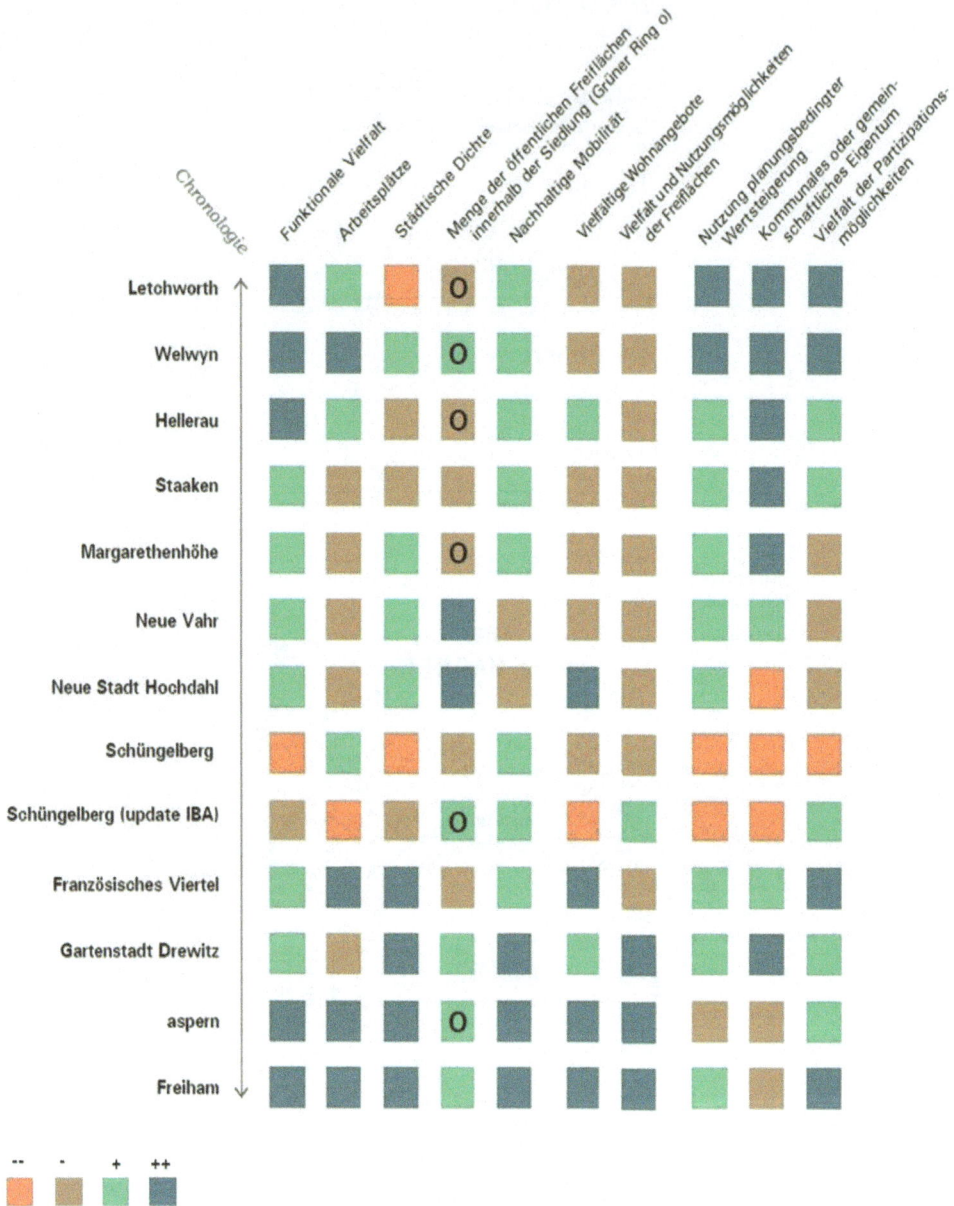

Abb./ Fig. 3: Auswertung der Untersuchung von Fallbeispielen hinsichtlich der Prinzipen einer Gartenstadt nach Howard. // The evaluation results of an analysis done on case studies with regard to Howard's garden city principles.

Gartenstadt21 green - urban - networked. Is it a Model for Sustainable Urban and Housing Development?

Bastian Wahler-Żak

This contribution is based on the results of the study *Gartenstadt21 – ein neues Leitbild für die Stadtentwicklung in verdichteten Ballungsräumen – Vision oder Utopie* (Gartenstadt21 - a new model for urban development in densely populated urban areas - vision or utopia?) by the Federal Institute for Research on Building, Urban Affairs and Spatial Development 2017). It was published in parts in the series *Information zur Raumentwicklung (IZR)* No. 6.2016 together with Mrs. Dappen (BPW Stadtplanung, Bremen) 2016. The present version has been further developed by the author and revised in view of the thematic orientation of the conference *City.Country.Life*.

Ebenezer Howard's idea of the garden city, which was conceptualized more than one hundred ago, is constantly attracting new attention among experts in the field of sustainable urban development. At the time when Howard's idea was gaining attention, cities were hostile and densely overcrowded places. Nevertheless, this type of environment is becoming for many desirable again and since the influx into urban areas has been increasing to such a large extent that a great deal of new housing needs to be built in a short period of time. What is a garden city anyway and what aspects today, almost 120 years after Howard's first publication, are still relevant and transferable? What can we still learn today from this old idea and what would a garden city in the 21st century look like?

These questions were the subject of the study „Gartenstadt21 – ein neues Leitbild für die Stadtentwicklung in verdichteten Ballungsräumen – Vision oder Utopie? (Garden City21 - a new model for urban development in densely populated areas - vision or utopia?)" conducted by the Federal Institute for Research on Building, Urban Affairs and Spatial Development[1]. In addition, to an analysis of the historical garden city concept and implementing it today; the study also focused on, within the framework of a future lab, how to transfer these visionary ideas and fields of activity into a garden city model of the 21st century. The main focus was primarily on the discussion of newer and more contemporary images and conceptual features of the garden city.

The Garden City – a reformist city model

The garden city model can be generally described as a model for planned urban development. At the end of the 19th century, the British Ebenezer Howard developed and shaped this model. He was a stenographer who spent most of his free time with groups of people who were interested

---

[1] The BBSR was supported by the Bremen-based contractor bpw baumgart+partner acting as our research assistant.

in reform; they were especially interested in discussing land reform. In particular, the social reform discussions of his time and his participation in parliamentary debates, where he was present as an official stenographer, formed the basis for Howard's approach and concept of the garden city as a reformist movement in opposition to the liberal land policy and uncontrolled urban development at that time (Posener 1968, 173).

Howard himself only used the term garden city in the course of putting his original concept into more concrete terms. His first publication in 1898 was called *To-Morrow, a Peaceful Path to Real Reform*. For the second edition he than changed the titel into *Garden Cities of To-Morrow* (Posener 1968, 163). The first German-language edition appeared in 1907 with the title *Gartenstädte in Sicht* (Garden Cities in Sight) in Jena. In 1968 Julius Posener's book *Gartenstädte von Morgen. Das Buch und seine Geschichte* (Garden Cities of Tomorrow. The book and its History) was first published. To date, this secondary source of literature is a much-quoted German-language source regarding Howard' original garden city idea (Posener 1968, 163). (See also Fig. 1)

The basis of Howard's model of the garden city differentiates between the town and the country with the concept of magnets, in other words, what things attract people to each area and their positive and negative aspects. The garden city (town-country) as a newer and third magnet would, on the other hand, combine only the positive characteristics of the city with its social opportunities, places of entertainment, its infrastructure and last but not least its capital with the advantages of the land of fresh air, clear water and the beauty of nature (Posener 1968, 56). The fusion of these two magnets in their positive properties enhances the essence of the garden city (the third magnet) (Posener 1968, 57). With the implantation of this magnet concept, overcrowded cities could be relieved of their dire conditions, as were the conditions in London during Howard's time, so they would be able to regenerate (Posener 1968, 151 ff.). The special feature of this model lies not in the principles of urban structure and development, but especially in the socio-economic ideas and their financial and organizational aspects (see Fig. 2). With "his" garden city concept, Howard was reflecting on the essential economic, social and political questions of his time concerning urban development. He also took the solutions that a large number of experts and authors had come up with and combined them with his own ideas to create a new settlement model. This would not have the characteristics of a singular functional settlement with many private gardens, but furthermore be similar to a small town with an urban density of around 245 inhabitants per hectare and a functional overlapping of work and lifestyle. This garden city is located in the middle of a "garden", i.e. an agricultural green belt that serves as part of the city both for its supply and disposal (Posener 1968, 59 ff.). Howard tested and further developed this type of garden city by putting it in practice (using the example of the Letchworth and Welwyn start-ups). The founder saw himself as an inventor and his concept "(...) of urban planning [the garden city] as a teamwork approach and as a process (...)"[2] (Posener 1968, 165), where many different experts and local actors had to be involved.

---

2   „(…) der Stadtplanung [der Gartenstadt] als Teamwork und als ein Vorgang (…)".

Garden cities – then and now

As part of the BBSR research study, 12 urban development projects, which at the time they were conceived and today can be classified as exemplary in the narrower as well as in the broader sense of a garden city model, were evaluated regarding the aspect of how diverse the implemented ideas were and the (explicit or unintended) reference to Howard's original publication. In addition, four green belt and regional park concepts were analyzed with regard to the Howard's system of green belts within the context of the development of manageable estate units (see Fig. 3).

Garden-city estates were built in Germany between 1900 and 1930, most of them were financed by cooperative enterprises or, as in the Ruhr area they were often built in the tradition of factory owners housing estates (case study: Margarethenhöhe). These consisted mainly of terraced houses with relatively homogeneous and attractive architecture. However, jobs were not always within walking distance or only one employer provided jobs. Especially, when viewed in retrospect and considering factors, such as, urban density and the variety of housing types there are in Germany for different groups of society, these German garden city estates demonstrate clear differences to the model developed by Howard.

Even during the post-war period green satellite communities with dense construction in park-like settings were developed within the concept of the garden city to meet the demands of an enormous housing shortage (Case study: Neue Vahr). Albeit, they were built without giving any thought to the principles of clearly defining public, semi-public and private space or for providing any opportunities for social participation.

More recent projects in particular, such as the Freiham urban expansion project near Munich, have shown developments that reinterpret many of Howard's urban, structural, financial, and organizational principles without explicitly using the term garden city. In Freiham, innovative ideas for land use will be allocated where the garden city concept is placed in the foreground. The case study on the Aspern lakeside city in Vienna shows a focus on a functional and urban-structural mix and infrastructural networking. In these examples, this type of new urban structure is characterized by dense construction and having a variety of functions along with the inclusion of new jobs. When it comes to financial and organizational issues, dealing with land prices, follow-up costs and affordable housing is playing an increasingly important role. At the same time, however, it can also be observed that the term "garden city" is used as a marketing strategy for new suburban developments that have more relaxed building restrictions and a larger proportion of private green space. The purchase and rental prices of the new so-called garden cities that are referred to here make it clear that they are predominantly developed for population segments with high-incomes. Affordable living space for different income groups, the appropriate mix of functions or the possibility for new residents to participate in the development of the new neighborhood usually does not take place because of return-oriented marketing practices.

Current challenges

In contrast to the time when the garden city movement originated at the end of the 19th century, cities today are not only faced with the challenge of how to expand. The spectrum of factors urban development is facing today is becoming increasingly more extensive and complex than it was in Howard's time due to different demands and framework conditions. When compared to the past, diversity, in particular, has increased. This does not only mean the origin and lifestyle diversity of a city's inhabitants, but also entails the diversity of work, mobility, leisure and supply options combined with a multitude of values and how the envisaged public spaces will be used.

In addition, there are also ecological challenges, for example, those that have been caused by the high degree of continual land development or by climate change. Open spaces awaken a desire for inner-urban development, which play an important role in the climate of a city. For example, these open spaces can function as fresh air corridors or retention areas, as meeting places and playgrounds for residents or serve as areas for local recreation and leisure. In some places they are reserved for food production, and lastly they form urban oases for flora and fauna. On the other hand, requirements in terms of affordability and new financing models have remained virtually unchanged. Especially, urban centers have been reporting record high rents and prices for land to build on. These high prices are not expected to decrease with the current population increases in these areas and the persistently low interest rates. Therefore, today the preservation and creation of affordable living space is still an important goal of urban development. Speculation must be restricted and municipal costs must remain manageable and bearable.

At the same time, there are more and more initiatives that are piloting new solutions to these challenges with the aim of improving the quality of life in cities. The conventional, investor-driven urban development is now being confronted with alternative models. New and not-for-profit property developers such as building associations or cooperatives such as GIMA München eG or associations for the implementation of urban projects and the revitalization of areas are increasingly contributing to the development and quality of life in the cities. Many of these initiatives are now being actively taken up and supported by city policy.

Ten theses on Gartenstadt21: green - urban -networked

What can be derived from the insights that we now have on the garden city concept against the backdrop of the current challenges that urban development faces today? Which principles and features of the garden city idea are still relevant today and how can they be combined into a coherent overall concept, which is comparable to Howard's model?

On the basis of the above analysis, the following ten theses on Gartenstadt21 were developed as part of the BBSR research study. These describe the quality features of sustainable urban development according to the Gartenstadt21 green-urban-networked concept. As with Howard's concept, green structures play an important role. Against the backdrop of increasing economic competition for space, quality open spaces in urban areas are still fundamental for the inhabitants' health and quality of life today. In addition, they make an important contribution for it to qualify as a green infrastructure. However, Gartenstadt21 is not only "green", but also "urban". This does not only mean higher density, which also corresponds to the historical garden city concept, and is a precondition for a profitable diverse functional structure. It furthermore adresses functional, cultural and economic diversity and different patterns of action. In addition, it is "networked" in the broadest possible sense of the word, when referring to all of the technical, infrastructural and functional terms, as well as, in terms which refer to the cultural, ecological and economic aspects. As with Howard's concept, the overall urban or regional level of consideration must always be taken into account with regard to existing urban and open-space structures during development.

The Gartenstadt21 is characterized by joint organizational and financing models, which will ensure its development and its long-term maintenance.
Despite the continuing importance of establishing cooperatives as property developers and the possibility of concluding urban development contracts covering follow-up costs that may arise, today urban development is once again faced with the challenge of preventing speculation in the housing market and using the proceeds from land value increases sustainably for the benefit of the general public.
At the same time, many cities and municipalities are no longer in a position to assume long-term follow-up costs as well as responsibility for municipal facilities or properties that are not part of their compulsory responsibilities since they are constrained by limited financial flexibility. Therefore, it is crucial for Gartenstadt21 to have special organizational units, for example, in the form of non-profit or public development agencies, foundations or cooperatives, using private or public-law instruments in order to ensure quality assurance. Therefore, in this context, it is particularly important that the allocation of land is not oriented towards profit maximization. Only different prices will allow for different and versatile uses within the context of an urban city.
Hence the essential elements of Gartenstadt21 are namely, being anti-speculative and having a proactive land policy.

The Gartenstadt21 develops and maintains adaptable and sustainable models of general cooperation and participation.
The participation aspect is often underestimated in the historic garden city. However, Howard had already understood that the development of the garden city was a participative process, where experts from various disciplines, and later the leaseholders of the estates, i.e. its inhabitants and traders, participated in its development. They all influenced the economic, structural and spatial development.
This aspect is also of central importance for the Gartenstadt21. Today's possibilities of cooperation and participation are more diverse than ever and at the same time more spontaneous because of the new technical possibilities. Therefore, not only is decision-making possibilities part of the Gartenstadt21 but also new methods for "city making" have become possible. However, this requires open, multicodal and undeveloped areas, as well as continual and critical reflection on regulations, patterns of action, and ways to seek targeted support and acceptance.

The Gartenstadt21 results in urban qualification and a network of existing estates and open spaces in urban areas.
Howard's garden city model is also decisive in terms of enhancing the value of the land and linking it more closely to the city in economic and functional terms. This aspect is still highly topical in view the importance of increasing mobility and the necessity to further develop existing urban areas and open space areas within urban regions. Thus, the Gartenstadt21 can also contribute to a qualitative development of spaces and areas, for example, through new infrastructure and supply facilities. In addition, new jobs and housing offer the inhabitants in existing areas a valorization of neglected open spaces or the upgrading of existing urban districts; examples like these can play a vital role in urban development.

The Gartenstadt21 has urban spatial qualities when dense construction and public open spaces are in a reasonable proportion to one another.
Howard's garden cities and the garden city estates that were actually built suggest that the garden city is a suburban structure where the house and garden are destinctiv attributes. It is hardly ever taken into account that historically the population density of settlements was many times higher than the density of today's housing estates, which has been experiencing a constant increase in living space per capita. Howard estimated a population density of circa 240 inhabitants per hectare of net residential land (Posener 1968, 62). However, this is a population density that is rarely reached in today's single-family or terraced housing estates. In the Gartenstadt21, therefore, density once again plays an important role. It has a higher structural density in order to meet the demand for more living space per capita, to conserve outdoor space and, in terms of infrastructure, to facilitates economic urban development. The open spaces have been taken into consideration from the outset so that an appropriate relationship is created among development and attractive private, semi-public and public open spaces and squares.

The Gartenstadt21 offers an attractive "green infrastructure", in terms of diverse public open spaces with different functions
Even in the historic garden cities open spaces formed the basic structure of the garden city. Possibilities for intermediate and multiple uses for these open spaces, as well as their future development were considered from the beginning.
Currently, open spaces are considered to be the upmost importance for the quality of life in cities. Within the framework of the Gartenstadt21, this is not only about design or allocation of use, i.e. multiple uses, but also about green spaces and open spaces that allow development to be carried out by different social groups. The green spaces and open spaces in Gartenstadt21 contribute in the long term to social identity, local recreation, biodiversity and the city's climate. In Gartenstadt21, these different green spaces and open spaces are interlinked in a superordinate system and form an important component of the urban green infrastructure. This concept can be further qualified with the help of green architecture.

The Gartenstadt21 is climate-adapted and energy-optimized
Dealing with climate change through climate adaptation and a turnaround regarding energy policy has been a challenge for the 21st century. Nevertheless, these issues were also relevant

one hundred years ago. At that time, it was crucial that cities were equipped with the technical infrastructure to supply them and that a functioning waste disposal system was in place. A major concern at the time was ensuring public health and safety.

Today, on the other hand, the quality of supply and disposal is one of the most pressing challenges posed by climate change and technological change. Urban spaces are subject to the need to adapt to climate change (heat, precipitation, storms) and in addition, the health aspects has gained many facets, such as protection against air pollutants, noise and heat.

Against the backdrop of new technical possibilities, the Gartenstadt21 has paid special attention to these aspects and integrates both climate adaptation measures and climate protection options. This gives the Gartenstadt21 the greatest possible resilience to climatic changes.

The Gartenstadt21 offers a wide range of affordable housing options for various social groups

The aspect of a diverse housing supply is much more relevant today than it was a hundred years ago. Due to the polarization of lifestyles and demographic changes, the demand for housing has become greatly heterogeneous in terms of price, location, equipment and size.

Especially in the Gartenstadt21, it is of great important to ensure that there is an assortment of apartment types, forms of ownership and prices. This has been done to ensure that in the long run they remain social types of housing and that the demand for them is stable. Therefore, there should be fewer for profit-oriented property developers and more stakeholders, such as, cooperatives, public housing associations, building groups or individual private builders, which all play an important role in the Gartenstadt21.

The Gartenstadt21 takes new forms of work and the principles of a circular economy equally into account

The garden city of the past is a child of the industrial revolution and, therefore, an industrial city. In contrast, the Gartenstadt21 is a city with new kinds of urban production, and where the working world has been transformed by the digital revolution and the conditions of production have changed; meaning clean urban technologies and where (urban workshops, industry 4.0) are seen as opportunities. These opportunities also include the development of a circular economy, both in terms of the city's supply and disposal methods and in the production of goods, food and services.

The Gartenstadt21 has various public and social facilities for people of different ages and origins

In the Gartenstadt21 the development of the social infrastructure has been understood as a process and right from the start its intention has been to be analogous to its historical predecessor. However, this process changes according to the inhabitants' needs and how they respond to the process. The integration of different services and the multifunctional use of rooms and buildings play a central role.

The Gartenstadt21 has been shaped by a network of different types of mobility and, therefore, contributes to a reduction in traffic

The proximity of the various functions, i.e. the walking distance to local supply facilities as well as the connection through and the connection with modern mobility offers forms a fundamental urban development element of the historic garden city.

The environmental network (public transport, (fast) cycle paths, car sharing, short-term car rental systems, etc.) is also decisive for the development of Gartenstadt21. The networking of the various services, through modern technologies is becoming increasingly more important.

Future Lab - Gartenstadt21 green - urban - networked

The theses of the Gartenstadt21 green-urban-networked can be understood as principles of action for the development of new urban districts, for the transformation of existing urban areas and for areal transformation in general. The Gartenstadt21 describes a model of sustainable urban development. It is a configuration of various economic, ecological, social and urban parameters, whose interaction is tested and further developed. These ten theses comprise the framework for action. It is not a final tool kit for the right urban design, urban development or architecture, but a comprehensive, integrated approach. An approach that not only considers functional and urban-structural qualities, such as, density and the relationship between private and public spaces, but it also takes into account the procedural aspects, e.g. the organization and financing of cities and seeks possibilities for sustainable implementation.

As part of our investigation, we posed the following question: What would an imaginary contemporary garden city look like that went beyond pure profit maximizing and marketing-oriented urban development? In order to answer this question in-depth a future lab with three interdisciplinary teams was set up as part of the research study. Each team had to present a future redevelopment vision of a fictitious urban area based on the above-mentioned ten theses of the Gartenstadt21.

The individual results can be found in the publication of the research study (Vol. 2). In general, it should be stated that the results of the individual teams did not produce a clearly defined picture of what a 21st century garden city would look like. Rather, the teams grappled with the processes and scenarios, which appeared to have a significant influence on urban development while adhering to the Gartenstadt21 ten theses. Therefore, management and community structures that are necessary to accomplish this are especially important for the facilitation and coordination of these processes. Moreover, our findings suggest that the active involvement of the existing and future inhabitants of the neighborhoods that are to be developed within the scope of a garden city and the establishment of suitable formats for participation and collaboration should be the main focus of the development of an urban area (BBSR 2017, 68 ff.). In addition to securing and qualifying multifunctional green and open spaces, the teams determined that a sustainable financing model is essential for any development to take place. In order to make the garden city a permanent maxim for municipal action, nationwide funding instruments must be created. One of these funding instruments could be a so-called „Metro-gartenstadtfond (metro garden city fund, MGF)". This is comparable to a nationwide pension fund and would be used in special areas for the development of a garden city in order to buy up land and prepare it for development according to the principles of the Gartenstadt21 (BBSR 2017, 65).

The Gartenstadt21 - a model of sustainable urban development

Currently on a national level, the first attempts at such a reinterpretation of the garden city concept can be seen in the cities of Cologne and Munich. While implementing the cooperative planning process for the development of the „Parkstadt Süd (South Park City)" in Cologne, various actors from urban society formulated guidelines that formed the basis for any further development processes that would take place in „Parkstadt Süd". The basic framework of these processes included topics, such as, participation, cooperative development, concept and/or green design (Stadt Köln 2015, 8). In Munich, the urban expansion project "Freiham" will be carried out according to the guiding principle of Prof. Dr. (I) Elisabeth Merk, Head of the Development for Urban Planning and Building Regulations, „We want to live in an urban environment, as in a city, but green like in the countryside" (Stadt München 2014, 14), the "(...) new interpretation of a Munich garden city (...)" (Stadt München 2014, 14)[3] will be realized through a broad mix of different forms of living, and different types of residential housing and their uses (Stadt München 2014, 14).

The model of a Gartenstadt21 green-urban-networked is conceivable within the context of urban redevelopment and expansion. Especially with regard to the spaces between buildings or derelict sites in developed areas that are heavily polluted by emissions (urban inter-spaces), urban areas with mixed types of multi-floor residential apartment buildings or areas interspersed with single-family houses with spacious reserves of open land all necessitate a holistic and sustainable development perspective against the backdrop of the ever increasing importance of urban redevelopment, in particular, in metropolitan areas.

Gartenstadt21 - but how?

Regardless of the respective urban location, the resource of land is of decisive importance for testing the Gartenstadt21 model. In order to be able to apply the above-mentioned Garten-stadt21 principles and especially to create affordable living space, it is necessary to have a controlled and regulated development by municipalities within the scope of their regulatory duties, as stipulated by the Alliance for Affordable Housing of the Federal Ministry of the Interior, Building and Home Affairs (former Federal Ministry for the Environment, Nature Conservation, Building and Nuclear Safety) in its recommendations for action (cf. BMUB 2015, 4 ff.). Important strategies for the realization of the Gartenstadt21 concept are: an increase in the allocation of price reduced land for affordable housing and linking the necessary condi-tions, specifications and criteria that are required for the allocation of public land. Instead of allocating public land to the highest bidder, the utilization, the social, and ecological concepts and the urban planning criteria should be in the foreground during the allocation process, which should be analogous to the guidelines formulated in the ten theses of the Gartenstadt21. Within this context, opportunities for social participation have already been considered and are

---

3   „Wir wollen urban leben wie in der Stadt, aber grün wie auf dem Land" (Landeshauptstadt München 2014: S.14), „(...) Neuinterpretation einer Münchner Gartenstadt (...)" (Landeshauptstadt München 2014: S.14).

to be implemented in the further development process. An example of an effective allocation process is the one that was used for the allocation of public property in Munich and Hamburg, and it should become the rule for urban development areas. Furthermore, quotas should be implemented for subsidized and price-reduced new housing construction; there should be clear definitions for building land models and fair market prices for heritable building rights should be used. The urban planning contract has already proven itself in municipal practice and should continue to be used in the development of Gartenstadt21 concept (cf. BMUB 2015, 4 ff.). In addition, the significance and necessity of utilizing urban development measures for municipal land policy can certainly be assessed positively.

Parallel to active municipality land policies, the widespread historical idea of a garden city and its images must be questioned in context with the development of the Gartenstadt21. The image of the garden city is usually reduced to a green area in a framework. This image has to be reconsidered and redefined, especially for further development in metropolitan areas. This is essential if the Gartenstadt21 green-urban-networked model is to be transferred and used to challenge the problems urban agglomerations are facing today.

The Gartenstadt21 model does not describe a final state and it is site-specific. It is strongly influenced by communal processes. These processes must always be continually moderated, attended to and implemented into the urban development plan right from the very beginning. This requires including the relevant "unformed" and "multi-coded" urban areas as well as the established neighborhood community centers.

It can, however, be said that the garden city idea has lost nothing of its topicality. Any difference can only be identified when we have the answer to the question of how to holistically interpret the garden city concept and what would be the consequences on its functional and structural implementation. Does a high structure density belong to the garden city? How can urbanity also develop into the Gartenstadt21 model? To what extent and in what form is social participation possible in the Gartenstadt21? And finally, what role and what significance do nature and the garden have in the Gartenstadt21?

All of this requires new ideas, concepts and images that are linked to the concept of the garden city. The first contributions to this discussion were developed within the framework of the research study of the BBSR on the Gartenstadt21. Nevertheless, the extent to which the ideas developed here can be implemented in municipal practice will have to be investigated further. Some starting points for this have already been identified.[4]

Literatur // Literature

BBSR – Bundesinstitut für Bau-, Stadt- und Raumforschung (Hrsg.) (2010). Leipzig Charta zur nahhaltigen europäischen Stadt, in Informationen zur Raumentwicklung Issue 4.2010, Appendix 1. Bonn.

BBSR – Bundesinstitut für Bau-, Stadt- und Raumforschung (Hrsg.) (2013). Ziele nachhaltiger Stadtquartiersentwicklung, BBSR-Analysis KOMPAKT 09/2013. Bonn.

BBSR – Bundesinstitut für Bau-, Stadt- und Raumforschung (Hrsg.) (2017). Gartenstadt21 Ein neues Leitbild für die Stadtentwicklung in verdichteten Ballungsräumen – Vision oder Utopie? Volume 2: Gartenstadt21 grün-urban-

4   More information can be found at: www.gartenstadt21.de.

vernetzt, Ein Modell der nachhaltigen und integrierten Stadtentwicklung, Bonn.

BMUB – Bundesministerium für Umwelt, Naturschutz, Bau und Reaktorsicherheit. (2015). Bündnis für bezahlbares Wohnen – Handlungsempfehlungen der Arbeitsgruppen, [online] http//:www.bmub.bund.de/N52610/ [12.04.2019].

GIMA München eG (Genossenschaftliche Immobilienagentur München eG). 12.04.2019: Willkommen! [online] http://www.gima-muenchen.de/index.php [12.04.2019].

Landeshauptstadt München Referat für Stadtplanung und Bauordnung (Hrsg.) (2017). Nachhaltiges Freiham - Ziele, Konzepte und Maßnahmen der Stadtplanung, Munich.

Posener, J. (1968). Gartenstädte von Morgan. Das Buch und seine Geschichte, Berlin/Frankfurt/Wien (Garden cities of tomorrow. The book and its history.).

Stadt Köln, Der Oberbürgermeister - Dezernat Stadtentwicklung, Planen, Bauen und Verkehr – Stadtplanungsamt (2015). Parkstadt Süd konkret, Dokumentation Forum zur Aufgabenstellung 19./20. June 2015, [online] https://www.stadt-koeln.de/mediaasset/content/pdf61/parkstadt-sued/dokumentation_aufgabenstellung_2_23-07-2015.pdf [12.04.2019].

Abbildungen // Figures

Abb./ Fig. 1: Ebenezer Howard (o.J.). Ebenezer Howard's Advertisement for Welwyn Garden City.

Abb./ Fig. 2: Posener, J. (Hrsg.) (1968). Ebenezer Howard: Gartenstädte von morgen. Das Buch und seine Geschichte, Berlin/Frankfurt/Wien, S. 57.

Abb./ Fig. 3: BBSR – Bundesinstitut für Bau-, Stadt- und Raumforschung (Hrsg.) (2017). Gartenstadt21 – Band 1: Die Entwicklung der Gartenstadt und ihre heutige Relevanz, Bonn, S. 80 - 81.

DIE BÜRGER SIND DIE EXPERTEN FÜR IHRE REGION.

Stadt-Land-Beziehungen und Planungsstrategien in Thüringen – ein kleiner Einblick zur Halbzeit der IBA Thüringen

Bertram Schiffers[1]

Die Internationale Bauausstellung (IBA) Thüringen ist ein 10jähriger Ausnahmezustand, um neue Wege in der Architektur, Städteplanung und Landschaftsgestaltung zu gehen. Angesichts von Strukturwandel, Bevölkerungsschwund und Leerstand gilt es das gute Leben in der Provinz neu zu definieren und zu gestalten. Bis 2023 entwickelt die IBA Thüringen mit ihren Partnern ressourcenbewusste Projekte mit gemeinwohlorientierten Werten in und für Thüringen: innovativ, experimentell, zum Nachahmen. *StadtLand* ist ihr Thema, es beschreibt die kleinteilige Siedlungsstruktur im Freistaat.

Die IBA aktiviert Leerstände im Land – *LeerGut* umbauen. Sie unterstützt Raumunternehmer und neue Formen der Zusammenarbeit zwischen Verwaltung, Wirtschaft und Zivilgesellschaft – SelbstLand aufbauen. Und sie realisiert experimentelle Neubauten und macht Baukultur zum Markenzeichen von Thüringen – *ProvinzModerne* neubauen. Die IBA vernetzt, berät und motiviert ihre Projektträger, unterstützt kooperative Prozesse und fördert exzellente Gestaltung. Ihr Ziel ist es, Thüringen als Ort des Fortschritts und experimentierfreudiges Zukunftslabor neu zu denken.

Die IBA sieht Stadt und Land auf Augenhöhe. Die Lebenswelten sind heute stark miteinander verflochten. Die Gestaltung des ländlichen Raumes verlangt die gleiche Aufmerksamkeit wie die Städte. Dabei fragt die IBA nach der Begabung von Räumen für unterschiedliche Zwecke. Auf dem Land liegen Wald, Naturschutzgebiete, Agrarindustrie und Gewerbegebiete nebeneinander. Auch in den Städten ist die Funktionstrennung noch Praxis. Gesucht ist jedoch eine integrierte Kulturlandschaft, die Synergien schafft, Ressourcen schont und dabei Mensch, Wirtschaft und Natur gleichermaßen gerecht wird.

Zu den Planungsstrategien der IBA für Thüringen gehört daher in erster Linie Kooperation, auf Augenhöhe, über Fach- und Gemeindegrenzen hinweg. Weiterhin haben Nach- und Umnutzung bestehender Gebäude und Flächen Priorität. Wichtigster Faktor ist die Tatkraft und Veränderungsbereitschaft der Menschen vor Ort. Hierzu seien fünf von 30 IBA Vorhaben beispielhaft erwähnt: die Ressourcenlandschaft Rohrbach, 1.500 Hektar Kannawurf, das Resiliente Schwarzatal, Geras Neue Mitte, und die Open Factory im Eiermannbau in Apolda.

---

1   Dr. Bertram Schiffers, Internationale Bauausstellung Thüringen GmbH, Apolda/Deutschland,
    E-Mail: bertram.schiffers@iba-thueringen.de

© Springer Fachmedien Wiesbaden GmbH, ein Teil von Springer Nature 2020
N. Uhrig (Hrsg.), *Zukunftsfähige Perspektiven in der Landschaftsarchitektur
für Gartenstädte*, https://doi.org/10.1007/978-3-658-28941-6_11

Das Dorf Rohrbach mit 200 Einwohner braucht ein neues Abwassersystem. Anstatt die Pflanzenkläranlage eingezäunt am Dorfrand zu errichten, wird sie mit einem Wassererlebnispfad
und Angelteich in den Dorfkern integriert (Abb. 1). In Kannawurf arbeiten Agrarbetriebe mit
Landschaftsarchitekten und Ökonomen an einer hybriden Landschaft (Abb. 2). Im Schwarzatal
wird die Sommerfrische Architektur im Sinne einer neuen regionalen Baukultur behutsam wie-
derbelebt (Abb. 3). In Geras Neuer Mitte aktivieren Bürger und Stadtverwaltung gemeinsam
und schrittweise eine große innerstädtische Brache (Abb. 4).

Der Eiermannbau in der Provinzstadt Apolda ist Sitz der IBA Thüringen und bestes Beispiel
ihrer Strategien für den Wandel (Abb. 5). Das ehemalige Feuerlöschgerätewerk, ein hochka-
rätiges Denkmal der Industriemoderne, wandelt sich zur Open Factory. In einem mehrjährigen
Aktivierungsprozess verdichten sich kreative und produktive Nutzungen und angepasste Haus-
in-Haus-Lösungen zu einem dauerhaften Betreiberkonzept. Angesichts der Verpflichtung zur
Schonung der Ressourcen folgt die IBA bei allen gestalterischen Eingriffen ihrer Leitfrage:
Wie wenig ist genug?[2]

---

2   www.iba-thueringen.de, iba-stadtland.de.

Abb./ Fig. 1: Ressourcenlandschaft Rohrbach im Weimarer Land. // Resource landscape Rohrbach in Weimarer Land.

Abb./ Fig. 2: 1.500 ha Kannawurf, hybride Landschaft, IBA Campus. // 1.500 ha Kannawurf, hybrid landscape, IBA Campus.

Abb./ Fig. 3: Resilientes Schwarzatal, Tag der Sommerfrische. // Resilient Schwarzatal, Day of Fresh Summer Air.

Abb./ Fig. 4: Aktionswoche in Geras Neuer Mitte. // Action week in Geras Neuer Mitte.

Abb./ Fig. 5: Eiermannbau Apolda, Open Factory, Sitz der IBA Thüringen. // Eiermann building in Apolda, Open Factory, IBA Thuringia Headquarters.

Urban-Rural Relationships and Planning Strategies in Thuringia – a Brief Glimpse at the Half-Way-Mark of IBA Thuringia

Bertram Schiffers

The *Internationale Bauausstellung (IBA)* Thuringia (International Building Exhibition) is a 10-year state of exception attempting to break new ground in architecture, in urban planning and in landscape design. In view of structural change, declining populations and vacancy, it is necessary to redefine and shape "the good life" in the province. By 2023, IBA Thuringia and its partners will have developed resource-conscious projects in and for Thuringia, whose merits are oriented towards the common good: innovative, experimental, and for emulation. The overall theme is *StadtLand* (Urban/Rural); the term itself describes the spatial pattern of small-scale towns and villages that is commonly found in the Free State of Thuringia.

In the state of Thuringia, the IBA is activating and converting vacant property – *LeerGut umbauen*. It supports entrepreneurs who relate urban to rural areas and seek new forms of working cooperatively with administrations, business and civil society. Moreover, it supports and develops do-it-yourself projects with the local community – *SelbstLand aufbauen*. With the focus *ProvinzModerne neubauen*, the IBA helps to create experimental new buildings and has made building culture Thuringia's trademark. The IBA networks, advises and motivates its project partners; in addition it supports cooperative processes and promotes excellent design. Its aim is to create a new image for Thuringia as a place of progress and as an experimental laboratory for the future.

The city and the countryside are regarded as equals by the IBA. Urban and rural living environments today are strongly interwoven. The design of rural areas demands the same attention as cities. When redeveloping, the IBA wants to first determine the positive aspects of an area and then come up with ideas on how to use this positivity for multiple purposes. In rural areas, forests, nature reserves, agricultural and industrial estates are all situated side by side. Even in cities, the separation of functions is still common practice. However, what is needed is an integrated cultural landscape that creates synergies, conserves resources and equitably serves the people, the economy and nature.

Therefore, IBA's planning strategies for Thuringia primarily include cooperation on a level playing field with specialists working beyond the lines of municipal boundaries. The re-use and conversion of existing buildings and areas continues to be our main priority. The most important factor is that the local people have the energy and willingness to change. Five of IBA 30 projects are presented here as examples: the Ressourcenlandschaft Rohrbach (resource landscape Rohrbach), 1.500 Hektar Kannawurf, the Resilient Schwarzatal, Geras Neue Mitte (Gera's new town center), and the Open Factory in the Eiermannbau in Apolda.

The 200-inhabitiant village of Rohrbach needs a new sewage system. Instead of building a fenced-in constructed plant based sewage system at the edge of the village, it will be integrated into the village centre with a water adventure trail and fishing pond (Fig. 1). In Kannawurf, farms are working with landscape architects and economists to create a hybrid landscape (Fig. 2). In Schwarzatal, the typical architecture of the historic summer resort is being carefully revived in order to cultivate a representative new regional building culture (Fig. 3). In Geras Neue Mitte, the citizens and the city administration jointly and gradually activate and redevelop a large inner-city wasteland (Fig. 4).

The Eiermann building in the provincial town of Apolda is now IBA Thuringia's headquarters and also the best example for showcasing their strategies for positive change (Fig. 5). The former fire extinguisher factory is an iconic monument of industrial modernity. It is now being transformed into an Open Factory. In an activating reconceptualising process, which will last several years, creative and productive uses adapted to in-house solutions are being consolidated into a permanent operating concept. In light of the commitment to conserve resources, the IBA is guided by the question with all of its design interventions: Wie wenig ist genug (How little is enough)?[1]

Abbildungen // Figures

Abb./ Fig. 1 - 5: Thomas Müller, IBA Thüringen.

---

[1]   www.iba-thueringen.de, iba-stadtland.de.

Königliche Gärten in heutigen Städten

Paolo Giordano[1]

Die großen, weltweit bekannten Denkmäler Italiens haben manchmal auch dunkle Seiten, die ihre tatsächliche Wertschätzung, die sie verdienen, einschränken. Die Planung, die Betrachtung ihrer Geschichte und die Restaurierung dieser Architektur- und Gartendenkmäler unter Berücksichtigung der Geologie dieser Gebiete übernehmen in solchen Fällen die Rolle von Kulturwerkzeugen, die in der Lage sind, die in Vergessenheit geratenen, verlassenen, natürlichen und gebauten Realitäten zurückzuholen. Sie könnten in der heutigen Gesellschaft eine ganz andere Rolle spielen, sowohl in Bezug auf ein kulturelles Zeugnis als auch in Bezug auf eine wünschenswerte nachhaltige Entwicklung von Regionen, in denen die Denkmäler der Vergangenheit existieren, sich behaupten und erhalten bleiben.

Von 1734, dem Jahr, in dem der junge Karl von Bourbon das Amt auf dem Thron des Königreichs Neapel übernahm, bis 1860, dem Jahr, in dem Franz II. aus dem Königreich beider Sizilien ein Jahr vor der Vereinigung Italiens ins Exil geschickt wurde, hat er intensiv in die architektonische und landschaftliche Infrastruktur in den südlichen Gebieten Italiens investiert. Während der 126 Jahre unter bourbonischer Herrschaft ist ein beachtliches Kulturerbe entstanden: ein System gebietsbezogener Infrastrukturen, das nicht nur wegen seiner zweifellos ästhetischen und kulturellen Qualitäten, sondern auch und vor allem wegen der Vorteile für die Umwelt, für die Sicherheit und dem Respekt vor geografischen Zusammenhängen von Bedeutung ist. Dies erweist sich auch heute noch, drei Jahrhunderte später, als bedeutend. In diesem Sinne ist das System der Parks, Gärten und Landgüter der bourbonischen Königsresidenzen, die in Süditalien – insbesondere in Kampanien – errichtet wurden, ein interessantes Fallbeispiel für die Architektur, Landschafts-, und Stadtplanung. Dieses System aus Parks, Gärten und Landgütern basiert auf der innovativen Idee natürlicher Netzwerke und architektonischer Eckpfeiler und lohnt sich erneut gelesen und analysiert zu werden. Darüber hinaus stellt es grundlegende Kenntnisse zur Geologie dar, die auf die tektonischen und hydrogeologischen Strukturen der fragilen und komplexen geografischen Zugehörigkeitsbereiche eingeht, und schließlich als ein wesentliches Beispiel für eine durchdachte Einbeziehung weitläufiger Zusammenhänge der angewandten Botanik, die für die Planung zeitgenössischer Freiräume noch immer gültig ist. Landschaft, Architektur, Boden, Wasser und Vegetation: das sind die primären Elemente, die in unserer globalisierten „Konsumgesellschaft" nicht mehr als natürliche und künstliche Gegebenheiten beachtet und gestärkt werden, sondern ausgebeutet und zur Ware gemacht werden.

Die hier dargestellte Forschung zielt darauf ab, überholte Vorstellungen von fachlich getrennten Betrachtungsweisen zugunsten einer innovativen, multidisziplinären Perspektive darzustellen.

---

1   Prof. Paolo Giordano, Università della Campania „Luigi Vanvitelli", Aversa/Italien,
     E-Mail: paolo.giordano@unicampania.it

© Springer Fachmedien Wiesbaden GmbH, ein Teil von Springer Nature 2020
N. Uhrig (Hrsg.), *Zukunftsfähige Perspektiven in der Landschaftsarchitektur für Gartenstädte*, https://doi.org/10.1007/978-3-658-28941-6_12

Diese Herangehensweise kann in der Lage sein, scheinbar sehr heterogene, jedoch untrennbar miteinander verbundenes Wissen, Fähigkeiten und Besonderheiten so zu integrieren, dass sie der allgemeinen Vernachlässigung architektonischer und botanischer Werte in Krisenzeiten der westlichen Gesellschaft und insbesondere in Süditalien entgegenwirken. Der Übergang von einer fragmentarischen Betrachtung zu einer multidisziplinären Sichtweise in Bezug auf Schutz, Aufwertung und Genuss des architektonischen und landschaftlichen Erbes erfordert die Vorbereitung einer kognitiven Analyse, die in der Lage ist, systematisch neue Bedeutungen zu erschaffen und neue, experimentelle Methoden zu entwickeln. Letztlich zielen diese Erkenntnisse auf die Entwicklung eines innovativen Verwaltungsmodells für das Kulturerbe ab. Mithilfe dieses Modells soll Kulturerbe nicht nur als Vermächtnis der Vergangenheit bewahrt und als Einkommensquelle für die Gegenwart genutzt, sondern auch als Investitionsprojekt für die Zukunft verstanden werden. Für den Wechsel von einer fragmentarischen Betrachtungsweise zu einer multidisziplinären Sichtweise der Probleme und Hürden beim Schutz und bei der Aufwertung sowie Nutzung des architektonischen und landschaftlichen Erbes ist die kognitive Analyse erforderlich.

Das Vermächtnis des Kulturerbes ist in seinem etymologischen Sinn in der Tat ein Erbe, das von einem oder mehreren Vorgängern an so viele legitime Nachfolger wie möglich weitergegeben wird, die sich ihrerseits verpflichten sollten, es zu bewahren und seine Werte an künftige Generationen weiterzugeben. Ein Kulturerbe an sich stellt vor allem ein bemerkenswertes Erbe dar, dass wir aus der Vergangenheit erhalten, auch wenn es nicht mehr vollumfänglich vorhanden ist. Wir erhalten es in unserer Gegenwart, um es für die Zukunft zu bewahren.

Das Hauptziel der Forschung stellt der Schutz und die Aufwertung des Kulturerbes der bourbonischen Königsresidenzen in Süditaliens dar. Konkret geht es um die Untersuchung von Fragen im Zusammenhang mit Parks, Gärten und Ländereien der bourbonischen Königsresidenzen, die in Süditalien geplant und gebaut wurden. Hier im Speziellen, Gebiete, die in oder um die Städte Neapel und Caserta (ehemaligen Hauptstädte) herumliegen. Die hier beschriebene Forschung stellt wichtige wissenschaftliche und kulturelle Themen dar und setzt sich sowohl mit den derzeitigen Herausforderungen, als auch mit deren Potenzial für die Zukunft der wichtigsten architektonischen und natürlichen Stätten aus der Zeit der Bourbonen auseinander. Dabei sollen die Herausforderungen und Potenziale der Untersuchungsgebiete für die Regionen aus zwei Perspektiven betrachtet werden: Wie kann der Erhalt und wie kann eine Aufwertung des kollektiven Erbes erfolgen? Die neu gewonnenen Erkenntnisse sollen spezifische Maßnahmen zur Umsetzung definieren, und somit das Bewusstsein für die Potenziale dieser Kulturerbestätten fördern. Darüber hinaus sollen die wichtigsten Hürden ermittelt werden, die derzeit verhindern, dass diese Kulturerbestätten eine führende Rolle in der Wirtschaft des Landes spielen. Mit einem kritischen Bewusstsein sollen notwendige Maßnahmen aufgezeigt werden, die im Einklang mit der nachhaltigen Entwicklung des Kulturerbes und den spezifischen Eigenheiten der Kulturerbestätten stehen.

Für die Untersuchung der Royal Sites of Campania wurde das Projekt in folgende Typologien unterteilt: Parks und Gärten der königlichen Paläste, königliche Stadtgärten, königliche Jagdreservate, königliche Fischereireservate, königliche Bauernhöfe, königliche Villengärten und Bewässerungsinfrastrukturen. Die genannten und erforschten Standorte umfassen jedoch nicht das vollständige kulturelle, architektonische und botanische Erbe der Errungenschaften der Bourbon-Dynastie. Neben den bourbonischen Königsresidenzen gibt es weitere thematische

Kategorien des Kulturerbes, die zwar eher sekundär betrachtet, jedoch ebenfalls einen wesentlichen Beitrag für ein tieferes Verständnis des kulturellen Erbes Karl von Bourbon und seinen Nachkommen leisten. Diese architektonische und botanische Komplexität, die sowohl aus den Königsresidenzen als auch aus den so reichen und unverkennbaren Adelsstandorten besteht, liegt derzeit fragmentiert in der Region verstreut und ist als kulturelles Netzwerk weder zu lesen noch zu erleben. Dies erschwert eine Erarbeitung geeigneter Verbesserungsmaßnahmen. Das Hauptaugenmerk für diese stark landschaftlich geprägte Umgebung liegt auf dem Sanierungsbedarf im Hinblick auf die schlichte Instandsetzung oder auch anspruchsvollere Sanierung der verschiedenen architektonischen Elemente (Pavillons, botanische Gewächshäuser, Kryptoportikus, Tempel, Baumschulen, kleine Brücken, Ruineninimitationen, Pergolen und Häuser), als auch auf der schlechten Pflege und Bewirtschaftung des botanischen Erbes (Bäume, Sträucher, Sukkulenten, Zitrushaine, Obstgärten, Blumen, Wiesen) und der Fauna (Fischarten, Vögel, Säugetiere). Die meisten der von Sanierungsbedarf betroffenen Standorte erfordern planerisches Wissen und eine tiefergehende wissenschaftliche Untersuchung, wie z. B. eine komplexe Analyse der Baumarten und ihrer Beziehung zum Standort.

Die eher flächigen, ausgedehnten Gebiete des Kulturerbes in Form von Wäldern, ehemaligen Jagdrevieren und landwirtschaftlichen Anwesen ist sogar noch stärker von Vernachlässigung betroffen, als die zuvor beschriebenen Architektur- und Gartendenkmäler. In der Bourbonenzeit ist der Einsatz von Vegetation und Landnutzung nach bestimmten Methoden und Zwecken erfolgt und in sogenannten bourbonischen Waldhandbüchern bezeugt und erläutert. Der Einsatz bestimmter Bepflanzungen erfolgte aus ästhetischen und funktionalen Gründen u. a. zur Sicherung der oberflächlichen geologischen Stabilität, insbesondere der Berghänge. Die Veränderung der ursprünglich in der Bourbonenzeit angelegten Vegetation sowie die Umwandlung oder Aufgabe von Waldgebieten stellt nicht nur eine Veränderung des Landschaftsbildes dar, sondern verursacht Erdrutsche mittleren bis hohen Ausmaßes sowie Waldbrände durch die Vernachlässigung der Pflege im Unterholz der Wälder. Das Landschaftsbild und dessen Grünanlagen, die in der Bourbonenzeit entworfen und bepflanzt wurden, verblasst zunehmend. Nicht zu vernachlässigen sind auch die Naturkatastrophen, die nicht nur die öffentlichen Ausgaben, sondern leider auch in den schwerwiegendsten Fällen den unannehmbaren Verlust von Menschenleben betreffen. Wenn wir die heutigen Beobachtungen auf den ehemaligen bourbonischen Gebieten berücksichtigen, wenn wir uns auf die Aspekte beziehen, was allgemein als „hydrogeologisches Risiko" bezeichnet wird, können wir feststellen, dass es eine deutliche Zunahme der sogenannten extremen Phänomene gibt. Die entstandenen Schäden in den Gebieten waren in der jüngsten Vergangenheit so noch nicht zu verzeichnen.

Natürlich reichen diese allgemeinen Bezugnahmen nicht aus, um den Schutz und die Aufwertung des historischen und kulturellen Erbes der bourbonischen Parks zu erreichen. Aber es gibt die Möglichkeit, den „Ist-Zustand" des Objektes in Bezug zu setzen zu seiner Eignung im aktuellen physischen Kontext – eine Analysemethode, die auf der Einbeziehung des physischen und insbesondere geologischen Kontextes basiert. Das Ergebnis der Untersuchungen berücksichtigt zudem die Transformationen, welche die ursprünglichen Werke und ihre physische Umgebung im Laufe der Zeit durch Entwicklungen, wie die Veränderungen der Landnutzung aufgrund geologischer Prozesse oder durch den Klimawandel erfahren haben. Vor dem Hintergrund des derzeit vorherrschenden hydrogeologischen Risikos und der weitverbreiteten Vernachlässigung der Gebiete sollte der Schutz und die Erhaltung der architektonischen und natürlichen Stätten der Bourbonenzeit vorrangiges und unerlässliches Ziel der heutigen Gesellschaft sein. In der Tat ist der Sanierungsbedarf der Einzel- als auch Flächenobjekte nicht durch einen Schutzstatus abgedeckt, weder in Bezug auf einen allgemeinen Schutz noch auf besonderen Bedarf für die Instandhaltung. Hieraus ergeben sich erhebliche Probleme in Bezug auf deren Pflege und Verwaltung, und es erfordert neue Perspektiven zur Aufwertung, Nutzung und vor allem Erhaltung der in Süditalien befindlichen kulturellen, architektonischen und botanischen Güter als Kulturerbe.

Angesichts des Sanierungsbedarfs erfordert die architektonische und vegetationstechnische Wiederherstellung von Parks und Bourbon-Gärten genau gesteuerte Prozesse von Analyse, Planung, Organisation, Management und Steuerung. Dies kann durch innovative operative Aktivitäten erreicht werden, die durch fortschrittliche technologische Methoden und Werkzeuge unterstützt werden und in der Lage sind, die Qualitäts-, Sicherheits- und Schutzstandards zu erfüllen, die für die Aufwertung der stark historisch geprägten Landschaft unerlässlich sind.

Die architektonische und vegetationstechnische Pflege und Bewirtschaftung der Parks, Gärten und Naturschutzgebieten, insbesondere in den Bereichen der königlichen Kulturerbestätten, erfordern auch eine historiografische Analyse der Entwicklung von Baumarten, ein gründliches Verständnis der Theorien über die Konzeption der dort vorhandenen historischen Architektur und die Beziehung derselben zu Boden und Natur, Wasser oder dem Baumbestand. Zur Ermittlung der wichtigsten Maßnahmen, die auf Erhaltung, Erneuerung und Wiederherstellung von Elementen, Räumen und vegetative Architekturen der analysierten Parks und Gärten abzielen, ist eine Auseinandersetzung mit den ursprünglich in den königlichen Kulturerbestätten verwenden Techniken, Materialien und Methoden zur Bepflanzung, Pflege, Prävention und Regeneration erforderlich. In diesem Zusammenhang müssen auch Themen wie die Geschichte des Gartens und des Gartenbaus, aber auch grundsätzliches Wissen aus Botanik, Landnutzung, Phytopathologie, Zierpflanzenbau oder standortgerechte Pflanzenverwendung erarbeitet werden. Zentrale Themen der Forschung sind auch die Erhaltung und Pflege der verschiedenen Kategorien und Typen innerhalb der Pflanzenverwendung, die in historischen Gärten gefunden wurden, sowie Untersuchungen, die für den Bau und die Wartung eines effizienten Be- und Entwässerungssystems für einen historischen Garten notwendig sind, um der allgemeinen Vernachlässigung entgegenzuwirken. Dabei geht es nicht nur um den materiellen Wert der historischen Stätten, sondern vor allem um den immateriellen Wert, der aus der Kontinuität traditioneller, historischer, wissenschaftlicher und handwerklicher Fertigkeiten erwächst und der es in der jüngsten Vergangenheit ermöglichte, den Erhalt bestimmter Vegetationsbereiche fachgerecht zu unterstützen.

Nun, angesichts so komplizierter Bedingungen, könnte man versucht sein, eine eigenständige Interventionsstrategie auszuarbeiten, die sich ausschließlich auf die Einzelobjekte bezieht, losgelöst vom Kontext der zeitgenössischen Landschaft als Ganzes. Umgekehrt könnte eine Betrachtung des großen Ganzen, einschließlich der wertvollen historischen Einzelobjekte, grundlegend sein, um neue Strategien zur Umgestaltung der verschiedenen Freiraumtypen für unsere Gegenwart zu entwickeln. Die Planung zeitgenössischer Landschaften – ganz gleich ob ausgedehnte oder marginale Landschaften, begrenzte oder zentrale Gebiete, hybride oder atopische Orte – öffnet sich innovativen Ideen und Experimenten auf der Suche nach Qualität, Sachlichkeit und Natürlichkeit – insbesondere im Licht der westlichen Wirtschaftskrisen betrachtet. Eine qualitativ hochwertige Sanierung oder Rekonstruktion der gärtnerischen und architektonischen Bereiche der Parkanlagen des 18. und 19. Jahrhunderts sollte, um einer künftigen Bedeutungslosigkeit zu entkommen, daran gemessen werden, ob sie in der Lage ist, die historischen Ebenen mit der zeitgenössischen Stadt als Ganzes sinnvoll miteinander zu verbinden. Wenn es zutrifft, dass die ausgearbeitete thematische Auflistung realer bourbonischer Stätten ein gültiges Referenzdokument für die Planung darstellen kann, das natürliche und gebaute Orte aufzeigt, die es zu schützen und zu restaurieren gilt, so sollte auch eine genaue Ermittlung und Förderung anderer kultureller ggf. noch unbekannter Fragmente, angestrebt werden. Ausgehend von der Annahme, dass die Grünanlagen der Bourbonen in einem direkten oder indirekten Kontext stehen – hier durch lineare Infrastrukturelemente wie Kanäle, Straßen, Baumreihen realisiert – könnten wir annehmen, dass das System dieser verschiedenen architektonischen und gartenhistorischen Elemente auch fragmentarisch in Erscheinung tritt, z. B. in sogenannten „atopischen" oder suburbanen Freiräumen, dort wo die Wälder sich auflösen, entlang der Straßen und Flüsse, in der Landwirtschaft oder in Wohn- und Industrierandgebieten. Die realen Orte in den Mittelpunkt einer Betrachtung zu stellen, die nicht nur auf ihren spezifischen Schutz und ihre Aufwertung, sondern auch auf den Kontext ihrer Zugehörigkeit abzielt, bedeutet, ihren architektonischen und vegetationstechnischen Wert auch nach außen zu tragen und so die Lebensqualität und die Nutzung für Bewohner oder Touristen zu verbessern.

Die Wiederherstellung einzelner Vegetationsbereiche, die Klärung historischer Zusammenhänge, die Verbindung von traditionellen mit zeitgenössischen Gebieten im Rahmen eines einzelnen Projektes im Sinne einer bewusst „historisch konsolidierten und zeitgenössischen Landschaft", repräsentiert eine Hypothese zum Schutz und zur Aufwertung der Gebiete Süditaliens. Ziel war es, einen Erkenntnisgewinn in Bezug auf die historisch konsolidierten Bereiche zu erzielen. Dies ist durch eine innovative Methodik erfolgt, die in der Lage ist, wissenschaftliche Daten und kulturelle Fragen kritisch zu beleuchten und gleichzeitig die verschiedenen Fachdisziplinen, die für die Untersuchung der Kulturerbestätten aus der bourbonischen Zeit erforderlich waren, zu integrieren. Zudem wurde dazu beizutragen, die Herausforderungen und Potenziale sowie die identitätsstiftenden Merkmale der einzelnen Bereiche zu definieren.

Diese Forschung basiert auf der Hypothese, dass ohne eine multidisziplinäre wissenschaftliche Betrachtungsweise, derzeit keine Maßnahmen zum Schutz und zur Aufwertung historisch relevanter Orte formuliert werden können. Nur eine multidisziplinäre Arbeitsweise ist in der Lage, eine Integration der verschiedenen Realitäten (historisch und zeitgenössische Landschaft) zu formulieren und einen Beitrag zur Definition des physischen und kulturellen Erbes beizutragen.

Die Riviera di Chiaia in Neapel und der Englische Garten des Königspalastes von Caserta, beide zwischen 1780 und 1790 von Carlo Vanvitelli entworfen, repräsentieren exemplarisch ideale urbane Räume, welche dieser Perspektive folgen. Wie ein mehrschichtiges, kulturelles Werkzeug berücksichtigt der Entwurf verschiedene Phasen von Wachstum und Transformation und er identifiziert und katalogisiert architektonische und skulpturale Elemente. Letztendlich erreicht der Entwurf eine idealisierte Vision der Riviera di Chiaia und des Englischen Gartens. Er schafft es, aus der unklaren gegenwärtigen Gemengelage die wahren Charaktere der Denkmäler, der Architektur und der historischen Grünanlagen herauszuarbeiten, sodass sich alle weiteren Maßnahmen folgerichtig, orts- und identitätsspezifisch ableiten lassen mit dem Ziel eine Osmose zwischen Stadt und Natur für eine bessere Lebensqualität der Menschen in der heutigen Gesellschaft zu schaffen.

Abb./ Fig. 1: Visualisierung der Royal Aperia des Englischen Gartens von Caserta. // Rendering of the Royal Aperia in the English Garden of Caserta.

1 il tempio italico

2 l'aperia reale e la diga borbonica

3 la piramide

4 il criptoportico e il bagno di Venere

5 il ponte sul canale superiore

6 la catena d'acqua sul canale inferiore

7 l'isola con il rudere archeologico

8 la casa del giardiniere

9 la serra ottocentesca

10 la scuola botanica

11 le serre settecentesche

12 il tempietto circolare

13 le serre antiche

Abb./ Fig. 2: Lageplan des Englischen Gartens des Königspalastes von Caserta. // Site plan of the English Garden of the Royal Palace of Caserta.

Abb./ Fig. 3: Visualisierung des Venusbades im Englischen Garten. // Rendering of the Venus Bath in the English Garden.

Abb./ Fig. 4: Visualisierung des Botanischen Gartens im Englischen Garten. // Rendering of the Botanical School in the English Garden.

Abb./ Fig. 5: Visualisierung des Botanischen Gartens im Englischen Garten. // Rendering of the Botanical Garden in the English Garden.

Abb./ Fig. 6: Plan der Villa Comunale in Neapel. //
Plan of the Villa Comunale in Naples.

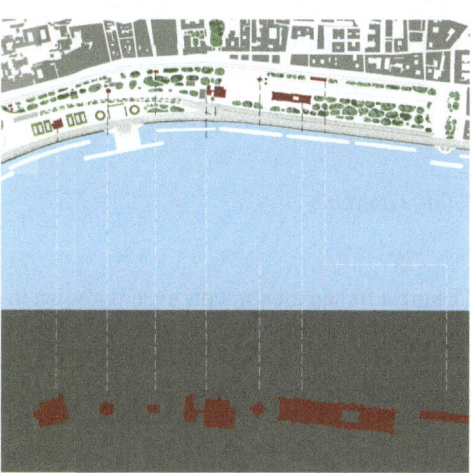

Abb./ Fig. 7: Darstellung der Insel mit Ruinen im
Englischen Garten. // Rendering of the Island with ruins
in the English Garden.

Abb./ Fig. 8: Visualisierung der Villa Comunale auf
der Piazza Vittoria in Neapel. // Rendering of the Villa
Comunale in Piazza Vittoria in Naples.

Abb./ Fig. 9: Darstellung des neuen Blumenpavillons
in der Villa Comunale in Neapel. // Rendering of the
new pavilion of flowers in the Villa Comunale in
Naples.

Abb./ Fig. 10: Darstellung der Chiaia Straße und des
neuen Blumenpavillons in der Villa Comunale in Neapel. // Rendering the Chiaia street and new pavilion of
flowers in the Villa Comunale in Naples.

Royal Gardens in Contemporary Cities

Paolo Giordano

The great Italian monuments even if known in the world, sometimes have dark sides that limit their real attribution of value that they deserve. The design, history and restoration of architecture, botany and geology of the territory assume in cases like these the role of cultured tools capable of bringing out from oblivion and abandonment natural and built realities that could play a very different role in contemporary society both in terms of cultural testimony and in relation to a desirable sustainable development of the territorial areas in which the monumental heritage of the past exists, resists and persists. A very special case is represented in general by the architectural and vegetational heritage present in parks, gardens and royal estates and in particular, in those built by the Bourbon crown in southern Italy between the eighteenth and nineteenth centuries: an articulated system of residences, parks, gardens, estates for hunting or for various agricultural and productive activities such as to meet the representative and private needs of the powerful royal dynasty and its court.

From 1734, the year in which the young Charles of Bourbon took office on the throne of the Kingdom of Naples, until 1860, the year in which Francis II was exiled from the Kingdom of the Two Sicilies one year before the unification of Italy, an intense activity of architectural and landscape infrastructure in the southern territories carried out almost uninterruptedly during the one hundred and twenty-six years of Bourbon administration has left a considerable cultural heritage as a legacy: a real system of territorial infrastructure that is important not only for its undoubted aesthetic and cultural qualities but also, and above all for the environmental benefits, in terms of safety and care of the geographical contexts concerned, which still today three centuries later proves to bestow. In this sense, the system of parks, gardens and estates of Bourbon royal residences built in southern Italy - especially those built in Campania - is an important reality that can be reread and analysed primarily as an interesting case of landscape, urban and architectural planning based on an innovative idea of natural networks and architectural cornerstones. In addition, it presents fundamental knowledge of geology, addressing the tectonic and hydrogeological structures of the fragile and complex geographical areas of affiliation, and finally, as an essential example of a thoughtful incorporation of broad contexts of applied botany, which is still valid for the planning of contemporary open spaces. Landscape, architecture, soil, water and vegetation: these are the primary elements that in our globalized society the so-called "consumption" are no longer considered natural and artificial realities to be enhanced but systems to be exploited and commodified.

This type of research tends to overcome obsolete visions and specialist divisions in favour of an innovative multidisciplinary perspective capable of integrating knowledge, skills and specificity that are apparently heterogeneous but which in fact must be considered inseparably homogeneous in order to counteract the generalised degradation and abandonment that also grips architectural and vegetation assets in the times of the crisis in Western society and in particular, in southern Italy. The transition from a fragmentary view to a multidisciplinary approach to the protection, enhancement and enjoyment of the architectural and landscape heritage requires the preparation of a cognitive analysis capable of systematically creating new meanings and developing new, experimental methods. Ultimately, these findings aim to develop an innovative management model for the cultural heritage. With the help of this model, cultural heritage should not only be preserved as a legacy of the past and used as a source of income for the present, but also be understood as an investment project for the future. Cognitive analysis is required to move from a fragmentary approach to a multidisciplinary view of the problems and obstacles in the protection, enhancement and use of the architectural and landscape heritage.

In its etymological sense, heritage is indeed a legacy passed on by one or more predecessors to as many legitimate successors as possible, who in turn should undertake to preserve it and pass on its values to future generations. Cultural heritage in particular represents the conspicuous heritage that we receive from the past that is no longer and that after having protected it in our contemporaneity, we entrust to a future that is not yet.

The protection and enhancement of the cultural heritage of the Bourbon Royal Sites of southern Italy understood as an inheritance is in this perspective the main objective of this research. Specifically, the research concerns the study of issues concerning parks, gardens and estates of Bourbon royal residences designed and built in southern Italy with particular reference to those located in or around the cities, former capitals, Naples and Caserta. The research described here represents an important scientific and cultural issue and is capable of addressing both the current challenges and the potential for the future of the main architectural and natural sites. The challenges as well as the potential of the study areas for the regions will be considered from two perspectives, namely the preservation and enhancement of the collective heritage. In addition to the potentials, the main challenges will be identified that currently prevent this cultural heritage from playing a leading role in the country's economy. In addition, specific measures for implementation will be defined, thus promoting a new type of knowledge to increase awareness of the potential of this cultural heritage. The advanced knowledge with a critical awareness is capable for indicating the need of action and planning and is consistent with the sustainable development of the cultural heritage identified as a whole and through the specific site characteristics.

The project has identified the Royal Sites of Campania by subdividing them into the following typological themes: Parks and gardens of the Royal Palaces, Royal Urban Gardens, Royal Hunting Reserves, Royal Fishing Reserves, Royal Farms, Royal Villa Gardens and Infrastructures for irrigation. The complex network of parks, gardens, estates and Bourbon reserves, although identified through the aforementioned real sites, should not be considered complete and exhaustive. Quite the contrary, the wealth of witnesses of the cultural, architectural and vegetational heritage connected to the achievements of the Bourbon dynasty is much larger and more differentiated than the list of typologies prepared for the research in question records. Other thematic categories apparently secondary and collateral to the royal sites represent further heritage in cultural terms able to define a more in-depth picture for an overall knowledge of the cultural heritage left by Charles of Bourbon and his descendants or the Villas and noble gardens of the Neapolitan aristocracy. Well, this architectural and vegetational complexity formed by both the royal sites and the noble sites so rich and articulated, at present is dispersed and fragmented almost diluted in the contemporary territory without any possibility of being read and experienced as a cultural network of fundamental importance on which to build a minimal enhancement of the territorial contexts in which they arise.

The main characteristic of these strongly vegetation environments is their widespread precariousness in conservation, both in terms of ordinary and extraordinary maintenance of the various architectural elements that inhabit them (pavilions, botanical greenhouses, cryptoporticus, temples, gazebos, gardeners' houses, botanical schools, small bridges, fake archaeological ruins, pergolas and houses) and both in relation to the poor management of the vegetation (trees, bushes, succulents, citrus groves, orchards, flowers, meadows) and fauna (fish species, birds, mammals). The widespread precariousness of conservation of most of the real sites in question requires a complex analysis of the tree species and their relationship with the site and the related architectural asset that at present and in most cases identified is not yet investigated with the scientificity it deserves.

An analogous condition of precariousness even more accentuated than that found in the before mentioned monumental enclosures can be found in those extensive areas not delimited - forests, former hunting reserves, former agricultural estates - where a substantial abandonment causes the progressive loss by spontaneous replacement of the original vegetation planted in the Bourbon period according to methods and purposes concerning not only the aesthetics of the landscape but also the strengthening of the surface geological stability especially of the hillsides as witnessed and explained in the Bourbon forest manuals. Transformations and abandonment of forest sites which most of the times are the direct cause of landslides of medium or high consistency as well as fires, caused by the neglect of maintaining the undergrowth of many green areas designed and planted in the Bourbon era. Natural disasters that happen have a major impact not only on public spending but also, unfortunately in the most serious cases on the unacceptable loss of human life. If we take into account what is observed today in general terms on the territory and if we refer to what is generally called the "hydrogeological risk", we cannot help but see that there is a significant increase in the so-called extreme phenomena, which induce damage in areas never involved in the recent past.

It is fact, these general references are not sufficient to achieve the protection and enhancement of the historical and cultural heritage of the Bourbon parks. But there is the possibility of relating the "actual state" of the object to its suitability in the current physical context - a method of analysis based on the inclusion of the physical and especially geological context. The result of the analysis also takes into account the transformations that the original works and their physical environment have undergone over time as a result of developments such as changes in land use due to geological processes or climate change.

In this emergency condition of hydrogeological risk and widespread abandonment, the protection of the architectural and natural sites of the Bourbon era in order to ensure their greater enhancement and effective maintenance should be a primary and imperative goal of contemporary society. In fact, the precarious state of conservation of the sites identified both fenced and open does not benefit from protection both in terms of general protection and in terms of particular maintenance, homogeneous and unitary. From this dual condition emerge significant problems of care and management that require new perspectives of enhancement and use of the cultural, architectural and vegetational assets present in the southern Italian territory capable of exceeding the limit currently impassable of the simple passive conservation of cultural heritage.

In view of the need for restoration, the architectural and vegetation restoration of parks and Bourbon gardens requires precisely controlled processes of analysis, planning, organization, management and control. This can be achieved through innovative operational activities, supported by advanced technological methods and tools, capable of meeting the quality, safety and protection standards essential for the enhancement of the highly historic landscape. The architectural and vegetational care and management of parks, gardens and nature reserves, especially if located in the Royal Sites, also require a historiographic analysis of the evolution of tree species, a thorough understanding of the theories relating to the conception of historical architecture present there and the relationship of the same with both the soil and nature, water or arboreal, with which it is compared. The identification of the main categories of intervention aimed at the conservation, renewal and rebuilding of elements, spaces and vegetanional architectures of the parks and gardens analysed will have to deal with the techniques, materials and methods of planting, care, prevention and regeneration originally used in the Royal Sites. This means that we will also have to investigate those thematic issues related primarily to the knowledge of the history of the garden and gardening, also to the fundamental elements of botany and agronomy and finally, to those basic notions of phytopathology with basic skills in the field of ornamental crops and the choice of plant species best suited to the environments in question.

Key issues of the research are also the maintenance and care of the different categories and types by the use of plants found in historic gardens, as well as the work necessary for the construction, maintenance and efficiency of the drainage systems and irrigation of a historic garden in order to combat the general sense of abandonment that characterizes not only the material reality, architectural and vegetational, of the Royal Bourbon Sites but also and above all that very important intangible value provided by the continuity of traditional, historical, scientific and artisanal skills which allowed in the recent past to support the maintenance of these specific areas of vegetation in a workmanlike manner.

Well, in the face of such a complicated reality, one might be tempted to elaborate an autonomous methodology of intervention exclusively concerning the "Real Sites" detached from a reasoning on the contemporary landscape analysed as a whole. Conversely, the analysis of the overall territorial reality, including valuable sites and degraded places close to the latter, could be fundamental to plan new strategies of reconfiguration for the different types of open spaces of our contemporaneity. The latter - whether extended or marginal landscapes, limited or central areas, hybrid or atopic places - are proposed, especially in the light of the Western economic crisis as geographical areas that although disaggregated, are willing to accept experimental changes to a new proposal for contemporary territoriality able to measure themselves with an innovative idea of quality, sobriety and naturalness.

A high-quality restoration or reconstruction of the horticultural and architectural areas of the parks of the 18th and 19th centuries should, in order to escape future insignificance, be measured by its ability to meaningfully link the historical levels with the contemporary city as a whole. If it is true that the elaborated thematic list of real Bourbon sites can constitute a valid reference document for planning, identifying natural and built sites that need to be protected and restored, a precise identification and promotion of other cultural fragments, possibly still unknown, should also be sought.

Starting from the assumption that the Bourbon vegetation sites although listed individually, are configured in different environmental realities as area context connected by proximity or mutual connection - materialized by linear infrastructure elements such as canals, roads, rows of trees - we could assume the system of the different architectural elements and monumental vegetation implementing in this ecological network also fragments and secondary episodes consisting of the so-called "atopic open spaces" or those interstitial residues of the contemporary territory located on the edge: where the woods break down, along the roads and rivers, in recesses forgotten by the cultivations or of the residential and industrial peripheral areas of the urban realities. Placing the real sites at the centre of a reflection aimed not only at their specific protection and enhancement but also at that of their context of belonging means transposing their architectural and vegetational value from the inside of their perimeters to the outside of their enclosures in order to reverberate it also in the areas of belonging improving the quality of life and use of users, whether they are residents or tourists.

The recovery and reconfiguration of individual episodes of vegetation, the clarification of historical connections, the linking of the original and traditional areas with the atopic ones of modernity, interpreted as a whole as a single project of "conscious and historically consolidated contemporary landscape" represent the programmatic assumption of an innovative hypothesis of protection and enhancement of the territories of southern Italy is proposed, essentially, to provide a substantial advancement in the knowledge of these historically consolidated areas through an innovative methodology that is able to critically cross scientific data and cultural issues and, at the same time, to integrate the different disciplinary skills that contribute to defining the real characteristics of identity, in terms of criticality or potential, of the individual areas identified.

Ultimately, the research activity assumed is based on the belief that, at present, any action of protection and enhancement of places cannot be separated from a preliminary multidisciplinary knowledge activity based on the conscious integration of the different realities that contribute to defining the physical and cultural heritage inherited.

The Riviera di Chiaia in Naples and the English Garden of the Royal Palace of Caserta, both designed between 1780 and 1790 by Carlo Vanvitelli have represented in this thematic perspective ideal urban environments to test the potential of architectural design in its twofold meaning of design of relief and modification, in presenting itself as a cultured tool able first of all to reconstruct phases of growth, stratification, transformation of a part of the city and also to identify catalogue and select urban elements of both architectural and sculptural type; finally to prepare as the final objective of this path of knowledge, an ideal foreshadowing of the Riviera di Chiaia and the English Garden on a design of modification capable of emerging from the indistinct chaos of the current situation the true consistencies of monuments, architecture and vegetation from which to take the moves to support interventions consistent with the specific characteristics of identity of the place analysed in a perspective of osmosis between city and nature for a better life of man in contemporary society.

Abbildungen // Figures

Abb./ Fig. 1 - 10: Paolo Giordano.

"_NICE_"!

BUT NO ALTERNATIVE
TO NATURE

Die Rolle der Natur – Orte schaffen für Menschen zum Leben und Gedeihen

Robbert Snep[1]

Dieser Beitrag reflektiert die Rolle der Natur für das Wohnen in der Stadt, in ihrer Umgebung und in Stadtrandlagen. Angesprochen wird die Notwendigkeit und Dringlichkeit zum aktuellen Stand der Diskussion „Leben mit der Natur", damit knüpft der Beitrag an eines der Grundprinzipien des Gartenstadtkonzepts an. Die Gartenstadt – sowohl in ihrer historischen als auch zeitgenössischen Ausprägung – wird als gelungenes Modell geschätzt, das dem Menschen eine Koexistenz mit der Natur ermöglicht. Der Beitrag beleuchtet die Zwänge, unter denen eine solche Koexistenz möglich ist und informiert über Instrumente und relevante Trends in der Stadtgestaltung, welche die heutige Gartenstadtbewegung um eine naturbezogene und natur-inklusive Lebensweise bereichern können.

Das WAS, WARUM und WIE von natur-inklusiven Städten

Fragt man Menschen nach ihrem Wissen über die Natur, einschließlich des Wissens über die Tierwelt, so scheint es, dass grundlegende Erkenntnisse zum Thema biologische Vielfalt fehlen. Besonders die Jugend hat ein gering ausgeprägtes Verständnis von Natur. Junge Menschen wissen wenig über die große Vielfalt der Arten, ihrem komplexen Verhalten, den lebenswichtigen Beziehungen zwischen den Organismen (z. B. Bestäubung) und den Schlüsselprozessen, die den Ökosystemen zugrunde liegen. Wie Miller (2005) erkannt hat, ist eine „Auslöschung der Erfahrung" eingetreten, ein großer Verlust in unserem täglichen Kontakt mit der Natur. Kinder wachsen nicht mehr mit einer reichen Tierwelt in ihrer direkten Umgebung auf. Fische in Teichen und Gräben erwischen oder Heuschrecken und Ameisen fangen, Aktivitäten, die früher normale Bestandteile der Erkundung des Wohnumfeldes waren, erfahren heute nur noch wenige Kinder im Alltag. Heutzutage leben die meisten Kinder in einem städtischen Umfeld. Anstatt einer üppigen Tierwelt, bestimmen eher gepflasterte und bebaute Flächen die Landschaft. Darüber hinaus führt die Digitalisierung der Gesellschaft dazu, dass „Natur" eher im Spielkontext und weniger als physische Realität wahrgenommen wird. Richard Louv (2005) argumentiert in seinem bekannten Buch *The last child in the woods*, dass ein großer Teil der Menschheit am „Natur-Defizit-Syndrom" leidet, das mit einem Mangel an Interaktion mit der Natur einhergeht. Wie jüngste Studien vermuten lassen, kann dieser Mangel an Naturerfahrung zu einem Rückgang der geistigen Fähigkeiten und zu einer abnehmenden Unterstützung für den Erhalt von Biodiversität führen (Zhang et al. 2014). Und dass die Menschen von der

---

1   Dr. Ir. Robbert Snep, Wageningen University & Research, Wageningen/ Niederlande,
    E-Mail: robbert.snep@wur.nl

© Springer Fachmedien Wiesbaden GmbH, ein Teil von Springer Nature 2020
N. Uhrig (Hrsg.), *Zukunftsfähige Perspektiven in der Landschaftsarchitektur für Gartenstädte*, https://doi.org/10.1007/978-3-658-28941-6_13

Interaktion mit der Tierwelt (Keniger et al. 2013) und ganz allgemein auch vom Leben in einer grünen Umgebung profitieren können: Für die Bewohner grüner Städte wurden zahlreiche positive Auswirkungen auf das geistige, soziale und körperliche Wohlbefinden festgestellt (Groenewegen et al. 2006).

Man könnte zusammenfassend feststellen, dass der Verlust der biologischen Vielfalt daher große Auswirkungen auf unsere Lebensqualität und - auf einer größeren Ebene - auf das langfristige Überleben der Menschheit auf diesem Planeten hat. Rockström et al. (2009) wiesen in ihrer berühmten Studie darauf hin, dass der globale Verlust der biologischen Vielfalt der Hauptfaktor ist, der die „planetarischen Grenzen" einer lebenswerten Erde überschreitet. Kein Wunder, dass auf internationaler und nationaler Ebene der Stopp des raschen Aussterbens von Pflanzen- und Tierarten als wichtige Priorität angesehen wird (United Nations 2019). Ein Versuch, größere gesellschaftliche Unterstützung für ein ökosystemgestütztes Management der vom Menschen dominierten Landschaften zu erreichen, ist die Einführung des Begriffs „Ökosystemdienstleistungen". Dieser Begriff bezieht sich auf die breite Palette an Dienstleistungen, welche die Natur zur Verfügung stellt – und dies mit großem Wert für den Menschen (Millennium Ecosystem Assessment 2005). Ein neuerer Versuch, den Ökosystemgedanken in das heutige urbane Leben einzubeziehen, ist die Einführung von „nature-based solutions" (NBS). Diese NBS werden als effektives Werkzeug betrachtet, um aktuelle gesellschaftliche Herausforderungen wie Klimawandel, Gesundheit und Lebensfähigkeit in Städten zu bewältigen (Eggermont et al. 2015).

Erhalt der biologischen Vielfalt, Ökosystemdienstleistungen und naturnahe Lösungen... was sollen Städte damit anfangen? Wie haben Städtebau und (Landschafts-)Architektur dieses Ökosystemdenken in der Praxis aufgegriffen? Inwieweit kann die Stadtgestaltung als natur-inklusiv angesehen werden? Man könnte sagen, dass – abgesehen von Ausnahmen wie der Gartenstädtebewegung und einigen einzelnen Architekten wie z. B. Hundertwasser – die Architektur des 20. Jahrhunderts von natürlichen Einflüssen weitestgehend isoliert betrachtet wurde. Die Idee einer machbaren Zukunft dominierte die Urbanisierungspraxis der letzten 100 Jahre. Nicht nur die Hochhauskonstruktionen aus Beton und Glas basieren auf dem Glauben, dass der Mensch seine natürliche Umgebung umgestalten und eine optimale, vom Menschen geschaffene Welt schaffen kann, in der er gedeihen kann (Wolkenkratzer sagt alles). Auch die von den üblichen Vorstadtsiedlungen verursachte Zersiedelung wurde eher von althergebrachten städtebaulichen und architektonischen Vorbildern inspiriert anstatt vom bestehenden Ökosystem am Entwicklungsstandort. Erst Ende des letzten Jahrhunderts führten Umweltbewusstsein und eine größere Orientierung an der Natur zu einer neuen Art von Städtebau und Architektur, welche dem städtischen Grün und der Natur eine größere Rolle einräumten (Snep & Opdam 2010; Snep & Clergeau 2012). In nachhaltigen Wohnprojekten wird den Faktoren Biodiversität und Naturerlebnis mehr Aufmerksamkeit zuteil, oft in Verbindung mit den Themen Wassermanagement und Erholungsnutzung. Architekten begannen zu untersuchen, wie Vegetation Teil des äußeren oder inneren Erscheinungsbildes werden kann. In den 1990er Jahren erfand Patrick Blanc die *mur végétale*, das lebende Wandsystem, das es einer Vielzahl von Pflanzenarten ermöglicht, in kleinen Taschen zu wachsen, die von einem Bewässerungs- und Düngesystem gespeist werden. Mit diesem System können Gebäude mit einer üppigen Wandvegetation ausgestattet werden, ganz unabhängig von der Verfügbarkeit von Wurzelraum im Erdgeschoss des Gebäudes (Blanc 2019). Das Musée Quai Branly – in der Nähe des Eifelturms in Paris, Frankreich – wurde mit seinem grünen, die Fenster einrahmenden Wandsystem zu einem ikonischen „grünen Gebäude". Später wandten Patrick Blanc und auch andere dieses Wandsystem an den Innen- und Außenwänden zahlreicher Gebäude an, heute ist diese Art der Wandbepflanzung vor allem für Bürogebäude weltweit sehr beliebt. Ein Schritt über das Anbringen von Stauden an Wänden hinaus geht die Entwicklung des *Bosco verticale- Konzepts* von Stefano Boeri (Stefano Boeri Architetti 2019). Boeris Vision ist, dass Gebäude als Substrat für Bäume und Sträucher dienen und so vertikale Wälder entlang der Hochhäuser entstehen. So gaben Bäume und Sträucher, die sorgfältig auf den Balkonen verteilt wurden, den Türmen das Aussehen eines bewaldeten Felsens. Im Jahr 2014 wurden die ersten beiden Türme im *Bosco verticale-Design* in Mailand, Italien, realisiert. Ähnlich wie das Musée Quai Branly wurden diese Strukturen zu ikonischen „Green Buildings", die zu einem weltweiten Interesse daran führten, was alles mit Vegetation im städtischen Kontext möglich ist. Die Popularität der grünen Gebäude kam nicht nur durch die innovative Idee Pflanzen und Gebäude zu kombinieren, sondern auch durch die dringende gesellschaftliche Forderung, eine städtische Umgebung zu schaffen, die sowohl nachhaltig, gesund, lebenswert... als auch natürlich ist. Vor dem gleichen Hintergrund hat Singapur in den letzten Jahrzehnten stark in die Durchgrünung seines Stadtstaates investiert. Singapurs Leuchtturmprojekt ist Gardens by the Bay, das 2012 realisiert wurde (Gardens by the Bay 2019). Dieser Stadtpark mit seinen riesigen, künstlichen, baumförmigen Strukturen hat ein futuristisches Aussehen und wurde zum Hotspot für die Einwohner Singapurs und für Touristen. Er wirkt wie ein Rückzugsort im Kontrast zum geschäftigen Stadtleben und trägt damit zur Attraktivität der Stadt bei,... was genau der Zweck der Entwicklung dieses außergewöhnlichen Parks war.

Zusammenfassend lässt sich sagen, dass nach Jahrzehnten der Stadtplanung und Stadtgestaltung mit nicht-natürlichen Materialien in den letzten Jahren das Arbeiten mit „Natur" als Inspirationsquelle immer beliebter geworden ist. Auffallend ist jedoch, dass dabei nicht das Ökosystemdenken, sondern ganz andere Aspekte im Vordergrund zu stehen scheinen. Ein wesentlicher Aspekt ist das ästhetische Erscheinungsbild der architektonischen Struktur. Schöne Bilder (Renderings) von begrünten Gebäuden in urbaner Umgebung sind der aktuelle Trend unter den Stadtgestaltern. Neben grünen Wänden und Dächern werden Vögel und Schmetterlinge dargestellt, um ein natürliches Aussehen zu schaffen. Oftmals werden diese ästhetischen Bilder von schönen Geschichten begleitet, welche die Vorteile des städtischen Grüns für Gesundheit, Klima, Tierwelt und Lebensqualität hervorheben. Oft fehlen aber evidenzbasierte Entwurfsmethoden, die solche Aussagen unterstützen. Das wirft Fragen auf: Sind Stadtgestalter intrinsisch motiviert, naturnahe Stadtumgebungen zu schaffen und fehlt es ihnen nur an ausreichender Kenntnis, wie sie Informationen über die städtische Tierwelt und die Funktionsweise von Ökosystemen in ihrem Entwurf umsetzen können? Oder wird Natur-Inklusivität nur als neuer Trend betrachtet, bei dem es eher um das „Aussehen" als um die Funktionalität für die biologische Vielfalt und die Bereitstellung von Ökosystemdienstleistungen geht? Doch arbeiten Stadtgestalter und Ökosystemfachleute aus verschiedenen Blickrichtungen: die Perspektive, aus der sich ein Stadtgestalter einem bestimmten Gebiet nähert, indem er sich auf das Design und die Nutzbarkeit durch den Menschen fokussiert, steht dabei im Gegensatz zur Perspektive des Ökologen, der die Anwesenheit und die Funktion des Lebensraums von Wildtieren innerhalb eines Gebietes untersucht. Schon in der Ausbildung hat ein Stadtgestalter andere Ziele im Visier als ein Ökologe. In einer Zeit, in der der rapide Verlust an biologischer

Vielfalt zum gesellschaftlichen Problem wird, sehen die Designer ihre Rolle möglicherweise darin, etwas zum Erhalt der Tierwelt beizutragen und natürliche Umgebungen zu schaffen, in welchen sowohl Menschen als auch Wildtiere gedeihen können. Es ist wichtig zu verstehen, dass das Design-Denken zur Entwicklung natürlicher städtischer Umgebungen beitragen kann, dass aber ein gründliches Wissen über ökologische Funktionsweisen erforderlich ist, um eine Schön- bzw. Grünfärberei zu vermeiden. Daher ist die Zusammenarbeit zwischen Designern und Ökologen erforderlich, wie Apfelbeck et al. (subm.) angesprochen haben.

Nicht nur Designer spielen eine Schlüsselrolle, wenn es darum geht naturnahe Stadtlandschaften zu entwickeln. Auch Bauherren, wie beispielsweise Kommunen oder Investoren, sind in der Position entsprechende Anforderungen an künftige Stadtentwicklungsprojekte zu formulieren. Naturnahe Lösungen und Maßnahmen zum Schutz der Tierwelt sollten nicht nur eingefordert werden, sondern die Einbeziehung von Natur sollte gut formuliert und konkret Eingang in die Aufgabenstellung künftiger Stadtentwicklungsprojekte finden. Die Möglichkeiten dazu werden im letzten Abschnitt dieses Beitrags beschrieben.

Evidenzbasierte Instrumente für die Stadtgestaltung zum Erzielen von Ökosystemdienstleistungen

Es gibt eine Menge wissenschaftliche Literatur zur Leistungsfähigkeit städtischer Grünkonzepte, die darauf abzielt, Städten eine große Bandbreite an Wissen über nützlicher Konzepte wie z. B. begrünte Sickermulden oder Gründächer zur Verfügung zu stellen. Die Studien zu diesen sogenannten „nature-based solutions" (NBS) umfassen auch Leitlinien über die Bedingungen, unter welchen die Leistungen der NBS erbracht werden können. Da die Beweislast immer mehr zunimmt, kommt der Moment, an dem man für Anwendungen im Bereich der Stadtentwicklung evidenzbasierte Richtlinien, Kennzahlen und Faustregeln für die Leistungen der NBS definieren könnte. Der einer Definition von Richtlinien nachfolgende Schritt wurde erst kürzlich gemacht: Es wurden Werkzeuge für die Stadtgestaltung entwickelt, welche die verfügbaren Evidenzgrundlagen der NBS-Performance anwenden, um den Nutzen der vorgeschlagenen NBS-Maßnahmen in einem Projektgebiet automatisch zu berechnen. Die Beteiligten können nun räumliche Grünszenarien erstellen (z. B. Straßenbäume, Sickermulden, Parks, Gärten und Dachbegrünungen im Quartiersmaßstab) und erhalten sofort Einblick in die Auswirkungen dieser Szenarien auf eine Reihe von Klimaanpassungs- und Gesundheitszielen:

• *Klimaanpassung*: Das *Adaptation Support Tool (AST)* unterstützt die Projektbeteiligten bei der Erstellung von Skizzen im Rahmen städtischer Entwicklungs- und Sanierungsprojekte (Wageningen University & Research 2019). Der Einsatz des AST ermöglicht es den Beteiligten, schnell zu untersuchen und zu quantifizieren, welche der naturbezogenen Lösungen den (kosten-) wirksamsten Beitrag zu den Anpassungszielen in Bezug auf die Regenwasserrückhaltung, die Verringerung von Hitzestress, Dürreresistenz usw. leisten können. Das Tool wurde in den Niederlanden von Deltares, Wageningen University & Research (WUR) und Bosch & Slabbers Bosch & Slabbers landscape architects entwickelt. Seit 2014 wird das AST in verschiedenen europäischen, amerikanischen und afrikanischen Städten eingesetzt und hat sich als wertvolle Unterstützung erwiesen, um

z. B. die Klimaanpassungspläne für die gefährdete Stadt New Orleans im Dialog mit den Bürgern zu diskutieren (Van de Ven et al. 2016).

- *Gesundheitsförderndes Stadtgrün*: Mit zunehmendem Bewusstsein für die Rolle des (Stadt-) Grüns in der Gesundheitsförderung für die Bürger ,wollen Politik und Stadtgestalter den Mehrwert von Stadtgrün in räumlichen Gestaltungsszenarien näher erforschen. Basierend auf den Erfahrungen mit AST hat die Wageningen University & Research das *Design support tool for Green Healthy Cities* (Wageningen Environmental Research 2018) entwickelt. Gleichsam wie das AST ermöglicht dieses Instrument den politischen Entscheidungsträgern und Stadtgestaltern, den Mehrwert von städtischen Grünmaßnahmen zu untersuchen... in diesem Fall jedoch in Bezug auf Gesundheit und Wohlbefinden, wie z. B. Verringerung von psychischem Stress, gesundes aktives Leben, sozialer Zusammenhalt, Verringerung von Hitzestress.

Die oben angesprochenen Instrumente umfassen eine Vielzahl naturbasierter Lösungen und wirken auf stadtplanerischer Ebene. Es gibt jedoch auch spezifische Instrumente, die auf der Einzelobjektebene zur Quantifizierung des Nutzens anwendbar sind. Für Bäume gibt es zum Beispiel das „i-Tree"-Modell[2], welches quantitative Daten über Kosten und Nutzen von Bäumen in städtischen Gebieten liefert. Ebenso gibt es Werkzeuge und Analysen zum Kosten-Nutzen-Verhältnis von Dachbegrünungen und begrünten Sickermulden.

Zusammenfassend lässt sich sagen, dass Stadtplanern und Landschaftsarchitekten heutzutage ein breites Wissen, evidenzbasierte Instrumente, Werkzeuge und Richtlinien zur Verfügung stehen, die hilfreich sind, den tatsächlichen Beitrag grüner Designelemente im Sinne von Ökosystemdienstleistungen zu definieren. Im Idealfall nutzen Stadtgestalter diese Werkzeuge, um (kosten) effektive Szenarien und mehr funktionales statt nur dekoratives Grün zu entwickeln. Ein nächster Schritt wäre die Entwicklung ähnlicher Ansätze und Instrumente für eine die biologische Vielfalt einschließende Stadtgestaltung.

Wegweiser für die Zukunft: von der ökosystembasierten zur *natur-inklusiven* Stadtgestaltung

Die Idee, dass der Mensch in einer möglichst naturreichen Umgebung leben sollte, wird jüngst wieder vermehrt aufgegriffen:

- die Einführung des Konzepts der *biophilen Städte* durch den Landschaftsarchitekten Timothy Beatley[3], das sich an naturinteressierte Städte wendet, die sich zum Ziel gesetzt haben, Grün und Natur auf jeder möglichen Ebene zu integrieren.
- das wachsende Interesse an spezifischer, natur-inklusiver Stadtgestaltung durch Projekte und Ansätze, die zur Lebensraumentwicklung und zum Naturerlebnis beitragen.

In Bezug auf Letzteres gibt es in den Niederlanden mehrere Initiativen zur Umsetzung einer natur-inklusiven Stadtgestaltung. Die Stadt Amsterdam hat die natur-inklusive Stadtentwicklung

---

2   https://www.itreetools.org/.

3   https://www.biophiliccities.org/.

als eine wichtige Strategie der weiteren Urbanisierung aufgegriffen. Diese Entscheidung basiert auf der breiten gesellschaftlichen Nachfrage nach städtischer Natur. In konkreten Bauabläufen werden Entwickler und Planer von der Stadt Amsterdam aufgefordert, naturnahe Projekte zu präsentieren. Die Gemeinde stellt den Planern sogar detaillierte Informationen über die Lebensraumansprüche verschiedener städtischer Wildtierarten zur Verfügung. In Den Haag müssen gewerbliche Bauträger, die auf Grundstücken im Besitz der Gemeinde tätig sind, in ihren Plänen sogar bestimmte Normen hinsichtlich einer natur-inklusiven Gestaltung wie z. B. Unterstützung der Tierwelt durch Nistkästen, Gründächer, Gärten, Bäume oder Pocket-Parks erfüllen. Bevor ein Bauvorhaben genehmigt werden kann, wird jede Maßnahme entsprechend eines Punktesystems bewertet. Je nach Größe des Bauvorhabens muss eine Mindestpunktzahl erreicht werden. Dadurch werden nicht nur Baustandorte naturfreundlicher, sondern auch die Gemeinschaft der Projektentwickler, Stadtplaner, Architekten und Baufirmen gewöhnen sich an den Umgang mit einer natur-inklusiven Bauweise in der Stadt. In der niederländischen Stadt Tilburg wurde ein „Artenmanagementplan" entwickelt und in der kommunalen Praxis umgesetzt. Dieser Plan enthält standortspezifische Normen darüber, wie viel Nistmöglichkeiten und andere Lebensraumeinrichtungen für geschützte Stadtvögel und Fledermäuse auf Projektebene benötigt werden. Durch die Erfüllung der Norm wird sichergestellt, dass das Projekt unter dem Aspekt des Umgangs mit geschützten Tierarten genehmigt wird. Die Normen basieren auf einem umfangreichen Monitoring der geschützten Arten, sodass die Gemeinde die aktuellen Populationsgrößen der Arten für jede Nachbarschaft kennt. Bauherren, die in diesen Vierteln Bauland ausweisen wollen, ziehen es vor, mit der Norm zu arbeiten, anstatt Verzögerungen im Bauablauf durch Artenmanagement oder gesellschaftliche Einwände zu riskieren. Außerdem vermeiden sie zusätzliche Kosten für Tierschutz- und Ersatzmaßnahmen. Abgesehen von diesen stadtspezifischen Praktiken gibt es in den Niederlanden auch nationale Initiativen zur Unterstützung natur-inklusiver Bauprojekte. Die Website www.bouwnatuurinclusief.nl (*Bauen Sie Natur inklusiv!*) informiert umfassend über das Warum, Wie und Was zur Unterstützung von Wildtieren im Rahmen von Bauprojekten. Die Website richtet sich an verschiedene Stakeholder-Typen (z.B. Architekten) mit maßgeschneiderten Informationen, die diese Stakeholder leicht in die Praxis umsetzen können. Außerdem werden Best Practices und Leuchtturmprojekte vorgestellt, die auch andere Fachleute dazu inspirieren, einen natur-inklusiven Ansatz in ihre tägliche Arbeit zu integrieren.

In Deutschland wurde vor Kurzem ein paralleler Weg eingeschlagen unter dem Titel „Animal-Aided Design" (Weisser & Hauck 2017). Hier arbeiten Ökologie- und Architekturwissenschaftler gemeinsam an der Entwicklung von Stadtgestaltungskonzepten, in welchen die Lebensraumansprüche der Tiere Teil der Stadtgestaltung sind. Das bedeutet, dass für eine lange Liste von Arten Lebensraumanforderungen aus Literatur und Praxis gesammelt und dann in räumliche Gestaltungsanforderungen für Wohngebiete übersetzt wurden. So wird für eine Art wie den Haussperling (*Passer domesticus*) aufgelistet, welche Nistmöglichkeiten, Rast- und Versteckmöglichkeiten und Futterplätze jeweils in einem bestimmten Bereich und mit einer bestimmten Oberfläche und Qualität gefordert werden. Durch die Berücksichtigung all dieser Habitatansprüche in der Stadtgestaltung wird die Wahrscheinlichkeit, dass die Art das Gebiet besiedelt, maximiert. Das Animal-Aided Design-Konzept wird derzeit in Gebieten des sozialen Wohnungsbaus in verschiedenen deutschen Städten getestet.

Schritt für Schritt werden sowohl ökologisches Wissen als auch eine wachsende Zahl an Leuchtturmprojekten zu natur-inklusiver Architektur und Stadtgestaltung einer größeren Gemeinschaft von Stadtentwicklern bekannt werden. Obwohl mittlerweile für die der natur-inklusiven Planung zugeneigten Stadtgestalter und Gartenstadtplaner sowohl die Evidenzgrundlagen als auch entsprechende Literatur gut zugänglich sind, bedeutet dies nicht, dass in allen Phasen des Stadtentwicklungsprozesses natur-inklusive Planung bereits akzeptiert ist. Oftmals bestehen noch Hindernisse in den Wirtschaftlichkeitsberechnungen, Vergabeverfahren, Bauvorschriften, Baunormen im öffentlichen Raum und in der eigentlichen Bau- und Instandhaltungspraxis. Dennoch wird eine Umsetzung natur-inklusiver Stadtplanung immer realistischer.

Zusammenfassend lässt sich sagen, dass die Fachleute, einschließlich der Gartenstadtplaner, welche an einer Renaissance des Zurück-zur-Natur-Lebens arbeiten, von der wachsenden Erkenntnisgrundlage profitieren können. Indem sie das Wissen nutzen, welche Bedingungen die Natur braucht, um wild lebende Tiere zu unterstützen und um Ökosystemdienstleistungen zu erbringen, können sie artenreiche Orte schaffen, an denen Menschen gut leben und gedeihen können.

Abb./ Fig. 1: „Leben mit der Natur" in Västra Hamnen, Malmö Schweden. // "Living with Nature", in Västra Hamnen, Malmö Schweden.

Abb./ Fig. 3: Interaktion mit der Tierwelt. // Interaction with wildlife.

Abb./ Fig. 2: Natur-inklusive Bauvorhaben räumen städtischem Grün und Natur eine größere Rolle ein. // In nature-inclusive building projects urban green and natural settings plays a more important role.

Abb./ Fig. 4: Mangel an Naturerfahrung kann dazu führen, dass die Unterstützung zum Erhalt von Biodiversität abnimmt. // The lack of nature experience may result in a diminishing support for biodiversity conservation.

Abb./ Fig. 5: Architekten arbeiten vermehrt auch mit Vegetation als Bestandteil des äußeren Erscheinungsbildes. // Architects started to explore vegetation as part of the exterior appearance.

The Role of Nature in Creating a Place for People to Live and Thrive

Robbert Snep

This chapter reflects on the role of nature for peri-urban and urban living. It addresses the need, urgency and current state of "living with nature", and as such links to one of the basic principles underlying the garden city concept. By doing so, garden cities – both historic as contemporary – are being valued as a phenomenon that may enable people to coexist with nature. The chapter also highlights the constraints under which such co-existence is possible, and provides information on tools and relevant urban design trends that may inform and inspire the garden city movement to become a truly nature-based and nature-inclusive way of living.

The WHAT, WHY and HOW of nature-inclusive cities

If people are asked about their knowledge of nature including that of common wildlife, it appears that basic insights on biodiversity are lacking. Especially youth has a low level of understanding what nature is all about. They have little clue about the wide diversity of species, their complex behaviour, the vital relations between organisms (e.g. pollination) and the key processes underlying ecosystems. As recognized by Miller (2005), an "extinction of experience" has occurred, a major loss in our daily contact with nature. No longer children grow up with abundant wildlife in their direct surroundings. Net fishing in ponds and ditches, catching grasshoppers and ants, activities that used to be normal ingredients of the child's exploration of the residential atmosphere....few children these days consider this as ordinary practice. This is as today most children live in urban settings where wildlife is not abundant, and where the paved and built-up environment is the dominant landscape. On top of that, the digitalisation of society means that "nature" becomes a game context rather than a physical reality. In his well-known book *The last child in the woods* Richard Louv (2005) argues that a large part of humanity suffers from "Nature-deficit disorder", the disease that comes with a lack of interaction with nature. As suggested by recent studies, this lack of nature experience may result in decreasing mental skills and a diminishing support for biodiversity conservation (Zhang et al. 2014). And that while people may enjoy specific benefits from interaction with wildlife (Keniger et al. 2013), and – in general – from living in a green environment: numerous positive impacts on the mental, social and physical wellbeing has been identified for those living in green cities (Groenewegen et al. 2006).

One could resume that the loss of biodiversity therefore has great implications for our quality of life, and on a larger level, on the long term survival of humanity at this planet. In their famous study Rockström et al. (2009) pointed out that global biodiversity loss is the major factor that exceeds the "planetary boundaries" of a liveable earth. No wonder that on the international and national level stopping the rapid extinction of plant and animal species is seen as an important priority (United Nations 2019).

One attempt to get a larger societal support for ecosystem-based management of human-dominated landscapes is the introduction of the term "ecosystem services". This term directly relates to the broad range of services provided by nature with great value for people (Millennium Ecosystem Assessment (2005). A more recent attempt to include ecosystem thinking in modern urban life is the introduction of "nature-based solutions" (NBS). These NBS are presented as an effective way to deal with contemporary societal challenges as climate change, health and liveability in cities (Eggermont et al. 2015).

Biodiversity conservation, ecosystem services and nature-based solutions...what should cities do with it? How has urban design and (landscape)architecture addressed this ecosystem thinking in their practice? To what extent can urban design be considered nature-inclusive? One could say that – apart from exceptions like the Garden Cities movement and some individual architects (e.g. Hundertwasser) – 20st century architecture was isolated from natural influences. The idea of the makeable future dominated urbanization practice in the last 100 years. Not only the high-rise concrete & glass building constructions are founded on a belief that people can reshape its natural surroundings and create an optimal man-made world for people to thrive (*skyscrapers* says it all). Also the urban sprawl by ordinary suburbs was inspired by stock books of urban design and architecture types rather than based upon the ecosystem present at the development locations. It was only at the end of the last century that environmental awareness and inspiration by nature led to new types of urban design and architecture, where urban green and natural settings play a more important role (Snep & Opdam, 2010 ; Snep & Clergeau 2012). In sustainable housing projects biodiversity and nature experience gain more interest, often linked with the water management and recreational facilities. In building design architects started to explore how vegetation could make part of the exterior or interior appearance. In the 1990's Patrick Blanc invented the *mur végétale*, the living wall system that allow a wide range of plant species to grow in small pockets, fed by an irrigation system that also adds fertilizer. With this living wall system buildings could be provided with a lush wall vegetation, independent from the availability for root space at the ground level around the building (Blanc 2019). The Musée Quai Branly – close to the Eifel tower in Paris, France – with the living wall system surrounding its windows became an iconic "green building". Later, Patrick Blanc and others applied the living wall system at interior and exterior walls of numerous buildings, and these days this type of wall vegetation system is quite popular at particularly office buildings worldwide. A step beyond attaching perennials to walls is the development of the *Bosco vertical concept* by Stefano Boeri (Stefano Boeri Architetti 2019). In his vision buildings could act as substrate for trees and shrubs, creating vertical forests along high-rise towers. As such, trees and shrubs that were carefully placed at balconies gave the towers an appearance of a forested rock. In 2014 the first two towers with such *bosco verticale design* were realized in Milan, Italy. Similar to the Musée Quai Branly these structures became iconic "green buildings" that led to global interest in what one could do with vegetation in the urban context.

The popularity of the green buildings came not only by the innovation of combining plants and buildings, but also by the societal demand to urgently create city environments that are sustainable, healthy, liveable...and natural. Based upon the same demand Singapore has heavily invested during the last decades in greening its city state urban context. Its most iconic project is Gardens by the Bay, realized in 2012 (Gardens by the Bay 2019). This urban park with giant tree-shaped artificial structures has a futuristic appearance and became a hotspot for people from Singapore and tourists. It acts like a hide-out from busy city life, and thereby adds to the attractiveness of the city....which exactly was the purpose to develop this extraordinary park. To summarize, after decades of designing and engineering city environments with non-natural materials, "nature" as a source of inspiration has become more popular in recent years. What stands out is that so far aspects other than ecosystem thinking seems to be prioritized. One major criterion is the aesthetical appearance of the architectural structure. Nice pictures (*renders*) of greened buildings and urban surroundings are the new fashion among urban designers. Apart from green walls and roofs, birds and butterflies are depicted to create a natural look. Often such nice pictures get accompanied by nice stories highlighting the benefits of urban green for health, climate, wildlife and liveability. Evidence-based design methods that support such statements often are lacking. This makes one question: are urban designers intrinsically motivated to create nature-inclusive city environments, and only lack sufficient knowledge about how to implement information on urban wildlife and ecosystem functioning in their design? Or is nature-inclusiveness considered as just a new fashion trend that is all about the 'looks' rather than the functionality for biodiversity and the provision of ecosystem services? There is a different perspective between urban designers and ecosystem professionals: the perspective from which urban designers approach a certain area (focused on the appearance of the design, the usability of the area by humans) thereby contrasts with the perspective by ecologists (the presence of wildlife, the wildlife habitat function of an area). This already starts during professional education: urban designers get different goals to achieve than ecologists. However, in a time in which rapid biodiversity loss becomes a more societal issue, designers may see their own role in contributing to conserve wildlife and create natural settings in which both humans and wildlife thrive. For them, it is important to understand that design thinking may contribute to developing natural urban environments, but that in-depth knowledge on ecological functioning is demanded to avoid green washing practices. The collaboration between designers and ecologists therefore is required, as addressed by Apfelbeck et al. (subm.). To achieve nature-based city environments not only designers play a key role. Also clients that ask for urban development projects (local governments, investors) can make a difference. Not only can they request the use of nature-based solutions and wildlife conservation measures, they also should ensure that nature-inclusiveness is well-formulated in the terms of reference of their urban development projects. Ways to do so are described in the last section of this chapter.

Evidence-based urban design tools to achieve ecosystem services performance

There is a large and fast growing pile of scientific literature on the performance of urban green concepts (e.g. vegetated swale, green roof) that are specifically engineered to provide all kinds of benefits for cities. Studies on these so-called "nature-based solutions" (NBS) include prescriptions of the conditions under which the NBS performance gets delivered. As the pile of evidence is growing, there comes the moment that – for urban development applications – one could define evidence-based guidelines, key figures and rules of thumb concerning the performance of NBS. The next step after defining guidelines has been made recently: urban design support tools were developed that utilize the available evidence-base on NBS performance to automatically calculate the benefits of proposed NBS measures in a project area. Stakeholders now can compose spatial urban green scenarios (e.g. drawing street trees, swales, parks, gardens and green roofs in a neighbourhood design) and instantly gain insight in the effects of these scenario's on a range of climate adaptation and health goals:

- *Climate adaptation*: the *Adaptation Support Tool (AST)* is aimed to support stakeholders during sketch design sessions within urban (re)development projects (Wageningen University & Research 2019). Using the AST enables stakeholders to quickly explore and get quantifying data on which set of nature-based solutions makes the most (cost)effective contribution to adaptation targets related to storm water retention, heat stress reduction, drought resistance etc. The tool has been developed in the Netherlands by Deltares, Wageningen University & Research (WUR) and Bosch & Slabbers landscape architects. Since 2014 the AST has been applied in different European, American and African cities, and became a valuable support for the vulnerable city of New Orleans in dialogues with citizens to discuss climate adaptation plans (Van de Ven et al. 2016).

- *Health-supportive urban green*: with an increasing awareness of the role of (urban) green in health promotion for citizens, policymakers and urban designers want to explore the role and added value of urban green in spatial design scenarios. Based upon the experience with the AST Wageningen University & Research has developed the *Design support tool for Green, Healthy Cities* (Wageningen Environmental Research 2018). Like the AST, this tool enables policymakers and urban designers to explore the added value of urban green measures...but in this case on health & wellbeing (mental stress reduction, healthy active living, social cohesion, heat stress reduction).

The tools addressed above act on the building up to the city region level, and include a wide variety of nature-based solutions. On the level of individual nature-based solutions there are also specific tools that quantify their benefits. For example, for trees there is the "i-Tree" model[1] that provides quantitative data on the costs and benefits of trees in urban settings. Similar, there are also tools and analysis regarding the costs-benefits of green roofs and vegetated swales. To conclude, these days urban and landscape designers can find more and more knowledge and evidence-based tools and guidelines that may help them to explore the real contribution of the green elements in their design for ecosystem service performance. Ideally, designers make use of these tools to develop design scenario's that are (cost)effective and include functional green rather than only decorum green. A next step would be to develop similar approaches and tools for biodiversity-inclusive urban design.

---

1   https://www.itreetools.org/.

Directions for the future: from ecosystem-based to true nature-inclusive urban design

There is a recent revival of the idea that humans should live in a nature-rich environment:
- the introduction of the *biophilic cities* concept by the landscape architect Timothy Beatley[2] in which is aimed for cities that like nature, and integrate green & nature on every scale spatial level possible.
- the growing interest in specific nature-inclusive urban design: projects and approaches that really contribute to habitat development and wildlife experience.

Regarding the latter, there are several initiatives in the Netherlands on implementing nature-inclusive urban design. The city of Amsterdam has addressed nature-inclusive urban development as an important strategy in further urbanization. This decision is based upon the broad societal demand for urban nature. In actual building trajectories, developers and designers are challenged by the city of Amsterdam to present nature-inclusive projects. The municipality even provides detailed information to the designers on the habitat requirements of different urban wildlife species. In The Hague, commercial developers active at land owned by the municipality even have to meet specific standards regarding nature-inclusive design in their plans. Each measure for supporting wildlife, ranging from built-in nest boxes and green roofs up to gardens, trees and pocket parks, is given points and – depending on the size of the building project – a minimum amount of points has to be met before the urban design is approved. By doing so, not only specific building locations will get more nature-friendly, also the community of project developers, urban designers, architects and construction companies get used to deal with a nature-inclusive way of building city environments. In the Dutch city of Tilburg, a "species management plan" was invented and implemented in municipal practice. This plan provides location-specific norms for urban developers on what amount of nesting and other habitat facilities for protected urban birds and bats are needed on the project level. By meeting the norm, the developers are ensured that their project will be approved on the aspect of dealing with protected wildlife. The norms are based on extensive monitoring on the protected wildlife, enabling the municipality to know the current population size of these species for each neighbourhood. Developers that want to exploit building plans in these neighbourhoods prefer to work with the norm, thereby avoiding delay in their plans caused by protected wildlife issues (e.g. societal objections against plans). Also, they avoid additional costs for wildlife mitigation and compensation plans. Apart from these city-specific policies and practices, there are also national initiatives to support nature-inclusive building projects in the Netherlands. The website www.bouwnatuurinclusief.nl (*build nature-inclusive!*) provides extensive information on the why, how and what of supporting wildlife as part of building projects. The website targets different stakeholder types (e.g. architects) with customized information that such stakeholder can easily implement in their practice. Also, best practices and front runner professionals are presented, inspiring other professionals to integrate the nature-inclusive approach in their daily work.

---

2   https://www.biophiliccities.org/.

In Germany, a parallel trajectory has started recently, entitled "Animal-Aided Design" (Weisser & Hauck 2017). Here, researchers in ecology and architecture collaborate in developing urban design concepts in which the animal's habitat requirements make part of the urban design lay out. This means that for a long list of species habitat requirements were collected from literature and practice, and then were translated into spatial design requirements for residential areas. So, for a species like the house sparrow (Passer domesticus) it is listed what nesting facilities, resting and hide-out habitat and foraging habitat is demanded, each located within a certain range and with a certain surface and quality. By taking all these habitat requirements into account during the (re)construction of the urban area, the likelihood that the species will colonize the area has been maximized. The Animal-Aided Design concept is currently tested in social housing neighbourhoods in different German cities.

Step-by-step the ecological knowledge as well as icon projects on nature-inclusive architecture and urban design are getting known to the larger community of urban development professionals. For those designers of (garden) city projects that intrinsically prefer to include nature in their plans, the evidence-base as well as the reference material is getting better accessible. This does not mean that in all phases of the urban development process nature-inclusiveness is already accepted. Often there are still barriers in the business case calculations, the procurement procedures, the building codes, public space design standards and the actual building and maintenance practice. Nevertheless, for those organisations and persons that are ambitious, a nature-inclusive city practice is becoming more and more realistic.

To resume, those professionals working on the back to nature living revival (including garden city designers) may benefit of the growing evidence-base on what conditions nature needs to support wildlife and to deliver ecosystem services. By making use of this knowledge, they can create nature-rich places where people may live and thrive.

Literatur // Literature

Apfelbeck, B.; Snep, R.P.H.; Hauck, T. E.; Jakoby, C.; Ferguson, J.; Holy, M.; Macivor, J.S., Schär, L.; , Tylor, M.; Weisser, W.W. (subm.). Designing wildlife-inclusive cities that support human-animal co-existence. Landscape & Urban Planning.

Blanc, P. (2019). Vertical Garden – Website Patrick Blanc, [online] https://www.verticalgardenpatrickblanc.com/ [19.12.2019].

Eggermont, H. et al. (2015). Nature-based Solutions: New Influence for Environmental Management and Research in Europe, Gaia - Ecological Perspectives for Science and Society. 24 (4). pp. 243–248.

Gardens by the Bay (2019). Website Gardens by the Bay, [online] https://www.gardensbythebay.com.sg/ [19.12.2019].

Groenewegen, P.P., van den Berg, A.E., De Vries, S. and Verheij R.A. (2006). Vitamin G: Effects of green space on health, well-being, and social safety, BMC Public Health 6. p.149.

Keniger, L.E., Gaston, K.J., Irvine, K.N., Fuller, R.A. (2013). What are the benefits of interacting with nature?, International Journal of Environmental Research and Public Health 10, pp.913-935.

Louv, R. (2005). Last child in the woods: saving our children from nature-deficit disorder, Algonquin Books, Chapel Hill.

Millennium Ecosystem Assessment (2005). Ecosystems and human well-being: synthesis, Washington, DC: Island Press. ISBN 1-59726-040-1.

Miller, J.R. (2005). Biodiversity conservation and the extinction of experience, Trends Ecol Evol 20. pp.430–434.

Rockström et al. (2009). Planetary Boundaries: Exploring the Safe Operating Space for Humanity, Ecology & Society

14 (2): 32, https://doi.org/10.5751/ES-03180-140232.

Snep, R.P.H. & Opdam, P. (2010). Integrating nature values in urban planning and design, In: Gaston K (ed). Urban Ecology. Cambridge University Press, pp.261-286.

Snep, R.P.H. & Clergeau, P. (2012). Biodiversity in Cities, reconnecting humans with nature, Meyers, RA (ed) Encyclopedia of Sustainability Science and Technology, Springer, pp. 938-961.

Stefano Boeri Architetti (2019). Website Stefano Boeri Architetti, [online] https://www.stefanoboeriarchitetti.net/en/project/vertical-forest/ [19.12.2019].

United Nations (2019). UN Report: Nature's Dangerous Decline 'Unprecedented'; Species Extinction Rates 'Accelerating'. sustainabledevelopment/blog, New report from the Intergovernmental Science-Policy Platform on Biodiversity and Ecosystem Services (IPBES). [online] https://www.un.org/sustainabledevelopment/blog/2019/05/nature-decline-unprecedented-report/ [19.12.2019].

van de Ven, F.; Snep, R.P.H.; Koole, S.; Brolsma, R.; Spijker, J.; van der Brugge, R. (2016). The Adaptation Planning Support Toolbox: providing decision-makers with measurable output on the adaptation performance of urban design choices, Environmental Science & Policy 66, pp. 427-436.

Wageningen Environmental Research (2018). Praktijktool Groene Gezonde Stad, [online] https://tools.wenr.wur.nl/groenegezondestad/ [19.12.2019].

Wageningen University & Research (2019). Adaptation support tool, [online] https://www.wur.nl/nl/product/Adaptation-support-tool.htm [19.12.2019].

Weisser, W.W. & Hauck, T.E. (2017). ANIMAL-AIDED DESIGN – using a species' life-cycle to improve open space planning and conservation in cities and elsewhere, Biorxiv, doi: https://doi.org/10.1101/150359.

Zhang, W.; Goodale, E.; Chen, J. (2014). How contact with nature affects children's biophilia, biophobia and conservation attitude in China, Biological Conservation 177, pp.109-116.

Abbildungen // Figures

Abb./Fig. 1: Nicole Uhrig.

Abb./Fig. 2 - 5: Robbert Snep.

Biografien // Biographies

KRRTZZZ

© Springer Fachmedien Wiesbaden GmbH, ein Teil von Springer Nature 2020
N. Uhrig (Hrsg.), *Zukunftsfähige Perspektiven in der Landschaftsarchitektur
für Gartenstädte*, https://doi.org/10.1007/978-3-658-28941-6

Iván I. Rincón Borrego

Dr. Iván I. Rincón Borrego ist promovierter Architekt. Er ist Professor an der School of Architecture der University of Valladolid, wo er Architekturgeschichte des 20. Jahrhunderts und Design und visuelle Kommunikation seit 2005 unterrichtet. Er verteidigt seine Dissertation mit dem Titel *Sverre Fehn: The Natural Shape of Construction* in 2010. Er ist Mitglied der Recognized Research Group of Architecture and Cinema der University of Valladolid (2005). Letzte Veröffentlichungen: Wohn- und Stadtraum. Fotograma 007 (2016); Urbane Räume. Fotograma 008. (2016); Ziel: das Haus. Fotograma 009 (2016); Aquarelle von Sverre Fehn: Toward the Architectural Abstraction of Hvasser's Landscape (2016); Filmarchitektur (2017); The architecture of Sverre Fehn. Das Universum in einer Linie (2017). Er hat an mehreren nationalen und internationalen Universitäten unterrichtet. Er ist Mitglied des Projekts I+D+i Audiovisuelle Landschaften in der Architektur der Medienstadt (REF. VA127G18). // Dr. Iván I. Rincón Borrego is a PhD Architect. He is Professor at the School of Architecture of the University of Valladolid where he teaches History of Architecture of the twentieth century and Design and Visual Communication since 2005. He defends his PhD Thesis entitled *Sverre Fehn: The Natural Shape of Construction* in 2010. He is member of the Recognized Research Group of Architecture and Cinema of the University of Valladolid (2005). Last publications: Domestic and urban interiors. Fotograma 007 (2016); Urban spaces. Fotograma 008. (2016); Objective: the house. Fotograma 009 (2016); Watercolours of Sverre Fehn: Toward the Architectural Abstraction of Hvasser's Landscape (2016); Film Architecture (2017); The architecture of Sverre Fehn. The universe in a line (2017). He has taught at several national and international universities. He is a member of the project I+D+i Audiovisual Landscapes in the Architecture of the Media City (REF. VA127G18).

Christine Fuhrmann

Dr. Christine Fuhrmann ist freie Landschaftsarchitektin, Studium der Landschaftsarchitektur, Denkmalpflege und Kunstgeschichte, 2016 Promotion an der Martin-Luther-Universität Halle-Wittenberg über die Landschaftsarchitektur am Bauhaus mit dem Fokus auf Walter Gropius´ Entwurf Hängende Gärten 1927 für Halle/Saale; seit 2004 als freie Landschaftsarchitektin tätig, Gründung des Büros Landschaft3 in Halle/Saale, seit 2008 akademische Mitarbeiterin an der BTU Cottbus-Senftenberg, Lehre und Forschung am Fachgebiet Landschaftsarchitektur, Forschungsschwerpunkte: Landschaftsarchitektur der Moderne, Landscape Urbanism und Ökologischer Urbanismus; Aktuelle Projekte: Integrierte Entwicklungskonzeption Neue Landschaft Welzow, Entwicklung innovativer Beteiligungsformate in der Bergbaufolgelandschaft. 2017 Forschungsaufenthalt in den USA, Lehraufträge an der Technischen Universität Istanbul, Wroclaw Universität, Politechnico Turin und an der Hochschule Anhalt (Gartendenkmalpflege). Aktuelle Publikation: Eine Stadtkrone für Halle a. d. Saale von Walter Gropius, Bauhausuniversitäts-Verlag Weimar 2019. // Dr. Christine Fuhrmann is freelance landscape architect, studied landscape architecture, monument conservation and art history, 2016 doctorate at the Martin-Luther-University Halle-Wittenberg on landscape architecture at the Bauhaus with a focus on Walter Gropius´ Design of Hanging Gardens 1927 for Halle/Saale; since 2004 freelance landscape architect, founded Landschaft3 in Halle/Saale, since 2008 academic assistant at the BTU Cottbus-Senftenberg, teaching and research in the field of landscape architecture, research focus: Landscape architecture of the modern age, landscape urbanism and ecological urbanism;

current projects: Integrated development concept New Landscape Welzow, development of innovative participation formats in the post-mining landscape. 2017 Research stay in the USA, teaching assignments at the Technical University Istanbul, Wroclaw University, Politechnico Turin and at the Anhalt University of Applied Sciences (preservation of garden monuments). Current publication: Eine Stadtkrone für Halle a. d. Saale by Walter Gropius, Bauhausuniversitäts-Verlag Weimar 2019.

Paolo Giordano

Prof. Arch. Paolo Giordano ist Professor der Architektur im Bereich ICAR / 17 „DISEGNO" am Department of Architecture and Industrial Design der Universität Kampanien „Luigi Vanvitelli". Seit 2013 ist er Koordinator des Doktorandenprogramms „Architektur, Industriedesign und Kulturerbe" und von 2012 bis 2015 Koordinator des Doktorandenprogramms „Repräsentation, Schutz und Sicherheit von Umwelt und Strukturen und Territorialverwaltung". Von 2009 bis 2012 war er stellvertretender Direktor der „Abteilung für Projektkultur". Neben monographischen Büchern veröffentlichte er Artikel und kritische Aufsätze über Domus, AU, Stadt Bauwelt, Building Design. Von 1985 bis 1995 arbeitete er mit dem Magazin Domus International Architecture zusammen. // Prof. Arch. Paolo Giordano is Professor of Architectural in the disciplinary scientific sector ICAR / 17 "DISEGNO" at the Department of Architecture and Industrial Design of the University of Campania "Luigi Vanvitelli". Since 2013 he is Coordinator of the PhD in "Architecture, Industrial Design and Cultural Heritage" and from 2012 to 2015 he was Coordinator of the PhD in "Representation, Protection and Safety of the Environment and Structures and Government of the Territory". From 2009 to 2012 he was deputy director of the "Department of Culture of the Project". In addition to monographic books, he published articles and critical essays that appeared on Domus, AU, Stadt Bauwelt, Building Design. From 1985 to 1995 he collaborated with the Domus International Architecture magazine.

Gero Heck

Dipl.-Ing. Gero Heck, geb. 1970, studierte Landschaftsarchitektur an der Universität Hannover und an der Manchester Metropolitan University. 1996 erhielt er den Peter-Joseph-Lenné-Preis. 2001 gründete er zusammen mit Marianne Mommsen in Berlin das Büro relais Landschaftsarchitekten. Er war von 2005 bis 2007 wissenschaftlicher Mitarbeiter am Institut für Landschaftsarchitektur der Universität Hannover und übernahm Lehraufträge an der Technischen Universität Berlin (2003/04), der Universität der Künste Berlin (2004/05) und der HafenCity Universität Hamburg (2012/13). Das Arbeitsspektrum von relais Landschaftsarchitekten reicht vom urbanen bis zum landschaftlichen Kontext, vom städtebaulichen Maßstab bis zum konkreten Objekt. Besonderen Stellenwert nehmen dabei Projekte mit hohem innovativen Anspruch, bestandsorientierte Konzepte und die Auseinandersetzung mit den sich wandelnden Fragestellungen für die Landschaftsarchitektur ein. // Dipl.-Ing. Gero Heck, born 1970, studied landscape architecture at the University of Hanover and at Manchester Metropolitan University. In 1996 he was awarded the Peter Joseph Lenné Prize. In 2001 he founded the office relais Landschaftsarchitekten together with Marianne Mommsen in Berlin. From 2005 to 2007 he was a research assistant at the Institute for Landscape Architecture at the University of Hanover and took on teaching posts at the Technical University Berlin (2003/04), the University of the Arts Berlin (2004/05) and the HafenCity University Hamburg (2012/13). The work spectrum of relais landscape architects ranges from urban to landscape contexts, from urban planning scale to concrete objects. Particular importance is attached to projects with a high innovative standard, as-built concepts and the examination of the changing questions for landscape architecture.

Noor Cholis Idham

Noor Cholis Idham, PhD, ist Associate Professor am Department of Architecture Universitas Islam Indonesia Yogyakarta Indonesia, wo er seit 1996 Mitglied der Fakultät ist. Derzeit ist er der Leiter der Abteilung. Er promovierte an der Eastern Mediterranean University und studierte im Master an der gleichen Universität, an der er jetzt lehrt. Im Zusammenhang mit seinem Forschungsschwerpunkt Architektur und Gebäudesicherheit sowie Volks- und Tropenarchitektur ist er auch Autor von Büchern und Artikeln über Gebäudesicherheit und Erdbeben, tropischen Komfort und Gebäudestruktur. Er ist Dozent für Architektur und Tragwerkssystem, Gebäudesicherheit und Architekturdesignstudios sowohl für die Bachelor- als auch für die Fachausbildung. Neben seiner akademischen Tätigkeit ist er außerdem ein eingetragener Architekt, der an einigen Bauprojekten in Indonesien beteiligt war. // Noor Cholis Idham , PhD, is Associate Professor in Department of Architecture Universitas Islam Indonesia Yogyakarta Indonesia where he has been a faculty member since 1996. He is currently the Head of the Department. He completed his Ph.D. and Master at Eastern Mediterranean University and his undergraduate studies at the same university where he is teaching now. Interrelated to his research focus on architecture and building safety as well as vernacular and tropical architecture, he is also an author of books and papers on building safety and earthquake, tropical comfort, and building structural system. In lecturing, he is the instructor of Architecture and Structural System, Building Safety, and Architectural Design Studios both for the undergraduate and the professional programs. Besides doing academic work, he is furthermore a registered architect who involved in some design projects in Indonesia.

Rudolf Lückmann

Prof. Dr.-Ing. Rudolf Lückmann ist ein deutscher Architekt mit öffentlichen und privaten Architekturprojekten in Deutschland, China und der Türkei. Diese Projekte schließen häufig die Gestaltung des Außenraums ein, wobei diese als inspirierender Teil der zusammenwirkenden Architektur verstanden werden. Er schreibt als gefragter Fachbuchautor auf dem Gebiet der Denkmalpflege und der Baukonstruktion. Diese beiden Fachgebiete lehrt er an der Hochschule Anhalt. Dort leitet er zwei Masterstudiengänge in der Denkmalpflege. Der seit 15 Jahren etablierte deutschsprachige Kurs wird zusammen mit der Martin-Luther-Universität in Halle mit den Lehrgebieten Kunstgeschichte und Archäologie angeboten. Es werden sehr häufig Fragen der Gartenarchitektur bearbeitet. So entstanden in jüngster Zeit einige, wichtige Arbeit zur Weiternutzung von historischen Friedhöfen. Im englischsprachigen „Master Architectural cultural heritage" gibt es ein Segment „Gartenarchitektur", der sowohl geisteswissenschaftlich als auch technisch angesehen wird. Hier arbeiten internationale Studierende an der Erforschung von Gärten weltweit und an der Frage, wie diese weiterzuentwickeln sind. Ein weiterer Bachelor-Architekturstudiengang wird unter der Leitung von Lückmann an der German-Vietnamese University in Saigon entstehen. In Zuge des Bauhausjubiläums entstanden etliche Vorlesungen und Artikel zu den Machern der Moderne, die auch die Gartenstadt für sich entdeckten. // Prof. Dr.- Ing. Rudolf Lückmann is a German architect with public and private architectural projects in Germany, China and Turkey. These projects often include the design of the exterior space, whereby these are understood as an inspiring part of the interacting architecture. He is a sought-after author in the field of monument preservation and building construction. He teaches these two subjects at the Anhalt University of Applied Sciences. There he leads two master's courses in monument conservation. The German-language course, which has been established for 15 years, is offered together with the Martin Luther University in Halle and covers the subjects of art history and archaeology. Questions of garden architecture are frequently dealt with. Recently, some important work on the further use of historical cemeteries has been carried out. In the English-language "Master Architectural Cultural Heritage" there is a segment called „Garden Architecture", which is regarded both from a humanistic and a technical point of view. Here, international students work on the research of gardens worldwide and on the question of how to further develop them. Another bachelor's degree in architecture will be created under the direction of Lückmann at the German-Vietnamese University in Saigon.In the course of the Bauhaus anniversary, several lectures and articles were written on the makers of modernism, who also discovered the garden city for themselves.

Baritoadi Buldan Rayaganda Rito
Baritoadi Buldan Rayaganda Rito, M.A., ist Assistenzprofessor an der Fakultät für Architektur der Universitas Islam Indonesia Yogyakarta Indonesia. Er wurde 2014 Fakultätsmitglied, nachdem er seinen Abschluss im Internationalen Masterstudiengang für Landschaftsarchitektur an der Fachhochschule Anhalt in Bernburg erworben hatte. Seine Lehrtätigkeit konzentriert sich auf Kurse in Landschaftsarchitektur, STUDIO Design mit urbanen Themen und Kurse in digitaler Architektur. Er forscht zu ähnlichen Themen, wie z.B. Pflanzenkläranlagen und Landschaftsarchitektur, Building Information Modelling (BIM) sowie Landschaft und Urbanismus. Als registrierter Architekt mit langjähriger Berufserfahrung unterrichtet er auch im Rahmen des Architect Professional Degree (1-Jahres-Programm) der Abteilung für Architektur der Universitas Islam Indonesien. Derzeit ist er Mitglied des Ausschusses des Indonesischen Architekteninstituts (IAI), Sektion Daerah Istimewa Yogyakarta, als stellvertretender Vorsitzender für den Beruf, die Ausbildung und die Infrastruktur von Architekten. Er ist auch Mitglied des GBCI (Green Building Council Indonesia), wo er als Green Building Professional (GP) tätig ist. // Baritoadi Buldan Rayaganda Rito, M.A., is an Assistant Professor at the Faculty of Architecture of Universitas Islam Indonesia Yogyakarta Indonesia. He became a faculty member in 2014 after obtaining his degree in the International Master of Landscape Architecture from the Anhalt University of Applied Sciences in Bernburg. His teaching activities focus on courses in landscape architecture, STUDIO Design with urban themes and courses in digital architecture. He conducts research on similar topics such as constructed wetlands and landscape architecture, Building Information Modelling (BIM) and, landscape and urbanism. As a registered architect with years of professional experience, he also teaches in the Architect Professional Degree (1-year Program) of the Department of Architecture of Universitas Islam Indonesia. He is currently a member of the Committee of the

Indonesian Institute of Architect (IAI), Daerah Istimewa Yogyakarta Chapter, as Vice Chairman for the profession, education, and infrastructure of architects. He is also a member of the GBCI (Green Building Council Indonesia), where he is a Green Building Professional (GP).

Bertram Schiffers

Dr. Bertram Schiffers ist seit 2015 Projektleiter bei der Internationalen Bauausstellung Thüringen 2023 mit Sitz im Eiermannbau in Apolda. Thema dieser IBA ist StadtLand, es beschreibt die kleinteilige Siedlungsstruktur im Freistaat. Bertram Schiffers hat an der RWTH Aachen Architektur und an der Columbia University New York Stadtplanung studiert. Am Department Stadtsoziologie des Helmholtz-Zentrums für Umweltforschung untersuchte er den Immobilienmarkt in schrumpfenden Städten. Promoviert wurde er an der Universität Kassel. Seine Arbeitsschwerpunkte sind die Entwicklung von Transformationsräumen und der Stadtumbau. Berufserfahrung sammelte er im Planungsbüro, als Forscher, Freiberufler und Lehrbeauftragter sowie in der Verwaltung, überwiegend in Leipzig und Thüringen. Bertram Schiffers berät und vernetzt Aktive, die Zukunft gestalten. Dabei interessiert er sich besonders für die Koproduktion und Mehrfachnutzung von Räumen. Zu seinen Projekten bei der IBA Thüringen gehören die LeerGut-Agenten, das Thüringer Netzwerk zur Belebung von Leerstand, sowie Entwicklungsprozesse in Gera und Saalfeld im Zusammenspiel von Städtebau, Landschaft und Zivilgesellschaft. // Dr. Bertram Schiffers is project manager at the International Building Exhibition Thuringia 2023 in Apolda. Central Theme of the IBA Thüringen is „StadtLand". It focuses on the relations between the urban and the rural in a patchwork pattern of small-scale towns and villages. Bertram Schiffers studied architecture at RWTH Aachen and urban planning at Columbia University in New York. He earned his PhD at Kassel University. He gained work experience in planning firms, as a researcher, freelancer, lecturer and civil servant, mainly in Leipzig and Thuringia. Bertram Schiffers advises and networks with people who shape the future of their localities. He is particularly keen on co-production and multi-use of built and open spaces. His projects at the IBA Thüringen include the LeerGut-Agenten, a network for the activation of vacant buidings and sites, as well as development processes in Gera and Saalfeld integrating urban design, landscape planning and civil society.

Robbert Snep

Dr. ir. Robbert Snep ist ein leitender Forscher in grüner Stadtwissenschaft und -praxis mit mehr als 20 Jahren Erfahrung in der Stadtökologie und in naturbasierten Lösungen für klimaangepasste und gesunde Städte. An der Wageningen University & Research (NL) arbeitet er weltweit mit Wissenschaftlern für städtische Biodiversität zusammen, um die Funktionsweisen städtischer Ökosysteme und ihrer Ökosystemleistungen zu erforschen. Er ist Autor einer Reihe von wissenschaftlichen Veröffentlichungen und Instrumenten zur „grünen Stadt", die ökologische Werte mit gesellschaftlichen und wirtschaftlichen Anforderungen verbinden. Als angewandter Forscher ist er an der Planung, Gestaltung und Entwicklung grüner Lebens- und Arbeitsumgebungen in der Niederlande und darüber hinaus beteiligt - in Zusammenarbeit mit (Landschafts)Architekten, Planern, Stadtentwicklern, Landschaftsbauern und Ingenieuren. Sein Portfolio umfasst evidenzbasierte Entwurfsprojekte für nachhaltige Wohngebiete, Sozialwohnungen, Gewerbegebiete und naturnahe Architektur. Außerdem ist er Autor von lokalen und regionalen politischen Strategiepapieren und Publikationen, die darauf abzielen, naturfreundliche Städte zu entwickeln, in denen Natur und Mensch koexistieren können. // Dr. ir. Robbert Snep is a senior researcher in green city science and practice, with 20+ years of experience in urban ecology, and nature-based solutions for climate adaptive and healthy cities. At Wageningen University & Research (NL) he collaborates with urban biodiversity scientists worldwide in exploring the functioning of urban ecosystems and their ecosystem services. He is author of a series of scientific ‚green city' publications and tools that link ecological values with societal and economic demands. As applied researcher he is involved in the actual planning, design and development of green living and working environments in the Netherlands and beyond, working together with (landscape) architects, planners, urban developers, landscaping firms and engineers. His practical portfolio encompasses evidence-based design projects for sustainable residential neighbourhoods, social housing, business sites and nature-inclusive architecture. Also, he is author of local and regional policy strategies and publications aiming to develop wildlife-friendly cities where nature and humans can co-exist.

Thomas Thränert

Dipl.-Ing. Thomas Thränert, geb. 1978, studierte Landschaftsarchitektur an der Technischen Universität Berlin und Gartenbau an der Hochschule für Technik und Wirtschaft Dresden. Seit 2008 ist er für relais Landschaftsarchitekten und seit 2012 auch als Freier Landschaftsarchitekt tätig. Von 2014 bis 2015 war er wissenschaftlicher Mitarbeiter am Institut für Stadt- und Regionalplanung, Fachgebiet Denkmalpflege der Technischen Universität Berlin. Seine Arbeits- und Forschungsschwerpunkte umfassen u. a. die Gartenkunst und Gartenkultur um 1800 und die Entwicklung der Landschaftsarchitektur seit der Moderne, die Kulturlandschaftsforschung und die Theorie und Methodik der Gartendenkmalpflege. // Dipl.-Ing Thomas Thränert, born 1978, studied landscape architecture at the Technical University of Berlin and horticulture at the Dresden University of Applied Sciences. Since 2008 he has been working for relais Landschaftsarchitekten and since 2012 also as a freelance landscape architect. From 2014 to 2015 he was a research assistant at the Institute for Urban and Regional Planning, Department of Monument Preservation at the Technical University Berlin. His main areas of work and research include garden art and garden culture around 1800 and the development of landscape architecture since modern times, cultural landscape research and the theory and methodology of garden conservation.

Nicole Uhrig

Prof. Dr.-Ing. Nicole Uhrig studierte Landschaftsarchitektur und Landschaftsplanung an der Technischen Universität Berlin und an der Escola Tècnica Superior d'Arquitectura in Barcelona. Sie arbeitete für Privatkunden als auch für die Planungsbüros G. Kiefer und Strauma in Berlin und ist als freiberufliche Planerin in der Praxis sowie als Fachautorin und Fachpreisrichterin für Planungswettbewerbe tätig. 2004 – 2008 war sie wissenschaftliche Mitarbeiterin am Lehrstuhl Landschaftsarchitektur und Entwerfen von Prof. Dr. Udo Weilacher an der Leibniz Universität Hannover bevor sie 2011 zum Thema „Landschaftsarchitektur als Baustein unternehmerischer Corporate Identity-Konzepte" an der TU München promovierte. Sie lehrte und forschte an ver-

schiedenen Universitäten und Hochschulen (u.a. TU München, ETH Zürich, School of Architecture Bremen, Internationales Doktorandenkolleg Forschungslabor Raum 'Transformation
Landscapes'). Seit Mai 2016 ist sie Professorin im internationalen Masterstudiengang Master of
Landscape Architecture der Hochschule Anhalt. // Prof. Dr.-Ing. Nicole Uhrig studied landscape
architecture and landscape planning at Technische Universität Berlin, Germany and at Escola
Tècnica Superior d'Arquitectura in Barcelona, Spain. She worked for private clients as well as
for the planning offices of G. Kiefer and Strauma in Berlin and is working as a freelance planner
in practice and as author and adjudicator for planning competitions. She joined the chair for
Landscape Architecture and Design of Prof. Dr. Udo Weilacher at Leibniz Universität Hannover
as research assistant in 2004 – 2008. In 2011 she completed her doctorate on landscape architecture at Technische Universität München about Landscape Architecture as Communication
Tool for Corporate Identity Concepts. She taught and researched for various universities (i.a.
TU München, ETH Zürich, School of Architecture Bremen, International Doctoral College
Forschungslabor Raum 'Transformation Landscapes'. Since 2016 she is ordinary professor for
the International Master of Landscape Architecture at Anhalt University.

Bastian Wahler-Żak
Dipl.-Ing. Bastian Wahler-Żak ist als Referent und Stadtplaner im Bundesinstitut für Bau-,
Stadt- und Raumforschung (BBSR) tätig. Nach seinem Studium der Stadtplanung (Vertiefung
Städtebau) an der Universität Kassel war Herr Wahler-Żak in verschiedenen Planungsbüros als
Projektleiter in den Bereichen Stadtforschung, städtebauliche Rahmenplanung/Entwurf sowie
formelle und informelle Stadtentwicklung bundesweit tätig. Im Jahr 2014 wechselte er zunächst
in das Referat I7 Städtebaulicher Denkmalschutz und Baukultur und anschließend in die Projekt-
gruppe Zukunftsinvestitionsprogramm im BBSR. Die Projektgruppe ist für die Umsetzung und
Begleitung der Bundesprogramme Nationale Projekte des Städtebaus und „Sanierung kommunaler
Einrichtungen im Bereich Sport, Jugend und Kultur" zuständig. Die fachlichen Schwerpunkte
von Herrn Wahler-Żak liegen dabei in der fachlichen Prüfung, Begleitung und Auswertung
der Bundesprogramme. In diesem Zusammenhang ist Herr Wahler-Żak u.a. Mitglied mehrerer
Fachbeiräte und Jurys insbesondere mit dem Themenschwerpunkt „Grün in der Stadt". Sein
derzeitiger Forschungsschwerpunkt liegt im Bereich der nachhaltigen Stadtentwicklung mit dem
Schwerpunkt „Gartenstadt". Neben seiner Tätigkeit im BBSR lehrte Herr Wahler-Żak von 2014
bis 2015 am Fachgebiet Städtebau der Universität Kassel. Seit 2013 ist er eingetragenes Mitglied
der Architektenkammer Nordrhein-Westfalen und Mitglied der SRL. // Bastian Wahler-Żak is
a consultant and urban planner at the Federal Institute for Research on Building, Urban Affairs
and Spatial Development (BBSR). After studying urban planning at the University of Kassel,
Mr. Wahler-Żak worked in various planning offices as a project manager in the fields of urban
research, urban framework planning/design as well as formal and informal urban development
throughout Germany. In 2014 he moved first to the Department I7 Urban Heritage and Building
Culture and then to the project group Future Investment Programme in the BBSR. The project
group is responsible for the implementation and monitoring of the federal programmes "National
Urban Development Projects" and "Rehabilitation of Municipal Facilities in the Field of Sport,
Youth and Culture". Mr Wahler-Żak focuses on the technical examination, monitoring and
evaluation of the federal programmes. In this context, Mr. Wahler-Żak is a member of several

advisory boards and juries, in particular with a focus on "Green in the City". His current research focus is in the field of sustainable urban development with a focus on "Garden City". In addition to his work at the BBSR, Mr. Wahler-Żak taught at the Department of Urban Development at the University of Kassel from 2014 to 2015. Since 2013 he has been a registered member of the North Rhine-Westphalia Chamber of Architects and a member of the SRL.

Bartlett Warren-Kretzschmar

Dr.-Ing. Bartlett Warren-Kretzschmar, Hannover, Deutschland und Logan, USA, wurde in New York geboren und studierte Landschaftsarchitektur und Umweltplanung an der Cornell Universität. Seit fünfundzwanzig Jahren unterrichtet sie in Landschaftsarchitektur und Umweltplanung an amerikanischen sowie deutschen Universitäten. Während dieser Zeit lehrte und forschte sie am Institut für Landschaftsarchitektur und am Institut für Umweltplanung der Leibniz Universität und war Gastprofessorin im Studiengang International Master of Landscape Architecture an der Hochschule Anhalt in Bernburg. Ihre Doktorarbeit im Bereich Landschaftsvisualisierung und -planung an der Leibniz Universität Hannover schloss sie 2010 ab. Seit 2013 koordiniert sie das Programm "Bioregional Planning" am Department für Landschaftsarchitektur und Umweltplanung an der Utah State University, USA. In Deutschland gibt sie außerdem Workshops für Golin Wissenschaftsmanagement in Berlin. // Dr.-Ing. Bartlett Warren-Kretzschmar, Hannover, Germany and Logan, USA, was born in New York and studied Landscape Architecture and Environmental Planning at Cornell University. She has been teaching courses in landscape architecture and environmental planning at both American and German universities for the past twenty-five years. During this time, she has taught and researched in the Institute for Landscape Architecture as well as the Institute for Environmental Planning at Leibniz University and was a guest professor in the International Master of Landscape Architecture program at Anhalt University of Applied Sciences in Bernburg. She completed her doctoral work in landscape visualization and planning at Leibniz University, Hannover, Germany in 2010. Since 2013 she has coordinated the Bioregional Planning Program in the Landscape Architecture and Environmental Planning Department at Utah State University, USA. In Germany she also teaches workshops for Golin Wissenschaftsmanagement in Berlin.

Bernhard Wiens

Dr. Bernhard Wiens ist promovierter Sozialwissenschaftler und studierte in Berlin und Frankfurt am Main. Schwerpunkte seiner Berufs- und Lehrtätigkeit liegen in den Bereichen Zeitforschung, Emigration, Totalitarismus und Mediensoziologie. Zur neueren Ausrichtung seiner Tätigkeit gehören die Architektursoziologie sowie sozialräumliche und historische Aspekte der Stadt-, Regional- und Landschaftsentwicklung. Lehraufträge nahm er an zwei Berliner Universitäten, in Halle und Bernburg wahr. Zurzeit ist er Dozent an der Beuth Hochschule für Technik Berlin. Neben seiner Lehrtätigkeit arbeitet er als Fachjournalist. // Dr. Bernhard Wiens is a social scientist and studied in Berlin and Frankfurt am Main. His professional and teaching activities are related to the social sciences with a focus on time research, emigration, totalitarianism and media sociology. More recent aspects of his work also relate to architectural sociology as well as socio-spatial and historical aspects of urban, regional and landscape development. He was a lecturer at two Berlin universities, in Halle and Bernburg. Currently he is a lecturer at the Beuth Hochschule für Technik Berlin. In addition to his teaching activities, he also works as a specialised journalist.

Dingzong Yu

Dingzong Yu ist Fürsprecher und Praktiker für die Integration von Ästhetik im städtischen und ländlichen Raum. Er ist Generaldirektor und Design-Direktor bei Hangzhou Taili Culture and Arts Co., Ltd., Leiter des Forschungsinstituts für städtische und ländliche Entwicklung, Mitglied der Bauabteilung der Provinz Zhejiang, Mitglied der Lenkungsgruppe für Farbdesign-Experten, ständiger Direktor der Zhejiang Provincial Fashion Color Association, Vorstandsmitglied des Farbausbildungsausschusses der Zhejiang Provincial Fashion Color Association und Distinguished Advisor des IDS Forschungsinstituts für schöne Landschaften. In den letzten 16 Jahren hat er sich in Zusammenarbeit mit vielen Stadtverwaltungsorganisationen auf städtische und architektonische Farbschemata, die Ästhetik städtischer Räume und einen ästhetischen ländlichen Stil konzentriert. Er kombiniert lokale Baustile und regionale Kultur und integriert dabei Design und Baumanagement in Farbe und Material, Stadtmobiliar, Außenwerbung und in öffentliche Kunst. Er erforscht und gestaltet städtische und ländliche Ästhetik, Integrations- und Steuerungsmethoden, die den nationalen Anforderungen in China entsprechen. // Dingzong Yu is advocate and practitioner for the integration of urban and rural space aesthetics. He is General Manager and Design Director at Hangzhou Taili Culture and Arts Co., Ltd., leader of Research Institute for Urban and Rural Development, member of Zhejiang Provincial Construction Department Building Color Design Expert Steering Group, standing director of Zhejiang Provincial Fashion Color Association, board member of Zhejiang Provincial Fashion Color Association Color Training Committee and IDS beautiful landscape Culture Research Institute Distinguished Advisor. For the past 16 years, he has focused on urban color schemes, architectural color schemes, urban space aesthetics and beautiful rural style in cooperation with many city administration organizations. He combines local style, regional culture and other backgrounds and integrates design and construction management for architectural colors and materials, street furniture, outdoor advertising and public art. He researches and constructs urban aesthetics and rural aesthetics, integration methods and control modes that meet national conditions in China.

Übersetzung // Translation

Deutsch-Englisch // German-English
Beiträge von // Contributions by Uhrig, Fuhrmann, Wiens, Lückmann, Heck/Thränert, Wahler-Żak, Schiffers:

Hochschule Anhalt, Sprachenzentrum

Englisch-Deutsch // English-German
Beiträge von // Contributions by Yu, Rincón Borrego, Cholis Idham/Rayaganda Rito, Warren-Kretzschmar, Giordano, Snep:

Susanne Raabe & Nicole Uhrig

Chinesisch-Englisch // Chinese-English
Beiträge von // Contributions by Yu:

Gao Yingyi

Englische Originaltexte // Original English Texts
Rincón Borrego, Cholis Idham/Rayaganda Rito, Warren-Kretzschmar, Giordano, Snep

© Springer Fachmedien Wiesbaden GmbH, ein Teil von Springer Nature 2020
N. Uhrig (Hrsg.), *Zukunftsfähige Perspektiven in der Landschaftsarchitektur für Gartenstädte*, https://doi.org/10.1007/978-3-658-28941-6

The manufacturer's authorised representative in the EU is Springer
Nature Customer Service Centre GmbH, Europaplatz 3, 69115 Heidelberg,
Germany. If you have any concerns regarding our products, please
contact ProductSafety@springernature.com

Printed and bound by CPI Group (UK) Ltd, Croydon, CR0 4YY
24/04/2026
02096317-0014